湖北省化学工程与工艺专业校企合作联盟系列教材

Chemical Technology

化学工艺学

▪ 闫福安　主编　▪ 刘少文　副主编

化学工业出版社

·北京·

内容提要

本书是"湖北省化学工程与工艺专业校企合作联盟系列教材"之一。

本书是适应高等化工类专业教学改革、拓宽专业面的一本新教材。除了对现代化学工业基本概念、基本理论进行介绍之外，以典型产品为实例对无机化工工艺学、有机化工工艺学、煤化工工艺学和石油化工工艺学进行了重点介绍。

本书为高等院校化学工程与工艺专业本科生教材，也可供化学和相关专业的化学工艺学课程选用，教学内容可以根据具体专业方向进行取舍，还可供从事化工生产、设计的工程技术人员及化工管理、销售的相关人员参考。

图书在版编目(CIP)数据

化学工艺学/闫福安主编．—北京：化学工业出版社，
2013.7（2022.1重印）
ISBN 978-7-122-17367-6

Ⅰ.①化…　Ⅱ.①闫…　Ⅲ.①化工过程-工艺学
Ⅳ.①TQ02

中国版本图书馆 CIP 数据核字（2013）第 100592 号

责任编辑：杜进祥　　　　　　　　　　　文字编辑：刘砚哲
责任校对：战河红　　　　　　　　　　　装帧设计：韩　飞

出版发行：化学工业出版社（北京市东城区青年湖南街 13 号　邮政编码 100011）
印　　装：北京科印技术咨询服务有限公司数码印刷分部
787mm×1092mm　1/16　印张 19¾　字数 526 千字　2022 年 1 月北京第 1 版第 3 次印刷

购书咨询：010-64518888　　　　　　　　　售后服务：010-64518899
网　　址：http://www.cip.com.cn
凡购买本书，如有缺损质量问题，本社销售中心负责调换。

定　　价：50.00 元　　　　　　　　　　　　　　版权所有　违者必究

序

高等教育竞争的本质是人才培养质量的竞争。《国家中长期教育改革和发展规划纲要(2010—2020年)》对高等教育的未来发展提出了明确要求，即全面提高高等教育质量、提高人才培养质量、提升科学研究水平、增强社会服务能力、优化结构办出特色，力争到2020年，高等教育结构更加合理，特色更加鲜明，人才培养、科学研究和社会服务整体水平全面提升。为此，教育部发布了《关于实施卓越工程师教育培养计划的若干意见》(教高[2011]1号)以及《关于"十二五"期间实施"高等学校本科教学质量与教学改革工程"的意见》(教高[2011]6号)，其目的是进一步深化本科教育教学改革，提高本科教育教学质量，大力提升人才培养水平和创新能力。

武汉工程大学(原武汉化工学院)建校于1972年，经过40年的发展，办学特色日趋鲜明：化工及相关学科为主、多学科协调发展的学科专业特色；适应复合应用型、创新型人才培养目标要求的工程教育特色；"立足湖北、辐射全国，服务行业和区域经济社会发展"的服务面向特色。学校紧密围绕人才培养、科学研究、服务社会、传承文化的主题，确立了"质量立校、科技强校、人才兴校、突出特色、协调发展"的办学思路以及"以质量为根本，以网络为基础，以开放为特点，以创新为动力"的教学指导思想。作为一所有着较强行业背景的地方高校，积极参与实施协同创新和卓越工程师教育培养计划，既是推动教育与科技、经济、文化紧密结合，建设创新型国家的战略行动，也是提高学校核心竞争力、服务行业和区域经济发展、实现学校新跨越的重要过程。

为了充分发挥高等学校的教学科研优势，加快建设以企业为主体、市场为导向、产学研相结合的技术创新体系，探索化工类人才培养的改革创新之路，服务地方经济建设，按照"学科引领、合作发展、共建共享、彰显特色、服务地方"的指导思想，2011年7月，由武汉工程大学倡议发起的"湖北省化学工程与工艺专业校企合作联盟成立大会"在武汉顺利召开，加入联盟的有华中科技大学、武汉理工大学、湖北大学、长江大学、三峡大学等20余所高校以及中石化武汉分公司、武汉有机实业有限公司、湖北祥云(集团)化工股份有限公司等10余家企业。"湖北省化学工程与工艺专业校企合作联盟"的成立不仅有利于加强湖北省内各高校之间化学工程与工艺专业之间的联系，有效实现资源共享，而且有利于促进高等学校和企业之间的交流与合作，共同探讨新形势下如何提高化工类专业人才的培养质量和针对性，为化学工业的发展培养优秀的工程技术人才，进而推动化工行业和区域经济发展。

在国家建设资源节约型、环境友好型社会的大背景下，石油化工、矿产资源等领域发展空间巨大，化学工业发展将是国家新型工业化的战略重点，化学工业也是湖北省国民经济的支柱产业之一。在40年的办学历程中，学校始终注重学生工程实践能力和创新能力的培养，注重教学与科研和生产实际相结合，逐步构建了以实训-实验-实习-创新为主要内容的"三实一创"实践教学体系。本次由化学工业出版社出版的《环境与化工清洁生产创新实验教程》、《化工原理课程设计》、《化工设计》、《化学工程与工艺实习指南》、《化学工艺学》、《化工原理实验（双语）》、《物理化学实验（双语）》等系列教材汇集了"湖北省化学工程与工艺专业校企合作联盟"部分高校和企业的教学科研开发成果，旨在紧跟化工行业发展前沿和社会需求，适时调整人才培养计划，更新教学内容和教学方法，创新课程体系，深化教学改革，为逐步形成专业发展与社会需求相适应的人才培养体系添砖加瓦。

谨此为序。

吴元欣

2012年7月于武汉工程大学

前　言

化学工艺学是研究综合利用天然原料和半成品，将其加工成生产资料和生活资料的一门学问，是化学工程与工艺专业的一门专业课程，也是一门时代性很强的综合性学科。它是按化工生产的不同部门和不同产品种类，分别研究其原料特点、生产原理、生产流程、适宜操作条件以及所用机械设备的材料和构造等。根据所研究的对象，化学工艺学又可分为无机化工工艺学、有机化工工艺学、煤化工工艺学和石油化工工艺学等很多门类。

在化学工艺学中涉及许多基本的概念。在进行工艺过程的开发、设备的设计和生产操作时，经常运用物料衡算、能量衡算、平衡关系、过程速率和经济核算等基本概念和有关理论。

本书作为化学工程与工艺专业化学工艺学课程的教材，结合现行专业设置特点，从矿物原料（包括化学矿物、煤炭、石油和天然气等）出发，以无机化工、有机化工、煤化工和石油化工为主线组织编写。在现有教材的基础上，结合最新教学实践，注重工艺理论原理及工程实践应用，兼顾深度与广度，尽量介绍典型产品、典型技术、典型工艺，落实节能减排、保护环境、提高经济效益的理念，凸显内容的时代性、新颖性。通过学习，使学生获得基本的化学工艺知识和解决化学工程实践问题的素质，为将来从事化工过程的研究、开发、设计、建设和管理奠定理论和实践基础。

全书共 11 章，由武汉工程大学组织湖北省化学工程与工艺专业校企合作联盟共同编写，闫福安负责全书策划、统编定稿，其余具体分工如下：

第 1 章　绪论——余响林（武汉工程大学）

第 2 章　化学工艺学基础——金放，杨小俊（武汉工程大学）

第 3 章　氯碱化工工艺——汪锋（武汉工程大学）

第 4 章　湿法磷酸工艺——刘少文（黄冈师范学院）

第 5 章　环氧乙烷生产工艺——薛亚男（武汉工程大学）

第 6 章　酞菁颜料生产工艺——邹群（武汉工程大学）

第 7 章　煤的气化与焦化工艺——史世庄（武汉科技大学）

第 8 章　合成氨工艺——陈文（黄冈师范学院）

第 9 章　石油炼制与加工——付家新（长江大学），汪锋（武汉工程大学）

第 10 章　聚丙烯生产工艺——官仕龙（武汉工程大学）

第 11 章　聚酯生产工艺——杨世芳（湖北大学）

本书为高等院校化学工程与工艺专业教材，也可供化学和相关专业的化学工艺学课程选用，还可供从事化工生产、设计的工程技术人员及化工管理、销售的相关人员参考。

本书由武汉工程大学闫福安教授任主编，黄冈师范学院刘少文教授任副主编。在编写过程中得到了武汉工程大学教务处及武汉工程大学化工与制药学院和湖北省化工联盟高校的大力支持，承蒙武汉工程大学校党委书记吴元欣作序，在此一并表示感谢。由于本书内容广泛，限于作者水平，不妥之处在所难免，敬请读者不吝指正。

编　者

2013 年 1 月

目　录

第一篇　基础篇

第二篇　无机化工工艺学

第三篇 有机化工工艺学

第四篇 煤化工工艺学

第五篇　石油化工工艺学

第一篇

基础篇

第1章 绪论

1.1 化学工艺学的基本概念

化学工艺学是研究将化学原料加工成化学产品的一门学问，是化学工程与工艺专业的一门专业课程，也是一门时代性很强的综合性学科。它研究不同化工产品的原料特点、生产原理、生产流程、适宜操作条件以及所用机械设备的构造和材料等。根据所研究的化工产品类型不同，化学工艺学又可分为无机化工工艺学、有机化工工艺学等很多门类。

在化学工艺学中涉及许多基本概念，如物料衡算、能量衡算、平衡关系、过程速率和经济核算等，它们对化工过程开发、设备设计和操作等具有重要意义。下面逐一加以介绍。

1.1.1 物料衡算

工艺设计中，物料衡算是在工艺流程确定后进行的。目的是根据原料与产品之间的定量转化关系，计算原料的消耗量，各种中间产品、产品和副产品的产量，生产过程中各阶段的消耗量以及组成，进而为热量衡算、其他工艺计算及设备计算打基础。

物料衡算是以质量守恒定律为基础对物料平衡进行计算。物料平衡是指"在单位时间内进入系统（体系）的全部物料质量必定等于离开该系统的全部物料质量再加上损失掉的和积累起来的物料质量"。

物料衡算通式如下：

$$\sum G_{投入} = \sum G_{产品} + \sum G_{回收} + \sum G_{流失}$$

式中　$\sum G_{投入}$——投入系统的物料总量；

　　　$\sum G_{产品}$——系统产出的产品和副产品总量；

　　　$\sum G_{流失}$——系统中流失的物料总量；

　　　$\sum G_{回收}$——系统中回收的物料总量。

其中产品量应包括产品和副产品；流失量包括除产品、副产品及回收量以外各种形式的损失量，污染物排放量也包括在其中。

环境影响评价中的物料平衡计算法即是通过这个物料平衡的原理，在计算条件具备的情况下，估算出污染物的排放量。

物料平衡计算包括总物料平衡计算、有毒有害物料平衡计算及有毒有害元素平衡计算。进行有毒有害物料平衡计算时，当投入的物料在生产过程中发生化学反应时，可按下列总量法或定额工时进行衡算：

$$\sum G_{排放} = \sum G_{投入} - \sum G_{回收} - \sum G_{处理} - \sum G_{转化} - \sum G_{产品}$$

式中　$\sum G_{投入}$——投入物料中的某物质总量；

　　　$\sum G_{产品}$——进入产品结构中的某物质总量；

　　　$\sum G_{回收}$——进入回收产品中的某物质总量；

　　　$\sum G_{处理}$——经净化处理的某物质总量；

　　　$\sum G_{转化}$——生产过程中被分解、转化的某物质总量；

　　　$\sum G_{排放}$——某物质以污染物形式排放的总量。

采用物料平衡法计算污染物排放量时，必须对生产工艺、物理变化、化学反应及副反应和环境管理等情况进行全面了解，掌握原料、辅助材料、燃料的成分和消耗定额、产品的产收率等基本技术数据。

1.1.2 能量衡算

物料衡算完成后，对于没有传热要求的设备，可以由物料处理量、物料性质及工艺要求进行设备的工艺设计，以确定设备的型式、台数、容积以及重要尺寸。对于有传热要求的设备则必须通过能量衡算，才能确定设备的主要工艺尺寸。无论是进行物理过程的设备或是化学过程的设备，多数伴有能量传递过程，所以必须进行能量衡算。

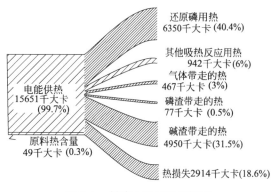

图 1-1　制磷之热量平衡图解

能量衡算是基于能量守恒定律。根据此定律，输入操作过程的能量恒等于操作后所输出的能量。能量可以同进入设备的物料一起输入和随物料一起输出，或者是分别输入或输出。同物料一起输入或输出的能量包括这些物料的内能（热能、化学能等）、位能和动能；而不随物料输入或输出的能量则有通过器壁加热而输入的热量，泵和压缩机所消耗的机械功，以及设备损失于周围的热量等。

通过能量衡算可以求得在流体输送和压缩时所需要的动力，在加热和冷却时所需要供给和导出的热量，在绝热情况下进行混合或反应时物系的温度变化等。为了便于了解能量衡算，采用由磷灰石矿升华制磷的热平衡图解来进行说明，如图 1-1 所示。

1.1.3 平衡关系

不论是传热、传质还是化学反应过程，在经过足够的时间后，最终均能达到平衡状态。例如，热量从热的物体传向冷的物体，一直进行到两物体的温度相等为止。又如，盐在水中溶解时，一直进行到溶液达到饱和为止。此时，液相与固相处于平衡状态。在吸收、蒸馏、萃取、结晶等过程中也都存在着相平衡关系。在化学反应中，当正逆两反应速率相等时，反应达到平衡。

平衡是在一定条件下物系变化可能到达的极限。除非影响平衡的条件发生变化，否则物系变化的极限不会改变。通过平衡关系可以判断物系变化能否进行，以及能进行到何种程度。因此，平衡关系对于许多化工生产过程具有重要的意义。

1.1.4 过程速率

过程速率是指物理或化学变化过程在单位时间内的变化率。

一般用单位时间过程进行的变化量表示过程的速率。如传热过程速率用单位时间传递过的热量，或用单位时间单位面积传递过的热量表示；传质过程速率用单位时间单位面积传递过的质量表示。

过程进行的速率决定设备的生产能力，过程速率越大，设备生产能力也越大，或在同样产量时所需的设备尺寸越小。在工程上，过程的速率问题往往比物系平衡问题显得更重要。

过程的速率可用如下基本关系表示：

过程速率＝过程推动力/过程阻力

1.1.5 设备和装备的生产能力及设计能力

生产能力（production capacity）一般是指在单位时间内实际生产出的产品量。设备或装备在最适宜的条件下所可能达到的生产能力称为设计能力（designed capacity）。

每个设备的生产能力是与生产过程的速度有直接关系的。因此，研究过程速率以找出加速过程的方法，对于多数化工过程，特别是具有速率特征的化工过程具有重要的意义。

1.1.6 经济核算

企业经济核算包括生产经营全过程的核算，主要是：①生产消耗的核算，又称生产成本的核算，包括物质消耗与劳动消耗两方面；②生产成果的核算，包括质量和数量两个方面；③资金的核算，又称经济核算，包括固定资金和流动资金两方面；④财务成果的核算，又称利润的核算。各项核算内容通过一系列技术经济指标来体现。经济核算的指标体系一般包括产量指标（实物产量、工时产量）、产值指标（总产值、商品产值、净产值）、品种指标（产品品种数量、新产品数量等）、质量指标（产品或零部件合格率、优质品率、成品或部件一次装配合格率等）、劳动指标（全员或生产工人劳动生产率、工时利用率等）、物资消耗指标（单位产品消耗量、万元产值物资消耗量等）、设备利用指标（设备利用率等）、成本指标（主要产品单位成本、可比产品成本降低率等）、资金占用指标（固定资金利润率、流动资金利润率、流动资金周转天数等）、利润指标（资金利润率、产值利润率）等。

为保证经济核算工作正常进行，必须做好企业内部的原始记录、定额管理、计量工作、清产核资和厂内计划价格等基础工作。通过经济核算，职工个人的经济利益要同工厂的经济利益挂起钩来，做好考核、分析、评比工作，提高核算的效果。中国国营企业的经济核算普遍采取统一领导，分级归口管理，专业核算与群众核算相结合的方法。大型企业一般实行厂级、车间、班组三级核算，中、小型企业一般实行厂级、车间二级核算或厂级一级核算。科室的核算属于专业核算。企业经济核算的日常工作，通常由计划、财务部门组织有关科室、车间的职能人员进行。实行经济核算，有利于加强企业管理，调动职工的积极性，促进企业改善生产经营。

1.1.7 化工安全生产技术

由于在许多化工生产中使用各种有毒的、爆炸性的及其他对健康有害的物质，安全生产是必须考虑的问题。对于安全隐患，如高温和低温，有害灰尘、蒸气和气体，有害物质等，应采取有效措施防止安全事故的发生。化工安全生产技术包括防火防爆技术、防尘防毒技术、防静电技术、电气安全技术和压力容器安全技术等，在化工生产中通过工艺设计和操作，防止安全事故的发生，确保国家、企业财产和人民生命安全。

1.2 化学工艺学的研究内容与方法

1.2.1 化学工艺学的研究范畴

化学工业又称化学加工工业，泛指生产过程中化学方法占主要地位的制造工业。由原料到化学产品的转化要通过化学工艺来实现。化学工艺即化工生产技术，系指将原料物质主要经过化学反应转变为产品的方法和过程，包括实现这种转变的全部化学的和物理的措施。

在早期，人类进行化工生产仅处于感性认识的水平，随着生产规模的发展，各种经验的积累，特别是许多化学定律的发现和各种科学原理的提出，使人们从感性认识提升到理性认识的水平，利用这些定律和原理来研究和指导化工生产，从而产生了化学工艺学这门学科。

化学工艺学是根据化学、物理和其他科学的成就，来研究综合利用各种原料生产化工产品的方法原理、操作条件、流程和设备，以创立技术上先进、经济上合理、生产上安全的化工生产工艺的学科。

化学工艺具有个别生产的特殊性，即生产不同的化学产品要采用不同的化学工艺，即使生产相同产品但原料路线不同时，也要采用不同的化学工艺。尽管如此，化学工艺学所涉及的范畴是相同的，一般包括原料的选择和预处理；生产方法的选择及方法原理；设备（反应器和其他）的作用、结构和操作；催化剂的选择和使用；其他物料的影响；操作条件的影响和选定；流程组织；生产控制；产品规格和副产物的分离与利用；能量的回收和利用；对不同工艺路线和流程的技术经济评比等问题。

化学工艺学与化学工程学都是化学工业的基础学科。前者主要研究化工生产工艺，范畴如前所述；后者主要研究化学工业和其他过程工业生产中所进行的化学过程和物理过程的共同规律，它的一个重要任务就是研究有关工程因素对过程和装置的效应，特别是放大中的效应。化学工艺与化学工程相配合，可以解决化工过程开发、装置设计、流程组织、操作原理及方法等方面的问题；此外，解决化工生产实际中的问题也需要这两门学科的理论指导。化学工业的发展促进了这两门学科不断发展和完善，它们反过来能更加促进化学工业迅速发展和提高。

化学工业分类比较复杂，过去把化学工业部门分为无机化学和有机化学工业两大类，前者主要有酸、碱、盐、硅盐酸、稀有元素、电化学工业等；后者主要有合成纤维、塑料、合成橡胶、化肥、农药等工业。随着化学工业的发展，跨类的部门层出不穷，逐步形成酸、碱、化肥、农药、有机原料、塑料、合成橡胶、合成纤维、染料、涂料、医药、感光材料、合成洗涤剂、炸药、橡胶等门类繁多的化学工业。

1.2.2　化学工艺过程分类

化学工艺过程可以按不同特征来进行分类，如按照原料、产品、反应物质形态、反应系统性质、过程能量特征以及设备特征等进行分类。

根据原料来源不同，化学工艺学可分为矿物、植物和动物原料的加工工艺学，煤化工工艺学，石油化工工艺学等等。

根据化工产品特性不同，化学工艺学又可分为肥料、染料、药剂、食品、人造燃料等工艺学。

根据反应物形态不同，可将工艺学分为液态、气态、固态和多相系统工艺学。这种分类法，虽然在研究生产过程之物理化学基础时具有很大的优越性，但在课堂教学中还很少采用。

根据化学元素不同，化工工艺过程又可分为酸金属工艺学、重金属工艺学、卤素族工艺学等等。

根据化学反应的类别不同，可将化工工艺过程分为还原、氧化、氯化、磺化、分解、电解等工艺学。

根据化工设备特征不同，化学工艺学可分为粉碎及研磨、相分离、热过程及其他物理过程工艺学等。此种分类一般不考虑化学过程的本质，它是在操作过程和设备过程中所采用的分类法，这些过程主要包括机械、热和电过程。

1.2.3　化学工艺过程流程

化工原料经过一系列衔接或平行的工序最终变成产品的过程称为工艺流程。为表达清楚起见，常用图例说明这些工序互相联系的情况，这种图称为工艺流程图。

在化工工艺流程图上，可以清楚看到主要反应物料的流向、主要生产设备及它们排列的次序和相对高度，以及选用的仪器仪表和控制方式，这对了解生产全过程是十分有用的。

化学工艺过程流程一般由间歇过程、连续过程以及物料流向与处理次数、再生等一系列过程组成。

（1）间歇过程及连续过程

工艺过程一般包括间歇过程和连续过程。间歇过程的特征就是在同一个部位上进行该过程的相似步骤，而过程的化学条件和物理条件（反应物间的数量比、浓度、温度、压力及反应速率等）是随时间而变化的。这些化学和物理条件在设备的每一点上都在随时间而变化。一次操作完成后，把产品卸出，再装入新反应物以重复操作。而连续过程的特征是过程的各阶段系在各个连串起来的设备内或在一个设备的各不同部分内同时进行，而实现过程各阶段的条件并不随时间而改变。所以对连续过程来说，在设备每一点上过程进行的条件是恒定的。换言之，连续过程从空间的观点看是稳定的过程，而间歇过程则是不稳定的过程。

（2）流向

工艺过程的流向一般包括顺流和逆流。顺流过程特征是各反应物或热流和物料的运动方向是一致的。逆流过程的特征是各反应物或热流和物料的运动方向是彼此相向的（或彼此相反的）。另外，假若各反应物或热流和物料系彼此成一定角度而运动，则这类流程称为错流过程。可作为错流过程的例子有：在某些设备（如水管式锅炉）中的热交换过程，在这些设备中，气体或液体系从管内流过，而在管子的外面用沿垂直方向流动的气流或液流加热（或冷却）；在塔中使液体或气体呈交错流动以进行某些物质的蒸馏和分馏过程；在某种构造的塔中进行的精馏过程。用图来进一步地说明三种不同的流向，如图1-2和图1-3所示。

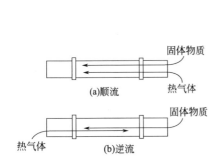

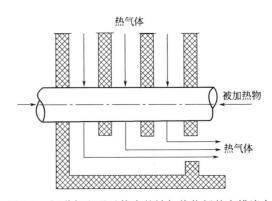

图1-2　物料在回转干燥器内干燥时的流向　　图1-3　烟道气和通过管内的被加热物间的交错流向

以上的图使我们更清晰地了解了三种不同流向的特征。

（3）物料处理次数

从物料的处理次数出发，将过程分为开链式和循环式两种。循环（环状的）过程是把未起反应的物质多次送回（全部或部分）和新的反应物混合后再重新进入循环系统的开端。循环的概念可以是对某一个设备、对反应物的某一物流或对它们的某些组成部分而言。

在循环过程中，物料处理次数的极限是无限大，而对于开链式的过程说来，则等于一。在一般情况下，物料的处理次数以取整数表示之。此整数表示物料在离开设备以前，所完成的循环次数。循环过程和开链过程可以是逆流的也可以是顺流的。实际上，常常将各种流程配合使用。

（4）再生

对于"再生"一词我们并不陌生，许多工艺流程都实行物质的再生（regeneration），也就是说将反应过的物质转变为原始状态而重复加以利用。再生的例子有很多，如：由于吸收了气体中的酸性物质而衰老的气体净化剂之活性的恢复；长期使用后的催化剂之活性的恢复；用酸和碱处理后的橡胶制品，以除去其中的杂质重新把橡胶加以利用；以加热、加入软化剂、机械处理等方法使老化后之硫化橡胶再具有可塑性等。除此之外，不仅物质可以再生，能量也可以再生。如在热过程中排出气体在热交换器中隔一层器壁把热量传给空气（或带热的气体），热交换器也因此被叫做回热器。

1.3 化学工艺学研究的现状与发展方向

1.3.1 现代化学工业过程特点

（1）原料、生产方法和产品的多样性与复杂性

用同一种原料可以制造多种不同的化工产品；同一种产品可采用不同原料或不同方法和工艺路线来生产；一个产品可以有不同用途，而不同产品可能会有相同用途。由于这些多样性，化学工业能够为人类提供越来越多的新物质、新材料和新能源。

（2）向大型化、综合化发展，精细化率也在不断提高

装置规模增大，其单位容积单位时间的产出率随之显著增大，比能耗下降。

（3）多学科合作、生产技术密集

现代化学工业是高度自动化和机械化的生产部门，进一步朝着智能化发展。当今化学工业的持续发展越来越多地依靠采用高新技术和迅速将科研成果转化为生产力，如生物与化学工程、微电子与化学、材料与化工等不同学科的相互结合，可创造出更多优良的新物质和新材料；计算机技术的高水平发展，已经使化工生产实现了远程自动化控制，也将给化学品的合成提供强有力的智能化工具；将组合化学、计算化学与计算机方法结合，可以准确地进行新分子、新材料的设计与合成，节省大量实验时间和人力。因此化学工业需要高水平、有创造性和开拓能力的多种学科不同专业的技术专家，以及受过良好教育及训练的、懂得生产技术的操作和管理人员。

（4）重视能量合理利用，积极采用节能工艺和方法

化工生产是由原料物质主要经化学变化转化为产品物质的过程，同时伴随有能量的传递和转换，必须消耗能量。化工生产部门是耗能大户，合理用能和节能显得极为重要，许多生产过程先进性体现在采用了低能耗工艺或节能工艺。

（5）资金密集，投资回收速度快，利润高

现代化学工业的装备复杂，技术程度高，基建投资大，产品更新迅速，需要大量的投资。然而化工产品产值较高，成本低，利润高，一旦工厂建成投产，可很快收回投资并获利。化学工业的产值是国民经济总产值指标的重要组成部分。

（6）易燃、易爆、有毒仍然是现代化工企业首先要解决的问题

要采用安全的生产工艺，要有可靠的安全技术保障、严格的规章制度及其监督机构。创建清洁生产环境，大力发展绿色化工，采用无毒无害的方法和过程，生产环境友好的产品，这是化学工业赖以持续发展的关键之一。

1.3.2 现代化学工业过程发展方向

近年来，控制论方法和计算技术的广泛应用使得化学和化学工艺学领域中，无论实验室研究，还是工业化生产，都可以运用"系统分析"的方法。"系统分析"的核心概念是"系统"的概念。将化工企业看作大的控制系统，可以将完整的界区分成三个相互联系和作用的界区：原料准备区、化学变化区和目标产品分离区。每个界区内都存在设备间物料、能量和工艺联系。整个系统的复杂性取决于它所包含信息的多少，系统所含信息越多它就越复杂。从这种观点出发，化工厂或联合企业可以看作是三个不同层次水平信息的集合。对任何化工或石油化工生产都具有典型性的工艺过程处于低层次水平。这些过程是：液体和气体的加工，加工产物和热载体之间的传热，反应器中的化学变化，目标产品的分离过程（吸收、蒸馏、萃取）。

对于典型过程低等级水平的数学模型，目前不但已经建成，而且已经系统化，因此，可以很容易地实现单个设备工艺条件的优化。例如，进行换热设备、反应器、分离塔（精馏、吸收、萃取等）最佳化工况的计算和选择。

"系统分析"首先打开了在化工企业第二层次，也即工艺流程的界区上计算过程并控制过程的可能性。因为它能保证完成提高劳动生产率这一主要任务。

另外，在目前化学工艺与工程研究方法中，随着计算机软硬件及计算技术的发展，通过建立过程机理模型，进行过程的模拟与优化，深化对全过程进行安全性、可靠性、有效性、最佳经济性分析已成为化学工艺与工程研究的必不可少的步骤和重要任务之一。而进行过程模拟与优化的前提就是建立适宜的数学模型。美国 Mathworks 公司开发的 MATLAB 数值计算软件目前已被广泛应用于化工模拟的建模中，并取得了良好效果。美国麻省理工学院开发的 Aspen Plus 软件、Simulation Science 公司开发的 PROCESS/Ⅱ、美国帝国理工学院开发的 SPEEDUP 软件、美国卡耐基-梅隆大学开发的 Ascend 软件、美国佛罗里达大学开发 Hysys 软件、美国 Monsanto 公司开发的 FLOWTRAN 软件、美国休斯敦大学开发的 CHESS 软件、英国 Process Systems Enterprise 公司开发的 G Program 软件、青岛科技大学开发的 ECSS 模拟软件、美国密歇根大学开发的 DYSCO 软件、杜邦公司开发的 DYFLO 软件、日本科学家与工程师协会同英国 CAD 中心联合开发的 DPS 软件、日本东亚化工公司开发的 MODYS 软件等众多化工过程模拟优化辅助工具在国内外均得到了普遍应用。

在现代化学工艺与工程的研究中，工艺路线与方案的设计选择可以借助相应软件以提高效率和实现最优化。例如，在计算机上进行药物分子设计及合成工艺路线设计最典型的实例是催化剂设计与药物分子设计。长期以来催化剂的筛选（包括活性剂组分、助催化剂等）制备工艺主要依靠实验。现在已能根据反应的类型和特征进行有效预测，缩短了开发进程。药物分子的设计也是如此。现在借助相应软件可以预测药物分子各官能团的作用，从而加快研制进度，缩短研制周期。

随着计算机系统的飞速发展，化学工艺的研究方法发生了重大变化，实现了自动化学反应实验室的集成，使工艺放大与过程安全技术有了重大进展，另外，由于 DCS 控制系统已经普遍应用于国内外的各种工艺及工程装置中，灵活的现场技术应用也日趋成熟，在线故障检测与诊断工具越来越完善，高效环保分离手段使大型工业装置的设备尺寸变小，集成化程度越来越高，全厂规划、节能减排理念已深入人心，进而使得化学工艺的研究水平有了更进一步的提高。

参考文献

[1] 蔡强. 化学工业产业发展趋势. 现代化工，1993（3）：3-6，12.
[2] 钱鸿元. 世界化工现状、趋势和展望. 化工进展，1994（3）：1-5.
[3] 崔恩选. 化学工艺学［M］. 北京：高等教育出版社，1985.
[4] 姚虎卿，刘晓勤，吕效平. 化工工艺学. 南京：河海大学出版社，1994.
[5] 崔恩选. 化学工艺学［M］. 第二版. 北京：高等教育出版社，1985.
[6] 米镇涛. 化学工艺学［M］. 北京：化学工业出版社，2006.
[7] 马新宾，王胜平，王华，韩金玉. 化学工艺学——化工基础知识与工程实践的桥梁［J］. 化学工业与工程，2005，22（增刊）：73-74.
[8] 沃里福科维奇. 普通化学工艺学：第一卷 上册. ［M］. 北京：重工业出版社，1955.
[9] 黄仲九. 化学工艺学概论［M］. 浙江：浙江大学出版社，1999.
[10] 曾之平，王扶明. 化工工艺学［M］. 北京：化学工业出版社，1996.
[11] 张锁江，张香平. 绿色过程系统集成. 北京：中国石化出版社，2006.
[12] 屈一新. 化工过程数值模拟及软件. 北京：化学工业出版社，2006.
[13] 黄仲九，房鼎业. 化学工艺学. 北京：高等教育出版社，2008：8-15.

第2章 化学工艺学基础

2.1 化工原料资源的分类与加工利用

2.1.1 无机化学矿

无机化学矿主要用于生产无机化合物和冶炼金属，其矿物资源的开采和选矿称为化学矿山行业，在我国属于化工行业之一。中国化学矿资源丰富，包括硫铁矿、自然硫、硫化氢气藏、磷矿、钾盐、钾长石、明矾石、蛇纹石、化工用石灰硼矿、芒硝、天然碱、石膏、钠硝石、镁盐、沸石岩、重晶石、碘、溴、砷、硅藻土、天青石等。

化学矿物初步加工的主要方法有分级、粉碎、磨矿和烧结、精选、脱水和除尘等，应根据使用部门对原料的要求来选用其中部分或全部方法。现以磷矿和硫铁矿的加工为例说明。

（1）磷矿的加工利用

多数磷矿为氟磷灰石 $[Ca_5F(PO_4)_3]$，经过分级、水洗脱泥、浮选等方法选矿除去杂质，成为商品磷矿。磷矿主要用作生产磷肥、磷酸、单质磷、磷化物和磷酸盐的原料。生产磷肥的方法有两大类。

① 酸法（又称湿法）。用硫酸或硝酸等无机酸来处理磷矿石，最常用的是硫酸。

硫酸与磷矿反应生成磷酸和硫酸钙结晶，主反应式为：

$$Ca_5F(PO_4)_3 + 5H_2SO_4 + 5nH_2O \longrightarrow 3H_3PO_4 + 5CaSO_4 \cdot nH_2O + HF$$

通过萃取和分离得到磷酸，再用氨中和磷酸制得磷酸铵，或将磷酸再与磷矿反应制得水溶性的重过磷酸钙 $[Ca(H_2PO_4)_2 \cdot H_2O]$。

② 热法。热法磷酸工艺是在电炉中用焦炭还原磷矿石，制得黄磷，经氧化、水化等反应而制取磷酸。根据不同温度下 P_2O_5 不同的水合反应，可得到正磷酸（简称磷酸）、焦磷酸与偏磷酸等多种，其中最重要的是正磷酸。

（2）硫铁矿的加工利用

硫铁矿包括黄铁矿（立方晶系 FeS）、白铁矿（斜方晶系 FeS_2）和磁硫铁矿（Fe_nS_{n+1}），其中主要是黄铁矿。硫铁矿主要用途是制硫酸，世界上硫酸总产量的一半以上用于生产磷肥和氮肥。

硫铁矿生产硫酸的过程如图 2-1 所示。

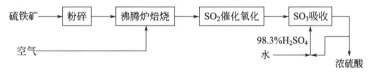

图 2-1 硫铁矿生产硫酸的过程

主要反应方程式为：

焦烧反应 $\qquad\qquad 2FeS_2 \longrightarrow 2FeS + S_2$

氧化反应 $\qquad\qquad S_2 + 2O_2 \longrightarrow 2SO_2$

吸收反应 $\qquad\qquad SO_3 + H_2O \longrightarrow H_2SO_4$

2.1.2 煤

煤（coal）是由含碳、氢的多种结构的大分子有机物和少量硅、铝、铁、钙、镁的无机矿物质组成。煤是重要的化工原料，煤加工的产品主要包括焦炭、合成氨、电石和甲醇等。随着煤液化合成油、煤基甲醇制烯烃、煤基甲醇制二甲醚、煤制乙二醇等方面取得的科技成就，煤的用途更加广泛。

煤化工范畴内的几种煤加工路线主要有以下四种。

（1）煤的干馏

煤干馏（coal carbonization）是在隔绝空气条件下加热煤，使其分解生成焦炭、煤焦油、粗苯和焦炉气的过程。煤干馏过程又分以下两类。

① 煤的高温干馏（炼焦）。这是在炼焦炉中隔绝空气于900～1100℃进行的干馏过程，产生焦炭、焦炉气、粗苯、氨和煤焦油。焦炉气主要成分是氢（54%～63%）和甲烷（20%～32%）；粗苯中主要含苯、甲苯、二甲苯、三甲苯、乙苯等单环芳烃，以及少量不饱和化合物（如戊烯、环戊二烯、苯乙烯等）和含硫化合物（二硫化碳、噻吩等），还有很少量的酚类和吡啶等；煤焦油中含有多种重芳烃、酚类、烷基萘等及杂环有机化合物，目前已被鉴定的有400～500种，其中含量最大且应用广的是萘（占煤焦油的10%左右），目前工业萘来源仍以煤焦油为主。

② 煤的低温干馏。是在较低终温度（500～600℃）下进行的干馏过程，产生半焦、低温焦油和煤气等产物。由于终温较低，分解产物的二次热解少，故产生的焦油中除含较多的酚类外，烷烃和环烷烃含量较多而芳烃含量很少，是人造石油的重要来源之一，早期的灯用煤油即由此制造。半焦可经气化制合成气。

（2）煤的气化

煤气化（coal gasification）是指在高温（900～1300℃）下使煤、焦炭或半焦等固体燃料与气化剂反应，转化成主要含有氢、一氧化碳等气体的过程。生成的气体组成随固体燃料性质、气化剂种类、气化方法、气化条件的不同而有差别。气化剂主要是水蒸气、空气或氧气。

（3）煤的液化

煤液化（coal liquefaction）是指煤经化学加工转化为液体燃料的过程。煤液化可分为直接液化和间接液化两大类过程。

煤的直接液化是采用加氢方法使煤转化为液态烃，所以又称为煤的加氢液化。液化产物亦称为人造石油，可进一步加工成各种液体燃料。加氢液化反应通常在高压（10～20MPa）、高温（420～480℃）下，经催化剂作用进行。有不同的直接液化法。煤的直接液化氢耗高、压力高，因而能耗大，设备投资大，成本高。

煤的间接液化是预先制成合成气，然后通过催化剂作用将合成气转化为烃类燃料、含氧化合物燃料（例如低碳混合醇、二甲醚）。甲醇、低碳醇的抗爆性能优异，可替代汽油，而二甲醚的十六烷值很高，是优良的柴油替代品。近年来还开发了甲醇转化为高辛烷值汽油的技术，促进了煤间接液化的进展。

（4）生产电石

生产电石是将煤与CaO在2000～2200℃及电弧炉作用下反应生成CaC_2（电石）的过程。电石水解可生成乙炔（此法占乙炔来源的一半以上），由乙炔出发可生成一系列化工产品。

煤的加工利用主要途径如图2-2所示。

2.1.3 石油

2.1.3.1 石油组分

石油是一种有气味的棕黑色或黄褐色黏稠状液体，密度与组成有关，相对密度大约在

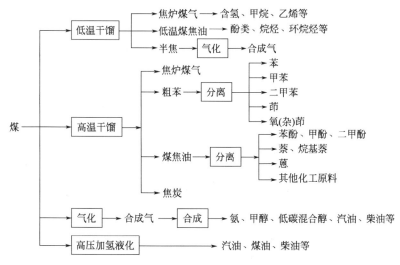

图 2-2　煤的加工与利用

0.75～1.0。有些油田常伴生油田气。石油是由相对分子质量不同、组成和结构不同、数量众多的化合物构成的混合物，其中化合物的沸点从常温到 500℃ 以上均有。石油中含量最大的两种元素是 C 和 H，其质量含量分别为碳 83%～87%、氢 11%～14%，两者主要以烃类化合物形式存在。其他元素的含量因产地不同而有较大的波动，硫含量 0.02%～5.5%，氮含量 0.02%～1.7%，氧含量 0.08%～1.82%。而 Ni、V、Fe、Cu 等金属元素只含微量，由十亿分之几到百万分之几。在地下与石油共存的水相中溶有 K、Na、Ca、Mg 等的氯化物，易于脱除。石油中的化合物可以分为烃类、非烃类以及胶质和沥青三大类。

（1）烃类化合物

烃类即碳氢化合物，在石油中占绝大部分，约几万种。

① 链式饱和烃。含量最多，有正构烷烃和异构烷烃，两者在石油中约占 50%～70%（质量分数），仅有极少数油田的石油中链烷烃低于 10%～15%。C_1～C_4 烷烃是溶解在石油中的气态烃，C_5～C_{16} 烷烃为液态，C_{17} 及以上烷烃为溶解在液态烃中的固态烃。

② 环烷烃。含量仅次于链烷烃，具饱和环状结构，多为五元环和六元环的单环结构，例如环戊烷和环己烷及其带侧基的衍生物，此外还有少量双环和三环结构的环烷烃。

③ 芳香烃。具不饱和环状结构，有单环的苯系芳烃（苯、甲苯、二甲苯、乙苯及其他苯的衍生物）、双环的萘及其衍生物（例如甲基萘、其他烷基萘）和联苯系芳烃，以及三个或三个以上苯环叠合在一起的稠环芳烃。

（2）非烃化合物

含有碳、氢及其他杂原子的有机化合物。

① 硫化物。多为有机硫化物，例如硫醇（RSH）、硫醚（RSR）、二硫化物（RSSR）、噻吩（C_4H_4S 硫杂环化合物）及其衍生物等。硫醇沸点较低，原油经蒸馏加工后，硫醇多存在于汽油、煤油产品中；硫醚和部分二硫化物则在中等沸程馏分（如柴油）中；二硫化物、噻吩等则多留在高沸程的重油、渣油和沥青中。

② 氮化物。多为吡啶、喹啉等不饱和氮杂环结构的有机物，它们的沸点较高，石油加工后多留在沸点高于 500℃ 的渣油中。

③ 氧化物。有环烷酸、酚类和很少量的脂肪酸，总称为石油酸。其中环烷酸含量较多，在石油加工分离后，环烷酸多存在于 250～400℃ 沸程的馏分中。

④ 金属有机化合物。含量甚微，主要以金属络合物的形式存在。

2.1.3.2 石油的加工和利用

为了充分利用宝贵的石油资源，要对石油进行一次加工和二次加工，在生产出汽油、航空煤油、柴油、锅炉燃油和液化气的同时，制取各类化工原料。

（1）石油的常压蒸馏和减压蒸馏

石油开采出来尚未加工时称为原油，一次加工方法为常压蒸馏和减压蒸馏。蒸馏是一种利用液体混合物中各组分挥发度的差别（沸点不同）进行分离的方法，是一种没有化学反应的传质、传热物理过程，主要设备是蒸馏塔。常减压蒸馏流程有三类。

a. 燃料型。以生产汽油、煤油、柴油等为主，没有充分利用石油资源，现已很少采用；

b. 燃料-润滑油型。除生产轻质和重质燃料油外，还生产各种品种润滑油和石蜡；

c. 燃料-化工型。除生产汽油、煤油、柴油等燃料油外，还从石脑油馏分抽提芳烃，利用石脑油或柴油热裂解制取烯烃和芳烃等重要有机化工基本原料，炼油副产的气体也是化工原料。有的工厂还采用燃料-润滑油-化工型流程，主要产品是燃料和化工产品。

大型石油化工联合企业中的炼油厂蒸馏装置多采用燃料-化工-润滑油工艺流程，如图2-3所示。

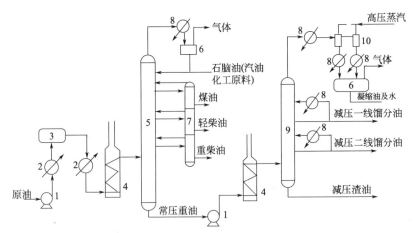

图 2-3 原油常、减压蒸馏工艺流程

1—输油泵；2—换热器；3—脱盐罐；4—加热炉；5—常压蒸馏塔；6—储液罐；
7—汽提塔；8—冷凝冷却器；9—减压蒸馏塔；10—蒸汽喷射泵

（2）馏分油的化学加工

常、减压蒸馏只能将原油切割成几个馏分，主产的燃料量有限，不能满足需求，直接能用作化工原料的也仅是塔顶出来的气体。为了生产更多的燃料和化工原料，需要对各个馏分油进行二次加工。加工的方法很多，主要是化学加工方法，下面简介主要的几种加工过程。

① 催化重整。催化重整（catalytic reforming）是在含铂的催化剂作用下加热汽油馏分（石脑油），使其中的烃类分子重新排列形成新分子的工艺过程。催化重整装置能提供高辛烷值汽油，还为化纤、橡胶、塑料和精细化工提供苯、甲苯、二甲苯等芳烃原料以及提供液化气和溶剂油，并副产氢气。固定床催化重整工艺流程如图2-4所示。

② 催化裂化。催化裂化（catalytic cracking）是在催化剂作用下加热重质馏分油，使大分子烃类化合物裂化而转化成高质量的汽油，并副产柴油、锅炉燃油、液化气等产品的加工过程。

原料可以是直馏柴油、重柴油、减压柴油或润滑油馏分，甚至可以是渣油焦化制石油焦后的焦化馏分油。它们所含烃类分子中的碳数大多在 18 个以上。

裂化反应在 $450 \sim 530 ℃$ 和 $0.1 \sim 0.3 MPa$ 下进行。催化剂为微球形，颗粒直径 $10 \sim$

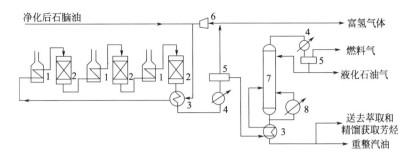

图 2-4　铂重整工艺流程

1—加热炉；2—反应器；3—热交换器；4—冷却冷凝器；5—分离器；

6—循环压缩机；7—分馏塔；8—再沸器

100μm。催化裂化包括反应器（包括反应部分和沉降部分）和再生器。根据两者相对位置来分，有等高并列式、高低并列式（错列式）和同轴式三种。等高并列式催化裂化装置如图 2-5 所示。高低并列式催化裂化装置及流程如图 2-6 所示，同轴式装置的沉降器位于同一垂直轴的再生器之上，两者外侧连有提升反应管。

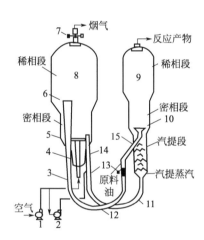

图 2-5　等高并列式催化裂化装置

1—主风机；2—增压机；3—立管；4—辅助
燃烧室；5—分布管；6—溢流管；
7—双动滑阀；8—再生器；9—反应
器；10—分布板；11—待生 U 形管；
12—再生 U 形管；13—单动滑阀；
14—密相提升管；15—稀相提升管

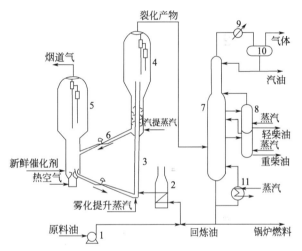

图 2-6　高低并列式催化裂化装置和流程

1—油泵；2—加热炉；3—提升管反应器；4—沉降器；
5—再生器；6—待再生催化剂输送管；7—分馏塔；
8—汽提塔；9—冷却冷凝器；10—气液分离器；
11—再沸器

③ 催化加氢裂化。催化加氢裂化（catalytic hydrocracking）系指在催化剂存在及高氢压下，加热重质油使其发生各类加氢和裂化反应，转变成航空煤油、柴油、汽油（或重整原料）等产品的加工过程。加氢裂化的原料油可以是重柴油、减压柴油，甚至减压渣油，另一原料是氢气。按操作压力分有高压法和中压法。高压法的操作压力高于 10MPa，反应温度 370~450℃；中压法压力 5~10MPa，反应温度 370~380℃。

加氢裂化过程如图 2-7 所示。

④ 烃类热裂解。烃类热裂解（pyrolysis of hydrocarbons）的主要目的是为了制取乙烯和丙烯，同时副产丁烯、丁二烯、苯、甲苯、二甲苯、乙苯等芳烃及其他化工原料。它是每

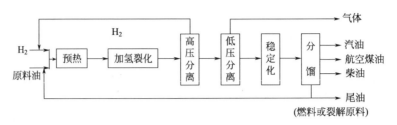

图 2-7 加氢裂化过程

个石油化工厂必不可少的首要过程。

烃类热裂解不用催化剂，将烃类加热到 750～900℃ 使其发生热裂解，反应相当复杂，主要是高碳烷烃裂解生成低碳烯烃和二烯烃，同时伴有脱氢、芳构化和结焦等许多反应。热裂解的原料较优者是乙烷、丙烷和石脑油，因为碳数少的烷烃分子裂解后产生的乙烯产率高。

从石油经一次和二次加工获取燃料和化工原料的主要途径如图 2-8 所示。

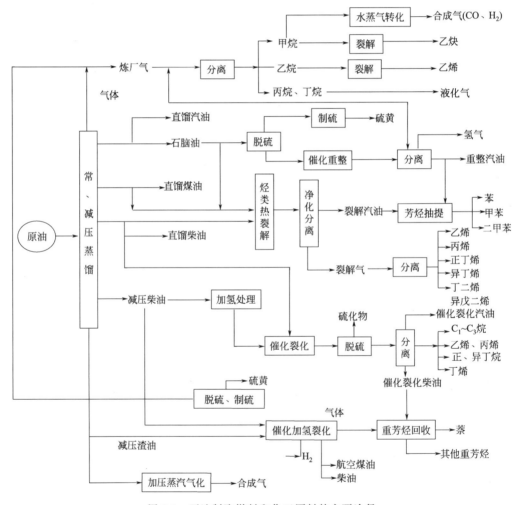

图 2-8　石油制取燃料和化工原料的主要途径

2.1.4　天然气

天然气（natural gas）是自地下自然喷出或人工开采出的可燃性气体的总称。其主要成分是甲烷，另外还有少量的乙烷、丙烷、丁烷等及微量的硫化氢、水、氮气等。

（1）天然气分类

天然气按组成可分为干气（甲烷体积含量在90％以上）和湿气（甲烷体积含量在90％以下）。

天然气按储存方式可分为以下三种。

① 气井气：由气井采出的天然气；气井是只出气而不出油的井，来自纯气藏（一般属于干气）。

② 油田气：伴随采油采出的天然气，来自油气藏（属于湿气）。

③ 凝析气气井气：来自凝析气藏（一般属于湿气）。

（2）天然气加工利用

天然气的热值高、污染少，是一种清洁能源，在能源结构中的比例逐年提高。它同时又是石油化工的重要原料资源。天然气加工利用主要有以下几方面。

① 天然气制氢气和合成氨。天然气的一大用途是制造氨和氮肥，是当今世界上产量最大的化工产品之一。

② 天然气经合成气路线的催化转化制燃料和化工产品。由天然气制造合成气（$CO+H_2$），再由合成气合成甲醇开创了廉价制取甲醇的生产路线。以甲醇为基本原料，可合成汽油、柴油等液体燃料和醋酸、甲醛、甲基叔丁基醚等一系列化工产品。由合成气经改良费托合成制汽油、煤油、柴油已建成一定规模的工厂，合成气直接催化转化为低碳烯烃、乙二醇的工艺正在开发。

③ 天然气直接催化转化成化工产品。天然气中甲烷直接在催化剂作用下进行选择性氧化，生成甲醇和甲醛；在有氧或无氧条件下催化转化成芳烃；甲烷催化氧化偶联生成乙烯、乙烷等等。这些过程尚未工业化。

④ 天然气热裂解制化工产品。天然气在930～1230℃裂解生成乙炔和炭黑。从乙炔出发可制氯乙烯、乙醛、醋酸、氯丁二烯等乙炔化工产品。炭黑作橡胶的补强剂和填料，也是油墨、电极、电阻器、炸药、涂料、化妆品的原材料。

⑤ 甲烷的氯化、硝化、氨氧化和硫化制化工产品。可分别制得甲烷的各种衍生物，例如氯代甲烷、硝基甲烷、氢氰酸、二硫化碳等。

⑥ 湿性天然气中$C_2～C_4$烷烃的利用。湿性天然气中$C_2～C_4$烷烃可深冷分离出来，是优良的制取乙烯、丙烯的热裂解原料，许多国家都在提高湿性天然气在制取烯烃原料中的比例。

天然气的化工利用如图2-9所示。

2.1.5 生物质

农、林、牧、副、渔业的产品及其废弃物（壳、芯、秆、糠、渣）等生物质通过化学或生物化学方法可以转变为基础化学品或中间产品，例如葡萄糖、乳酸、柠檬酸、乙醇、丙酮、高级脂肪酸等。加工过程涉及一系列化学工艺，如化学水解、酶水解、微生物水解、皂化、催化加氢、气化、裂解、萃取等等，有些还用到DNA技术。可利用的生物质有三类即含淀粉的物质（粮食、薯类等）、含纤维素的物质（壳、芯、秆、木屑等）、含非食用油类的物质（桐油、蓖麻油等）。

下面举几个利用生物质生产化学品的例子。

（1）糠醛的生产

农副产品废渣的水解是工业生产糠醛的唯一路线。糠醛主要用做溶剂及生产糠醇树脂、糠醛树脂、顺丁烯二酸酐、医药、合成纤维、防腐剂、杀虫剂、脱色剂等。其生产过程是：将含多缩戊糖的玉米芯、棉籽壳、花生壳、甘蔗渣等投入反应釜内，用含量为6％的稀硫酸作催化剂并通入蒸汽加热，控制温度在180℃左右、压力0.6～1.0MPa，反应5～8h。多

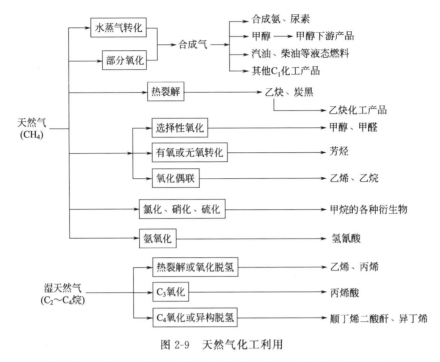

图 2-9 天然气化工利用

缩戊糖水解成戊糖，然后进一步脱水环化而转变成糠醛。戊糖脱水反应为：

$$C_5H_{10}O_5 \longrightarrow \underset{(糠醛)}{\underset{HC \quad O \quad C-CHO}{HC \!=\! CH}} + 3H_2O$$

（2）乙醇的生产

虽然工业生产乙醇是用乙烯水合法，但用农产品生产乙醇仍是重要方法之一。将含淀粉的谷类、薯类、植物果实经蒸煮糊化，加水冷却至 60℃。加入淀粉酶使淀粉依次水解为麦芽糖和葡萄糖，再加入酵母使之发酵则转变成乙醇（食用酒精）。

$$2(C_6H_{10}O_5)_n \xrightarrow[淀粉]{H_2O} C_{12}H_{22}O_{11} \xrightarrow[酶]{H_2O} 2C_6H_{12}O_6$$

（淀粉）　　　　　（麦芽糖）　　　　（葡萄糖）

$$C_6H_{12}O_6 \xrightarrow{酵母} 2CH_3CH_2OH + 2CO_2$$

目前，有人利用遗传工程培育出一种重组酵母可将以上两步法简化成一步法。

（3）丙二醇的生产

1,3-丙二醇（PDO）是生产聚对苯二甲酸丙二酯（PPT）的原料，PPT 具有许多类似尼龙的特性。如果其原料 PDO 的成本较低，则可与 PET 聚酯竞争。

2.2 化学反应过程基本概念

反应过程指通过该步骤完成由原料到产物的转变，是化工生产过程的核心。反应温度、压力、浓度、催化剂（多数反应需要）或其他物料的性质以及反应设备的技术水平等各种因素对产品的数量和质量有重要影响，是化学工艺学研究的重点内容。

2.2.1 反应过程主要效率指标

化学反应类型繁多，若按反应特性分，有氧化、还原、加氢、脱氧、歧化、异构化、烷基化、脱烷基化、分解、水解、水合、偶合、聚合、缩合、酯化、磺化、硝化、卤化、重氮化等众多反应；若按反应体系中物料的相态分，有均相反应和非均相反应（多相反应）；若根据是否使用催化剂来分，有催化反应和非催化反应。反应过程的主要效率指标主要有生产能力、生产强度、转化率、选择性和收率（产率）等。

（1）生产能力和生产强度

① 生产能力。系指一个设备、一套装置或一个工厂在单位时间内生产的产品量，或在单位时间内处理的原料量。其单位为 kg/h，t/d 或 kt/a，万吨/年等。

化工过程有化学反应以及热量、质量和动量传递等过程，在许多设备中可能同时进行上述几种过程，需要分析各种过程各自的影响因素，然后进行综合和优化，找出最佳操作条件，使总过程速率加快，才能有效地提高设备生产能力。设备或装置在最佳条件下可以达到的最大生产能力，称为设计能力。由于技术水平不同，同类设备或装置的设计能力可能不同，使用设计能力大的设备或装置能够降低投资和成本，提高生产率。

② 生产强度。系指设备的单位特征几何量的生产能力，即设备的单位体积的主产能力，或单位面积的生产能力。其单位为 kg/（h·m³），kg/（h·m²）等。生产强度指标主要用于比较那些相同反应过程或物理加工过程的设备或装置的优劣。设备中进行的过程速率高，其生产强度就高。

在分析对比催化反应器的生产强度时，通常要看在单位时间内，单位体积催化剂或单位质量催化剂所获得的产品量，亦即催化剂的生产强度，有时也称为时空收率。单位为 kg/（h·m³），kg/（h·kg）。

（2）转化率、选择性和收率（产率）

化工过程的核心是化学反应，提高反应的转化率、选择性和产率是提高化工过程效率的关键。

① 转化率。转化率（conversion）是指某一反应物参加反应而转化的数量占该反应物起始量的分数或百分率，用符号 X 表示。其定义式为：

$$X = \frac{某一反应物的转化量}{该反应物的起始量} \tag{2-1}$$

转化率表征原料的转化程度，反映了反应进度。对于同一反应，若反应物不只有一个，那么，不同反应组分的转化率在数值上可能不同。对于反应：

$$\nu_A A + \nu_B B \longrightarrow \nu_R R + \nu_S S$$

反应物 A 和 B 的转化率分别是

$$X_A = (n_{A,0} - n_A)/n_{A,0}$$
$$X_B = (n_{B,0} - n_B)/n_{B,0}$$

式中　X_A、X_B——组分 A 和 B 的转化率；

　　　$n_{A,0}$、$n_{B,0}$——A、B 的初始量；

　　　n_A、n_B——反应后 A、B 的量。

计算转化率时，反应物起始量的确定很重要。对于间歇过程，以反应开始时装入反应器的某反应物料量为起始量；对于连续过程，一般以反应器进口物料中某反应物的量为起始量。但对于采用循环流程（见图 2-10）的过程来说，则有单程转化率和全程转化率之分。

单程转化率系指原料每次通过反应器的转化率，例如原料中组分 A 的单程转化率为：

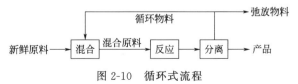

图 2-10　循环式流程

$$X_A = \frac{组分 A 在反应器中的转化量}{反应器进口物料中组分 A 的量} \tag{2-2}$$

式中，反应器进口物料中组分 A 的量＝新鲜原料中组分 A 的量＋循环物料中组分 A 的量。

全程转化率又称总转化率，系指新鲜原料进入反应系统到离开该系统所达到的转化率。例如，原料中组分 A 的全程转化率为：

$$X_{A,tot} = \frac{组分 A 在反应器中的转化量}{新鲜原料中组分 A 的量} \tag{2-3}$$

② 选择性。对于复杂反应体系，同时存在有生成目的产物的主反应和生成副产物的许多副反应，只用转化率来衡量是不够的。因为，尽管有的反应体系原料转化率很高，但大多数转变成副产物，目的产物很少，意味着许多原料浪费了。所以需要用选择性（selectivity）这个指标来评价反应过程的效率。选择性系指体系中转化成目的产物的某反应物的量与参加所有反应而转化的该反应物总量之比，用符号 S 表示，其定义式如下：

$$S = \frac{转化为目的产物的某反应物的量}{该反应物的转化总量} \tag{2-4}$$

选择性也可按下式计算：

$$S = \frac{实际所得的目的产物量}{按某反应物的转化总量计算应得到的目的产物理论量} \tag{2-5}$$

上式中的分母是按主反应式的化学计量关系计算的，并假设转化了的所有反应物全部转变成目的产物。

在复杂反应体系中，选择性是个很重要的指标，它表达了主、副反应进行程度的相对大小，能确切反映原料的利用是否合理。

③ 收率。收率（yield）亦称为产率，是从产物角度来描述反应过程的效率。符号为 Y，其定义式为：

$$Y = \frac{转化为目的产物的某反应物的量}{该反应物的起始量} \tag{2-6}$$

$$收率＝转化率×选择性 \tag{2-7}$$

有循环物料时，也有单程收率和总收率之分。与转化率相似，对于单程收率而言，式(2-6)中的分母系指反应器进口处混合物中的该原料量，即新鲜原料与循环物料中该原料量之和。而对于总收率，式(2-6)中分母系指新鲜原料中该原料量。

④ 质量收率。质量收率（mass yield）的定义系指投入单位质量的某原料所能生产的目的产物的质量，即：

$$Y_m = \frac{目的产物的质量}{某原料的起始质量} \tag{2-8}$$

[例 2-1] 乙烷脱氢生产乙烯时，原料乙烷处理量为 8000kg/h，产物中乙烷为 4000kg/h，获得产物乙烯为 3200kg/h，求乙烷转化率、乙烯的选择性及收率。

解： 乙烷转化率＝（8000－4000）/8000×100%＝50%

乙烯的选择性＝（3200×30/28）/4000×100%＝85.7%

乙烯的收率＝50%×85.7%×100%＝42.9%

[例 2-2] 丙烷脱氢生产丙烯时，原料丙烷处理量为 3000kg/h，丙烷单程转化率为 70%，丙烯选择性为 96%，求丙烯产量。

解： 丙烯产量＝3000×70%×96%×42/44＝1924.4（kg/h）

可逆反应达到平衡时的转化率称为平衡转化率，此时所得产物的产率为平衡产率。平衡转化率和平衡产率是可逆反应所能达到的极限值（最大值），但是，反应达到平衡往往需要相当长的时间。随着反应的进行，正反应速率降低，逆反应速率升高，所以净反应速率不断下降直到零。在实际生产中应保持高的净反应速率，不能等待反应达平衡，故实际转化率和产率比平衡值低。若平衡产率高，则可获得较高的实际产率。工艺学的任务之一是通过热力学分析，寻找提高平衡产率的有利条件，并计算出平衡产率。在进行这些分析和计算时，必须用到化学平衡常数，它的定义及其应用在许多化学、化工书刊中有论述，此处仅写出其定义式如下。

对于反应：

$$\nu_A A + \nu_B B \rightleftharpoons \nu_R R + \nu_S S$$

若为气相反应体系，其标准平衡常数表达式为：

$$K_p = \frac{\left(\dfrac{p_R}{p^\ominus}\right)^{\nu_R} \left(\dfrac{p_S}{p^\ominus}\right)^{\nu_S}}{\left(\dfrac{p_A}{p^\ominus}\right)^{\nu_A} \left(\dfrac{p_B}{p^\ominus}\right)^{\nu_B}} \tag{2-9}$$

式中　　p_A、p_B、p_R、p_S——反应物组分 A、B 和产物 R、S 的平衡分压（其单位与 $p^\ominus$ 相同）（纯固体或液体取 1）；

ν_A、ν_B、ν_R、ν_S——组分 A、B、R、S 在反应式中的化学计量系数；

$p^\ominus$——标准态压力。

值得注意的是，现在国际上规定标准态压力 $p^\ominus$ 为 100kPa，过去曾定为 101.325kPa，因此它们对应的标准平衡常数值是略有区别的。

2.2.2　反应装置的型式

反应器是化工生产过程的核心设备，被誉为化工厂的"心脏"。工业生产上使用的反应器型式多种多样，分类方法也有多种。可以按反应器的形状分类，也可以按操作方式分类；可以按反应器传热方式分类，也可按其反应物相态分类。

在工业上涉及化学反应过程的门类繁多，每一产品都有各自的反应过程及其反应设备。反应装置的结构型式大致可分为管式、塔式、釜式、固定床、移动床和流化床等各种类型，每一类型之中又有不同的具体结构。表 2-1 和图 2-11 中列举了一般反应器的型式与特性，还有它们的优缺点和若干应用实例。选择并确定工业反应器的型式和操作方式，一方面要掌握工业反应过程的基本特征及其反应要求，充分应用反应工程的原理作为选择的依据，对该过程作出合理的反应器类型选择。另一方面，要熟悉和掌握各种反应器的类型及其基本特征，如它的基本流型、反应器内的混合状态、传热和传质的特征等基本传递特性。

反应器的操作方式按其操作的连续性可以分为间歇操作、连续操作和半连续操作三种操作状态。按加料方式可以有一次加料、分批加料和分段加料等不同方式。

表 2-1　反应器的型式与特性

反应器型式	示意图	反应物相态	特点	举例
釜式反应器	图 2-11(a)	液相，液-液相，液-固相，气-液相	温度、浓度容易控制，产品质量可调	苯的硝化、氯乙烯聚合、顺丁橡胶聚合，苯的氯化
管式反应器	图 2-11(b)	气相、液相	返混小，所需反应器容积较小，比传热面积大，但对慢速反应，管要很长，压降大	石脑油裂解，管式法生产聚乙烯、聚丙烯，环氧乙烷水合生产乙二醇

反应器型式		示意图	反应物相态	特点	举例
塔式反应器	空塔或搅拌塔	图 2-11(c)	液相,液-液相	结构简单,返混程度与高径比及搅拌有关,轴向温差大	苯乙烯的本体聚合,己内酰胺缩合,醋酸乙烯溶液聚合等
	鼓泡塔或挡板鼓泡塔	图 2-11(d)	气-液相,气-液-固(催化剂)相	气相返混小,但液相返混大,温度较易调节,气体压降大,流速有限制,有挡板可减少返混	苯的烷基化,乙烯基乙炔的合成,二甲苯氧化等
	填料塔	图 2-11(e)	液相,气-液相	结构简单,返混小,压降小,有温差,填料装卸麻烦	化学吸收
	板式塔	图 2-11(f)	气-液相	逆流接触,气液返混均小,流速有限制,如需传热,常在板间另加传热面	苯连续磺化,异丙苯氧化
	喷雾塔	图 2-11(g)	气-液相快速反应	结构简单,液体表面积大,停留时间受塔高限制,气流速度有限制	氯乙醇制丙烯腈,高级醇的连续硝化
固定床反应器		图 2-11(h) 图 2-11(i)	气-固(催化或非催化)相,液-固(催化剂)相	可连续操作,返混小,高转化率时催化剂用量少,催化剂不易磨损,传热控温不易,催化剂装卸麻烦;底物利用率高和固定化生物催化剂不易磨损	甲醇氧化制甲醛,合成氨,乙烯法制醋酸乙烯,细胞培养、酶的催化反应等
流化床反应器		图 2-11(j)	气-固(催化或非催化)相,气-液-固(催化剂)相	固体返混小,固气比可变性大,粒子传送较易,床内温差大,调节困难;催化剂带出少,分离易,气液分布要求均匀,温度调节较困难	石油催化裂化,矿物的焙烧或冶炼,焦油加氢精制和加氢裂解,丁炔二醇加氢等
移动床反应器		图 2-11(k)	气-固(催化或非催化)相	流体与固体(催化剂)颗粒呈逆流流动	催化剂的再生,煤的气化
滴流床反应器		图 2-11(l)	气-液-固(催化剂)相	反应气体与液体呈并流(或逆流)经过催化剂床层,传热好,温度均匀,易控制	石油馏分加氢脱硫
浆态床反应器		图 2-11(m)	气-液-固	反应气体与液体、固相并流接触,传热好,温度均匀,易控制	半水煤气一步法浆态床合成二甲醚
撞击流反应器		图 2-11(n)	液-液(固)相	可强化传质、传热,微观混合效果好	浸没循环撞击流反应器中,以氯化镍、碳酸氢铵为原料,采用液-液相反应沉淀法制备了纳米氧化镍
气升式生化反应器		图 2-11(o)	气-液相	可强化传质、传热和混合	细胞培养、酶的催化反应
液体喷射循环型生化反应器		图 2-11(p)	气-液相	气液间接触面积大,混合均匀,传质、传热效果好	细胞培养、酶的催化反应
膜反应器		图 2-11(q)	气-液相	小分子产物可以透过膜与底物分离,防止产物对酶的抑制作用	微生物细胞增殖、酶的催化反应

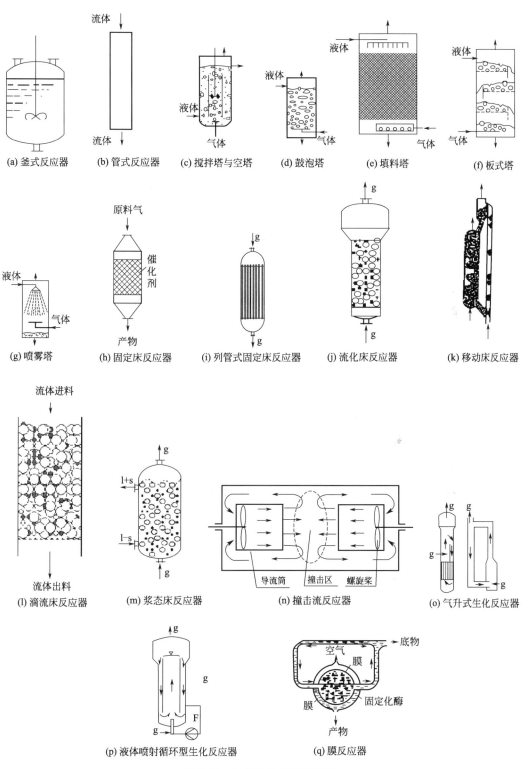

(a) 釜式反应器　　(b) 管式反应器　　(c) 搅拌塔与空塔　　(d) 鼓泡塔　　(e) 填料塔　　(f) 板式塔

(g) 喷雾塔　　(h) 固定床反应器　　(i) 列管式固定床反应器　　(j) 流化床反应器　　(k) 移动床反应器

(l) 滴流床反应器　　(m) 浆态床反应器　　(n) 撞击流反应器　　(o) 气升式生化反应器

(p) 液体喷射循环型生化反应器　　(q) 膜反应器

图 2-11　反应器的类型和特点

2.2.3 反应条件的影响

反应温度、压力、浓度、反应时间、原料的纯度和配比等众多条件是影响反应平衡和速率的重要因素，关系到生产过程的效率。在本书其他各章中均有具体过程的影响因素分析，此处仅简述以下几个重要因素的影响规律。

（1）温度的影响

① 温度对化学平衡的影响。对于不可逆反应不需考虑化学平衡，而对于可逆反应，其平衡常数与温度的关系为：

$$\ln K = \frac{-\Delta H^{\ominus}}{RT} + C \tag{2-10}$$

式中　K——平衡常数；

　　$\Delta H^{\ominus}$——标准反应焓差；

　　R——理想气体常数；

　　T——反应温度；

　　C——积分常数。

对于吸热反应，$\Delta H^{\ominus} > 0$，K 值随着温度升高而增大，有利于反应，产物的平衡产率增加；

对于放热反应，$\Delta H^{\ominus} < 0$，K 值随着温度升高而减小，平衡产率降低。

故只有降低温度才能使平衡产率增高。

② 温度对反应速率的影响。反应速率系指单位时间、单位体积某反应物组分的消耗量，或某产物的生成量。反应速率方程通常可用浓度的幂函数形式表示，例如对于反应：

$$\nu_A A + \nu_B B \Longleftrightarrow \nu_R R$$

$$aA + bB \Longrightarrow dD$$

反应速率方程为：

$$r_A = \overrightarrow{k} c_A^{\alpha_A} c_B^{\alpha_B} c_R^{\alpha_R} - \overleftarrow{k} c_A^{\beta_A} c_B^{\beta_B} c_R^{\beta_R}$$

式中　α_A，α_B，α_R，β_A，β_B，β_R——反应级数。

温度对反应速率的影响可以用阿伦尼乌斯方程表示，即：

$$k = A\exp(-E/RT) \tag{2-11}$$

式中　k——反应速率常数；

　　A——指前因子（或称频率因子）；

　　E——反应活化能；

　　R——气体常数；

　　T——反应温度。

由上式可知，k 总是随温度的升高而增加的（有极少数例外者），反应温度每升高 10℃，反应速率常数增大 2~4 倍。在低温范围增加的倍数比高温范围大些，活化能大，其反应速率随温度升高而增长更快些。

（2）浓度的影响

根据反应平衡移动原理，反应物浓度越高，越有利于平衡向产物方向移动。当有多种反应物参加反应时，往往使价廉易得的反应物过量，从而可以使价贵或难得的反应物更多地转化为产物，提高其利用率。从反应速率可知，反应物浓度愈高，反应速率愈快。一般在反应初期，反应物浓度高，反应速率大，随着反应的进行，反应物逐渐消耗，反应速率逐渐下降。

对于可逆反应，反应物浓度与其平衡浓度之差是反应的推动力，此推动力愈大则反应速率愈高。所以，在反应过程中不断从反应区域取出生成物，使反应远离平衡，既保持了高速率，又使平衡不断向产物方向移动，这对于受平衡限制的反应，是提高产率的有效方法之一。近年来，反应-精馏、反应-膜分离、反应-吸附（或吸收）等新技术、新过程应运而生，这些过程使反应与分离一体化，产物一旦生成，立刻被移出反应区，因而反应始终是远离平衡的。

（3）压力的影响

一般来说，压力对液相和固相反应的平衡影响较小。气体的体积受压力影响大，故压力对有气相物质参加的反应平衡影响很大，其规律为：

① 对分子数增加的反应，降低压力可以提高平衡产率；

② 对分子数减少的反应，压力升高，产物的平衡产率增大；

③ 对分子数没有变化的反应，压力对平衡产率无影响。

在一定的压力范围内，加压可减小气体反应体积，且对加快反应速率有一定好处，但效果有限，压力过高，能耗增大，对设备要求高，反而不经济。

惰性气体的存在，可降低反应物的分压，对反应速率不利，但有利于分子数增加的反应的平衡。

（4）停留时间的影响

停留时间是指物料从进入设备到离开设备所需的时间，若有催化剂存在则指物料与催化剂的接触时间，单位用秒（s）表示。

一般停留时间越长，原料转化率越高，产物的选择性越低，设备的生产能力越小，空速越小；反之亦然。

（5）空速的影响

空速为停留时间的倒数，一般空速越大，停留时间越短，原料转化率越低，产物的选择性越高，设备的生产能力越大；反之亦然。

2.3 化工反应过程流程设计

物料衡算和热量衡算是化学工艺的基础之一，通过物料、热量衡算，计算生产过程的原料消耗指标、热负荷和产品产率等，为设计和选择反应器和其他设备的尺寸、类型及台数提供定量依据；可以核查生产过程中各物料量及有关数据是否正常，有否泄漏，热量回收、利用水平和热损失的大小，从而查出生产上的薄弱环节和限制部位，为改善操作和进行系统的最优化提供依据。在化工原理课程中已学过除反应过程以外的化工单元操作过程的物料、热量衡算，所以本节只涉及反应过程的物料、热量衡算。

2.3.1 反应过程的物料衡算

（1）物料衡算基本方程式

物料衡算总是围绕一个特定范围来进行的，可称此范围为衡算系统。衡算系统可以是一个总厂，一个分厂或车间，一套装置，一个设备，甚至一个节点等等。物料衡算的理论依据是质量守恒定律，按此定律写出衡算系统的物料衡算通式为：

$$输入物料的总质量＝输出物料的总质量＋系统内累积的物料质量＋$$
$$发生化学反应的物料质量 \qquad (2-12)$$

（2）间歇操作过程的物料衡算

间歇操作属批量生产，即一次投料到反应器内进行反应，反应完成后一次出料，然后再进行第二批生产。其特点是在反应过程中浓度等参数随时间而变化。分批投料和分批出料也属于间歇操作。

间歇操作过程的物料衡算是以每批生产时间为基准，输入物料量为每批投入的所有物料质量的总和（包括反应物、溶剂、充入的气体、催化剂等），输出物料量为该批卸出的所有物料质量的总和（包括目的产物、副产物，剩余反应物、抽出的气体、溶剂、催化剂等），投入料总量与卸出料总量之差为残存在反应器内的物料量及其他机械损失。

（3）稳定流动过程的物料衡算

生产中绝大多数化工过程为连续式操作，设备或装置可连续运行很长时间，除了开工和停工阶段外，在绝大多数时间内是处于稳定状态的流动过程。物料不断地流进和流出系统。其特点是系统中各点的参数例如温度、压力、浓度和流量等不随时间而变化，系统中没有积累。当然，设备内不同点或截面的参数可相同，也可不同。稳定流动过程的物料衡算式为：

$$(\sum m_i)_\text{入} = (\sum m_i)_\text{出} + \Delta m_i \tag{2-13}$$

式中　$(\sum m_i)_\text{入}$——输入各物料中组分 i 的质量之和；

　　　$(\sum m_i)_\text{出}$——输出各物料中组分 i 的质量之和；

　　　Δm_i——参加反应消耗的组分 i 的质量。

因为上式中均为组分 i 的量，相对分子质量相同，故也可以用物质的量来进行组分 i 的衡算；惰性物质不参加反应，若在进、出物料中数量不变，常用来作联系物料进行衡算，使计算简化。

另外，在一般化学反应中，原子本身不发生变化，故可用元素的原子的物质的量来做衡算。可以不涉及化学反应式中的化学计量关系，故对于复杂反应体系的计算是很方便的。

对于稳定流动过程，有：

输入物料中所有原子的物质的量之和(mol)＝输出物料中所有原子的物质的量之和(mol)

$$\tag{2-14}$$

输入各组分中某种原子的物质的量之和(mol)＝输出各组分中某种原子的物质的量(mol)

$$\tag{2-15}$$

（4）物料衡算步骤

化工生产的许多过程是比较复杂的，在对其做物料衡算时应该按一定步骤来进行，才能给出清晰的计算过程和正确的结果，通常遵循以下步骤。

第一步，绘出流程的方框图，以便选定衡算系统。图形表达方式宜简单，但代表的内容要准确，进、出物料不能有任何遗漏，否则衡算会造成错误。

第二步，写出化学反应方程式并配平之。如果反应过于复杂，或反应不太明确写不出反应式，此时应用上述的原子衡算法来进行计算，不必写反应式。

第三步，选定衡算基准。衡算基准是为进行物料衡算所选择的起始物理量，包括物料名称、数量和单位，衡算结果得到的其他物料量均是相对于该基准而言的。衡算基准的选择以计算方便为原则，可以选取与衡算系统相关的任何一股物料或其中某个组分的一定量作为基准。例如，可以选取一定量的原料或产品（1kg，100kg，1mol，1m³ 等）为基准，也可选取单位时间（1h、1min、1s 等）为基准。用单位量原料为基准，便于计算产率；用单位时间为基准，便于计算消耗指标和设备生产能力。选择衡算基准是个技巧问题，在计算中要重视训练，基准选择恰当，可以使计算大为简化。

第四步，收集或计算必要的各种数据，要注意数据的适用范围和条件。

第五步，设未知数，列方程式组，联立求解。有几个未知数则应列出几个独立的方程式，这些方程式除物料衡算式外，有时尚需其他关系式，诸如组成关系约束式、化学平衡约束式、相平衡约束式、物料量比例等。

第六步，计算和核对。

第七步，报告计算结果。通常将已知及计算结果列成物料收支平衡表，表格可以有不同形式，但要全面反映输入及输出的各种物料和包含的组分的绝对量和相对含量。

2.3.2 反应过程的热量衡算

（1）封闭系统反应过程的热量衡算

对于化学反应体系，其宏观动能和位能的变化相对于反应热效应和传热量而言是极小的，可以忽略不计。通常涉及的能量形式是内能、功和热，它们的关系遵从下式：

$$\Delta U = Q - W \tag{2-16}$$

式中　ΔU——内能变化；

　　　Q——系统与环境交换的热量（规定由环境向系统传热时，Q 取正号；而由系统向环境传热时，Q 取负号）；

　　　W——系统与环境交换的功（规定由环境向系统做功时，W 取负号；而由系统向环境做功时，W 取正号）。

（2）稳态流动反应过程的热量衡算

绝大多数化工生产过程都是连续操作的，有物料的输入和输出，属于开口系统。对于一个设备或一套装置来说，进、出系统的压力变化不大（即相对总压而言，压降可忽略不计），可认为是恒压过程。稳态流动反应过程就是一类最常见的恒压过程，在该系统内无能量积累，输入该系统的能量为输入物料的内能 U_{in} 和环境传入的热量 Q_p 之和（如果热量由系统传给环境，Q_p 应取负号，故也可放在输入端）；输出该系统的能量为输出物料的内能 U_{out} 和系统对外做的功之和（如果是环境对系统做功，W 应取负号，故仍可放在输出端）。其能量衡算式为：

$$U_{in} - Q_p = U_{out} - W \tag{2-17}$$

大多数反应过程不做非体积功，所以上式可写成：

$$U_{out} - U_{in} = Q_s - W_体 \tag{2-18}$$

对于稳态流动系统，外部条件变化不剧烈的时候，内能的变化与焓变之间的差别也不会非常大，用焓 H 代替内能 U。忽略体积功，始态的焓 H_{in} 为输入的所有物料的焓之和，终态的焓 H_{out} 为输出物料的焓之和。图 2-12 表示了一个稳态流动反应过程的热量衡算方框图。

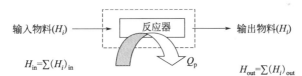

图 2-12　稳态流动反应过程的热量衡算方框图

如果反应器与环境无热交换，Q_p 等于零，称之为绝热反应器，输入物料的总焓等于输出物料的总焓；Q_p 不等于零的反应器有等温反应器和变温反应器。等温反应器内各点及出口温度相同，入口温度严格地说也应相同，在生产中可以有一些差别。而变温反应器的入口、出口及器内各截面的温度均不相同。

由于内能绝对值难以测定，因此焓的绝对值也难测定。但是，由一种状态变化到另一种状态的焓变是可测定的。因为焓与状态有关，现在科学界统一规定物质的基态为：温度是298.15K、压力是 100kPa（原为 101.325kPa）以及物质处于最稳定物相的状态。并规定处于基态的元素或纯单质的焓为"零"。

根据以上规定，可知每种物质在任意状态的焓为：

$$H_i = \Delta H_i = n\Delta H_{Fi(298K)} + nc_{pi}(T - 298) \tag{2-19}$$

上式的第二个等号右边第一项是在基态由元素转变成该物质的生成焓变（或标准生成热），第二项是该物质由 298K 恒压变温到温度 T 的显焓变，n 为物质的量。由此，式（2-19）可写为

$$Q_p = \sum [n\Delta H_{Fi(298K)} + n\bar{c}_{pi}(T-298)]_{out} - \sum [n\Delta H_{Fi(298K)} + n\bar{c}_{pi}(T-298)]_{in} \quad (2\text{-}20)$$

在许多物理化学手册、化工工艺手册和化工设计有关文献收集有许多生成热、熔融热、蒸发热和比热容等数据，供查阅和利用。

（3）化学反应过程中涉及的焓变

化学反应过程一般在非标准状态下进行，涉及的焓变类型较多，如图 2-13 所示。图中 T_1、T_2 和 p_1、p_2 分别为任意状态下的温度和压力，T_0、p_0 为标准温度、压力。因为焓是状态函数，与变化途径无关，所以可写出非标准状态下反应过程的总焓变为：

$$\Delta H = \sum H_{out} - \sum H_{in} = \Delta H_1 + \Delta H_2 + \sum \Delta H_R^{\ominus} + \Delta H_3 + \Delta H_4 \quad (2\text{-}21)$$

上式中涉及的焓变有三类，分述如下。

① 相变过程的焓变。这是在温度、压力和组成不变的条件下，物质由一种相态转变为另一种相态而引起的焓变。相态发生变化时系统与环境交换的热量称为相变热，在数值上等于相变过程的焓变。诸如蒸发热、熔融热、溶解热、升华热、晶形转变热等即属于相变热，在许多化学化工文献和手册中有各种物质的相变热，也可用实验测定。应注意，在不同温度、压力下，同种物质的相变热数值是不同的，用公式计算时还应注意其适用范围和单位。

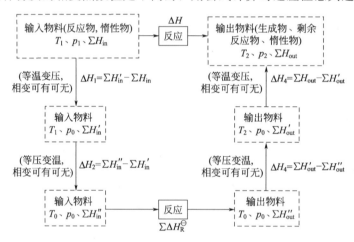

图 2-13　化学反应过程涉及的焓变类型

② 反应的焓变。这是在相同的始、末温度和压力条件下，由反应物转变为产物并且不做非体积功的过程焓变。此时系统所吸收或放出的热量称为反应热，在数值上等于反应过程的焓变（ΔH_R）。放热反应的 $\Delta H_R < 0$，反之，吸热反应的 $\Delta H_R > 0$。反应热的单位一般为 kJ/mol。应注意同一反应在不同温度的反应热是不同的，但压力对反应热的影响较小。根据式（2-21）可求出实际反应条件下的反应热。标准反应热（$\Delta H_R^{\ominus}$）可在许多化学、化工文献资料和手册中查到。此外还可以用物质的标准生成焓变（数值上等于标准生成热）来计算标准反应热：

$$\Delta H_R^{\ominus} = \sum_{i=1}^{n} (\nu_i \Delta H_{Fi}^{\ominus})_{生成物} - \sum_{i=1}^{n} (\nu_i \Delta H_{Fi}^{\ominus})_{反应物} \quad (2\text{-}22)$$

式中　$\Delta H_R^{\ominus}$——标准反应热（反应稳定为 τ_0，即 298K 及压力为 p_0，即 100kPa）；

ν_i——化学计量系数；

$\Delta H_{Fi}^{\ominus}$——组分的标准生成热。

标准生成热的定义为：在标准状态（298K 和 100kPa）下，由最稳定的纯净单质生成单位量的最稳定某物质的焓变，单位为 kJ/mol。

③ 显焓变。只有温度、压力变化而无相变和化学变化的过程的焓变，称为显焓变。该

变化过程中系统与环境交换的热称为显热，在数值上等于显焓变。

对于等温变压过程，一般用焓值表或曲线查找物质在不同压力下的焓值，直接求取显焓变。对于理想气体，等温过程的内能变化和显焓变均为零。

对于变温过程，如果有焓值表可查，则应尽量利用，查出物质在不同状态的焓值来求焓差。也可利用热容数据来进行计算。其中又分等容变温和等压变温两种变化过程。

对于等容变温过程：

$$Q_V = \Delta U = n \int_{T_1}^{T_2} C_{V,m} dT \tag{2-23}$$

对于等压变温过程：

$$Q_p = \Delta U = n \int_{T_1}^{T_2} C_{p,m} dT \tag{2-24}$$

式中　$C_{V,m}$、$C_{p,m}$——等容和等压的摩尔热容，kJ/（mol·K）；

　　　T_1，T_2——变化前后的温度，K。

根据经验多项式：

$$C_{p,m} = a + bT + cT^2 + dT^3 \tag{2-25}$$

式中　a、b、c、d——物质特性常数，可在有关手册中查到。

有些资料中还给出 $C_{p,m}$-T 关系曲线可供查找。

由此，式（2-24）变为：

$$Q_p = \Delta H = n \int_{T_1}^{T_2} (a + bT + cT^2 + dT^3) dT \tag{2-26}$$

如果采用平均定压摩尔热容。用在温度 $T_1 \sim T_2$ 范围内为常数的摩尔热容（即平均摩尔热容）代入式（2-24），则可免去积分计算，变成：

$$Q_p = \Delta H = n\overline{C}_{p,m}(T_2 - T_1) \tag{2-27}$$

当过程的温度变化不太大时，也可近似地取（$T_1 + T_2$）/2 时的摩尔热容作为物质平均摩尔热容。而混合物的摩尔热容，则可表示为：

$$C_{p,m} = \sum_{i=1}^{n} y_i C_{pi,m} \tag{2-28}$$

式中　y_i——组分 i 的摩尔分数；

　　　$C_{pi,m}$——组分 i 的定压摩尔热容，kJ/(mol·K)。

2.4　产物的分离

无论是石油炼制、塑料化纤、湿法冶金、同位素分离，还是生物制品的精制、纳米材料的制备、烟道气的脱硫和化肥农药的生产等等都离不开分离过程和技术，它往往是获得合格产品、充分利用资源和控制环境污染的关键步骤。对大型的石油化工生产过程，分离装置的费用占总投资的 50%～90%。

产物的分离是将混合物分成组成互不相同的两种或几种产品的操作。绝大多数反应过程所得到的产物是混合物，需要利用体系中各组分物性的差别或借助于分离剂（物质或能量）使混合物得到分离提纯。

产物的分离过程按级数分类可分为单级和多级分离；按产物的相态分类可分为固-固、固-液、固-气、气-液、液-液和气-气分离；按有无传质发生可分为机械分离和传质分离两类。机械分离的分离对象是由两相组成的混合物，是简单地将各相分离，如过滤、沉降、离心分离、静电除尘等。传质分离是将各种均相混合物分离，过程中有质量传递现象发生，依据物理化学原理的不同，工业上的传质分离过程又分为平衡分离和速率分离两类。

平衡分离借助分离媒介（如热能、溶剂或吸附剂），使均相混合物系统变成两相系统，再以混合物中各组分在处于相平衡的两相中不等同的分配为依据而实现分离。平衡分离过程中分离媒介可以是能量媒介（ESA）或物质媒介（MSA），有时两种同时应用。ESA 是指传入或传出系统的热，还有输入或输出的功。MSA 可以只与混合物中的一个或几个组分部分互溶，常是某一相中浓度最高的组分。常见的平衡分离包括闪蒸和部分冷凝、普通精馏、萃取精馏、共沸精馏、吸收、解吸（含带回流的解吸和再沸解吸）、结晶、凝聚、浸取、吸附、离子交换、泡沫分离、区域熔炼等。

速率分离是在某种推动力（浓度差、压力差、温度差、电位差等）的作用下，有时在选择性透过膜的配合下，利用各组分扩散速度的差异实现组分的分离。如微滤、超滤、纳滤、反渗透、渗析、电渗析、渗透汽化、蒸汽渗透、渗透蒸馏等。

下面首先分类介绍各种产物分离过程和技术的基本原理，见表 2-2。

表 2-2　产物的分离技术分类和原理

过程名称	分离剂	产品	分离原理
一、机械分离			
(1)过滤	过滤介质	固体+液体	固体颗粒大于过滤介质细孔
(2)沉降	重力	固体+液体	密度差
(3)离心分离	离心力	固体+液体	密度差
(4)旋风分离	惯性力	气体+固体或液体	密度差
(5)静电除尘	电场	气体+固体	使细粒带电
二、传质分离			
1. 平衡分离过程			
(6)蒸发	热	液体+蒸汽	蒸气压不同
(7)蒸馏	热	液体+蒸汽	蒸气压不同
(8)吸收	不挥发性液体	液体+气体	不同溶解度
(9)萃取	不互溶液体	两种液体	不同溶解度
(10)结晶	冷或热	液体+固体	过饱和度
(11)离子交换	固体树脂	液体+固体	质量作用定律
(12)吸附	固体吸收剂	固体+液体或气体	吸附差别
(13)干燥	热	固体+蒸汽	湿分蒸发
(14)浸取	溶剂	固体+液体	溶解度
(15)泡沫吸附	表面活性剂与鼓泡	两种液体	表面吸附
2. 速率控制分离过程			
(16)气体扩散	压力梯度	气体	扩散速率的差异
(17)热扩散	温度梯度	气体或液体	热扩散速率的差异
(18)电渗析	电场、阴离子或阳离子膜	液体	膜对不同电荷离子的选择性渗透
(19)电泳	电场	液体	胶质在电场下的迁移速率不同
(20)反渗透	压力梯度和膜	两种液体	溶质的溶解度与溶剂在膜中的扩散速率
(21)超滤、微滤	压力梯度和膜	两种液体	分子尺寸不同

2.4.1　产物分离原理

（1）气体产物的分离

对于气体均一体系，即产物仅含有两种或两种以上的气体组分时，此类气体产物的分离方法主要有吸收法、冷凝法（也称深冷法）、吸附法和膜分离法。

吸收法是用适当的液体与气体产物相接触，是气体进入液体变成溶液的过程。选择不同的吸收剂和不同的操作条件，可使气体产物中某组分被吸收而进入溶液，从而使气体产物中不同组分分离。

冷凝法是林德教授于 1902 年发明的，其实质就是气体液化技术。通常采用机械方法，如用节流膨胀或绝热膨胀等方法，把气体压缩、冷却后，利用不同气体沸点上的差异进行蒸馏，使不同气体得到分离。其特点是产品气体纯度高，但压缩、冷却的能耗很高。该法适用于大规模气体分离过程，如空分制氧。

吸附法是利用吸附剂只对特定气体吸附和解吸能力上的差异进行分离，选择适当的吸附剂就可以吸附产物中的某些特定组分而不吸附其余的组分，为了促进这个过程的进行，常用的有加压法和真空法等。如 1960 年发明的变压吸附法最初在工业上主要用于空气干燥和氢气纯化，1970 年后才开发用于空气制氧或制氮。分子筛变压吸附分离空气制取氧气的机理，一是利用分子筛对氮气的吸附亲和能力大于对氧气的吸附亲和能力以分离氧、氮；二是利用氧在碳分子筛微孔系统狭窄空隙中的扩散速度大于氮的扩散速度，使在远离平衡的条件下可分离氧、氮。

气体膜分离技术是 20 世纪 70 年代开发成功的新一代气体分离技术，其原理是在压力驱动下，借助气体中各组分在高分子膜表面上吸附能力以及在膜内溶解-扩散的差异，即以渗透速率差进行分离，现已成为比较成熟的工艺技术，并广泛用于许多气体的分离和提浓工艺。膜分离技术的主要特点是无相变，能耗低，装置规模根据处理量的要求可大可小，而且设备简单，操作方便，运行可靠性高。

对于气体中的固体和液体微粒的分离，按照分离原理的不同，可分为四种。

① 气体的机械净化。利用重力、离心力等机械力的作用使微粒从气体中分离出来。如重力沉降室、旋风分离器。

② 气体的湿法净制。使气体与液体接触，用液体洗去气体中的微粒，从而使气体净化。

③ 气体过滤净制。气体通过过滤介质时微粒被截留而使气体净化。

④ 气体的电净制。使气体通过高压电场，其中的微粒在电场的作用下沉降，从而使气体净化，设备一般为电除尘器。

（2）液体产物的分离

液体产物的既有完全互溶的溶液，又有互不溶解的液体混合物，还有溶质分散在液相主体中的乳液，以及含有少量固体或结晶的液体。

如果液体产物是完全互溶的两种或多种溶液，其分离方法通常有精馏、萃取等；互不溶解的液体混合物的分离一般采用沉降法分离，或者采用吸附法分离。如产品的脱色或除臭就是从液体产物中通过吸附法除去少量的有机物杂质；将乳液中的固体溶质分离出来的方法称为凝聚，在乳液中加进凝聚剂破坏乳化状态，就能将乳液中的固体溶质分离出来；对于含有少量固体或结晶的液体产物的分离，如果固体或结晶的含量较高，妨碍液体在管道中的流动或下一步加工，则必须通过过滤或沉降等方式除去。

（3）固体产物的分离

常用的以取得固体产物为目的的固液分离方法是过滤，过滤的基本原理是利用多孔的过滤介质将悬浮液中的固体颗粒挡住，而让液体通过，固体滤饼需用水或其他溶剂清洗。

固体混合物的分离根据混合物中固体的性质的差异选择合适的方法。如氯化钠和硝酸钾可利用不同温度下两者溶解度的差异实现分离。铁粉和碳粉可利用磁性分离方法实现两者的分离。

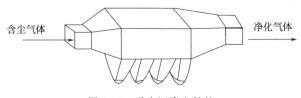

含尘气体　　　　　　　　　　　净化气体

图 2-14　重力沉降室结构

2.4.2　分离技术

蒸馏、萃取、吸收、吸附等传统化工分离技术，在产物的提取、分离、浓缩及纯化方面起到重要作用，但是它们也有局限性。随着相关理论和技术的进步，传统的分离技术也在不断提高与完善。近年来出现了如超临界萃取、超声萃取、萃取精馏、反应精馏、色谱分离、双水相萃取以及分子蒸馏等基于传统分离技术的新技术。本节对部分分离技术做简要介绍。

2.4.2.1　机械力分离技术

（1）重力沉降法

重力沉降法是利用含微粒气流中的粒子借助自身的重力作用自然沉降的原理，实现分离的方法。典型设备为重力沉降室，如图 2-14 所示。

气体在降尘室内流通截面上的均布非常重要，分布不均必然有部分气体在室内停留时间过短，其中所含颗粒来不及沉降而被带出室外。为使气体均布，降尘室进、出口通常都做成锥形；为防止操作过程中已被除下的尘粒又被气流重新卷起，降尘室的操作气速往往很低（一般不超过 3m/s）；为保证分离效率（临界粒径小），室底面积也必须较大。因此，降尘室是一种庞大而低效的设备；通常只能捕获粒径大于 $50\mu m$ 的粗颗粒。要将更细小的颗粒分离出来，就必须采用更高效的除尘设备（如旋风除尘器、电除尘器等）。

（2）惯性沉降法

在惯性除尘器内，主要是使气流急速转向或冲击在挡板上再急速转向，其中颗粒由于惯性效应，其运动轨迹就与气流轨迹不一样，从而使两者获得分离。气流速度高，这种惯性效应就大，所以这类除尘器的体积可以大大减少，占地面积也小，对细颗粒的分离效率也大为提高，可捕集到 $10\mu m$ 的颗粒。惯性除尘器的阻力在 $600\sim1200Pa$ 之间，根据构造和工作原理，惯性除尘器分为两种形式，即碰撞式和回流式。

① 碰撞式除尘器结构形式。碰撞式除尘器的结构形式如图 2-15 所示，这种除尘器的特点是用一个或几个挡板阻挡气流的前进，使气流中的尘粒分离出来。该除尘器阻力较低，效率不高。

② 回流式除尘器结构形式。该除尘器特点是把进气流用挡板分割为小股气流。为使任意一股气流都有同样的较小回转半径及较大回转角，可以采用各种挡板结构，最典型的便如图 2-16 所示的百叶挡板。百叶挡板能提高气流急剧转折前的速度，可以有效地提高分离效率；但速度过高，会引起已捕集颗粒的二次飞扬。所以一般都选用 $12\sim15m/s$ 左右。

（3）离心沉降法

离心沉降法是在离心力的作用下使分散在悬浮液中的固相粒子或乳浊液中的液相粒子沉降的过程。常用的离心沉降设备有旋风分离器、管式高速离心机和碟片式高速离心机。

图 2-17 所示是具有代表性的结构形式，称为标准旋风分离器。主体的上部为圆筒形，下部为圆锥形。含尘气体由圆筒上部的进气管切向进入，受器壁的约束而向下作螺旋运动。在惯性离心力作用下，颗粒被抛向器壁而与气流分离，再沿壁面落至锥底的排灰口。净化后的气体在中心轴附近由下而上作螺旋运动，最后由顶部排气管排出。通常，把下行的螺旋形气流称为外旋流，上行的螺旋形气流称为内旋流（又称气芯）。内、外旋流气体的旋转方向相同。外旋流的上部是主要除尘区。

旋风分离器的应用已有近百年的历史，因其结构简单，造价低廉，没有活动部件，可用多种材料制造，操作条件范围宽广，分离效率较高。旋风分离器一般用来除去气流中直径在

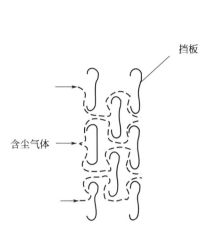

图 2-15　碰撞式除尘器

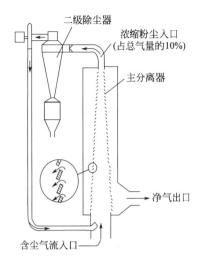

图 2-16　百叶回流式惯性除尘器

$5\mu m$ 以上的尘粒。对颗粒含量高于 $200g/m^3$ 的气体，由于颗粒聚集作用，它甚至能除去 $3\mu m$ 以下的颗粒。旋风分离器还可以从气流中分离出雾沫。对于直径在 $200\mu m$ 以上的粗大颗粒，最好先用重力沉降法除去，以减少颗粒对分离器器壁的磨损，对于直径在 $5\mu m$ 以下的颗粒，一般旋风分离器的捕集效率已不高，需用袋滤器或湿法捕集。旋风分离器不适用于处理黏性粉尘、含湿量高的粉尘及腐蚀性粉尘。此外，气量的波动对除尘效果及设备阻力影响较大。

管式高速离心机（图 2-18）主要用于发酵液菌体分离、植物中药提取液、保健食品、

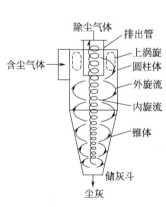

图 2-17　旋风分离器的结构形式

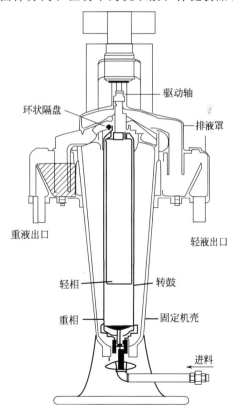

图 2-18　高速管式离心机

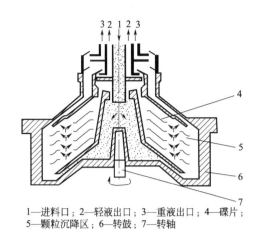

1—进料口；2—轻液出口；3—重液出口；4—碟片；
5—颗粒沉降区；6—转鼓；7—转轴

图 2-19　碟片式离心机

饮料、生物化工产品后提取等的液固分离，是目前离心法进行分离的理想设备。最小分离颗粒为 $1\mu m$，特别对一些液固相密度差异小，固体粒径细、含量低，介质腐蚀性强等物料的分离、浓缩、澄清较为适用。

高速管式离心机由滑动轴承组件、转鼓组件、集液盘组件、机头组件、机身等组成。电动机通过皮带、压带轮将动力传给机头上的皮带轮和主轴，从而带动转鼓绕自身轴线高速旋转，在转鼓内壁形成强大的离心力场。物料由底部进料口射入转鼓内，在强大的离心力作用下，迫使料液进行分层运动。质量轻的液体在转鼓中心，流动到转鼓上部通过集液盘回收；质量重的固体被甩在转鼓内壁上，待停机人工卸料。

图 2-19 所示的碟片式高速离心机是立式离心机的一种，转鼓装在立轴上端，通过传动装置由电动机驱动而高速旋转。转鼓内有一组互相套叠在一起的碟形零件——碟片。碟片与碟片之间留有很小的间隙。悬浮液（或乳浊液）由位于转鼓中心的进料管加进转鼓。当悬浮液（或乳浊液）流过碟片之间的间隙时，固体颗粒（或液滴）在离心机作用下沉降到碟片上形成沉渣（或液层）。沉渣沿碟片表面滑动而脱离碟片并积聚在转鼓内直径最大的部位，分离后的液体从出液口排出转鼓。碟片的作用是缩短固体颗粒（或液滴）的沉降间隔、扩大转鼓的沉降面积，转鼓中由于安装了碟片而大大提高了分离机的生产能力。积聚在转鼓内的固体在分离机停机后拆开转鼓由人工清除，或通过排渣机构在不停机的情况下从转鼓中排出。碟式分离机可以完成两种操作：液-固分离（即低浓度悬浮液的分离），称为澄清操纵；液-液分离（或液-液-固）分离（即乳浊液的分离），称为分离操纵。

2.4.2.2　过滤分离技术

过滤是在外力的作用下，使悬浮液（或含固体颗粒的气体）中的液体（或气体）通过过滤介质滤孔，固体颗粒及其物质被过滤介质截留，从而使固体与液体或气体分离的方法。在工业生产中，常用的过滤操作方式主要有饼层过滤、深床过滤和膜过滤等。所谓饼层过滤是指过滤时固体物质沉积于过滤介质（多孔材料）表面并形成滤饼的过程。在深床过滤操作中，其过滤介质是很厚的颗粒床，悬浮液中的颗粒尺寸小于床层孔道尺寸，过滤时不形成滤饼。当悬浮液通过过滤介质时，其中固体颗粒由于表面张力和静电作用，使其附着在孔壁上，被截留在过滤介质床层内部，一般用于处理固体含量少（固体体积分数小于 0.1％）、颗粒尺寸很小的悬浮液。

生产中使用的过滤设备类型很多。按操作方式可分为间歇过滤机、连续过滤机；按操作压强又可分为压滤、吸滤和离心过滤。在此我们仅介绍几种常见的过滤设备。

（1）袋式除尘器

采用纤维织物作滤料的袋式除尘器在工业尾气的除尘方面应用较广。除尘效率一般可达99％以上，效率高，性能稳定可靠，操作简单。

含尘气流从下部进入圆筒形滤袋，在通过滤料的孔隙时，粉尘被捕集于滤料上，粉尘因拦截、惯性碰撞、静电和扩散等作用，在滤袋表面形成粉尘层，常称为粉尘初层。粉尘初层形成后，成为袋式除尘器的主要过滤层，提高了除尘效率。随着粉尘在滤袋上积聚，滤袋两侧的压力差增大，会把已附在滤料上的细小粉尘挤压过去，使除尘效率下降。除尘器压力过高，还会使除尘系统的处理气体量显著下降，因此除尘器阻力达到一定数值后，要及时清灰，但清灰不应破坏粉尘初层。清灰是袋式除尘器运行中十分重要的一环，多数袋式除尘器是按清灰方式命名和分类的，常用的清灰方式有三种：机械振动式清灰、逆气流清灰和脉冲喷吹清灰。机械振动袋式除尘器的结构如图2-20所示。

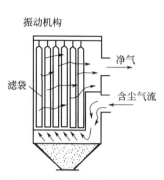

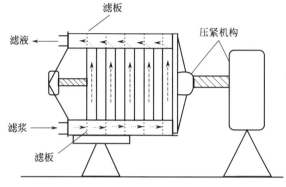

图 2-20　机械振动袋式除尘器　　　　图 2-21　板框式压滤机

（2）板框式压滤机

板框式压滤机（图2-21）早为工业所使用，它由多块带凹凸纹路的滤板和滤框交替排列组装于机架而构成。板和框一般制成正方形，板和框的角端均开有圆孔，装合、压紧后即构成供滤浆、滤液或洗涤液流动的通道。框的两侧覆以四角开孔的滤布，空框与滤布围成了容纳滤浆及滤饼的空间。滤板又分为洗涤板与过滤板两种。洗涤板左上角的圆孔内还开有与板面两侧相通的侧孔道，洗水可由此进入框内。

板框压滤机结构简单、制造方便、占地面积较小而过滤面积较大，操作压强高，适应能力强，故应用颇为广泛。它的主要缺点是间歇操作，生产效率低，劳动强度大，滤布损耗也较快。近来，各种自动操作板框压滤机的出现，使上述缺点在一定程度上得到改善。

（3）加压叶滤机

图2-22所示的加压叶滤机是由许多不同宽度的长方形滤叶装合而成。滤叶由金属多孔板或金属网制造，内部具有空间，外罩滤布。过滤时滤叶安装在能承受内压的密闭机壳内。滤浆用泵压送到机壳内，滤液穿过滤布进入叶内，汇集至总管后排出机外，颗粒则积于滤布外侧形成滤饼。滤饼的厚度通常为5～35mm，视滤浆性质及操作情况而定。

若滤饼需要洗涤，则于过滤完毕后通入洗水，洗水的路径与滤液相同，这种洗涤方法称为置换洗涤法。洗涤过后打开机壳上盖，拔出滤叶卸除滤饼。

加压叶滤机的优点是密闭操作，改善了操作条件，过滤速度大，洗涤效果好。缺点是造价较高，更换滤布（尤其对于圆形滤叶）比较麻烦。

（4）转筒真空过滤机

转筒真空过滤机是一种连续操作的过滤机械，设备的主体是一个能转动的水平圆筒，结构见图2-23。其表面有一层金属网，网上覆盖滤布，筒的下部浸入滤浆中，圆筒沿径向分隔成若干扇形格，每格都有单独的孔道通至分配头上。圆筒转动时，凭借分配头的作用使这些孔道依次分别与真空管及压缩空气管相通，因而在回转一周的过程中每个扇形格表面即可顺序进行过滤、洗涤、吸干、吹松、卸饼等项操作。

分配头由紧密贴合着的转动盘与固定盘构成，转动盘随着筒体一起旋转，固定盘内侧面各凹槽分别与各种不同作用的管道相通。

转筒真空过滤机能连续自动操作，节省人力，生产能力大，特别适宜于处理量大而容易过滤的料浆，对难于过滤的胶体物系或细微颗粒的悬浮液，若采用预涂助滤剂措施也比较方

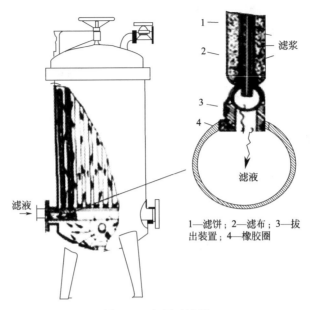

1—滤饼；2—滤布；3—拔
出装置；4—橡胶圈

图 2-22　加压叶滤机

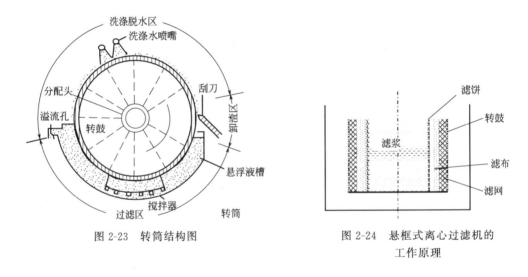

图 2-23　转筒结构图

图 2-24　悬框式离心过滤机的
工作原理

便。该过滤机附属设备较多，投资费用高，过滤面积不大。此外，由于它是真空操作，因而过滤推动力有限，尤其不能过滤温度较高（饱和蒸气压高）的滤浆，滤饼的洗涤也不充分。

（5）悬框式离心过滤机

悬框式离心过滤机是由转鼓、滤网、滤布和机架等主要部件构成。随着转鼓的快速移动，滤浆在离心力的作用下产生径向压差，滤饼通过滤网、滤框而流出，悬框式离心过滤机的工作原理见图 2-24。悬框式离心过滤机的过滤推动力大，滤饼湿度小，应用广泛，但设备成本高，过滤面积小。

为解决卸料问题，自动卸料离心机如振动卸料离心机和刮刀离心机问世。这类离心机可连续操作，在加、卸料时不用停车或降低转速，生产能力大，适合大批物料的过滤分离。

2.4.2.3　湿法除尘技术

湿法除尘是使废气与液体（一般为水）密切接触，将污染物从废气中分离出来。它既能净化废气中的固体颗粒污染物，也能脱除气态污染物，同时还能起到气体的降温作用。其优点是结构简单，造价低廉，净化效率高，适用于净化非纤维性和不与水发生化学作用的各种粉尘，尤其适宜净化高温、易燃、易爆的气体。缺点是管道设备必须防腐、污水污泥要进行处理、烟气抬升高度减小、冬季烟囱会产生冷凝水等。根据净化机理可以分为重力喷雾除尘、旋风式除尘、自激喷雾除尘、泡沫除尘、填料床除尘、文丘里除尘、机械诱导喷雾除尘、麻石水膜除尘等。下面介绍几种常用设备。

干式旋风分离器（图 2-25）内部以环形方式安装一排喷嘴，就构成一种最简单的旋风洗涤器。喷雾作用发生在外涡旋区，并捕集尘粒，携带尘粒的液滴被甩向旋风洗涤器的湿壁上，然后沿壁面沉落到器底，在出口处通常需要安装除雾器。含尘气流由筒体下部导入，旋转上升，水通过轴上安装的多头喷嘴喷出、形成水雾与螺旋旋转气流相碰，使尘粒被捕集下来。

文丘里洗涤器由文丘里管（简称文氏管）和脱水器两部分组成，而文丘里管包括收缩管、喉管、扩散管。除尘过程分为雾化、凝聚和脱水三个过程，见图 2-26 和图 2-27。含尘气体进入收缩管后，流速逐渐增大，气流的压力能逐渐转变为动能。在喉管入口处，气速达到最大，一般为 50～180m/s。水沿喉管周边均匀分布的喷嘴进入，液滴被高速气流雾化和加速。在液滴加速过程中，由于液滴与粒子之间惯性碰撞，实现微细尘粒的捕集。充分的雾化是实现高效除尘的基本条件。

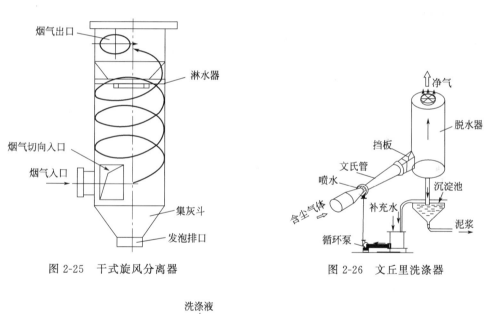

图 2-25　干式旋风分离器　　　　　　图 2-26　文丘里洗涤器

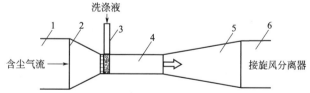

图 2-27　文丘里洗涤器示意图
1—进气管；2—收缩管；3—喷嘴；4—喉管；5—扩散管；6—连接管

湍球塔（图 2-28）由支撑板（栅板）、轻质小球、挡网、除沫器等部分组成。在支撑板（栅板）上放置一定量的轻质球形填料，在上升高速气流的冲力、液体的浮力和自身重力等各种力的相互作用下，球形填料悬浮起来形成湍动旋转和相互碰撞，引起气、液的密切接

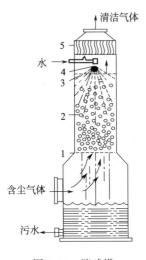

图 2-28　湍球塔
1—支撑板；2—填料球；
3—挡板；4—喷嘴；
5—除沫板

触，有效地进行传质、传热和除尘作用。此外，由于小球各向无规则的运动，表面经常受到碰撞、冲洗，在一定空塔气速下，会产生自身清净作用。

湍球塔的优点是气速高、处理能力大、气液分布比较均匀、结构简单且不易被堵塞。缺点是球的湍动在每段内有一定程度的返混，且本身较易变形和破裂，只适于传质单元数（或理论板数）不多的操作过程，如不可逆的化学吸收、脱水、除尘、温度较恒定的气液直接接触传热等。

2.4.2.4　静电分离技术

静电分离技术是化工过滤设备中利用静电力完成异相分离的设备。被分离介质的连续相可以是气体，也可以是液体，分散相多为固体颗粒，也可以是液滴。由于电能可直接选择作用于相界面或仅作用于分散相，不同于机械能对整个体系都有影响，对多相体系作用区域集中在相界面，能增加界面的传热传质速率，所以能效比传统的机械式过程高，分离效率更高。

静电除尘技术是一项很重要的防治大气污染的环保技术。利用高压静电场可以把小颗粒从空气或烟雾中分离出来，从而达到除尘的目的。优点是作用力直接施之于粒子本身，而机械方法大多把作用力作用在整个气体；气流阻力小，耗电少，压损小；捕集细小颗粒（1μm 左右）的效率高；除尘效率高，一般在 95%～99%（最高可达 99.9%）；处理气量大，在高温或强腐蚀性气体下操作。主要缺点是设备庞大，消耗钢材多，初投资大，要求安装和运行管理技术较高。

随着工业的发展，静电除尘技术已经有了飞速发展，现在我国已经研制出旋风电除尘器、透镜式电除尘器、宽间距电除尘器、圆筒型电除尘器等多种除尘装置，管式电除尘器的结构见图 2-29。其设备主要构件有电晕电极、集尘极、清灰装置。电晕电极，一般要求起晕电压低、电晕电流大、机械强度高、能维持准确的极距、易清灰等，电晕线越细越有棱尖，起晕电压就越低。常用的有直径 3mm 左右的圆形线、星形线及锯齿线、芒刺线等。集尘极结构对粉尘的二次扬起，及除尘器金属消耗量（约占总耗量的 40%～50%）有很大影响，性能良好的集尘极应满足下述基本要求：振打时粉尘的二次扬起少；单位集尘面积消耗金属量低；极板高度较大时，应有一定的刚性，不易变形；振打时易于清灰，造价低。高压供电设备提供粒子荷电和捕集所需要的高场强和电晕电流，供电设备必须十分稳定，希望工作寿命在二十年之上，通常高压供电设备的输出峰值电压为 70～1000kV，电流为 100～2000mA。增加供电机组的数目，减少每个机组供电的电晕线数，能改善电除尘器性能，但投资增加，必须考虑效率和投资两方面因素。电除尘器内气流分布对除尘效率具有较大影响。为保证气流分布均匀，在进出口处应设变径管道，进口变径管内应设气流分布板。最常见的气流分布板有百叶窗式、多孔板分布格子、槽形钢式和栏杆型分布板。

固液体系静电分离适用于液相电阻率大，固相颗粒较小、浓度相对较低的固液体系。其主要部件为静电分离柱（图 2-30）。静电分离柱是一个有中心电极的圆柱体，使含微颗粒的液流流经电场作用下的填料床层，使微颗粒在高压电场中被极化，并被吸附在填料上，从而使液流得以净化。当填料床层因吸附微颗粒达饱和后，采用反冲洗液流流经床层使填料得以再生，然后再进行下一轮的吸附操作。

2.4.2.5　萃取分离技术

萃取是利用不同物质在选定溶剂中溶解度的不同以分离混合物中的组分的方法。所用的溶剂常称为萃取剂。萃取根据参与溶质分配的两相不同分为多种，如液固萃取、双水相萃取

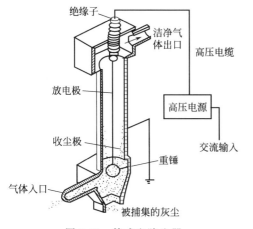

图 2-29　管式电除尘器

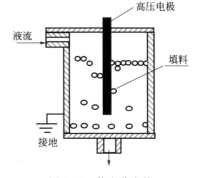

图 2-30　静电分离柱

和超临界流体萃取等。萃取操作流程分为分批和连续，单级和多级萃取流程。

　　混合澄清萃取器结构分为混合室和澄清室，混合器可单独调节，有可能选择最佳分散度，传质效率高。适合于特别高或特别低的相比，流量变化时不会降低效率。其适应性强，结果简单，但占地面积大，能耗高。如图 2-31 所示。

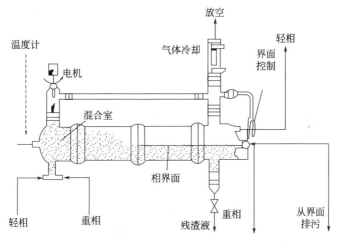

图 2-31　混合澄清萃取器

　　离心式萃取设备是利用离心力的作用使两相快速充分混合和快速分相的一种萃取设备。轻相引至外圈，重相中心进入。高速旋转时，重液从中心向外流动，轻液由外缘向中心流动，两相在螺旋通道内逆流流动进行传质。它由高速旋转的转鼓和固定的外壳组成。转鼓内装有带筛孔的狭长金属带绕制成的螺旋圆筒或多层同心管。结构紧凑，物料停留时间短，分离效率高，特别适用于处理两相密度差很小、易变质的物料分离。该设备结构复杂，能耗高，维修费用高，如图 2-32 所示。

2.4.2.6　精馏分离技术

　　利用混合物中各组分挥发能力的差异，通过液相和气相的回流，使气、液两相逆向多级接触，在热能驱动和相平衡关系的约束下，使得易挥发组分（轻组分）不断从液相往气相中转移，而难挥发组分却由气相向液相中迁移，使混合物得到不断分离，称该过程为精馏。精馏按操作过程可分为间歇精馏和连续精馏；按操作方式可分为常减压精馏、恒沸精馏、萃取

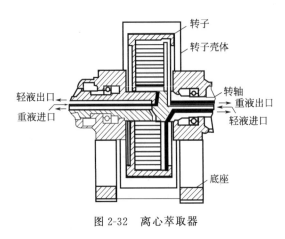

图 2-32 离心萃取器

精馏、反应精馏、分子精馏、加盐精馏和精密精馏等。常减压精馏就是普通的精馏方法。恒沸精馏和萃取精馏的基本原理都是在分离的混合液中加入第三组分，以提高组分间的相对挥发度，从而用精馏的方法将它们分离。恒沸精馏和萃取精馏是根据第三组分所起的作用进行分类的。恒沸精馏和萃取精馏是采用物理方法改变原有组分的相对挥发度。近年来许多科研人员不断将化学反应和精馏过程结合起来进行研究。这种伴有化学反应的精馏过程称为反应精馏。按照反应中是否使用催化剂可将反应精馏分为催化反应精馏过程和无催化剂的反应精馏过程，催化反应精馏过程按所用催化剂的相态又可分为均相催化反应精馏和非均相催化精馏过程，非均相催化精馏过程即为通常所讲的催化精馏。

板式塔正常工作时，液体在重力作用下自上而下通过各层塔板后由塔底排出，气体在压差推动下，经由塔板上的开孔由下而上穿过各层塔板后由塔顶排出。在每块塔板上皆储有一定高度的液体，气体穿过板上液层时进行两相接触传质传热。

板式塔的主要构造是塔板，各种塔板的结构大同小异，目前常用的有筛孔塔板和浮阀塔板等。筛孔塔板的主要构造包括筛孔、溢流堰及降液管。筛孔是气体通道，各种塔板的主要区别就在于气体通道的形式不同。筛孔板的气体通道最简单，它是在塔板上均匀地冲出或钻出许多圆形小孔，供气体上升之用。上升的气体经筛孔分散后穿过板上液层，造成两相间的密切接触和传质。为了保证气液两相在塔板上有足够的接触表面，塔板上必须储有一定量的液体。为此，在塔板的出口端设有溢流堰。塔板上液层高度或滞液量在很大程度上由堰的高度决定。作为液体自上层塔板流至下层塔板的通道，每块塔板通常附有 1 个降液管。降液管的下端必须保证液封，使液体能从降液管底部流出，而气体不能窜入降液管，为此降液管下缘的缝隙必须小于堰高。

浮阀塔板的构造是在塔板开孔上方设有浮动的盖板——浮阀。浮阀可根据气体的流量调节开度。在低气量时阀片处于低位，开度较小，气体仍以足够气速通过环隙，避免过多的漏液，在高气量时阀片自动浮起，开度增大，使气速不致过高，从而降低了高气速时的压降。

填料塔操作时，流体自塔上部进入，通过液体分布器均匀喷洒于塔截面上，在填料层内，液体沿填料表面呈膜状流下。各层填料之间设有液体再分布器，将液体重新均布于塔截面上，进入下层填料，气体自塔下部进入，通过填料缝隙中的自由空间从塔上部排出。气液两相在填料塔内进行逆流接触，填料上的液膜表面即为气液两相主要传质表面。应当注意到，在板式塔内形成气流界面所需要的能量是由气体提供的，而在填料塔内，液体是自动分散成膜状的。典型的填料塔塔体为圆形筒体，筒内分层放置一定高度的填料层。填料按其在塔内堆放方式可分为两类，即乱堆填料和整砌填料，常用的填料有拉西环、鲍尔环、弧鞍形填料等。

超重力精馏的流程如图 2-33 所示。由再沸器出来的蒸气从气体进口管进入旋转床外腔，在气体压力的作用下自外向内作强制性流动通过填料层，最后汇集于填料床的中心管，然后从气体出口进入冷凝器。经冷凝器冷凝后，回流液体通过转子流量计计量，然后进入位于中央的一个液体分布器，经喷嘴喷入旋转填料内在离心力作用下自内向外通过填料甩出。液体由旋转床的外壳收集，经液体出口流回再沸器循环进行。

2.4.2.7　蒸发分离技术

蒸发是将含有不挥发溶质的溶液加热沸腾，使溶剂部分汽化从而达到将溶液浓缩等生产目的的单元操作。蒸发操作广泛用于化工、轻工、制药、食品等多种工业生产中。蒸发操作在工业生产中主要作用有：将稀溶液浓缩直接得到液体产品，或将浓缩液进一步加工处理获取固体产品，例如电解法制得的稀烧碱溶液；获取溶液中的溶剂作为产品，例如海水蒸发制取淡水；制取浓缩液同时回收溶剂，例如制药中浸取液的蒸发。

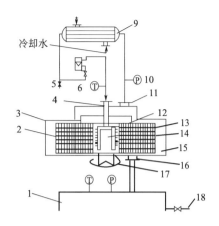

图 2-33　超重力精馏塔
1—再沸器；2—填料；3—机壳；4—液体入口；
5—取样口；6—温度计；7—阀门；8—流量计；
9—冷凝器；10—压力计；11—气体出口；
12—液体分布器；13—中心管；14—喷嘴；
15—超重力精馏塔外腔；16—气液进口；
17—转轴；18—取样口

根据二次蒸汽是否用作另一个蒸发器的加热蒸汽，可将蒸发分为单效蒸发和多效蒸发。对二次蒸汽不加利用的称为单效蒸发；若将几个蒸发器按一定的方式组合起来，利用前一个蒸发器的二次蒸汽作为后一个蒸发器的加热蒸汽进行操作，称为多效蒸发。采用多效蒸发是减小加热蒸汽消耗量、节约热能的主要途径。

根据操作压强的不同，可将蒸发分为常压蒸发、加压蒸发和真空蒸发。常压操作的特点是流程简单，二次蒸汽直接排放会造成对环境的污染，适用于临时或小批量生产。加压操作可提高二次蒸汽的温度，从而提高其利用价值，但要求加热蒸汽的压强相对较高，在多效蒸发中，前面几效通常采用加压操作。真空条件下由于溶液沸点的降低，从而具有以下优点：蒸发器的传热温度差较常压和高压下的大；加热蒸汽可以利用低压蒸汽或废蒸汽；可防止热敏性物料变质或分解；系统的热损失相应较小。但由于溶液沸点的降低，溶液的黏度增大，将导致传热系数减小，同时为维持真空需要消耗额外的动力和增加设备。

根据蒸发操作的连续程度，可分为间歇蒸发和连续蒸发。间歇蒸发特点是蒸发过程中，溶液的浓度和沸点随时间改变，所以是不稳定操作，适合于小规模、多品种的场合。连续蒸发为稳定操作，适合于大规模的生产过程。

由于蒸发过程以传热过程为主，所以蒸发设备与一般的传热设备并无本质上的区别。但是在蒸发过程中需要不断移除产生的二次蒸汽，而二次蒸汽不可避免地会夹带一些溶液，因此，它除了需要进行传热的加热室外，还要有一个进行汽、液分离的蒸发室。蒸发器的型式尽管多样，但都包括有加热室和分离室这两个基本部分。另外，蒸发设备还包括使液沫进一步分离的除沫器、除去二次蒸汽的冷凝器以及真空蒸发中采用的真空泵等辅助设备。下面重点介绍一些常用的蒸发器。

（1）循环型蒸发器

循环型蒸发器的特点是溶液在蒸发器内循环流动。根据造成循环的原因不同，又分为自然循环型蒸发器和强制循环型蒸发器。前者是由于溶液受热程度不同，产生密度差而引起循环的；后者则是利用外加动力迫使溶液进行循环。常用的循环型蒸发器有下列几种。

① 中央循环管式蒸发器。中央循环管式蒸发器又称标准式蒸发器，是工业上应用最广的大型蒸发器。在加热室的垂直加热管（或称沸腾管）束中央有一根直径较大的中央循环管，其截面积一般为加热管束总截面积的 $40\% \sim 100\%$。溶液自中央循环管下降，再由加热管上升，形成自然循环。管子越长，则循环速度越大。由于受蒸发器总高的限制，加热管长度一般为 12m，直径为 $25 \sim 75mm$。具有结构紧凑、制造方便、操作可靠等优点。但循环速

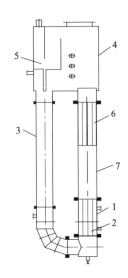

图 2-34　列文蒸发器

1—加热室；2—加热管；
3—循环管；4—蒸发室；
5—除沫器；6—挡板；
7—沸腾室

度较低（一般在 0.5m/s 以下），故传热系数较小；另清洗和检修也不太方便。适用于器内结晶不严重、腐蚀性小的溶液。

② 悬筐式蒸发器。悬筐式蒸发器是中央循环管式蒸发器的改进，其加热室像个篮筐，悬挂在蒸发器壳体的下部，作用原理与中央循环管式蒸发器相同。加热蒸汽从悬筐的上部中央加入到加热管的管隙之间，溶液仍在管内流动，悬筐与壳体壁面之间的环隙通道相当于中央循环管的作用。操作时，溶液从环隙下降，由加热管上升，形成自然循环。通常环隙截面积为加热管截面积的 $100\% \sim 150\%$。悬筐式蒸发器的优点是循环速度较高（约为 11.5m/s），传热系数较大；由于与壳体接触的是温度较低的溶液，其热损失较小；此外，由于悬挂的加热室可以由蒸发器上方取出，故其清洗和检修都比较方便。其缺点是结构复杂，金属消耗量大，适用于易结晶、结垢的溶液。

③ 外热式蒸发器。外热式蒸发器的结构特点是把中央循环管式蒸发器中管束较长的加热室和分离室分开，这样，一方面降低了整个设备的高度，另一方面由于循环管没有受到蒸汽加热，加大了溶液的密度差，且由于管子较长，从而加快了溶液循环的速度（可达 1.5m/s 以上）。

④ 列文蒸发器。列文蒸发器的结构特点是在加热室的上部增设一个沸腾室。这样，加热室内的溶液由于受到上方沸腾室液柱产生的压强，加热室内不能沸腾，只有上升到沸腾室时才能汽化。此外，由于循环管高度大，截面积大（约为加热管总截面积的 $200\% \sim 350\%$），循环管又未被加热，故能产生很大的循环推动力。列文蒸发器的优点是循环速度大（可达 $2 \sim 3$m/s），传热效果好，传热系数接近于强制循环型蒸发器的传热系数；由于溶液在加热管内不沸腾汽化，减小了溶液在加热管内析出结晶和结垢的机会。其缺点是设备庞大，需要的厂房高；由于管子长，产生的静压大，要求加热蒸汽的压强较高。列文蒸发器适用于易结晶或结垢的溶液。列文蒸发器如图 2-34 所示。

⑤ 强制循环型蒸发器。在一般的自然循环型蒸发器中，由于循环速度较低，导致传热系数较小，且当溶液有结晶析出时，易黏附在加热管的壁面上。不适用于处理黏度大、易结垢及有大量结晶析出的溶液。为了提高循环速度，可采用强制循环型蒸发器。它是利用外加动力（泵）促使溶液循环，循环速度的大小可通过调节循环泵的流量来控制，其循环速度一般 2.5m/s 以上。强制循环型蒸发器的优点是传热系数大，对于黏度大、易结晶和结垢的溶液，适应性好，其缺点是需要消耗动力和增加循环泵。

（2）膜式蒸发器

在循环型蒸发器中，溶液在蒸发器内停留的时间较长，即受热时间较长，对热敏性物料，容易造成分解和变质。膜式蒸发器的特点是溶液沿加热管呈膜状流动（上升或下降），一次通过加热室即可浓缩到要求的浓度，在加热管内的停留时间很短（几秒至十几秒）。膜式蒸发器的优点是传热效率高，蒸发速度快，溶液受热时间短。特别适用于热敏性物料的蒸发，对黏度大和容易起泡的溶液也较适用。是目前被广泛使用的高效蒸发设备。按溶液在加热管内流动方向以及成膜原因的不同，膜式蒸发器可以分为以下几种类型：升膜式蒸发器、降膜式蒸发器、升-降膜式蒸发器、刮板薄膜蒸发器。

① 升膜式蒸发器。升膜式蒸发器的结构如图 2-35 所示，其加热室实际上就是一个加热管很长的立式列管换热器，预热后的料液由底部进入加热管，加热蒸汽在管外冷凝，料液受热沸腾后迅速汽化，产生的二次蒸汽在管内以很高的速度（常压操作时加热管出口蒸汽速度可达 $20 \sim 50$m/s，减压操作时则更大，可达 $100 \sim 160$m/s 或更高）上升，带动溶液沿管内壁呈膜状向上流动，上升的液膜因不断受热而继续汽化，溶液自底部上升至顶部就浓缩到要

求的浓度。汽、液一起进入分离室，分离后二次蒸汽从分离室上部排出，完成液从分离室下部引出。加热管一般采用直径为 25～50mm 的无缝管管长与管径比在常压下为 100～150，在减压下为 130～180。升膜式蒸发器适用于处理蒸发量大（即稀溶液）、热敏性和易起泡的溶液，也适用于黏度大、易结晶或结垢的物料。

② 降膜式蒸发器。降膜式蒸发器与升膜式蒸发器的区别在于原料液由加热管的顶部进入。溶液在自身重力作用下沿管内壁呈膜状下降，并被蒸发浓缩，汽液混合物由加热管底部进入分离室，经汽液分离后，完成液从加热管的底部排出。为使溶液能在管壁上均匀成膜，在每根加热管的底部都要设置液膜分布器。

③ 升-降膜式蒸发器。将升膜和降膜蒸发器装在一个壳体即构成升-降膜式蒸发器。原料预热后先经升膜加热管上升，然后由降膜加热管下降，再在分离室中和二次蒸汽分离后即得完成液。多用于蒸发过程中溶液黏度变化大、水分蒸发量不大和厂房高度受到限制的场合。

④ 刮板薄膜蒸发器。刮板薄膜蒸发器的结构如图 2-36 所示，它有一个带加热夹套的壳体，壳体内装有旋转刮板，旋转刮板有固定的和活动的两种，前者与壳体内壁的间隙为 0.75～1.5mm，后者与器壁的间隙随旋转速度而改变。溶液在蒸发器上部切向进入，利用旋转刮板的刮带和重力的作用，使液体在壳体内壁上形成旋转下降的液膜，并在下降过程中不断被蒸发浓缩，在底部得到完成液。这种蒸发器的突出优点是物料适应性非常强，对黏度高和容易结晶、结垢的物料均能适用。其缺点是结构较为复杂，动力消耗大，传热面积小（一般为 3～4m²，最大不超过 20m），故其处理量较小。

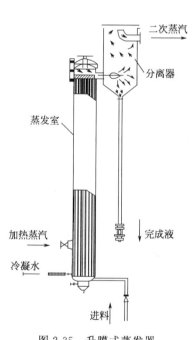

图 2-35　升膜式蒸发器

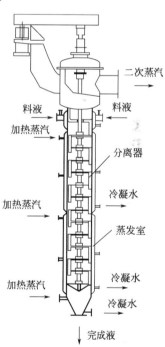

图 2-36　刮板薄膜蒸发器

2.4.3　产物分离流程设计

产物分离流程的设计是寻找到适宜工业化途径的，以期经济合理地实现规定的分离任务的流程。产物分离流程的设计应达到下列目的：

① 适宜分离方法、流程和操作条件的选择；

② 分离设备的合理选型；

③ 分离设备几何尺寸的确定。

产物分离流程的设计有三个关键环节：明确分离目标、技术与经济论证（可行性论证）和放大技术。其中，放大技术是研究开发的核心。放大技术可以采用数学模型方法、逐级经验放大、工程理论指导放大和参照类似工业装置放大等方法。对于一个缺乏参照系统的新的分离流程来说，前两种方法更为常用。

① 数学模型法。此法基于对过程本质的深刻理解，将复杂过程分解为多个较简单的子过程，再根据研究的目的进行合理地简化，得出物理模型；应用物理基本规律及过程本身的特征方程对物理模型进行数学描述，得出数学模型；对数学模型进行分析得到设计计算方法，通过试验确定方程中的模型参数；应用计算机进行复杂过程的综合研究和寻优，得到最优结果，最后需进行中间试验检验结果的可靠性。数学模型法尽管在方法的逻辑上合理，从方法论上说也很科学，与逐级经验放大方法相比，可以节省试验费用，缩短开发周期，结果比较可靠，但在化工中的实际应用至今仍然有限。主要原因在于化工过程太复杂，可靠又合理简化的数学模型难以建立。

② 逐级经验放大法。该法的步骤分别为进行小试，确定操作条件和设备形式。确定的依据是最终产品质量、产量和成本，并不考虑过程的机理，小试之后进行规模稍大的中试，以确定设备尺寸放大后的影响（放大效应），然后才能放大到工业规模的大型装置，在处理物料复杂或对选用的分离方法缺少经验时，放大把握不大，则上述每级试验放大倍数就小，往往需多级中间试验，耗资大，开发周期长。

工业上分离方法很多，可以设计出很多方案，把这些方案逐一进行技术经济比较工作量巨大，而且许多参数不可知也未必准确，给方案设计增加了困难，此时工程上的一些经验规则发挥出重要作用和重要的参考价值。

① 反应产物如有固体物，一般率先分离出来，以免管道设备堵塞。

② 反应物中对目的产物有害的物质必须首先除去，甚至不惜能量的利用合理与否，这是工艺的要求。

③ 反应产物中对后工艺有害的物质首先分离。例如精馏过程，从能量上考虑应当由挥发度从低到高逐级分离，但有时高沸点物质会聚合絮凝，影响工艺流程，因而此时应先分离高沸点的该物质。

④ 产物中把未反应的原料尽量分离，循环使用。

⑤ 把最难分离的组分或者要求分离纯度特高的产物应从分离系统中先取出初产物，再设计精制方案，不主张一次分离就得到高纯产物。

⑥ 尽量选择简单的分离方法，能用机械分离的就先用机械分离。

⑦ 一般情况下要么先取出含量最少的组分，要么先取出含量最多的组分。

⑧ 尽量把多种杂质一次性去除，再从杂质中回收有用的副产物部分。

⑨ 能用精馏的地方尽量采用简单精馏。

2.5 三废治理

2.5.1 环保标准

环境保护标准是指以保护环境为目的制定的标准是环境保护标准。环境标准按标准性质划分为强制性标准和推荐性环境保护标准。

环境保护标准包括以下几种。

① 环境质量标准。是指为保护人体健康和生存环境，维护生态平衡和自然资源的合理

利用，对环境中污染物和有害因素的允许含量所作的限制性规定。如水质量标准、大气质量标准、土壤质量标准、生物质量标准，以及噪声、辐射、振动、放射性物质等的质量标准。其中水质量标准又可分为地下水水质标准、海水水质标准以及生活饮用水水质标准、工业用水水质标准、渔业水质标准等。

② 污染物排放标准。是为了实现环境标准的要求，对污染源排入环境的污染物质或各种有害因素所作的限制性规定。污染物排放标准可分为大气污染物排放标准、水污染物排放标准、固体废弃物等污染控制标准。

③ 环境监测方法标准。是为了监测环境质量和污染物排放，规范采样、分析测试、数据处理等技术，所制定的试验方法标准。

④ 国家环境标准样品标准。是为了保证环境监测数据的准确、可靠，对用于量值传递或质量控制的材料、实物样品，所制定的标准样品。

⑤ 环境基础标准。是为了对环境保护工作中，需要统一的技术术语、符号、代号（代码）、图形、指南、导则及信息编码等，所制定的标准。

2.5.2 废气处理技术

废气处理技术基本可以分为分离法和转化法两大类。分离法是利用外力等物理方法将污染物从废气中分离出来，如废气中的粉尘的处理。转化法是使废气中污染物发生某些化学反应，然后转化为其他物质，再用其他方法进行净化。

催化燃烧是一种处理有机气体的有效方法，特别适于处理量大、气体浓度较低时苯类、醛类、酮类、醇类等各类有机废气的处理。催化燃烧法的作用原理是：有机气体中的烃类化合物在较低的温度下通过催化剂的作用，被氧化分解成无害气体并释放热量。这种高浓度的有机气体在催化燃烧时所放出的热量足以维持其催化反应时所需要的温度，无需外加热源，燃烧后的热空气又可以用于对吸附剂的热脱附再生，达到废物及废能综合利用，同时节能的目的。在催化燃烧过程中，燃烧反应温度低，一般比热焚烧要低，由于燃烧完全，不会产生 CO 和剩余可燃气体，不易生成高温下的二次污染物如二噁英、氮氧化物等，而且脱除污染物效率高，还可以回收热量节约能源，最终有机气体在催化剂的作用下，于一定温度下转化为水和二氧化碳，并排向大气。此处理方法的关键问题是开发与研制一种起燃点低、催化活性高、稳定和价廉的催化剂。

2.5.3 废水处理技术

废水处理方法的分类有很多种，常见的是按不同的处理程度分类或按其作用原理来划分。废水处理方法按其作用原理可以分为物理法、生物化学法、化学法和物理化学法。

① 物理方法。主要是利用物理原理和机械作用对废水进行治理，故也称为机械法。包括沉淀、均衡调节、过滤及离心分离等方法。

② 生物化学方法。是利用微生物的作用，对废水中的凝胶物质及有机物质进行去除的方法，包括活性污泥法、生物膜法以及厌氧处理法。

③ 物理化学法。是通过物理化学过程处理废水，除去污染物质的方法。其主要方法有吸附、浮选、反渗透、电渗析等方法。

④ 化学方法。是通过施用化学药剂或采用其他化学反应手段，进行废水治理的方法，如中和、氧化还原、电解法、离子交换等。

按处理程度可将废水处理分为一级处理、二级处理和三级处理。

① 一级处理。主要是解决悬浮固体、胶体、悬浮油类等污染问题，经常采用物理方法处理，如沉降、浮选、隔油等方法。

② 二级处理。主要是解决溶解在水中的有机物及部分悬浮固体的污染问题，经常采用生物处理法，二级处理常常是处理化工废水的主要部分。

③ 三级处理。主要是解决难以分解的有机物和无机物，处理方法有活性炭吸附、离子交换、反渗透等。

下面对主要的废水处理技术进行介绍。

(1) 膜分离法

膜分离法是近 20 年来迅速发展起来的分离技术，主要包括微滤、超滤、纳滤和反渗透，均是利用液-液分散体系中的两相与固体膜表面亲和力的不同达到分离目的。近年来膜法处理含油废水技术发展很快。膜分离技术用于废水处理具有能耗低、效率高和工艺简单等特点。膜组件简洁、紧凑、易于自动化操作、维修方便，与其他废水处理方法相比具有明显的优势，但在实际应用中存在膜污染严重、不易清洗、运行费用高等缺点。因此，研究合适的操作条件，研制新型膜材料，选择合适的清洗方法是其技术关键。

(2) 粗粒化法

粗粒化法 (亦叫聚结法) 是使含油废水通过一种填有粗粒化材料的装置，使污水中的微细油珠聚结成大颗粒，从而使油水分离的方法。其技术关键是粗粒化材料。许多研究者认为材质表面的亲油疏水性能是其性能好坏的关键，而且亲油性材料与油的接触角<70°为好。这样更有利于微细油珠的聚集。但其出水含油质量浓度一般大于 10mg/L，还需适当的深度处理。粗粒化除油装置具有体积小、效率高、结构简单、不需加药、投资省等优点；缺点是填料容易堵塞，出水油含量较高，水中含有表面活性剂时处理效果受到影响，常需要再进行深度处理。

(3) 絮凝法

向含油废水中加入絮凝剂，在水中水解后带正电荷的胶团与带负电荷的乳化油产生电中和。油粒聚集，粒径变大，同时生成絮状物吸附细小油滴，然后通过沉降或气浮的方法实现油水分离。常见的絮凝剂有聚合氯化铝 (PAC)、三氯化铁、硫酸铝、硫酸亚铁等无机絮凝剂和丙烯酰胺、聚丙烯酰胺 (PAM) 等有机高分子絮凝剂。虽然无机絮凝剂的处理速度较快，但投药量大，污泥生成量多。而有机高分子絮凝剂具有用量少、效果好的特点，研究发展很快。但由于其药剂成本较无机絮凝剂更贵，目前，有机高分子絮凝剂在含油废水处理方面仍然主要是用作其他方法的辅助剂。如何将有机与无机絮凝剂通过多种方法进行复合，以提高处理效率并降低处理成本是当前值得研究的课题。

(4) 气浮法

气浮法利用高度分散的微气泡作为载体，黏附废水中的悬浮物，使其密度小于水而上浮到水面，以实现固液分离过程。它可用于水中固体与固体、固体与液体、液体与液体，乃至溶质中离子的分离。该法的油水分离效率很高，根据产生气泡的方式不同，又可分为加压溶气浮选法、叶轮浮选和曝气浮选法。提高其效率的研究主要集中在两个方向：一是气浮装置的革新和改进，另一个方向是对其溶气系统的改进。目前国内外对气浮法的研究多集中在气浮装置的革新、改进以及气浮工艺的优化组合方面。如浮选池的结构已由方形改为圆形，减少了死角；采用溢流堰板排除浮渣而去掉刮泥机械。

(5) 吸附法

吸附是利用吸附剂的多孔性和大的比表面积，将废水中的重金属、溶解油和其他溶解性有机物吸附在表面，从而达到油水分离。吸附剂一般分为炭质吸附剂、无机吸附剂和有机吸附剂。

常用的有活性炭、活化矾土、聚乙烯等。其中活性炭使用范围最广，吸附能力强，但成本高，再生困难，加之吸附量有限，限制了其应用。

(6) 生物化学法

生化法是利用微生物去除有机物，可分为好氧处理和厌氧处理。厌氧段通过厌氧细菌作用。将水中难降解的有机物转化为短链的易降解的有机物，再由好氧细菌将水中的短链有机物进行完全分解，有活性污泥、生物膜和氧化塘等形式。由于其工艺成熟，运行成本低，因此国内外广泛采用，但存在对水质变化和冲击负荷较低、易产生污泥膨胀等缺点，且废水中含油物质的种类和含量变化本身对生化处理的效果也有极大影响。针对该法的缺点，开展了大量的工作，新的发展包括半推流式活性污泥系统、厌氧序批间歇式反应器、改进型生物膜法等。

生化法较物理或化学法具有成本低、投资少、效率高、无二次污染等优点，但其占地面积大、运行费用高，因而在应用上受到一定限制。

2.5.4 废渣处理技术

化工生产过程中会有多种固体废物产生，其种类繁多、成分复杂。如炼油厂排出的酸渣、碱渣、废催化剂、废白土渣、活性污泥、煤渣等。采用堆存的方法可能造成二次污染，因此废渣的重新利用具有重要意义。对于废渣的处理应首先考虑废渣的再资源化，主要途径是开展综合利用，回收或循环利用或通过工艺改进提高资源利用率减少废渣排放。主要途径包括：①做燃料，许多石油化工装置排放废溶剂或废矿物油等可以作为燃料利用；②作等外品降级出售，如石油化工装置中产生的有机树脂类废物；③回收贵金属，如废催化剂中的钯、铂等贵金属成分可送回催化剂厂回收贵金属。

对于无法再资源化的废渣的处理方法一般有物理化学方法、焚烧法和填埋法。

① 物理化学方法。化学工业中产生的某些含油、含酸碱或含重金属的废液一般不宜直接焚烧或填埋，这时可直接用物理化学法处理。如含酸废渣可用中和法处理。对于含水量较大的含有害成分的污泥一般先做脱水处理，以减小体积，再做下步处置。

② 焚烧法。焚烧是指焚化燃烧危险废物使之分解并无害化的过程。焚烧炉型种类很多，目前主要使用有旋转炉、固定床炉、流化床炉等。流化床炉体积小、占地省。如果被燃烧物有足够的热值，运转正常后将不需添加辅助燃料，适合处理低灰分、低水分、颗粒小的废物。固定床炉结构简单，投资省，适合小量废物焚烧。但这种炉子不易翻动炉中的废料，燃烧不充分，且出料也麻烦。旋转炉炉体在运转过程中缓慢旋转，炉体沿轴向倾斜，使燃烧中的废物不断下移并翻动，燃烧更充分。

③ 填埋法。填埋处理将废渣埋入地下，通过长期的微生物或化学作用，使之分解为无害的物质。填埋法需满足以下要求：填埋物应为惰性物质或可分解为无害化合物的废渣；填埋场地应远离水源，不得污染地下水。

2.5.5 噪声控制技术

工厂通常包括以下噪声源：一是转动机械，许多机械设备的本身或某一部分零件是旋转式的，常因组装的损耗或轴承的缺陷而产生异常的振动，进而产生噪声；二是冲击，当物体发生冲击时，大量的动能在短时间内要转成振动或噪声的能量，而且频率分布的范围非常地广，如冲床、压床、锻造设备等都会产生此类噪声；三是共振，每个系统都有其自然频率，如果激振的频率范围与自然频率有所重叠，将会产生大振幅的振动噪声，例如引擎、马达等；四是摩擦，此类噪声由于接触面与附着面间的滑移现象而产生声响，常见的设备有切削、研磨等；五是流动所产生的气动噪声、乱流、喷射流、气蚀、气切、涡流等，当空气以高速流经导管或金属表面时，一般空气在导管中流动碰到阻碍产生乱流或大而急速的压力改变均会有噪声产生；六是燃烧，在燃烧过程中可能发生爆炸、排气以及燃烧时上升气流影响周围空气的扰动，这些现象均会伴随噪声的产生，例如引擎、锅炉、熔炼炉、涡轮机等这一类的燃烧设备均会产生这类的噪声。

噪声的充分控制必须考虑噪声源、传音途径、受音者所组成的整个系统。控制噪声的措施可以针对上述三部分或其中任何一个部分进行。具体包括以下内容。

① 降低声源噪声。可以选用低噪声的生产设备和改进生产工艺，或者改变噪声源的运动方式（如用阻尼、隔振等措施降低固体发声体的振动）。第一，改造生产工艺和选用低噪声设备。第二，提高机械加工及装配精度，以减少机械振动和摩擦产生的噪声。第三，对高压、高速气流要降低压差和流速，或改变气流喷嘴形状。

② 在传音途径上降低噪声。控制噪声的传播，改变声源已经发出的噪声传播途径，如采用吸音、隔音、音屏障、隔振等措施。第一，在总体布局上合理设计。在安排厂矿平面设计时，应将主要噪声源车间或装置远离要求安静的车间、试验室、办公室等，或将高噪声设备尽量集中，以便于控制。第二，利用屏障阻止噪声传播，或利用天然地形如山岗、土坡、树林、草丛或不怕吵闹的高大建筑物或构筑物等阻止噪声传播。第三，利用声源的指向性特点来控制噪声。如将高压锅炉排汽、高炉放风、制氧机排气等排出口朝向旷野或天空，以减少对环境的影响。

③ 受音者或受音器官的噪声防护。在声源和传播途径上无法采取措施，或采取的声学措施仍不能达到预期效果时，就需要对受音者或受音器官采取防护措施。第一，对工人进行个人防护，如佩带耳塞、耳罩头盔等防噪声用品。第二，采取工人轮换作业，缩短工人进入高噪声环境的工作时间。

参考文献

[1] 北京化工学院工史编写组. 化学工业发展简史 [M]. 北京：科学技术文献出版社，1985.
[2] 中国化学工业现状概况及发展趋势. http://www.doc88.com/p-748553259538.html.
[3] 米镇涛. 化工工艺学 [M]. 第2版. 北京：化学工业出版社，2006.
[4] 黄仲九. 化学工艺学 [M]. 北京：高等教育出版社，2008.
[5] 雷波，梅毅，杨亚斌. 热法磷酸的发展趋势与研究方向 [J]. 云南化工，2007，34 (6)：64-68.
[6] 吴元欣，等. 化学反应工程 [M]. 北京：化学工业出版社，2010.

第二篇

无机化工工艺学

第3章 氯碱化工工艺

3.1 概述

氯碱工业是基本化工工业之一，它的产品烧碱、氯气和氢气及其衍生物在国民经济中占有重要地位，广泛用于纺织工业、轻工业、冶金、化学工业和石油化学工业等部门。

3.1.1 氯碱工业发展概况

生产烧碱和氯气有着悠久的历史，早在中世纪就发现了存在盐湖中的纯碱，后来就发明了以纯碱和石灰为原料制取 NaOH 的方法即苛化法：

$$Na_2CO_3 + Ca(OH)_2 = 2NaOH + CaCO_3 \downarrow$$

因为苛化过程需要加热，因此就将 NaOH 称为烧碱，以别于天然碱（Na_2CO_3）。

直到 19 世纪末，人们发明了氯化钠水溶液电解生产烧碱同时联产氯气的技术。电解法分为隔膜法、水银法和离子膜法。食盐电解工业发展中的困难是如何将阳极产生的氯气与阴极产生的氢气和氢氧化钠分开，不导致爆炸和生成氯酸钠。隔膜法和水银法成功解决了这个难题。水银法由于水银的环境污染问题难以解决，后来逐渐被隔膜法所取代。最初的隔膜材料是石棉，其隔膜电阻较大，能耗较高。

20 世纪 50 年代，一些著名公司着手进行离子膜法研究，但由于一般的离子膜不能耐电解产物（原子氯和次氯酸），因而迟迟没有工业化。1966 年，美国杜邦公司开发出化学性能好、用于宇宙飞船的燃料电池的全氟磺酸阳离子交换膜。这种膜能够耐食盐水溶液电解时的苛刻条件，为离子膜法制碱奠定了基础。离子膜是一种选择透过性膜，具有高选择性，只允许阳离子和水分子通过，所以 NaOH 产品纯度高。由于离子膜电阻小，所以生产能耗明显降低。由于其不可替代的优越性，离子膜法烧碱生产技术得到迅速发展。从 1975 年第一套离子膜烧碱生产线装置建成到 2007 年，仅 32 年的时间，全世界离子膜法烧碱生产能力已达到 3410 万吨，占当年世界烧碱生产总能力 6777 万吨的 50.3%。

3.1.2 中国氯碱工业发展概况

我国氯碱工业在 20 世纪 20 年代才开始创建。1930 年，我国第一家氯碱厂上海天原电化厂建成投产，年产能 700t。新中国成立后，我国氯碱工业和其他工业一样，发展速度很快。到 20 世纪末，我国烧碱生产厂家已发展到 200 多家，年产量 600 万吨，仅次于美国和日本，列世界第三位，由烧碱进口国变为出口国。

进入 21 世纪以来，国民经济的快速发展促进了我国氯碱工业的空前繁荣。特别是"十一五"时期，氯碱工业发展速度快，产量增幅大。2006 年，中国烧碱产量位居世界首位，达到 1400 万吨；2010 年我国烧碱产能达到 2884 万吨，成为名副其实的氯碱大国。

3.1.3 氯碱工业的特点

氯碱工业的特点除原料易得、生产流程较短外，主要还有三个突出问题。

① 能源消耗大。每生产 1t 100% 烧碱总能耗折标准煤为 3.815t。因此，选用先进工艺以降低烧碱的电耗和蒸汽消耗，始终是氯碱生产企业的一项核心工作。

② 氯与碱的平衡。电解食盐水溶液时，按固定质量比例（1：0.85）同时产出烧碱和氯气两种产品。在一个国家和地区，对烧碱和氯气的需求量不一定符合这一比例。因此就出现

了烧碱和氯气的供需平衡问题。在一般情况下，发展中国家在工业发展初期用氯量较少，总是以氯气的需要量来决定烧碱的产量，因此往往会出现烧碱短缺现象。在石油化工和基本有机原料发展较快的国家和地区，氯气的用量较大，因此就出现烧碱过剩。总之烧碱和氯气的平衡始终是氯碱工业发展中的一个恒定的矛盾。

③ 腐蚀和污染。氯碱产品如烧碱、盐酸等均具有强腐蚀性，在生产过程中使用的原材料如石棉、汞和产生的含氯废气都可能对环境造成污染。因此防止腐蚀和三废处理也一直是氯碱工业的努力方向。

3.1.4　氯碱工业在国民经济中的地位

食盐电解联产的烧碱、氯气和氢气，除应用于化学工业本身外，在轻工、纺织、石油化工和有色金属冶炼等方面均有很大用途，作为基本化工原料的"三酸二碱"，盐酸、烧碱就占其中两种，而且氯气和氢气还可进一步加工成许多化工产品。所以氯碱工业及相关产品几乎涉及国民经济及人民生活的各个领域。

① 烧碱。烧碱是基本化工原料之一，它的主要用途最早从制造肥皂开始，后来逐渐用于造纸、纺织、印染等工业。20世纪年代后，随着石油化工的发展，烧碱逐渐应用于石油馏分的洗涤从而得到精制的石油。烧碱在合成染料、药物以及有机中间体等行业也有广泛的应用。因此，烧碱在国民经济中占有重要地位。

② 氯气。氯气的用途也十分广泛，下游产品主要分为无机氯产品和有机氯产品。氯气最早用于制造漂白粉，以后又扩展到制造一系列无机氯产品。此外，氯气还用于自来水消毒杀菌以及纸浆漂白、纺织品漂白等行业。在有机氯产品方面，随着石油化工的发展，氯的消耗量迅速增加。其中氯气用于制造氯乙烯系列、合成氯丁橡胶、氯化橡胶、甲烷氯化物系列、环氧化合物系列等工业产品。此外，氯气还可用于制造某些高效低毒的有机含氯农药，如速灭威、含氯菊酯等。

③ 氢气。氯碱工业副产品氢气，对国民经济也是很有用的原料。氢气是宝贵的资源和清洁的能源。它除用于合成氯化氢制备聚氯乙烯外，另一大用途是植物油加氢生产硬化油。此外，还用于高纯度金属冶炼、生产多晶硅以及用于蒽醌法生产过氧化氢等化工产品。在电子工业中，氢气主要用于半导体、电真空材料、硅晶片、光导纤维生产等领域。

3.2　原盐的性质及盐水精制

电解法生产烧碱的主要原料是饱和食盐水溶液，因此盐水工序是保证氯碱厂正常生产的重要工序。其任务是通过固体盐的溶化、粗制盐水的化学精制以及澄清过滤等，供应符合电槽要求的饱和食盐水。盐水质量是电解槽正常生产的一个关键问题，盐水质量不仅影响电解槽的使用寿命，而且是能否在高电流密度运行时得到高电流效率的至关重要的基础。同时，有些杂质（SO_4^{2-}）还会随电解液进入蒸发浓缩工序，影响蒸发工段的正常生产。所以，如何提高盐水质量始终是氯碱企业进行安全生产以及技术攻关的重要因素。

3.2.1　原盐的性质

原盐的主要成分为氯化钠，化学式NaCl，相对分子质量58.5，溶解热为7.25kJ/mol。原盐是烧碱、纯碱最主要的原料之一，在无机化工产品中占有极其重要的地位。我国是目前世界上最大的原盐生产国与消费国之一。

纯净的氯化钠很少潮解，工业原盐中因含有$CaCl_2$、$MgCl_2$及Na_2SO_4等杂质，极易吸收空气中水分而潮解结块。原盐的潮解对运输、储存及使用会带来一定困难。

温度对氯化钠在水中的溶解度的影响并不大，但是提高温度可以加速原盐的溶解速度。不同温度下氯化钠在水中的溶解度见表3-1。

表 3-1　不同温度下氯化钠在水中的溶解度

温度/℃	溶解度		温度/℃	溶解度	
	/%	/(g/L)		/%	/(g/L)
10	26.35	316.7	60	27.09	320.5
20	26.43	317.2	70	27.30	323.3
30	26.56	317.6	80	27.53	323.8
40	26.71	318.1	90	27.80	324.3
50	26.89	319.2	100	28.12	328.0

盐水的电导率随温度、浓度的增加而增大。在不同温度下，不同浓度盐水的电导率见表3-2。水中含盐是水导电的原因。水的含盐量越大，电阻越小，导电能力越强。水的导电能力很容易用电导率仪测定。因为水温对电导率的影响比较大，一般水温每增加1℃，电导率增加2%左右，所以电导率应注明水温。

表 3-2　不同温度、不同浓度的盐水电导率

NaCl/(g/L)	不同温度下电导率/$(\Omega^{-1} \cdot cm^{-1})$					
	25℃	60℃	70℃	80℃	90℃	100℃
230	0.2269	0.3922	0.4392	0.4865	0.5341	0.5818
240	0.2306	0.3995	0.4480	0.4965	0.5450	0.5935
250	0.2342	0.4065	0.4562	0.5060	0.5557	0.6054
260	0.2376	0.4132	0.4645	0.5151	0.5660	0.6164
270	0.2409	0.4195	0.4723	0.5231	0.5755	0.6259
280	0.2438	0.4259	0.4795	0.5323	0.5842	0.6355
290	0.2464	0.4316	0.4860	0.5398	0.5930	0.6456
300	0.2485	0.4374	0.4914	0.5458	0.6005	0.6558
310	0.2500	0.4418	0.4958	0.5508	0.6068	0.6638
320	0.2508	0.4441	0.4983	0.5537	0.6103	0.6680

原盐在自然界中蕴藏量很大，分布面亦极广。根据来源不同，原盐主要可以分为海盐、井盐、湖盐、矿（岩）盐四大类。就NaCl含量而言，湖盐质量最佳，NaCl含量达96%～99%；井盐和矿盐次之，NaCl含量达93%～98%；海盐的NaCl含量在91%～95%左右，海盐的钙镁含量最高。

选择原盐的主要标准有以下四条：

① 氯化钠含量要高，一般要求大于90%；

② 化学杂质要少，钙、镁离子总量要小于1%，硫酸根离子小于0.5%；

③ 不溶于水的机械杂质要少；

④ 盐的颗粒要粗，否则容易结成块状，给运输和使用带来困难。

此外，盐的颗粒太细时，盐粒容易从化盐桶中泛出，使化盐和澄清操作难以进行。

每生产1t 100%NaOH约需3.5～3.8t NaCl（理论量为3.462t）。因此，原盐的质量特别是杂质中钙、镁离子的含量和比值，会直接影响盐水的质量、精制剂的消耗量和设备的生产能力。

3.2.2　盐水精制

原盐溶解后所得的粗盐水，含有钙、镁、硫酸根等杂质，不能直接用于电槽，需要加以精制。在工业上一般采用化学精制方法即加入精制剂，使盐水中的可溶性杂质转变为溶解度很小的沉淀物而分离除去。

3.2.2.1　原盐中杂质对氯碱生产的影响

① 钙、镁离子的影响。精盐水中钙、镁离子浓度失控超标时，过量的钙、镁离子在电

解过程中与阴极电解产物氢氧化钠发生化学反应，生成氢氧化钙及氢氧化镁沉淀物，消耗电解产物氢氧化钠，还会堵塞电解槽的隔膜孔隙，使隔膜电解槽运行状况恶化。

② 硫酸根的影响。盐水中硫酸根含量较高时，阻碍了氯离子在阳极的放电过程，并有部分硫酸根在阳极放电生成氧气，从而促使氯中含氧量升高，破坏金属阳极电槽的阳极活性涂层，缩短金属阳极的使用寿命，而且还会造成氯气纯度下降，同时增加了产品的直流电消耗。此外，硫酸根以硫酸钠的形式随电解液一起送入蒸发浓缩工序，会堵塞管道、阀门及加热器的列管，使蒸发器的热导率下降，生产能力下降。

③ 铵的影响。精盐水中铵的存在对氯碱生产的安全有严重的威胁。当阳极液 pH 值小于 5 时，铵与氯气发生反应生成 NCl_3，而 NCl_3 是易爆炸物质。

④ 铁离子及重金属离子的影响。盐水制备与输送的管道及设备目前普遍采用钢制，精盐水中会含有铁离子和重金属离子。这些金属离子对电解的生产影响比较大。电解过程中，铁离子在靠近阴极隔膜处与扩散的氢氧根作用，生成 $Fe(OH)_3$ 沉淀物沉积在隔膜上，堵塞了隔膜孔隙，降低了隔膜的渗透率，增加了隔膜电压降，严重影响电解槽的正常运行和技术经济指标。精盐水中重金属离子的存在会对金属阳极涂层的电化学活性产生相当大的不利影响，如：使阳极涂层活性降低，增加电压降，造成电解生产中产品的直流电耗升高等。

3.2.2.2 一次盐水精制原理及工艺

盐水中的可溶性杂质，一般采用加入化学精制剂生成几乎不可溶的化学沉淀物，然后通过澄清、过滤等手段达到精制目的。在澄清过滤的同时也达到去除泥沙及机械杂质的目的。

(1) 金属离子的去除

钙离子一般以氯化钙或硫酸钙的形式存在于原盐中，精制时向粗盐水中加入碳酸钠溶液，使钙离子生成不溶性的碳酸钙沉淀：

$$CaCl_2 + Na_2CO_3 = 2NaCl + CaCO_3 \downarrow$$
$$CaSO_4 + Na_2CO_3 = Na_2SO_4 + CaCO_3 \downarrow$$

镁和铁一般以氯化物形式存在于原盐中，精制时加入烧碱溶液即可生成难溶于水的氢氧化镁和氢氧化铁沉淀：

$$MgCl_2 + 2NaOH = 2NaCl + Mg(OH)_2 \downarrow$$
$$FeCl_3 + 3NaOH = 3NaCl + Fe(OH)_3 \downarrow$$

生成的氢氧化镁是一种絮状沉淀物，若粗盐水先经碳酸钠处理，然后再加氢氧化钠，则生成的絮状氢氧化镁就能包住碳酸钙晶状沉淀而加速沉降。这样就能缩短盐水的澄清时间，从而提高设备的生产能力。

(2) 硫酸根的去除

常用的方法是在盐水中加入适量的氯化钡，使硫酸根转变为硫酸钡沉淀析出：

$$BaCl_2 + Na_2SO_4 = 2NaCl + BaSO_4 \downarrow$$

应该指出的是氯化钡加入量不应过多，因为过剩的氯化钡在电解槽中会与氢氧化钠反应生成氢氧化钡沉淀，其结果消耗了电解产物，造成电槽隔膜堵塞降低电流效率，导致电槽运行状况恶化。

目前，有些厂家采用冷冻法除去硫酸根离子。冷冻法得到的精盐水硫酸盐含量低，可同时得到副产物芒硝，一举两得。但该法所需冷冻量大，投资较高。

(3) 铵的去除

在粗盐水中加入适量的次氯酸钠或氯水，使之与粗盐水中的铵类物质发生反应，将其变成挥发性的单氯铵或二氯铵，再用压缩空气将其吹出。反应式如下：

$$Cl_2 + H_2O = HCl + HClO$$
$$NH_3 + HClO = NH_2Cl + H_2O$$

$$HClO + NaOH \Longrightarrow NaClO + H_2O$$
$$NaClO + 2NH_3 \Longrightarrow N_2H_4 + NaCl + H_2O$$
$$N_2H_4 + NaClO \Longrightarrow 2NaCl + 2H_2O + N_2$$
$$NH_3 + Cl_2 \Longrightarrow NH_2Cl + HCl$$

用这种方法处理时，溶液的 pH 控制是很重要的，因为当 pH<5 时，氯气与铵易生成易爆物 NCl₃。采用该法，一般盐水中无机铵脱除率可达 80%～90%，总铵脱除率可达 60%～70%。该法的操作方便，但次氯酸及游离氯会腐蚀设备与管道。

国内氯碱企业现存的一次盐水精制一般采用桶式反应器＋澄清桶＋砂滤器工艺，以 NaOH 和 Na₂CO₃ 为精制剂、TXY（聚丙烯酸钠）为助沉剂、盐酸为中和剂精制盐水。1999 年开始，扬农化工集团公司为先导，开始采用美国戈尔公司的过滤技术，山东滨化集团有限责任公司、云南盐化股份有限公司及重庆三阳化工有限公司等氯碱厂家先后引进该过滤技术，取得了明显的效果。

操作时原盐从立式盐仓经皮带输送机计量秤连续加入化盐桶。加热过的化盐用水，从化盐桶底部经设有均匀分布的菌状折流帽流出，与盐层呈逆向流动状态溶解原盐并成为饱和粗盐水，由化盐桶上部溢流而出。原盐中夹带的固体杂质由化盐桶上方的铁栅除去；沉淀与桶底的泥沙则定期从化盐桶底部的出泥孔清除。从化盐桶上部流出的粗制盐水，经曲颈槽流入反应桶，在反应桶内加入精制剂氢氧化钠、碳酸钠溶液，以除去粗盐水的钙、镁离子。从反应桶出来的含有碳酸钙、氢氧化镁等悬浮物的混浊盐水，必须分离出沉淀颗粒后才能得到合格的精制盐水。为加快悬浮物的沉降速度，在澄清时必须加入适量助沉剂。常用助沉剂有地瓜粉、刨花楠及聚丙烯酸钠等。澄清后的盐水溢流出无阀滤池，经过滤后的盐水溢流入中和槽，加酸中和控制 pH 值在 7.5～8.2 之间，即得饱和精盐水。最后精盐水经过砂滤器工艺，由泵打入精盐水储罐备电解生产用。

澄清桶底部的盐泥定期排入泥浆池，用泥浆泵打入压滤机，压干，洗涤后泥浆水打入回收水池作化盐用。

3.2.2.3 二次盐水精制原理及技术

离子膜电解工序中，钙、镁等金属离子会对离子膜造成严重伤害，通过一次盐水精制工艺，大部分多价金属离子可被除去，但不能满足离子膜对盐水中多价杂质离子的含量要求，这就需要对一次盐水进行二次精制，以离子交换树脂将盐水中多价金属离子降到"ppb"（十亿分之一）水平，以向离子膜电解槽提供优质合格的盐水。

离子交换树脂是一种具有环状结构的络合物，它吸附阳离子，吸附钙、镁。树脂塔内装填的螯合树脂能与二价金属离子形成稳定的六元环结构，因此树脂塔对二价金属离子的吸附能力远大于钠、钾等一价金属离子，其顺序为：$Cu^{2+}>Pb^{2+}>Zn^{2+}>Ca^{2+}>Cd^{2+}>Mg^{2+}>Ni^{2+}>Sr^{2+}>Ba^{2+}>Na^+$。当含 Ca^{2+}、Mg^{2+} 的总浓度小于 10mg/L 的过滤盐水经过时，盐水中的 Ca^{2+}、Mg^{2+} 就扩散到树脂内被吸附，从而达到进一步除 Ca^{2+}、Mg^{2+} 的效果。正常工作时，盐水中 Ca^{2+}、Mg^{2+} 总量要求小于 20μg/L，吸附速率的大小主要决定于 Ca^{2+}、Mg^{2+} 从溶液中扩散到树脂表面的扩散过程，升温有利于扩散进行，但温度太高，又会使螯合树脂发生变性，结构破坏，失去螯合交换能力。所以实际生产中，树脂塔工作温度严禁高于 80℃，正常温度应维持在 60℃左右。

螯合树脂对二价金属离子吸附能力还随溶液 pH 值而变，其吸附 Ca^{2+}、Mg^{2+} 等二价离子的最佳 pH 值是 9～9.5，pH 值在 2～3 左右时，螯合树脂由 Na 型变 H 型，无法使用；pH 值在 3～5 盐水中 ClO^- 有较强氧化性，破坏树脂，使树脂中毒，失去性能；pH 值在 6 左右时，离子交换几乎不发生；pH 值在 8 左右时，吸附能力降低；pH 值在 8～11 之间时，较为合适；pH 值>11，Mg^{2+} 形成沉淀堵塞树脂床层，使压力降增加，而且吸附能力也升高不大。在酸性条件下，H$^+$比二价金属离子更容易和树脂结合，向体系中加入 HCl，则平衡向右移动，生成较多的 H$^+$ 树脂；且一旦 pH 值低于某一临界点树脂全部变为 H 型即可。H 型树脂也存在着电解平衡，当向体系中加入 NaOH 后，H$^+$ 被中和，平衡右移，最终成为 Na 型树脂。

操作时盐水自上而下流经树脂塔，盐水与树脂接触时，2 个 Na$^+$ 交换一个 Ca^{2+} 或 Mg^{2+}，从而实现对盐水的精制。树脂使用一段时间将丧失除 Ca^{2+}、Mg^{2+} 等金属离子的作用，这时树脂需进行再生。再生时先用盐酸脱吸，树脂中的多价阳离子被 H$^+$ 取代，然后用 NaOH 进行再生，此时，树脂即恢复到初始状态，可进行新的离子交换，如此循环，连续运行。

典型的操作顺序包括：
① 盐水置换；
② 返洗；
③ 盐酸再生；
④ 酸置换；
⑤ 用氢氧化钠转换离子交换树脂为钠型；
⑥ 碱液置换；
⑦ 盐水清洗。

树脂再生过程中，其容积密度有很大的变化，返洗时，床层发生显著膨胀。设计这种离子交换器，必须考虑内部适应床层体积的变化。

3.3 隔膜法电解制碱

3.3.1 电化学基本原理

电化学是研究电流通过电解质溶液产生化学变化和通过化学反应产生电能的科学。电化学在国民经济中起着重要作用，电解食盐水溶液制取氯气、氢气和烧碱，就是电化学在化学工业上应用的一个重要例子。此外，利用电解方法还可以生产氢氧化钾、过氧化氢和氧气等重要化工原料。在冶金工业中，铝、铜、锌、镁、钠、钾等有色金属都是用电解法生产的；金、银等贵金属的制取也是通过电解法实现的。电解法还可以应用在电镀、电解加工、电抛光、电泳涂漆等机械制造部门。

3.3.1.1 氯化钠水溶液的电导率

电导率表示电解质溶液的导电能力，其单位为 $\Omega^{-1} \cdot cm^{-1}$。电导率越大则导电能力越强，反之，导电能力就越弱。

电解质溶液的电导率与溶液的浓度、温度有关。不同温度、不同浓度的氯化钠水溶液的电导率见表 3-3。

表 3-3　氯化钠水溶液的电导率

NaCl 浓度		电导率/($\Omega^{-1} \cdot cm^{-1}$)					
/(g/L)	/(mol/L)	18℃	30℃	50℃	70℃	80℃	100℃
219	3.74	0.193	0.250	0.342	0.433	0.488	0.6
260	4.44	0.205	0.260	0.360	0.461	0.516	0.638
308	4.26	0.215	0.276	0.385	0.500	0.558	0.684

由表 3-3 可知，氯化钠溶液的电导率随浓度增大而增大，随温度升高而增大。因此为了降低电解槽的槽电压，提高电流效率，要求在较浓的溶液和较高的温度下进行电解。

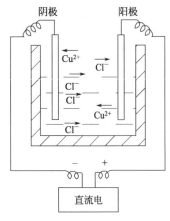

图 3-1 氯化铜溶液电解时
离子运动情况

3.3.1.2 电解池的工作原理

当电解质溶解在水中时，电解质就会自动离解成能自由移动的带有正、负电荷的离子。例如氯化铜溶解在水中，便离解成带正电荷的铜离子和带负电荷的氯离子：

$$CuCl_2 \rightleftharpoons Cu^{2+} + 2Cl^-$$

当直流电通过电解质溶液时，带正离子的铜离子向阴极迁移，并在阴极上获得电子，变成不带电的铜原子；带负电荷的氯离子向阳极迁移，同样在阳极上失去电子，变成不带电的氯原子，随后又结合成氯分子而逸出，如图 3-1 所示。

因此，电解过程的实质是电解质溶液在直流电作用下，溶液中的正、负离子在电极上分别放电，进行氧化还原反应。阳离子在阴极上得到电子被还原，阴离子在阳极上失去电子被氧化。

3.3.1.3 电极电位

金属浸于电解质溶液中，显示出电的效应，即金属的表面与溶液间产生电位差，这种电位差称为金属在此溶液中的电位或电极电位。各种物质由于失去电子的能力不同，它们的电极电位也不相同。因此，利用电极电位的高低，可以判断金属在水溶液中失去电子能力的大小以及氧化剂和还原剂的相对强弱。

目前，还无法测量单个电极电位的绝对值。人们通常选择某一个电极的电位作为标准，将其他电极与之比较测得相对值，国际上采用的标准电极是氢电极，并规定在任何温度下，标准氢电极的电极电位均为零。

在 298K 和 101.3kPa 时，将某金属放入其盐的溶液中，当溶液中金属离子的活度为 1 时，该金属电极与标准氢电极之间的电位差就称为该金属的标准电极电位。常用电极的标准电极电位见表 3-4。

表 3-4 常用电极的标准电极电位

电对(氧化态/还原态)	电极反应	电极电位/V
Li^+/Li	$Li^+ + e \rightleftharpoons Li$	-3.02
K^+/K	$K^+ + e \rightleftharpoons K$	-2.925
Ca^{2+}/Ca	$Ca^{2+} + 2e \rightleftharpoons Ca$	-2.83
Na^+/Na	$Na^+ + e \rightleftharpoons Na$	-2.71
Mg^{2+}/Mg	$Mg^{2+} + 2e \rightleftharpoons Mg$	-2.37
Al^{3+}/Al	$Al^{3+} + 3e \rightleftharpoons Al$	-3.66
H_2O/H_2	$2H_2O + 2e \rightleftharpoons H_2 + 2OH^-$	-0.828
Zn^{2+}/Zn	$Zn^{2+} + 2e \rightleftharpoons Zn$	-0.763
Fe^{2+}/Fe	$Fe^{2+} + 2e \rightleftharpoons Fe$	-0.44
Ni^{2+}/Ni	$Ni^{2+} + 2e \rightleftharpoons Ni$	-0.246
$H^+/H_2(Pt)$	$2H^+ + 2e \rightleftharpoons H_2$	0.000
Cu^{2+}/Cu^+	$Cu^{2+} + e \rightleftharpoons Cu^+$	0.159
Cu^{2+}/Cu	$Cu^{2+} + 2e \rightleftharpoons Cu$	0.337
O_2/OH^-	$O_2 + 2H_2O + 4e \rightleftharpoons 4OH^-$	0.401
Br_2/Br^-	$Br_2 + 2e \rightleftharpoons 2Br^-$	3.065
O_2/H_2O	$O_2 + 4H^+ + 4e \rightleftharpoons 2H_2O$	3.229
Cl_2/Cl^-	$Cl_2 + 2e \rightleftharpoons 2Cl^-$	3.36
F_2/F^-	$F_2 + 2e \rightleftharpoons 2F^-$	2.87

3.3.2　隔膜法电解制碱原理

所谓隔膜法是指在阳极与阴极之间设置隔膜，把阴、阳极产物隔开。隔膜是一种多孔渗透性隔层，它不妨碍离子的迁移和电流通过并使它们以一定的速度流向阴极，但可以阻止 OH^- 向阳极扩散，防止阴、阳极产物间的机械混合。隔膜法电解制碱原理如图 3-2 所示。

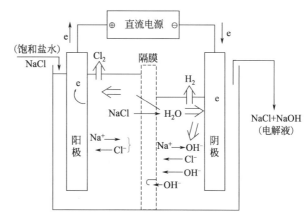

图 3-2　立式隔膜电解槽示意图

电解槽的阳极和阴极分别与直流电源相连接构成回路。电解槽阳极通常使用石墨或涂 RuO_2-TiO_2 的金属阳极；电解槽的阴极一般为铁阴极。当电流接通后，在阴极上有两种物质可能放电：

$$Na^+ + e^- \Longrightarrow Na$$
$$2H_2O + 2e^- \Longrightarrow H_2 + 2OH^-$$

水在 90℃时的析氢电位等于 $-0.856V$，氢在铁阴极上的过电位是 $0.82V$，因此水的实际放电电位等于 -3.676 电子伏。而钠离子的放电电位可根据能斯特方程式计算可知为 $-2.689V$。因此，根据计算结果可以知道，在阴极上应该是水首先得到电子析出氢气。

在阳极上同样也有两种离子可放电：

$$4OH^- - 4e^- \Longrightarrow 2H_2O + O_2 \uparrow$$
$$4Cl^- - 2e^- \Longrightarrow Cl_2 \uparrow$$

氯离子在 90℃时的放电电位为 $3.288V$。在石墨阳极上氯的过电位是 $0.25V$。因此，氯离子的实际放电电位应是 3.538 电子伏。

根据能斯特方程式，氢氧根在石墨电极上的放电电位为 $0.776V$，氧在石墨电极上的过电位是 $3.09V$。因此，它的实际放电电位是 3.866 电子伏。由此可知，在阳极上应该是氯离子首先失去电子生成氯气。

但是，如果不把氯气和氢气及时分开，氯气将与阴极液中的氢氧化钠发生如下反应：

$$2NaOH + Cl_2 \Longrightarrow NaCl + NaClO + H_2O$$

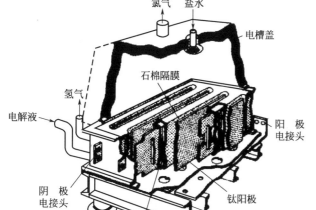

图 3-3　隔膜电解槽的结构

结果就得不到所需要的氯气和烧碱，更重要的是氯气和氢气混合后会发生爆炸。因此，必须在阴阳两极之间设置一层多孔隔膜，要求这层隔膜既能让离子和水通过，又能阻止阴阳极电解产物混合。多孔隔膜目前都采用石棉制作，它将电解槽分隔成阴极室和阳极室两部分（图 3-3）。饱和盐水注入阳极室，使阳极室的液面高于阴极室的液面，阳极液以一定流速通过隔膜流入阴极室，以阻止氢氧根的反迁移。而氢气、氯气分别从阴极室和阳极室上方的导出管流出；氢氧化钠则从阴极箱下方导出。

3.3.3 隔膜法电解制碱工艺流程

电解工序的工艺流程如图 3-4 所示。

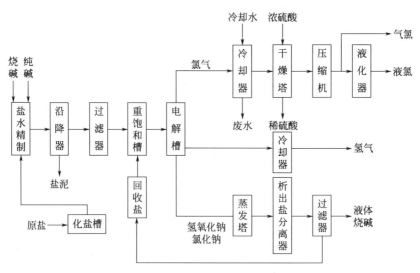

图 3-4　电解工序的工艺流程

电解时，精制的饱和食盐水溶液连续地进入电解槽，氯离子在阳极失去电子生成氯气，未解离的食盐水溶液和钠离子经过隔膜渗流到阴极室，水在阴极上解离为氢氧根离子和氢气。渗流量由阳极室与阴极室的液面差来维持。流量过小时，阴极液（电解液）所含的氢氧化钠浓度高，有少量氢氧根离子从阴极室向阳极室反向移动，以致产生副反应，而降低电流效率。流量过大，则阴极液中氢氧化钠的浓度太低，需要较多的蒸汽才能将其浓缩为成品。一般控制阴极液的氢氧化钠浓度为 $135\sim145g/L$，氯化钠浓度为 $175\sim210g/L$，电流效率保持在 $94.5\%\sim96.5\%$，在 $800\sim1000A/m^2$（石墨阳极）或 $1500\sim2500A/m^2$（金属阳极）之间的电流密度下运转。从隔膜电解槽和离子膜电解槽直接出来的氯气、氢气都不能直接进入下一工段加以利用。对氯气而言，湿氯气腐蚀性很强，而干燥的氯气对碳钢腐蚀很小，所以在输送、使用时都必须对氯气进行干燥处理。通常采用两步处理，第一步冷却除水，第二步用浓硫酸干燥。同样从电解槽出来的氢气，除了夹带水分外，还含有少量的氢氧化钠与氯化钠，需要除去，也采用两步处理，第一步冷却除水，第二步水洗。阴极室流出的电解液经多效蒸发器浓缩并分离出结晶盐后，得到含 50% 的氢氧化钠液体烧碱，并可进一步加热浓缩制成固体烧碱商品。

隔膜法盐水电解存在以下问题。

① 烧碱浓度低。隔膜电解槽直接产生的烧碱为 $10\%\sim12\%$ 氢氧化钠，浓度低不能直接使用，必须经过蒸发浓缩到 30% 左右，每吨烧碱消耗蒸汽 $2.5t$ 左右。

② 电耗较高。由于石棉隔膜电阻大，电解槽加工粗糙，极板间距大等原因，槽电压较高，电耗高，每吨烧碱电解电耗达到 $2400kW$ 左右。

③ 产品碱中 NaCl、NaClO$_3$ 等杂质含量高。由于石棉隔膜阻止氯离子进入阴极室的能力有限，所以大量氯离子渗透到阴极室，导致产品碱中 NaCl 含量达 $3\%\sim5\%$ 左右，限制了产品的使用范围。

④ 污染严重。混合盐泥压滤后直接外排污染土壤和水体；电解槽石棉绒定期更换废弃污染土壤和水体；电解槽密封性差，导致氯气进入大气污染环境。

3.3.4 电解过程中的副反应

随着电解的进行，由于阳极产物的溶解，阴阳极产物的扩散及电流对它们的影响，在电槽内还伴随着一系列副反应的发生。

（1）阳极室及阳极上的副反应

电解槽内的副反应主要发生在阳极室。在阳极上产生的氯气，有部分溶解在阳极液中，与水反应生成盐酸和次氯酸。阴极液中的氢氧化钠由于渗透和扩散作用，会通过隔膜进入阳极室，与次氯酸、氯气反应。生成的次氯酸钠在酸性条件下很快变成氯酸钠：

$$Cl_2 + H_2O \Longrightarrow HCl + HClO$$
$$NaOH + HClO \Longrightarrow NaClO + H_2O$$
$$2NaOH + Cl_2 \Longrightarrow NaCl + NaClO + H_2O$$
$$NaClO + 2HClO \Longrightarrow NaClO_3 + 2HCl$$

另外，当次氯酸离子聚积到一定量后，由于次氯酸离子的放电电位比氯离子低，因此在阳极上也要放电生成氧气。生成的 $HClO_3$ 及 HCl 又进一步与阴极扩散来的 $NaOH$ 作用生成氯酸钠和氯化钠。其次，如果 OH^- 向阳极扩散的浓度增大时，会造成阳极液的 pH 值增大。这样，OH^- 也会在阳极上放电生成氧气：

$$12ClO^- + 6H_2O - 12e^- \Longrightarrow 4HClO_3 + 8HCl + 3O_2 \uparrow$$
$$HClO_3 + NaOH \Longrightarrow NaClO_3 + H_2O$$
$$NaOH + HCl \Longrightarrow NaCl + H_2O$$
$$4OH^- - 4e^- \Longrightarrow 2H_2O + O_2 \uparrow$$

这些副反应不但要降低氯和碱的产量，而且还会降低电流效率。如果采用石墨作阳极，则生成的氧气还会腐蚀石墨，使极间距离增大，从而使槽电压升高。

为了减少这些副反应，在生产中采用的主要措施如下：

① 采用精制饱和食盐水，并控制在较高的温度下进行电解，以减少氯气在阳极液中的溶解度；

② 保持阳极室的液面高于阴极室，使阳极液能保持一定的流速，以阻止 OH^- 向阳极室迁移。

（2）阴极室和阴极上的副反应

阳极液中次氯酸钠和氯酸钠也会由于扩散作用通过隔膜进入阴极室，被阴极上产生的新生态氢原子还原成氯化钠：

$$NaClO + 2[H] \Longrightarrow NaCl + H_2O$$
$$NaClO_3 + 6[H] \Longrightarrow NaCl + 3H_2O$$

3.3.5 电解液蒸发

电解后的产品之一淡碱含量在 10% 左右，必须蒸发掉部分水分，成为 30% 或 42% 的市场成品烧碱。因此，电解液蒸发是氯碱生产过程中的重要环节，是一个耗能较多的工序。蒸发所需要的加热蒸汽折成等价热值，其数值约占烧碱综合能耗的 25%～45%，仅次于电解工序。因此电解液蒸发工序的运行情况和生产技术直接影响整个氯碱系统的用能水平和经济效益。氯碱企业烧碱蒸发时多采用双效顺流、三效顺流、三效逆流、三效四体顺流等蒸发工艺。

3.3.5.1 双效顺流蒸发工艺

双效顺流流程是一种生产 30% 液体烧碱的流程。如图 3-5 所示，电解液储槽的电解碱液经过预热器输入 I 效蒸发器进行蒸发，再经过料泵输入 II 效蒸发器，蒸发后得到 30% 的浓碱。通过浓碱冷却槽，再由泵输入冷却器，经循环冷却后的碱液进入浓碱储槽，再用泵输入至成品碱储罐。II 效蒸发器出来的清碱经泵进入旋液分离器增稠，清碱入 II 效蒸发器或在浓度合格时出料。采用的盐泥一起放入滤盐器，盐泥中的氯化钠制成回收盐水送往化盐工序。其中压出来的碱液流入母液罐回至 II 效蒸发器，并再度存入洗水储罐到达一定浓度后再送回蒸发系统。双效顺流流程工艺设备简单，对生蒸汽压力要求不高，但是热量利用率低，蒸汽

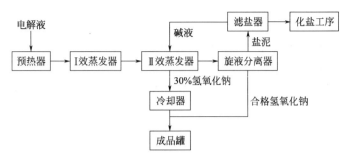

图 3-5　双效顺流蒸发工艺流程

消耗高，在生产30％碱时热量消耗太高。

3.3.5.2　三效顺流蒸发工艺

三效顺流流程多数用于生产30％液体碱液。如图3-6所示，电解液经加料泵送入预热器至100℃以上，输入Ⅰ效蒸发器内进行蒸发。原料液再用泵输入Ⅱ效蒸发器，Ⅱ效蒸发器的料液输入到Ⅲ效蒸发器。Ⅲ效蒸发器出来的30％成品碱送入浓碱冷却槽，冷却到30℃以下。澄清后的碱液送浓碱储槽，由成品碱泵输入成品碱。由过滤器采出的盐浆经旋液分离器增稠后集中排入盐碱高位槽中，汇同成品碱澄清冷却。采出的盐泥一起输入离心机分离。第一次所得的碱液经过化盐池化盐后，再经碱液储槽送入Ⅰ效蒸发器蒸发、洗涤后碱、盐化成回收盐水。

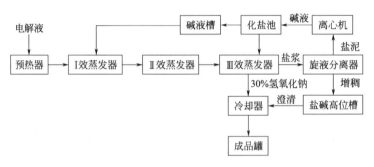

图 3-6　三效顺流蒸发工艺流程

由锅炉来的生蒸汽送入Ⅰ效蒸发器加热器室，其冷凝水流经二段电解液预热器，预热电解液后送回锅炉房。Ⅰ效二次蒸汽通入Ⅱ效加热室，其冷凝水经电解液预热后输入热水槽。Ⅱ效二次蒸汽通入Ⅲ效加热室。其冷凝水直接送至热水槽，热水槽中的热水主要用作洗涤或化盐Ⅲ效的二次蒸汽经捕沫器分离出夹带的碱沫后，由冷凝器用水冷凝后排入下水道，并借此在Ⅲ效内形成真空。三效顺流工艺不但适用于生产30％的碱，也适用于42％的碱。但是在生产42％的碱时，由于各效的浓度均相应增加，沸点上升造成有效温度减小，推动力不足。因此要改善蒸发器的传热状况就必须采用强制循环蒸发，此外成品碱澄清槽中采用的盐泥分开处理，应用氯化银法或冷冻法除去硫酸钠后才能送回化盐段工序使用。

三效顺流工艺对蒸汽做了3次利用，仅有Ⅲ效的二次蒸汽被冷凝排放，它仅占总蒸发量的1/3左右，热量浪费少，蒸汽消耗低。三效顺流操作容易控制，在生产42％碱液时对设备的材质也无特殊要求，只是对生蒸汽压力的要求高一点。

3.3.5.3　三效逆流蒸发工艺

该法可用于生产42％液体烧碱。如图3-7所示，电解液由进料泵打入蒸发器，然后料液分别由采盐泵经旋液分离器将料液送入Ⅰ效蒸发器。Ⅰ效出来的浓度为37％左右的碱液再用泵经旋液分离器送入闪蒸罐中。在此经过减压闪蒸后，浓度可达42％，再经澄清和螺旋

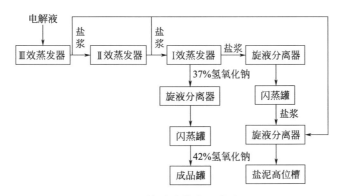

图 3-7 三效逆流蒸发工艺流程

冷却器沉降冷却后，制成符合质量要求的成品碱送包装工序。从Ⅰ效采出的盐浆经旋液分离器增稠后送入闪蒸罐，由闪蒸罐采出的盐浆经旋液分离器增稠后送至盐泥高位槽；从Ⅱ效、Ⅲ效采出的盐浆经旋液分离器增稠后送至盐泥高位槽。这三部分盐泥均用离心机处理后化成盐水，送回盐水工序。在成品碱沉降、冷却中产生的盐泥送入盐泥高位槽中，在此槽里，应加入部分电解液，维持盐泥中的 NaOH 含量在 200g/L 左右，以便使复盐分解。然后再将化成的含高芒硝的盐水送冷冻工序除去芒硝后，再送回化盐工序。

在上述流程中，锅炉来的生蒸汽先进入Ⅰ效蒸发器加热室，Ⅰ效、Ⅱ效产生的二次蒸汽相应进入下一效加热室。Ⅲ效和闪蒸罐所产生的二次蒸汽进入水喷射泵，冷凝成水后排入下水池，各效加热室排出的冷凝水则分别进入各自的冷凝水罐中，Ⅰ、Ⅱ效冷凝水在罐内发生闪蒸，闪蒸产生的蒸汽供下一效使用，闪蒸后的冷凝水再进入Ⅲ效冷凝水罐中，用作洗涤、洗盐。

三效逆流流程是一种比较先进的工艺，其主要优点有如下三条：

① 蒸汽与碱液逆流而行，从电解槽来的电解液先进入在真空下操作的第Ⅲ效，电解液的温度与该效的沸点相接近，因而无需预热；

② 浓度较高的碱液在温度较高的蒸发器中蒸发，有利于降低碱液黏度，增加传热系数，提高设备的生产强度；

③ 由于设置了闪蒸罐，只需将物料浓缩到 38% 左右，经闪蒸即可达到 42% 的浓碱，从而节省了蒸汽。

3.3.5.4 三效四体顺流两段蒸发工艺

该流程适用于生产 42% 烧碱。第一段是标准的三效顺流工艺，将碱液浓缩到 30% 左右。第二段是在Ⅲ效后面增加一只浓缩多效蒸发器，利用Ⅰ效的二次蒸汽或Ⅰ效蒸汽冷凝液的闪蒸气作热源，将 30% 的碱液进一步浓缩到 42%。浓碱析出的盐泥经旋液分离器增稠后，经盐泥储槽，放入离心机进行处理。一段的Ⅲ效蒸发器和二段浓效蒸发器均为负压操作，其二次汽冷凝后全部排入下水道。由于该工艺的二段蒸发使用的是Ⅰ效二次汽，单位蒸发量的汽耗比三效顺流高，但工艺强度大，是制备 42% 碱液比较成熟的流程之一。

3.3.5.5 斯文森蒸发工艺

斯文森蒸发技术的工艺流程是来自电解槽的电解液进入Ⅰ效、Ⅱ效、Ⅲ效，加热蒸汽则从Ⅲ效、Ⅱ效、Ⅰ效逆流蒸发，从Ⅲ效蒸发器出来的浓碱液再经闪蒸可获得 50% NaOH 的浓碱液。每效用泵将碱液作外环蒸发，并经旋液分离器净化料液，析出的食盐结晶将沉析在每效的盐析槽中。各效的盐泥一并送盐泥槽，再用泵送至旋液分离器。经离心机分离后，析出的盐泥经洗涤、过滤后再经一套旋液分离器和离心分离器，将纯盐分离后储于纯盐槽中，以作备用。

从闪蒸出来的50％碱液，经冷却和冷冻再用泵送至烧碱离心器，进一步除去结晶盐，过滤后即可得50％成品碱。

斯文森蒸发技术的特点：设备的材质主要用不锈钢，镍用得很少，设备费用低；型式多样，工艺和设计标准化；结构简单，维护方便；效体进料有保护设备；结构紧凑，占地面积小；采用一种新设备来萃取母液中的硫酸盐，可减少母液中烧碱的损失；在离心机中处理硫酸盐，有助于硫酸盐结晶；冷却分离杂质可获得高纯度碱；热效率高，可控制减少废水中烧碱损失的污染问题。

3.4 离子交换膜法电解制碱

离子膜法是20世纪70年代发展的新技术，能耗低，产品质量高，且无有害物质的污染，是较理想的烧碱生产方法。离子交换膜法与隔膜法生产工艺的区别主要在以下四点。

① 离子膜代替隔膜。离子膜只允许水和钠离子从阳极室进入阴极室，氯离子由于离子膜的作用几乎全部被阻挡在阳极室内，产品碱杂质含量低，$NaCl \leqslant 20mg/L$，离子膜电阻远低于隔膜电阻，所以电耗明显降低。

② 进槽盐水指标严格。需要对隔膜工艺的精盐水进行二次精制，二次精制盐水的指标为：$Ca + Mg \leqslant 20\mu g/L$，$SO_4^{2-} \leqslant 0.1g/L$，澄清度$\leqslant 0.5NTU$，$NaOH$ $0.1 \sim 0.2g/L$，Na_2CO_3 $0.3 \sim 0.5g/L$，其他金属和非金属离子更是微量，所以进槽盐水必须进行离子交换，而隔膜法盐水不需进行离子交换。

③ 自动化控制水平高。流量、温度、压力等工作参数可自动调节，设置流量、液位、电压、压力等多种连锁，安全水平高。

④ 电解碱$NaOH$浓度达到32％，不需进行蒸发可直接使用。

3.4.1 离子交换膜的进展

离子交换膜是氯碱工业离子膜法制碱的核心，目前应用于食盐水溶液电解的阳离子交换膜，根据其离子交换基团的不同，可分为全氟磺酸膜、全氟羧酸膜和全氟羧酸磺酸复合膜。美国杜邦公司于1938年起开始研制氟化学品，首先研制成功聚四氟乙烯，1960年研制成功耐氯碱的全氟磺酰氟（XR）树脂，之后又研制了Nafion系列膜。1975年Nafion-315膜被日本旭化成公司成功地用于延冈工厂生产烧碱，第一次实现了工业化离子膜法的氯碱生产。Nafion-100、300、400系列适合生产低浓度烧碱，Nafion-300系列是一种增强复合离子膜，Nafion-400系列是一种物理耐久性较好的增强离子膜。Nafion-900系列在保持性能稳定而长期生产高浓度烧碱方面，兼有高电流效率和低电压的特点。Nafion-901膜可用来直接生产浓度为32％的碱液，电流效率接近96％。国际上认为Nafion-90209及Nafion-961运转效益尚好。新问世的NX-966膜，其机械性能比Nafion-90209提高近一半，膜寿命较长且更安全，碱浓度为30％～35％时，NX-966的槽电压下降了150mV。

1976年日本旭化成公司用全氟羧酸膜取代了杜邦公司的全氟磺酸膜，接着又开发了羧酸-磺酸复合膜。全氟羧酸膜具有很强的阻止OH^-透过的性能，在较广泛的烧碱浓度范围内（20％～40％）都可以超过90％的电流效率，并且碱浓度为20％～30％内有较低的槽电压，因而可以显著地节省电耗，然而全氟羧酸膜在酸性条件下会成为非导体。旭化成公司在1993年开发了当时世界上最佳性能的ACIPLEX-F4202的离子膜，并于1997年开发出新型的ACIPLEX-F4203离子膜，在世界上首次实现了电解电压下降到3V以下的新型离子膜。

离子膜可作为单层离子膜或多层离子膜来使用，后者是将具有相同离子交换基团而离子交换容量不同的两张膜复合或将羧酸基膜和磺酸膜压在一起。目前认为全氟羧酸和全氟磺酸复合膜比较优越。

3.4.2　离子交换膜电解槽的进展

离子膜电解槽有单极式和复极式两种，复极槽的液体采用强制循环，最近也有用自然循环，且电解槽为加压操作，单极槽则采用自然循环。近年来，由于复极槽与单极槽相比具有流程短、设备少、布置合理等优点，受到普遍关注。

美国大祥公司 1974 年设计并安装了一台日产 10t 烧碱的复极电解槽，1977 年又试制出第一台单极槽，接着又试制出第二台单极槽（DM-14），在 1982 年又开发了 MGC 零间距单极槽和 OCC 氧（空气）阴极电槽两种新型电解槽。

日本旭化成公司的电槽是复极槽，早期运转的复极槽可用于高电流密度（4～5kA/m²），生产较低浓度烧碱；旭硝子公司的电槽为单极槽，其型式有两种，即金属槽框和橡胶框型（AZEC），AZEC 槽是旭硝子零间隙电解槽。英国 ICI 公司 1977 年研制成了 FM-21 型离子交换膜电解槽。BiTAC™ 型复极槽是由日本 CEC 公司、TOSOH 公司在 CME 复极槽基础上共同开发的新型复极式离子膜电槽，据介绍 BiTAC™ 型复极槽在 NaOH 32％、槽温 90℃、电流密度 4.0kA/m² 的操作条件下，其单元槽电压 2.98V，由于实现了小极距或零极距，因此，降低了电解质溶液的电压降；BM 型复极槽是由德国的伍德公司开发的离子膜电解槽，它是世界上唯一的单一元件结构，离子膜表面电流分布均匀，具备高电流密度运行的条件；DD 型复极槽由意大利迪诺拉公司开发，包括 DD-88、DD-175、DD-350，它的技术特点是实现零极距和降低电极间的溶液电压降，而且使离子膜紧贴在电极上，最大限度地降低了操作期间离子膜的振动和磨损。BiTAC™、BM、DD 型复极电解技术基本代表了当今世界上复极式离子膜电解技术的先进水平。

膜法的阳极为钛，1956 年荷兰的亨利比尔（Henry Beer）首先提出使用钛材作阳极，通过十几年的研究，于 1969 年开始用于工业生产，即金属阳极电槽。金属阳极是以金属钛为基体，在基体上涂一层其他金属氧化物的活化层所构成的，这些涂层中均含有金属钌，因此叫做钌-钛型金属阳极，此外，涂层中也有不用金属钌的叫非钌金属阳极。钛的耐腐蚀性能极好，而且是电的良好导体，但直接用钛作阳极，钛的表面会生成一层不导电的氧化膜，若在钛的表面上覆盖一层氧化钌，经灼烧后氧化钌与氧化钛形成一层固体液膜，它不仅可以导电，而且甚为牢固，RuO_2 是氯在阳极上放电的催化剂，可以大幅度降低过电压。

隔膜型金属阳极槽为了进一步降低电耗，使阴阳极间距缩小，又开发了扩张金属阳极。但近年来发现离子通过膜时分布不均匀，主要集中阳极在膜上投影的那部分。因此，新型阳极采用多孔板代替曾广泛使用过的扩张金属网。

我国自行研制的钌-钛金属阳极已在氯碱工业中应用多年，目前我国具有制造金属阳极及金属阳极电解槽的全套技术。阳极涂层也有了新的改进，由原化工部锦西化工研究院研制的钌-钛-铱涂层电极和金属阳极重涂及钌回收技术已在工业生产中应用，同时在上海电化厂自己开发的工业上应用。

膜法的阴极为低碳钢，由于氢在铁阴极析出时有相当高的过电压，因此降低氢在阴极上的过电压的开发工作则是探索活性阴极，所谓活性阴极即在钢阴极上涂以活性涂层，主要采用镍-铝和镍-锌涂层。美国虎克公司研制的新镍-铝活性阴极，于 1980 年已投入使用。

我国活性阴极的研究工作已进入工业化阶段，由上海无机化学研究所研制的多孔镍阴极平均降低槽电压 0.14～0.15V，上海天原化工厂的镍-锌活性阴极比铁阴极槽电压降低 0.1～0.15V，锦西化工总厂研究所研制的钴、钨、磷活性阴极已完成了工业化试验，槽电压降低 0.1～0.2V，1996 年由中科院化冶所研制的镍-铝活性阴极也已通过技术鉴定。

3.4.3　离子膜法制碱原理

用于氯碱工业的离子交换膜，是一种能耐氯碱腐蚀的阳离子交换膜。Donnan 膜理论阐明了具有固定离子和对离子（或称解离离子、相反离子）的膜有排斥外界溶液中某一离子的能力。在电解食盐水溶液所使用的阳离子交换膜的膜体中有活性基团，它的活性基团是由带负电荷的固定离子（如 SO_4^{2-}、COO^-）和一个带正电荷的对离子（如 Na^+、K^+）组成，它们之间以离子键结合在一起。磺酸型阳离子交换膜的化学结构简式表示：

$$R——SO_3——H^+（Na^+）$$

固定基团　活性基团　对离子

由于碳酸基团具有亲水性能，因此膜在溶液中能够溶胀，膜体结构变松，从而造成许多微细弯曲的通道，使其活性基团中的对离子 Na^+ 可以与溶液中的同电荷的 Na^+ 进行交换。与此同时膜中的活性基团中的固定离子具有排斥 Cl^- 和 OH^- 的能力，使它们不能穿过离子膜，从而获得高纯度的氢氧化钠溶液。

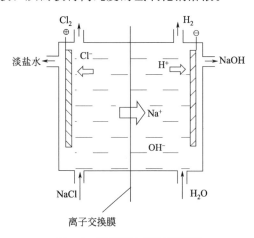

图 3-8　离子膜电解制碱原理

在氯碱工艺中，对离子交换膜性能的基本要求是高的电流效率、电阻低、制得的苛性钠纯度高、足够的机械强度以及在安装和使用过程中形状稳定。目前氯碱生产用的离子膜为全氟羧酸-磺酸复合膜，羧酸交换基团的主要优点是含水量低而电流效率高，但它的电阻相对较高。又因它的酸性低，故不能加足够的酸来中和从阴极液扩散过来的 OH^-。磺酸层的主要作用是降低膜的电阻中和部分 OH^-。中间为氟塑料纤维增强网，这样的离子膜既结实耐用又有较高的电流效率和较低的槽电压。

离子膜电解制碱原理如图 3-8 所示。电解槽的阴极室和阳极室用阳离子交换膜隔开，二次精制盐水进入阳极室，纯水加入阴极室。通电时 H_2O 在阴极表面放电生成 H_2，钠离子通过离子膜由阳极室迁移到阴极室与 OH^- 结合成 $NaOH$；Cl^- 离子则在阳极表面放电生成氯气。经电解后的淡盐水随氯气一起离开阳极室。氢氧化钠的浓度可利用进电槽的纯水量来调节。

3.4.4　离子膜法制碱工艺流程

电解工艺流程分为一次盐水、二次盐水精制，电解、淡盐水脱氯、Cl_2 处理、H_2 处理、碱液处理工序。核心工序是二次盐水精制和电解部分。

3.4.4.1　精制盐水的电解

离子膜法氯碱的生产首先是将隔膜法的精制盐水进行二次精制，得到符合要求的进槽盐水。合格的二次精制盐水经预热器预热后，以一定的流量送往电解槽的阳极室进行电解。同时纯水从电解槽底部进入阴极室。在电解槽内发生的电化学反应如下：

阳极室

$$2Cl^- -2e^- ══ Cl_2 \uparrow$$

$$4OH^- -4e^- ══ 2H_2O+O_2 \uparrow$$

$$12ClO^- +6H_2O-12e^- ══ 4HClO_3+8HCl+3O_2 \uparrow$$

阴极室

$$2H_2O+2e^- ══ H_2+2OH^-$$

$$OH^- +Na^+ ══ NaOH$$

电解时，电解槽阳极室产生的淡盐水和氯气混合物汇流入阳极液总管，经过气液分离，湿氯气进入氯气总管，经氯气冷却器与精制盐水热交换后，进入氯气洗涤塔洗涤，然后送到氯气处理部门；从阳极室流出的淡盐水中 $NaCl$ 的含量一般为 200g/L 左右，还有少量氯酸

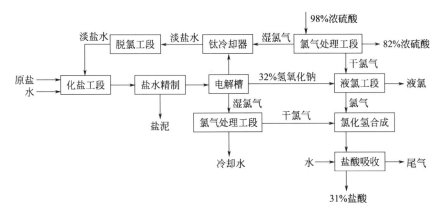

图 3-9　离子膜烧碱工艺流程

盐、次氯酸盐及溶解氯（图 3-9）。一部分补充精制盐水后流回电解槽的阳极室，另一部分进入淡盐水储槽后，送往氯酸盐分解槽，用高纯盐酸进行分解。分解后的盐水中，常含有少量盐酸残余，将这种盐水再送回淡盐水储槽，与未分解的淡盐水充分混合并调节 pH 值在 2 以下，送往脱氯塔脱氯。最后送到一次盐水工序去重新饱和。

电解槽阴极室产生的氢气和浓度为 32% 左右的高纯液碱，经过气液分离，氢气进入氢气总管，经氢气洗涤塔洗涤后，送至氢气使用部门。高纯液碱一部分作为商品碱出售及经蒸发工序浓缩，另一部分则加入纯水后回流到电槽的阴极室。

3.4.4.2　淡盐水的脱氯

从电解槽出来的淡盐水中，含有游离氯及少量次氯酸钠和氯酸钠，在螯合树脂塔中会导致树脂中毒，且无法再生。另外，游离氯、次氯酸根在管式过滤器中，对碳素烧结管及其他设备均有腐蚀作用。因此，盐水在进入这些设备前必须先将这些杂质除去，含氯量应该小于 1mg/L。

淡盐水脱氯一般采用真空脱氯和化学投、脱氯相结合的工艺。从电解槽阳极室流出的淡盐水，先用盐酸分解其中氯酸盐，然后送到脱氯塔的顶部，用真空脱氯方法使游离氯解吸脱出。经这样处理后的淡盐水，游离氯的含量约 50mg/L，送入脱氯盐水储槽后，加氢氧化钠将盐水的 pH 值调节到 7～11。然后，再用 10% Na_2SO_3 溶液进一步除去残余的氯气后，送往一次盐水工段重新饱和。其化学反应方程式如下：

$$NaClO + 2HCl \Longrightarrow Cl_2 + NaCl + H_2O$$
$$NaClO_3 + 6HCl \Longrightarrow 3Cl_2 + NaCl + 3H_2O$$
$$Na_2SO_3 + Cl_2 + H_2O \Longrightarrow Na_2SO_4 + 2HCl$$

从脱氯塔分离出来的湿氯气，经冷却器冷却及分离器分离后，汇集到氯气总管。而氯水则再送到脱氯塔循环或作真空泵的机械密封用水。

3.4.5　影响离子膜寿命的因素

致使膜性能降低的三种主要原因是：重金属杂质、机械损伤、溶胀和收缩引起的物理性松弛。

（1）重金属杂质的污染

羧酸基团比磺酸基团更容易受重金属的影响。羧酸基团有与重金属离子结合的趋向，因而失去了离子交换能力。这就导致槽电压急剧上升和电流效率下降。如果盐水中有磺酸，就被转化为膜内的磺酸。

由于重金属硫酸盐的溶解度一般较低，它们会在膜内沉淀和积聚，其中硫酸钙最为典型，它的溶度积在 10^{-6} mol/L 左右。

63

有害的典型金属离子是 Ca^{2+}、Ba^{2+}、Fe^{3+}、Fe^{2+}、Ni^{2+}，这些离子的作用各不相同。微量的钙、镁离子显著地影响电流效率和槽电压。少量的 Fe^{3+}、Fe^{2+} 主要影响槽电压，但含量较多时也会使电流效率下降。

这些重金属离子来自一次盐水溶液或电解槽材料的溶解。因此提高盐水的纯度并选择合适的电槽材料就可避免重金属离子进入。

若由于重金属离子污染引起膜性能略有下降时，一般通过再生使膜恢复到令人满意的程度。当然杂质使膜受机械损伤的情况除外。

（2）膜的机械损伤

膜的机械损伤一般指：针孔、裂纹或操作时撕裂和电解时出现的鼓泡。

操作时的损伤是由于折死弯、擦伤或与异物碰撞致伤等。电解时的鼓泡与 Na^+ 迁移同时发生水迁移有关。此外，若是超过极限电流密度或在阳极液中加酸过量的情况下连续运行也会出现鼓泡。因酸过量会阻止羧酸基团解离。鼓泡均发生在羧酸和磺酸层间的界面上。如果鼓泡又形成针孔，则电流效率就会下降。

（3）膜溶胀和收缩时的物理性松弛

在离子交换膜中聚合物的某种程度的松弛是不可避免的，它可分为三种区域类型：一类是氟碳组分，其分子间的吸引力强，同时有部分结聚成结晶的特性；一类是存在具有强的溶胀作用的亲水性交换基团；另一类具有少数的交换基团，其性质介于上述二类之间。膜的性能取决于这三类之间的相对平衡。在长期运行中，中间类型由于微相分离而变化，致使转变了最佳操作条件以致电流效率下降，膜的使用不当将加速其性能降低。这种转变也包括任意提高烧碱的最佳浓度，膜经过长期导电运行后，引起的微相分离，通过适当地向上调整运行中烧碱的浓度，有可能使长期运行时的电流效率保持较高值。目前任何厚度羧酸层的膜，由于物理松弛引起的电流效率降低，均不可能完全避免。故任何限制物理松弛的发生仍是今后研究的主要的目标之一。

3.4.6 离子膜电解工艺先进性

离子膜法制烧碱与隔膜法、水银法比较，具有如下优点。

① 产品质量优。高纯烧碱产品的含盐量低于 $50mg/L$，符合合成纤维、医药、水处理及石油化工等行业用碱要求。氯气纯度高，氯气中含氧、氢低，氯气纯度高达 $98.5\% \sim 99.0\%$。此外，离子膜法电解产生的氢气纯度高，含氢高达 99.9%，对合成盐酸生产，提高氯化氢纯度极为有利。

② 生产成本低。

③ 能耗低。其直流电耗可降至 $150kW \cdot h/t$ 以下，并直接制得 32% 以上的高纯度烧碱，因此，总能耗比隔膜法低 $25\% \sim 30\%$，比水银法低 $15\% \sim 20\%$。

④ 无公害污染。水银法有公害，隔膜法有石棉绒的污染，如果是石墨阳极电解槽还有铅污染。而离子膜法电解制烧碱根除了上述有害物的污染，清洁生产，利于保护环境。

⑤ 生产稳定。离子膜法制烧碱，生产稳定性比隔膜法、水银法都高。离子膜电解槽，尤其是单极槽更适应较大的电流负荷波动范围。

⑥ 投资省。在国外离子膜法电解装置的投资比隔膜法节省 20% 左右，比水银法节省 10% 左右。国内随着离子膜法制碱技术和装置（含膜）的国产化率提高，其投资成本正在逐渐降低，并最终会低于水银法和隔膜法的投资。

⑦ 占地少。根据现有的离子膜法装置和隔膜法装置比较，离子膜法电解装置占地约为隔膜法的一半左右。

参考文献

[1] 陆忠兴，周元培. 氯碱化工生产工艺：氯碱分册. 北京：化学工业出版社，1995.

［2］ 程殿彬．离子膜法制碱生产技术．北京：化学工业出版社，1998.

［3］ 沈立平．我国氯碱生产技术进展．氯碱工业，2007（9）：1-4.

［4］ 孙勤．我国氯碱行业状况及其发展展望．中国氯碱，2004（10）：1-3.

［5］ 岳群．我国烧碱生产技术概况．中国氯碱，2006（9）：1-4.

［6］ 董鑫，刘凤．氯碱化工产品发展分析．当代化工，2011（8）：835-840.

［7］ 刘自珍．氯碱工业30年度巨变．中国化工信息，2009（5）：10-11.

［8］ 纪祥娟，王中伟，李倩茹，王丽．氯碱工业生产新技术及未来发展建议．广州化工，2011（13）：43-45.

［9］ 周杰．影响一次盐水质量的主要因素及对策．安徽化工，2004（6）：9-10.

［10］ 王香爱，李忠军．氯碱盐水生产过程的技术改进及效果．氯碱工业，2007（12）：11-12.

［11］ 秦承瑛．盐水精制过程及影响因素．氯碱工业，2000（2）：8-10.

［12］ 曾凤春，张开仕．氯碱生产盐水精制除钙剂的试验和选择．中国井矿盐，2002（33）：22-23.

［13］ 李英，黄大利．提高精制盐水质量的措施及改进．贵州化工，2004（2）：42-43.

［14］ 王玉娟，赵以文，郑卫生．浅析一次盐水精制技术．中国氯碱，2009（10）：5-7.

［15］ 张家杰．膜分离技术在盐水精制中的应用．精细与专用化学品，2006（6）：7-9.

［16］ 聂巨亮．离子膜电解工艺．河北化工，2010（6）：53-54.

［17］ 罗圣红．浅谈氯碱行业盐水精制工艺中膜分离技术的应用与发展，贵州化工，2006（2）：33-34.

［18］ 袁斌．我国隔膜法烧碱技术发展趋势．氯碱工业，2002（3）：16-19.

［19］ 王建修．氯酸盐对隔膜电解的影响，氯碱工业，2003（9）：19-20.

［20］ 催钦，李计涛．隔膜法电解槽运行寿命影响因素．氯碱工业，2009（9）：18-19.

［21］ 李邦民．隔膜电解氯酸盐生成原因及预防措施，中国氯碱，2001（9）：12-14.

［22］ 王伟红，邢家悟．离子交换膜在氯碱行业的应用与发展．膜科学与技术，2002（6）：51-57.

［23］ 孟昭仁．氯碱工业离子膜和电槽的进展．化学世界，2001（3）：166-168.

［24］ 董雪英．离子膜烧碱的生产工艺及市场前景．江苏化工，2008（3）：55-59.

［25］ 吴楼涛，李永刚．离子膜法氯碱技术的发展及建议．化工进展，2003（8）：876-880.

第4章 湿法磷酸工艺

4.1 概述

"湿法磷酸"通常是指用无机酸分解磷矿得到的磷酸。用硫酸法生产湿法磷酸的特点是矿石分解后的产物磷酸为液相，副产物硫酸钙是溶解度很小的固相，产物与副产物通过过滤就可实现液固分离，具有其他工艺方法无可比拟的优越性。因此，硫酸法生产磷酸工艺在湿法磷酸生产中处于主导地位，硫酸法生产湿法磷酸也就成为湿法磷酸的代名词。该工艺的不足之处是产生的大量磷石膏，多采用露天堆放，环境问题较严重。

湿法磷酸工艺是用无机酸分解磷矿粉，分离出粗磷酸，再经净化后制得磷酸产品。湿法磷酸的显著特点是杂质含量较高，当用于磷肥生产时能够满足质量要求，具有热法磷酸无法比拟的成本优势。当用于工业磷酸以及相应的磷酸盐产品生产时，需要经过净化过程以除去杂质。尽管如此，仍具一定的成本优势，特别是在能源价格日益高涨的今天，其成本优势逐渐凸显，市场前景广阔。

湿法磷酸工艺按其所用无机酸的不同可分为硫酸法、硝酸法、盐酸法等。矿石分解反应式表示如下：

$$Ca_5F(PO_4)_3 + 10HNO_3 \rightleftharpoons 3H_3PO_4 + 5Ca(NO_3)_2 + HF \tag{4-1}$$

$$Ca_5F(PO_4)_3 + 10HCl \rightleftharpoons 3H_3PO_4 + 5CaCl_2 + HF \tag{4-2}$$

$$Ca_5F(PO_4)_3 + 5H_2SO_4 + nH_2O \rightleftharpoons 3H_3PO_4 + 5CaSO_4 \cdot nH_2O + HF \tag{4-3}$$

上述反应的共同特点是都能够制得磷酸，但磷矿中钙生成什么形式的钙盐不尽相同，进而影响反应完成后钙盐的分离过程，最终影响湿法磷酸的生产成本。

4.1.1 硝酸法

最早由奥达公司开发，称为奥达法。它是用硝酸分解磷矿生成磷酸和水溶性硝酸钙，然后采用冷冻、溶剂萃取、离子交换等方法分离出硝酸钙。受硝酸价格、能源价格以及工艺流程长等因素的影响，该工艺工业化应用较少。

4.1.2 盐酸法

20世纪60年代初，以色列矿业工程公司（I. M. I）开发了著名的IMI法，首次实现了盐酸法生产磷酸的工业化。它是采用盐酸与磷矿反应，生成磷酸和氯化钙水溶液，反应完成后采用有机溶剂（如脂肪醇、丙酮、三烷基磷酸酯、胺或酰胺等）萃取分离出磷酸。该工艺存在过程复杂、副产物氯化钙难以经济回收等问题。

4.1.3 硫酸法

通常所称的"湿法磷酸"实际上是指硫酸法湿法磷酸，即用硫酸分解磷矿生产得到的磷酸。其特点是矿石分解后的产物磷酸为液相，副产物硫酸钙是溶解度很小的固相，两者分离简单，因而该工艺具有其他工艺无可比拟的优越性，成为湿法磷酸的主要生产方法。

反应式（4-3）中 n 的值取决于硫酸钙结晶的形式，可以是0，1/2，2。随着反应温度和磷酸浓度不同，硫酸钙结晶可以是无水硫酸钙（$CaSO_4$），也可以是半水硫酸钙（$CaSO_4 \cdot 0.5H_2O$）或二水硫酸钙（$CaSO_4 \cdot 2H_2O$），根据硫酸钙结晶形式不同，湿法磷酸工艺分为无水物法、半水法、二水法和半水-二水法。其中，二水法工艺由于技术成熟、操作稳定可靠、对矿石的适应性强等优点，在湿法磷酸工艺中居于主导地位。目前，我国80%以上的磷酸都采用湿法磷酸二水法流程生产。

但是，二水法流程存在一些难以克服的缺陷，如矿石中的有害杂质大部分进入磷酸中，严重影响磷酸产品质量，当生产工业磷酸时，增加净化过程难度。特别是氟元素，一旦进入液相，很难再分离出来。再如产生的大量磷石膏固体废物，由于技术、经济等方面的原因多采用露天堆放，不仅占用大量土地、污染环境，还造成硫资源的浪费。要实现磷石膏资源化利用，一个重要的举措就是保证磷石膏的质量稳定，且杂质含量尽可能少。

4.2 化学原理

4.2.1 主要化学反应

湿法磷酸生产中，硫酸分解磷矿在大量磷酸溶液介质中进行：

$$Ca_5F(PO_4)_3+5H_2SO_4+nH_3PO_4+5nH_2O \longrightarrow (n+3)H_3PO_4+5CaSO_4 \cdot nH_2O+HF \qquad (4-4)$$

式中，n 可以等于0，1/2，2。

实际上分解过程分两步进行：首先是磷矿与磷酸（返回系统的磷酸）作用，生产磷酸一钙：

$$Ca_5F(PO_4)_3+7H_3PO_4 \longrightarrow 5Ca(H_2PO_4)_2+HF \qquad (4-5)$$

第二步是磷酸一钙与硫酸反应，使磷酸一钙全部转化为磷酸，并析出硫酸钙沉淀：

$$5Ca(H_2PO_4)_2+5H_2SO_4+5nH_2O \longrightarrow 10H_3PO_4+5CaSO_4 \cdot nH_2O \downarrow \qquad (4-6)$$

生成的硫酸钙结晶析出，其析出形式随磷酸溶液中酸浓度和温度不同而不同，可以是二水硫酸钙（$CaSO_3 \cdot 2H_2O$）、半水硫酸钙（$CaSO_3 \cdot 1/2H_2O$）或无水硫酸钙（$CaSO_4$）。实际生产中，析出稳定磷石膏的过程是在制取浓度为 30%～32% P_2O_5 的磷酸和温度为 65～80℃条件下进行的。在磷酸浓度较高（P_2O_5 浓度＞35%）和反应温度为 90～95℃时析出半水合物，所析出的半水合物在不同程度上能水化成石膏。降低析出沉淀的温度和磷酸的浓度，以及提高溶液中 CaO 和 SO_3 的含量都有助于获得迅速水合的半水合物。有大量石膏存在时也能加速半水合物的转变。在温度高于 100～150℃和酸浓度大于 45%P_2O_5 时则析出的是无水物。如图 4-1 所示。

在磷矿石被硫酸分解的同时，磷矿中的其他无机物杂质亦被分解，其反应如下：

磷矿中所含的碳酸盐分解反应按下式进行

$$CaCO_3+H_2SO_4+(n-1)H_2O \\ \longrightarrow CaSO_4 \cdot nH_2O+CO_2 \qquad (4-7)$$

$$MgCO_3+H_2SO_4 \longrightarrow MgSO_4+CO_2+H_2O \\ \qquad (4-8)$$

碳酸盐的分解不仅增加硫酸消耗量，增加生产成本，而且将钙、镁离子等杂质带入产品磷酸中，在生产工业磷酸及其磷酸盐时会增加磷酸净化过程的难度与成本。

磷矿中所含的硅酸盐分解反应按下式进行：

$$SiO_2+4HF \longrightarrow SiF_4+2H_2O \qquad (4-9)$$

$$SiO_2+6HF \longrightarrow H_2SiF_6+2H_2O \qquad (4-10)$$

磷矿中通常含有 2%～4% 的氟，酸解时首先生成 HF，HF 再与磷矿中的活性氧化硅或硅酸盐反应生成四氟化硅和氟硅酸。

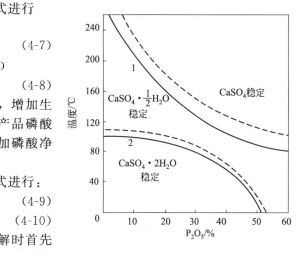

图 4-1 $CaSO_4$ 结晶与磷酸浓度及温度的关系
（实线 2 为村上惠一的修正线）

部分四氟化硅呈气态逸出，氟硅酸保留于溶液中。在浓缩磷酸时，氟硅酸分解为 SiF_4 和 HF。在浓缩过程中约有 60% 的氟从酸中逸出，可回收加工制取氟盐。

磷矿中还含有氧化铁和氧化铝等，它们与磷酸反应按下式进行：

$$R_2O_3 + 2H_3PO_4 \longrightarrow 2RPO_4 + 3H_2O \quad (R=Fe,Al) \tag{4-11}$$

当磷矿中氧化铁和氧化铝含量较高时，不适宜用硫酸法生产湿法磷酸。

磷酸生产中硫酸消耗量是一项主要技术经济指标，可根据磷矿的化学组成和化学计量方程式计算出硫酸理论消耗量。由于不同磷矿的杂质含量不同，所以不同磷矿分解的硫酸消耗量也不同，通常由实验确定。

在酸液中磷灰石的溶解速度取决于氢离子从溶液主流向磷矿颗粒表面的扩散速度和钙离子从界面向溶液主流的扩散速度。当磷酸浓度较高时，磷酸溶液的黏度显著增大，离子扩散减慢，导致磷灰石溶解速度降低。氢离子浓度和溶液黏度成为 H_2SO_4、H_3PO_4 混酸溶液中影响磷灰石溶解速度的关键因素。

湿法磷酸生产过程中磷矿分解属液固反应，增加搅拌可以提高磷灰石的溶解度。磷矿在分解时，伴随着二氧化碳的逸出产生泡沫。此时如果搅拌强度不够，落在相对禁止泡沫上的磷矿粒子结成小团，同时硫酸与磷矿反应生成的硫酸钙结晶薄膜覆盖其表面，使磷矿石分解过程不能正常进行。这时要求搅拌能保证上层泡沫发生剧烈运动，使液体在搅拌时能形成旋涡状，以保持良好的固液分散状态。同时，料浆液面控制对搅拌效果具有重要影响，工业过程通过磷酸循环来控制料浆液固比在 2.5～3.5 范围内，以达到改善搅拌效果。

磷矿与硫酸反应速度也与温度有关，温度愈高，硫酸分解磷矿石的分解率愈高。工业生产实际中，考虑到设备的腐蚀性等因素，料浆反应通常选择在 60～70℃ 或稍高的温度下进行。

4.2.2 硫酸钙的结晶

二水硫酸钙结晶的实质是反应结晶过程，其中包含反应和结晶两个过程。在反应过程中，通常还伴随着粒子的老化、聚结和破裂等二次过程。结晶过程又包括晶核形成和晶体生长两个阶段，其中晶核的形成有初级成核和二次成核两种模式。研究表明，在较低过饱和度下，二水硫酸钙晶体生长过程主要为表面反应控制。典型的二水硫酸钙结晶为斜方晶体，其长宽比为 2～3。但在湿法磷酸生产中得到的晶体，由于磷矿杂质含量不同、生产操作的工艺条件不同，造成二水硫酸钙晶体性质差异较大。

影响硫酸钙结晶过程的因素有如下几个方面。

4.2.2.1 H_2SO_4 浓度的影响

溶液中 H_2SO_4 浓度是二水硫酸钙晶体外形及颗粒尺寸的重要影响因素，也是湿法磷酸生产中重要的控制参数。反应所需硫酸过量时，可以降低溶液的过饱和度，从而降低晶核形成速率，为晶体生长创造条件。在硫酸质量分数处于低水平时，硫酸质量分数对结晶过程影响明显。随着硫酸质量分数增加，其影响程度逐渐减弱。当硫酸质量分数较低时，晶体成核速率快，生成的晶体数目多，生成的晶体尺寸较小；当硫酸质量分数增加时，晶体尺寸明显增大，呈棒状。随着硫酸质量分数进一步增加时，晶体尺寸增加幅度明显减小，且呈针形状，这种结晶不易洗涤，还可能发生包裹现象，将对湿法磷酸生产过程造成不利影响，需要避免。另外，游离硫酸浓度过大会导致磷矿钝化，不利于磷矿分解。因此在湿法磷酸生产过程中，需要适当控制硫酸浓度，以满足工业生产要求。

4.2.2.2 磷酸浓度的影响

湿法磷酸生产中，提高溶液磷酸浓度会增加 HPO_4^{2-} 浓度，从而增大 HPO_4^{2-} 取代晶格中 SO_4^{2-} 的倾向。同时，提高磷酸浓度会使溶液黏度增大，增加溶液扩散阻力，使 HPO_4^{2-}

取代晶格中 SO_4^{2-} 反应和晶体成核过程更加剧烈，不利于硫酸钙晶体生长，难以获得粗大的晶体，增加过滤工序的难度，从而增大 P_2O_5 的夹带损失。相反，降低磷酸浓度会使硫酸钙结晶变得粗大，还可降低酸解液中氟硅酸盐对滤布堵塞的危险。

4.2.2.3 结晶温度的影响

提高反应温度使溶液的黏度降低，有助于溶液中离子扩散，有利于硫酸钙晶体生长。反应温度升高后，硫酸钙晶体的平均尺寸增大，但其形状没有明显变化，均呈针形状。这是因为随着反应温度升高，酸性介质中 $CaSO_4$ 的溶解度逐渐增大，过饱和度逐渐减小，使成核速率降低，成核数量减少，最终导致晶体生长尺寸变大。但高温条件会增加设备材料的腐蚀性，以及增大杂质在酸解液中的溶解度，使真空过滤机清洗周期缩短。因此，在实际生产中需要适当选择结晶温度。

4.2.2.4 平均停留时间的影响

平均停留时间是磷酸装置设计的重要参数，它会影响晶核粒数密度和晶体的线生长速率。研究表明，平均停留时间太长或太短都会使生成的结晶细小，选择适宜的停留时间可以使晶体变得粗大、均匀。停留时间太短，晶体生长不充分导致晶体细小；停留时间过长时，大量二次晶核的生成导致不同晶核生长晶体的时间不同，最终导致晶体大小不均匀。另外，当酸解槽容积一定时，反应时间越长，装置产量越低。相反，可提高产量。

4.2.2.5 溶液过饱和度的影响

由结晶理论知道，对于大多数结晶过程，过饱和度是影响晶体线生长速率与晶核粒数密度的关键因素。在结晶动力学中，成核速率与溶液的过饱和度的 n 次方成正比，晶体的生长速率也与溶液的过饱和度的 m 次方成正比。在实际生产中，为了控制晶体粒度，通常需要控制晶核数量。同时，过饱和度还对晶体的晶型产生影响。所以在工业生产中，过饱和度并非越大越好，应根据具体情况将过饱和度控制在适当范围内。湿法磷酸生产中，溶液的初始饱和度非常重要，它将影响生成晶体的尺寸。初始过饱和度越大，生成晶体的尺寸越小，晶体成核延迟时间也越短。工业生产实际中，为了获得粗大、均匀的磷石膏结晶，总是力求在恒定过饱和度的条件下进行结晶，通常采用回浆的办法有效控制恒定的过饱和度，达到连续生产的目的。

4.2.2.6 料浆固含量的影响

料浆中固含量增加，使结晶有效表面积增大、溶液过饱和度降低，从而加快结晶生长速率，降低成核速率。但料浆固含量过大时，影响磷酸料浆的输送和搅拌。相反，料浆固含量降低，有利于硫酸钙晶核形成及其过滤速率的提高，但它会增加过滤机及反应槽的负荷。在生产实际中，料浆固含量随操作条件可在较大范围内变化。

4.2.2.7 搅拌强度的影响

在二水硫酸钙结晶过程中，搅拌强度的影响很大。搅拌速度过快时，晶体容易被打碎，并使介稳区变窄，二次成核速率增加，晶体粒度变小；搅拌速度过慢时，不利于料浆均匀悬浮。增加搅拌强度有利于分子扩散，增加料浆浓度分布的均匀性，获得均匀过饱和度的结晶体系，有利于分解过程与结晶过程，从而使 P_2O_5 取代有所减轻，改善结晶条件。

4.2.2.8 料浆中杂质的影响

在硫酸分解磷矿生成磷酸的同时，磷矿中的杂质与硫酸反应生成可溶性的物质进入料浆溶液中，成为影响二水物湿法磷酸生产中二水硫酸钙结晶的一个重要因素。二水物湿法磷酸生产装置能力在很大程度上取决于萃取槽中二水硫酸钙的结晶性能。良好的结晶形态可提高过滤速率，易碎的薄片状斜方晶体在抽滤时将严重阻塞过滤孔道，降低过滤速率。上述结晶性能的差异在很大程度上取决于料浆中杂质浓度，而这种杂质浓度差异又与磷矿的杂质含量有关，这往往是不同磷矿表现出结晶性能不同的主要原因。

4.2.2.9 活性添加剂的影响

为了改善二水硫酸钙的沉淀结晶性能，通常可以向料浆中添加活性添加剂。活性添加剂的种类较多，大致可以分为两类，一类是无机物，无机物添加剂有硫酸铵、硝酸铵、活性硅和铝等。另一类是有机物，有机物添加剂有酰胺类盐、烷基苯磺酸盐、脂肪醇和烷基酚的环氧乙烷加合物等。由于萃取磷酸生产过程中有关活性添加剂的研究多以专利形式报道，其作用原理报道较少。另外，晶体疏松剂也是一种活性添加剂，它的加入对结晶过程影响明显，它使结晶成核速率大幅下降，导致晶体生长速率加快，晶体尺寸变小，不利于过滤操作。晶体疏松剂对结晶过程的影响也会因其性质不同而表现出较大差异，当加入氯化铜或铁氰化钾时，将对晶体生长具有促进作用，而加入重铬酸钾时会因其浓度变化表现出不同效果，如低浓度时能抑制晶体生长，高浓度时则促进其生长。

二水硫酸钙结晶过程是湿法磷酸生产的关键步骤，其结晶性能不仅影响装置的稳定操作，而且影响过程的经济技术指标。二水硫酸钙的良好结晶性能可保证装置长期稳定运行，增加 P_2O_5 收率，提高磷酸浓度，降低过程能耗，减少环境污染，实现企业经济效益和社会效益的双赢局面。

4.3 工艺流程

4.3.1 二水物流程

湿法磷酸二水物工艺流程如图 4-2 所示，湿法磷酸萃取是在一个由两个不同直径的同心圆筒组成的萃取槽中进行的，圆筒环形部分的器壁上装有挡板，挡板将圆槽分成几个区域，区内装有搅拌浆。磷矿粉经过计量后进入萃取槽内，首先与回流磷酸预混，再与经过计量的硫酸和过滤部分返回的稀磷酸反应。反应过程产生的热量由鼓风机鼓入冷空气加以移除。反应后料浆由立式料浆泵送去过滤，反应产生的含氟尾气经回收处理装置（氟含量一般为原矿

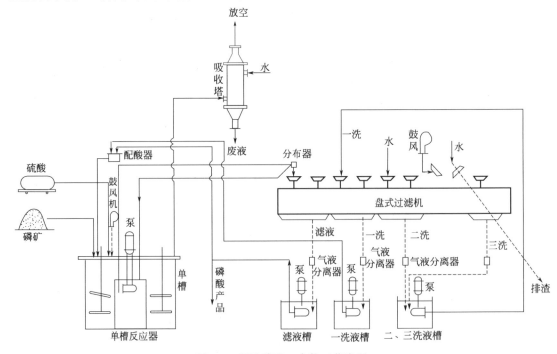

图 4-2　湿法磷酸二水物工艺流程

总氟量的 4%～7%) 处理后放空。

来自萃取槽的料浆绝大部分进入萃取料浆分布器, 剩余料浆返回萃取槽与磷矿粉预混。萃取料浆分布器均匀地将萃取料浆分布在倾覆盘式过滤机的滤盘上进行真空吸滤, 滤液 (萃取磷酸) 经气液分离器流入滤液槽, 再由滤液立式泵将萃取磷酸 (滤液) 大部分打入萃取过程与一洗液混合成冲淡磷酸, 经计量与磷矿粉预混, 其中少部分萃取磷酸作为成品。过滤时料浆必须在真空下经三次逆流洗涤, 以洗去滤液。经过三次洗涤真空吸干以后的磷石膏滤饼, 用 3～5kgf/cm² (1kgf/cm²=98.0665kPa) 压力的水冲洗后排放。

4.3.2 半水-二水物流程

湿法磷酸半水-二水物工艺流程如图 4-3 所示, 经过计量的磷矿粉首先在预混槽与反应槽出来的料浆和过滤机的滤液预混合。然后进入反应槽与来自硫酸储槽的硫酸在95～100℃下混合, 产生的废气经回收处理后放空。料浆用泵打入半水物过滤器, 真空抽滤得到的部分滤液 (即磷酸) 返回预混槽与磷矿粉预混, 部分滤液 (磷酸) 作为磷酸产品。从过滤器获得的固体半水硫酸钙, 进入水合槽, 与硫酸以及进入水合槽的部分料浆混合, 控制反应温度为 60℃, 生成二水硫酸钙结晶, 混合料浆用泵送到二水物过滤器, 滤液可作为半水过滤器的洗涤水和水合槽的再浆水, 所得固体二水硫酸钙即为纯度较高的磷石膏。

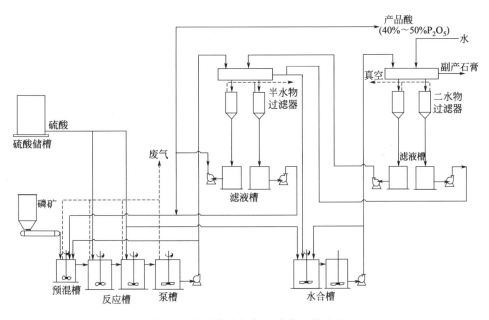

图 4-3　湿法磷酸半水-二水物工艺流程

4.3.3 二水-半水物流程

如果要获得浓度更高的磷酸和结晶质量更好的硫酸钙, 可考虑采用二水-半水物流程。湿法磷酸二水-半水物工艺流程如图 4-4 所示, 先在一定磷矿酸解条件下, 如磷酸浓度大于35%P₂O₅、反应温度小于 65℃、反应时间约为 2h, 生成二水结晶的硫酸钙, 其流程与二水物法流程相似。所得料浆经过熟化槽, 用泵输送到离心机过滤, 滤液进澄清器, 澄清液即为35%P₂O₅ 的磷酸成品, 稠厚液返回反应槽继续反应。过滤得到的二水硫酸钙结晶进入转化槽, 加入适量的硫酸, 用蒸汽加热到 75～85℃, 使二水硫酸钙结晶转变为半水硫酸钙结晶, 其料浆送入倾覆盘式过滤机过滤, 滤液返回至萃取槽, 滤饼即为结晶较好、P₂O₅ 含量较少半水硫酸钙。

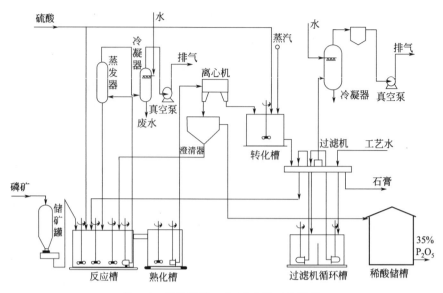

图 4-4　湿法磷酸二水-半水物工艺流程

4.4　浓缩

4.4.1　浓缩原理和方法

采用二水法生产湿法磷酸，其浓度只有 20％～24％P_2O_5（质量分数），当湿法磷酸用于生产重钙时，磷酸的浓度要求大于 45％P_2O_5（质量分数），因此稀磷酸需要进行浓缩处理。湿法磷酸是一种具有很强腐蚀性的液体，且含有约 2％的 H_2SO_4 和约 2％的 H_2SiF_6（以 F计），加热蒸发浓缩无疑对浓缩装置材料提出了很高的要求。在湿法磷酸浓缩过程中，由于杂质处于过饱和状态，随着磷酸浓度的不断增加而逐步析出，沉积在器壁表面，影响蒸发器换热效率，严重时使蒸发器无法正常工作。同时，湿法磷酸浓缩过程中还会产生废气问题，需要统筹考虑。

湿法磷酸的浓缩方法按其加热方式可分为两类，即直接加热蒸发和间接加热蒸发。

4.4.1.1　直接加热蒸发

直接加热蒸发是湿法磷酸浓缩最简单的方式，磷酸与热气体直接接触，通过直接换热湿法磷酸溶液中的水分进入气相，操作简便，可以避免间接加热蒸发引起的设备腐蚀和结垢问题。用于磷酸浓缩的直接加热器有鼓泡浓缩流程浸没燃烧蒸发器、湿壁蒸发器等，由于燃料费用太高和排放的废气不达标等因素的影响，这类装置在工业上已较少采用。

4.4.1.2　间接加热蒸发

间接加热蒸发流程分为以下三种。

（1）典型的强制循环流程

稀酸经计量后进入磷酸浓缩强制循环回路，与大量循环磷酸混合，借助强制循环泵送入石墨换热器，采用低压蒸汽加热后的热酸进入闪蒸室，水分闪蒸获得浓磷酸。

（2）罗纳-普朗克磷酸浓缩流程

采用单效强制循环浓缩回路，包括蒸发器、块孔石墨换热器、篮式过滤器和离心循环泵。经澄清的稀磷酸在热交换器出口进入到浓酸循环回路中。块孔石墨热交换器采用 600kPa 饱和蒸汽加热循环酸，温升控制在 7～10℃。循环酸在块状石墨换热器流速为

3.5m/s，这样可获得高达 $1100W/(m^2 \cdot K)$ 的传热系数，同时结垢倾向缓和。这样，循环酸泵就必须采用离心泵，以克服酸循环系统 245kPa 的阻力。

（3）斯温森磷酸浓缩流程

主要包括蒸发器、热交换器、循环泵和大气冷凝器、真空和成品酸处理设备，澄清后的稀磷酸在循环回路加入被加热的磷酸在蒸发室中沸腾闪急蒸发，大量的磷酸借助循环泵通过石墨热交换器被低压蒸汽加热后循环返回蒸发室。离开蒸发室的蒸发气体经雾沫分离器除去 P_2O_5 液滴后进入第一、二氟吸收器，吸收蒸发气体中的 HF 和 SiF_4，洗涤后的蒸汽被浓缩大气冷凝器冷凝，不凝性气体经真空泵排入大气。

4.4.2 磷酸浓缩工艺流程

4.4.2.1 工艺流程图及简介

典型的磷酸浓缩流程如图 4-5 所示。来自稀磷酸储槽的稀磷酸经计量后加入石墨列管换热器出口，与经过加热后的循环酸混合并进入蒸发室内蒸发其中的水分。浓缩后的部分浓磷酸从蒸发室溢流口流出，用浓磷酸泵送至浓磷酸储槽。大量循环酸用浓缩循环泵送入酸加热器，用经过减温减压后的低饱和蒸汽加热，在浓缩循环回路中继续循环。蒸汽冷凝液进入冷凝液受槽，用冷凝液泵送至外车间的除氧水箱，回收利用。从蒸发室蒸发出来的蒸汽含有氟化物和磷酸雾沫，经除沫塔分离其中的磷酸雾沫后，依次进入第一氟吸收塔，第二氟吸收塔，进行氟回收，经除沫塔分离得到的酸返回浓缩循环回路。气体在第一氟吸收塔内用来自第一氟吸收塔循环泵的循环洗涤液进行洗涤回收其中的氟化物，循环洗涤液流回第一氟吸收器密封槽，浓度达到 15%～18% 的氟硅酸送出部分到氟硅酸储槽，补充水来自第二氟吸收塔循环泵。气体在第二氟吸收塔内用来自第二氟吸收塔循环泵的循环洗涤水进行再次洗涤回收其中的氟化物，循环洗涤液流回第二氟吸收器密封槽，送出部分到第一氟吸收塔密封槽，补充水来自工艺水。从第二氟吸收塔出来的气体进入浓缩冷凝器，用循环水冷凝其中的水蒸气，冷却水返回循环水工序，不凝性气体用浓缩真空泵排入大气，并维持浓缩工序在一定真空条件下运行。

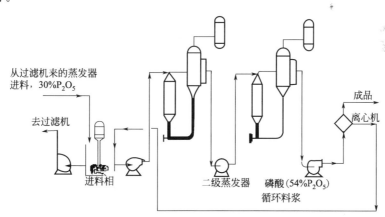

图 4-5　采用淤渣循环的典型强制循环蒸发浓缩磷酸

4.4.2.2 生产操作条件的选择

浓缩控制主要工艺指标为磷酸浓度、温度、蒸发室真空度、低压蒸汽压力和温度。磷酸浓度要求达到 44%～46% P_2O_5，温度为 75～80℃，蒸发室压力 65～70kPa（绝压），低压蒸汽压力为 0.13～0.20MPa，温度为 135～140℃。蒸汽压力通过压力调节阀进行控制。蒸汽压力太高，超过酸加热器石墨列管耐压值，会导致石墨管损坏。蒸汽压力太低，带水严重，同样会冲击石墨列管，使列管受到损坏。蒸汽温度通过 20t 锅炉附带除氧水调节加入蒸汽管道的水量进行控制。温度太高，会损坏石墨列管；温度太低，带水严重，同样会损坏石墨列管。磷酸浓度通过调节稀酸加入量和进加热器蒸汽流量进行。磷酸浓度太低，不能满足商品磷酸要求，同时氟回收部分会产生大量硅胶，堵塞喷头及设备管道。磷酸浓度太高，会降低生产负荷，增加蒸汽消耗，同时加快酸加热器石墨列管的结垢速度，缩短运行周期。生发器酸温通过调节进酸加热器蒸汽流量和蒸发器真空度进行控制，酸温太高（超过90℃）会烧坏设备橡胶衬里，酸温太低水蒸发量小，不能满足生产负荷的需要。蒸发器真空度通过调节进浓缩冷凝器循环冷却水量和浓缩真空泵进口泄真空阀的开度进行控制。真空度控制不宜太高，能满足酸温控制即可，太高会引起真空系统设备、管道、橡胶衬里脱落，损坏设备管道。

4.4.2.3 蒸发气体处理

从蒸发室出来的气体中含有氟，首先用循环洗涤液进行洗涤回收其中的氟，得到12%～18%H_2SiF_6氟硅酸，化学反应式为：

$$SiF_4 + 2HF \longrightarrow H_2SiF_6$$

大量的水蒸气用循环冷却水冷凝，返回循环水装置冷却降温后循环使用，不冷凝气体用真空泵抽出排入大气中。

4.4.2.4 浓磷酸澄清

经过浓缩后浓度为44%～46%湿法磷酸中含有8%～10%的磷酸淤渣需进行澄清，澄清后的浓磷酸送到重钙车间（一部分销售），淤渣从底部排出，送到富钙库房伴酸渣富钙，回收其中的P_2O_5。

4.4.2.5 换热器清洗

清洗20.0%～23.0% P_2O_5的磷酸在浓缩到44%～46% P_2O_5过程中，会析出沉淀，引起酸加热器石墨列管、蒸发室结垢，这些易结垢的沉淀物主要是氟硅酸的钙盐、钾盐和钠盐。需要定期对浓缩设备管道进行清洗，清洗液为5%硫酸溶液，清洗温度为75～80℃。一般情况下，两周清洗一次，每次约为8h（根据情况，可延长清洗时间）。

4.5 应用

湿法磷酸主要用于制造高浓度磷肥，如重过磷酸钙、磷酸铵等；也可以用作制取磷酸钠盐的原料。工业磷酸经精制后，可用于医药和食品工业等。

副产品磷石膏可用作制水泥、硫酸等的原料，也可以制成各种美观大方的建筑材料——石膏板。

4.5.1 磷酸盐

磷酸盐是几乎所有食物的天然成分之一，作为重要的食品配料和功能添加剂被广泛用于食品加工中。它是磷酸的盐，在无机化学、生物化学及生物地质化学上是很重要的物质。

磷酸盐可分为正磷酸盐和缩聚磷酸盐，在食品加工中使用的磷酸盐通常为钠盐、钙盐、钾盐以及作为营养强化剂的铁盐和锌盐，常用的食品级磷酸盐的品种有三十多种，磷酸钠盐是国内食品磷酸盐的主要消费种类，随着食品加工技术的发展，磷酸钾盐的消费量也在逐年上升。

磷酸盐在耐火材料中用作黏合剂，磷酸盐黏合剂是以酸性正磷酸盐或缩聚磷酸盐为主要化合物，是一种具有胶凝性能的耐火材料黏合剂。磷酸与碱金属或碱土金属氧化物及其氢氧化物反应制成的黏合剂多数为气硬性黏合剂，即不需加热在常温下即可发生凝结与硬化作用。磷酸与两性氧化物及氢氧化物或酸性氧化物反应制成的黏合剂多数为热硬性黏合剂，即需经加热到一定温度发生反应后方可产生凝结与硬化作用。

4.5.2　磷石膏

磷石膏是指在磷酸生产中用硫酸处理磷矿时产生的固体废渣，其主要成分为 $CaSO_4 \cdot 2H_2O$，此外还含有多种其他杂质。

4.5.2.1　磷石膏在建筑材料行业中的应用

（1）磷石膏制砖

先用生石灰（氧化钙含量 90％以上）和磷石膏混合，并陈化一段时间，与里面的氟化物、有机物和可溶性盐等有害杂质反应，使其转换为惰性物质，中和预处理并陈化的磷石膏直接加入熟石灰、水泥、炉渣、矿渣和激发剂等其他物质，均匀混合后得到干混合料，再加适量的水搅拌，将搅拌后的混合物料在一定压力下制成矩形体的砖，再经蒸汽养护或者自然养护一段时间后就得到非烧结墙体砖。

（2）磷石膏制装饰材料

磷石膏可制成新的石膏装饰材料，在高温条件下（700～900℃）烧结而成，烧结后得到的新材料称之为"石膏陶瓷"。它具有良好的物理化学性能，是一种新型石膏陶瓷。

（3）磷石膏用作水泥缓凝剂

在水泥生产工艺中，为延长水泥的凝固时间通常需要加入一定量的石膏来作为缓凝剂。磷石膏作为一种胶凝材料，可以替代天然石膏用作水泥缓凝剂，可以降低水泥生产成本。

（4）磷石膏制作石膏板

磷石膏用作胶凝材料主要有两种形式：α-型和 β-型半水磷石膏，两者都是将磷石膏在一定温度下加热，脱去一个半结晶水形成的，再经化学方法处理后获得，工业上采用高压釜法或烘烤法生产。

4.5.2.2　磷石膏在农业行业中的应用

磷石膏在农业上可用作碱性土壤改良剂，还可以直接作为肥料。

（1）碱性土壤改良剂

磷石膏中含有少量的磷化物和氟化物等杂质，呈酸性，其 pH 值在 2～3.5 之间，因而可以直接用于碱性土壤的改良剂。磷石膏中所含有的钙离子与土壤中的钠离子交换，生成硫酸钠与不溶性盐碳酸钙，并且 Ca^{2+} 可以和土壤胶体中结合的钠离子置换，降低土壤的碱度，有效改善土壤的渗透性能。

（2）肥料

农作物的生长需要硅、钙、硫和磷等元素，而这些元素正是磷石膏中所含有的，因此磷石膏对农作物生长具有一定的肥料增产效果。但磷石膏在农业上的应用非常有限，且用量小。特别是磷石膏中含有的少量重金属元素，会随磷石膏进入土壤后，对土壤和生长植物造成一定污染。

4.5.2.3　磷石膏在工业中的应用

（1）磷石膏制硫酸盐

硫酸铵是国内外最早生产并使用的一种氮肥，含有氮、硫 2 种营养元素，目前一般使用工业副产品生产硫酸铵，由碳酸铵与磷石膏反应制取硫酸铵。

硫酸钾与硫酸铵一样是硫肥，同样是国内农业肥料需求量较大的品种，它的制取分为一步法和两步法，一步法因为有氯化钙副产物，难以处理而采用较少，二步法主要是由碳酸氢铵与磷石膏反应生成硫酸铵，然后硫酸铵再与氯化钾反应生成硫酸钾。

（2）磷石膏制硫酸联产水泥

磷石膏是磷肥生产过程中排放的固体废物，长期以来被露天堆放处理以致污染环境。磷石膏制酸联产水泥是磷石膏资源化利用的有效途径之一，它以焦炭为还原剂，掺加适量黏土、铁粉，在中空回转窑中完成硫酸钙分解和水泥熟料煅烧过程，不仅减少环境污染，还可实现硫资源的循环利用。该技术于 20 世纪初由德国拜尔公司开发并建成实验性工厂，我国于 60 年代初期开始研究，90 年代在山东省鲁北化工总厂建成第一套生产装置，该技术的实施将对我国磷肥行业发展的磷石膏瓶颈问题的彻底解决具有极大的促进作用。

参考文献

［1］《化肥工业大全》编辑委员会. 化肥工业大全. 北京：化学工业出版社，1988.

［2］上海化工研究院磷肥室. 磷肥工业. 北京：化学工业出版社，1979.

［3］王励生，等. 磷复肥及磷酸盐工艺学. 成都：成都科技大学出版社，1993.

［4］中国石油和化学工业协会等. 化学工业标准汇编. 北京：中国标准出版社，2009.

［5］王小宝主编. 化肥生产工艺. 北京：化学工业出版社，2009.

［6］张允湘主编. 磷肥及复合肥料工艺学. 北京：化学工业出版社. 2008.

［7］［美］O. P. 英格尔斯塔德. 化学技术与使用（中译本）. 张国信译. 北京：化学工业出版社，1992.

［8］联合国工业发展组织. 化肥手册（中译本）. 李金林等译. 北京：北京对外翻译出版社，1983.

第三篇

有机化工
工艺学

第 5 章 环氧乙烷生产工艺

5.1 概述

环氧乙烷（Ethylene Oxide，EO）又叫氧化乙烯。它是无色易挥发的具有醚类香味的液体，能与水、醇、醚及其他有机溶剂以任意比例互溶。沸点 10.5℃，熔点－111.3℃，燃点 429℃。环氧乙烷易燃、易爆、有毒，与空气能形成爆炸性混合物，其爆炸范围为 3.6%～78%（体积分数），在空气中的允许浓度为 50mg/L。环氧乙烷是最简单也是最重要的环氧化合物。由于在其分子中具有三元氧环的结构，性质活泼，易于发生开环加成、异构化、氧化还原和聚合反应。

环氧乙烷是乙烯工业衍生物中仅次于聚乙烯和聚氯乙烯的重要有机化工产品，主要用于生产聚酯纤维、聚酯树脂和汽车用防冻剂的原料乙二醇（EG）、二乙二醇、三乙二醇和聚乙二醇等多元醇类。在洗染、电子、医药、纺织、农药、造纸、汽车、石油开采与炼制等方面具有广泛的用途，开发利用前景广阔。

环氧乙烷的生产有 70 多年的历史。工业上生产环氧乙烷的方法有氯醇法（Chlorohydrin Process）和直接氧化法（Direct Oxidation Process ）两种。

5.1.1 氯醇法

氯醇法是生产环氧乙烷的最老方法，此法是在第一次世界大战时期由德国的 BASF 公司最先提出，并于 1925 年由美国联碳公司（UCC）首先实现工业化。

氯醇法工艺分两步进行：首先氯气与水反应生成次氯酸，再与乙烯反应生成氯乙醇，然后氯乙醇加碱水解，环化生成环氧乙烷。

$$C_2H_4 + HOCl \longrightarrow CH_2ClCH_2OH$$

$$CH_2ClCH_2OH + Ca(OH)_2 \longrightarrow C_2H_4O + CaCl_2 + H_2O$$

这种方法存在很多问题，第一消耗大量碱和氯气，生产成本高；第二排放大量污水，造成严重污染；第三氯气、次氯酸和 HCl 等都会造成设备腐蚀和环境污染。由于装置小、产量少、质量差、消耗高，因此本法从 20 世纪 50 年代起，已被直接氧化法取代。

5.1.2 直接氧化法

1931 年法国催化剂公司的 Lefort 发现乙烯在银催化剂作用下可以直接氧化成环氧乙烷，经过进一步的研究与开发形成乙烯空气直接氧化法制环氧乙烷技术，并于 1938 年由美国 UCC 公司开发成功。目前，世界上 EO 工业化生产装置几乎全部采用以银为催化剂的乙烯直接氧化法。全球 EO 生产技术主要被 Shell 公司、美国 SD 公司、美国 UCC 公司 3 家公司所垄断，90% 以上的生产能力采用上述 3 家公司生产技术。目前国内环氧乙烷生产厂均采用乙烯氧气氧化法生产技术，基本为引进技术。

乙烯直接氧化法由银催化剂催化，可一步直接生成环氧乙烷。直接法生产环氧乙烷不需要大量氯气，产品纯度高达 99.99%，没有设备腐蚀性，生产成本较低。但生产过程需要具有严格的安全技术措施，产品收率低，必须严格选择操作条件，并加以严格控制。乙烯直接氧化法，分为空气直接氧化法和氧气直接氧化法。

5.1.2.1 空气直接氧化法

空气直接氧化法用空气作氧化剂，因此生产中必须有空气净化装置，以防止空气中有害杂质带入反应器而影响催化剂的活性。空气法的特点是由两台或多台反应器串联，即主反应器和副反应器，为使主反应器催化剂的活性保持在较高水平（63%～75%），通常以低转化率操作（20%～50%）。

5.1.2.2 氧气直接氧化法

此法是采用制备纯氧或有其他氧源作氧化剂。由于用纯氧作氧化剂，连续引入系统的惰性气体大为减少，未反应的乙烯基本上可完全循环使用。从吸收塔顶出来的循环气必须经过脱碳以除去二氧化碳，然后循环返回反应器，否则二氧化碳质量超过15%，将严重影响催化剂的活性。

这两种氧化方法均采用列管式固定床反应器。反应器是关键设备，与反应效果密切相关，其反应过程基本相同，包括反应、吸收、汽提和蒸馏精制等工序。但是氧气氧化法与空气氧化法相比前者具有明显的优越性，主要体现在以下几个方面。

① 流程。空气法需要空气净化系统和二次反应器与吸收塔等，以及尾气催化转化器与热量回收系统；氧气法需要分离装置和二氧化碳脱除系统。氧气氧化法与空气氧化法相比，前者工艺流程稍短，设备较少，建厂投资少。

② 催化剂。生产中催化剂的用量直接影响到产品成本的高低。影响催化剂用量的因素主要有两个。一方面是催化剂的性能，如催化剂的选择性及转化率等。氧化法在这方面比较有利，因为选择性高，催化剂需要量少。另一方面是催化剂中银的质量分数，德国 Hals 公司空气法催化剂银的质量分数约20%；而 Shell 公司氧气法催化剂银的质量分数仅为10%左右，同样体积的催化剂，含银量几乎相差50%。

③ 反应器。在同样生产规模的前提下，氧气法需要较少的反应器，而且，反应器都是并联操作。空气法需要有副反应器，以及二次吸收和汽提塔等，增加了设备投资。

④ 收率和单耗。氧气法环氧乙烷收率高于空气法，而且乙烯的消耗定额比空气法小（前者为0.83～0.9t乙烯/tEO，后者为0.90～1.05t乙烯/tEO）。

⑤ 反应温度。氧气氧化法反应温度比空气法低，对催化剂寿命的延长和维持生产的平稳操作较为有利。

⑥ 成本。由于氧气氧化法采用纯氧作原料，因此在氧气价格上涨时，对氧气法生产环氧乙烷的生产总费用会有一定的影响，而空气法就不存在氧气价格变动带来的总费用变动，而且氧气法对原料的纯度要求很高，如氧气纯度低，就会显著增加含烃放空气体的数量，造成乙烯单耗提高。尽管如此，通常氧气氧化法的生产成本要比空气氧化法低10%左右。氧气直接氧化技术排放气体乙烯含量比空气法少，设备和管道比空气法少。就新建工厂的投资而言，若氧气从外面输入，工厂不需建空分装置，则氧气法的投资比空气法明显降低；若工厂自建空分装置时，经测算，生产能力达到20万吨/年以上时，氧气法的投资仍可比空气法低。

综上所述，氧气氧化法无论是在生产工艺、生产设备、产品收率、反应条件和成本上都具有明显的优越性，因此目前世界上的 EO/EG 装置普遍采用氧气氧化法生产。

5.2 化学原理

乙烯、氧（空气或纯氧）在银催化剂上催化合成环氧乙烷，发生的反应如下：

主反应：

$$2CH_2{=}CH_2 + O_2 \longrightarrow 2H_2C\overset{O}{\underset{\triangle}{}}CH_2 + 105.3kJ/mol \qquad (5\text{-}1)$$

副反应：

$$CH_2{=}CH_2 + 3O_2 \longrightarrow 2CO_2 + 2H_2O + 1320.5kJ/mol \tag{5-2}$$

$$CH_2OCH_2 + \frac{5}{2}O_2 \longrightarrow 2CO_2 + 2H_2O \tag{5-3}$$

$$CH_2{=}CH_2 + \frac{1}{2}O_2 \longrightarrow CH_3CHO \tag{5-4}$$

$$CH_2{=}CH_2 + O_2 \longrightarrow 2HCHO \tag{5-5}$$

$$CH_2OCH_2 \longrightarrow CH_3CHO \tag{5-6}$$

在工业生产中，反应产物主要是环氧乙烷、二氧化碳和水，而甲醛量远小于1%，乙醛量则更少，所以式（5-4）～式（5-6）的反应可以忽略不计。式（5-2）的反应是主要副反应，它是一个强放热反应。如果反应温度过高或其他条件影响便会产生式（5-3）的反应，这也是一个强放热的反应。可以看出，主副反应均为放热反应；副反应为完全氧化反应，反应热为主反应的十几倍，因此，必须制造合适的催化剂和严格控制一定的工艺条件，以防止副反应（完全氧化）的增加。否则，副反应加剧，势必引起操作条件恶化，造成恶性循环，甚至发生催化剂床层"飞温"（由于催化剂床层热量大量积聚，造成催化剂床层温度突然飞速上升的现象），而使正常生产遭到破坏。

5.3 催化剂

5.3.1 催化剂简介

在乙烯直接氧化制环氧乙烷生产过程中，原料乙烯消耗的费用占EO生产成本的70%左右，因此，降低乙烯单耗是提高经济效益的关键，最佳措施是开发高性能催化剂。乙烯环氧化反应对催化剂的要求首先是反应活性要好，这样可降低反应温度。这是因为生成环氧乙烷和二氧化碳反应的活化能大致分别为63kJ/mol和84kJ/mol，降低温度对主反应更有利。其次是选择性要好。选择性好，意味着副反应减弱，由副反应释放出的热量减少，使反应温度容易控制，产物环氧乙烷的收率可以提高。再次是使用寿命要长。由于催化剂的售价相当高，延长催化剂使用寿命相当于降低工厂的生产成本。最后还要考虑催化剂的孔结构、比表面积、导热性、耐热性和强度等要符合生产的需要。

工业上用的银催化剂是由活性组分银、助催化剂和载体所组成的。

（1）活性组分银

大多数金属和金属氧化物催化剂，对乙烯的环氧化反应的选择性均很差，氧化结果主要生成二氧化碳和水。只有金属银是例外，在银催化剂上乙烯能选择性地被氧化为环氧乙烷。近年来国内外对活性组分银的开发研究取得了长足的进步。也有不少学者试图开发另一类金属取代银，但至今仍认为活性组分银是乙烯氧化生产环氧乙烷的最佳催化剂。

Nakatsuji H.的研究表明，生产环氧化合物的关键在于构成环状键的能量大小，只有当能量障壁最低时，同时吸附在表面的氧原子或分子又有较强的求电子性时，才有可能形成环状化合物，而只有活性组分银的表面具有以上特性，其独特的催化作用是其他金属所无法比拟的。

（2）载体

载体的主要功能是分散活性组分银和防止银微晶的半熔和结块，使其活性保持稳定。银的熔点比较低（961.93℃），银晶粒表面原子在约500℃时即可具有流动性，所以银催化剂的一个显著特点是容易烧结，催化剂在使用过程中受热后银晶粒长大，活性表面减少，使催化剂活性降低，从而缩短使用寿命。而乙烯环氧化过程存在平行副反应和连串副反应的竞争，又是强放热反应，故载体的表面结构和孔结构及其导热性能，对反应的选择性和催化剂颗粒内部的温度分布有显著的影响。载体比表面积大,催化剂活性高,但也有利于乙烯完全氧化(氧化成二氧化碳和水)副反应的发生,导致生产的环氧乙烷很少。载体如果孔隙细小,由于在细小孔隙中扩散速度慢,产物环氧乙烷在孔隙中浓度比在主流中高,有利于连串副反应的发生。工业上可以控制反应速度和选择性,均采用低比表面积无孔隙或粗孔隙型惰性物质作为载体,并要求有较好的导热性能和较高的热稳定性,使之在使用过程中不发生孔隙结构变化。为此,所用载体必须先经高温处理,以消除细孔结构和增加热稳定性。常用的载体有碳化硅、α-氧化铝和含有少量 SiO_2 的 α-氧化铝等。一般比表面积 $<1m^2/g$,孔隙率 50% 左右,平均孔径 4.4μm 左右,也有采用更大孔径的,这些载体特征符合强放热氧化反应的需要。此外,它们的导热性和耐热性也符合要求。导热性不仅与导出反应热有关,而且对反应器床层温度均匀化也有重大作用。提高选择性、限制副反应放热量及采用导热性能好的载体可使反应器床层中的热点不明显,这对延长催化剂使用寿命和安全生产是极为重要的。

(3)助催化剂

银催化剂近年来改进最大的地方就是助催化剂,重点是提高催化剂的选择性。现在,美国、日本多家公司开发的银催化剂的选择性可达 85%~86%,中国国内自己开发的催化剂选择性也达 84% 以上,已接近世界先进水平。银催化剂的选择性与反应热效应有显著的关系,见表5-1。

表 5-1　银催化剂的选择性与反应热效应的关系

选择性/%	总的热效应/(kJ/mol)	选择性/%	总的热效应/(kJ/mol)
70	472.2	50	715.0
60	593.9	40	837.2

从表可见,当催化剂的选择性下降时,放热量显著增加,反应温度会迅速上升,为此,在活性组分中加上助催化剂提高催化剂的选择性是十分重要的。

所采用的助催化剂有碱金属盐类、碱土金属盐类和稀土元素化合物等,它们的作用不尽相同。添加碱金属盐可提高催化剂的选择性,尤其是添加铯的银催化剂也能同时加速环氧化速度,但含量不宜过多,含量过多,催化剂活性反而下降。碱土金属盐中,用得最广泛的是钡盐。在催化剂中添加少量的钡盐,能分散银微粒,防止银微晶的熔结,有利于提高催化剂的稳定性,延长其使用寿命,并可提高其活性,但催化剂的选择性可能有所降低。

据研究,两种或两种以上碱金属、碱土金属的添加起协同作用,比单一碱金属添加的效果更为显著。例如,银催化剂中只添加钾助催化剂,环氧乙烷的选择性为 76%,只添加适量铯助催化剂,环氧乙烷的选择性为 77%,如同时添加钾和铯,则环氧乙烷的选择性可提高到 81%。

在银催化剂中加入少量的硒、碲、氯、溴等,可抑制二氧化碳的生产,对提高银催化剂的选择性有较好的效果,但催化剂的活性却降低了,这类物质称为抑制剂或调节剂。在原料中添加这类物质也能起同样的效果,工业生产上常在原料中添加微量有机氯化合物,例如二氯乙烷、氯乙烷等,以提高催化剂的选择性,调节反应温度。氯化物含量一般为 $1~3\mu L/L$,用量过多,催化剂的活性会显著下降。但这种类型的失活不是永久性的,停止通入氯化物后,活性又会逐渐恢复。

5.3.2　催化氧化机理

乙烯在银催化剂上直接氧化制环氧乙烷的反应机理至今尚无定论。P. A. Kilty 等根据氧在银催化剂表面的吸附、乙烯和吸附氧的作用以及选择性氧化反应,提出了氧在银催化剂表面上存在两种化学吸附态,即原子氧离子和分子氧离子。

在强活性中心上（例如在四个邻近的清洁的银原子上），氧很容易吸附上去，活化能仅约 12.54kJ/mol，并发生解离吸附，氧分子双键均裂，形成原子氧离子：

$$O_2 + 4Ag(邻近) \longrightarrow 2O^{2-}(吸附) + 4Ag^+(邻近)$$
$$(原子氧离子)$$

当银表面缺乏四个邻近的清洁银原子时，氧分子就难吸附上去（吸附活化能约 33.02kJ/mol）而且不发生氧分子的解离：

$$O_2 + Ag \longrightarrow O_2^-(吸附) + Ag^+$$
$$(分子氧离子)$$

活性抑制剂的存在，可使催化剂的银表面部分被覆盖，如添加二氯乙烷时，若银表面的 1/4 被氯覆盖，则无法形成四个相邻银原子簇组成的吸附位，从而抑制氧的原子态吸附和乙烯的深度氧化。

在较高温度时，银原子会迁移，故又有可能形成四个银原子邻近的强吸附中心，氧吸附上去并发生氧分子的解离吸附，但形成困难（吸附活化能高达 60.19kJ/mol）：

$$O_2 + 4Ag(非邻近) \longrightarrow 2O^{2-}(吸附) + 4Ag^+(邻近)$$

乙烯与吸附氧之间的相互作用。乙烯与吸附态原子氧离子作用强烈，放出大量反应热，产物是二氧化碳和水，只有吸附态的分子氧离子才能与乙烯发生环氧化，生成环氧乙烷。

氯有较高的吸附热，它能优先占领银表面的强吸附中心，从而大大减少吸附态原子氧离子的生成，抑制了深度氧化反应。当银表面有四分之一被氯遮盖时，深度氧化反应几乎完全不会发生。

因此在生产中，在适宜温度下，加适量氯，银催化剂表面的第一种吸附状态将被完全抑制，第三种吸附态因吸附活化能很高，也可以忽略。这样乙烯便只与吸附态的分子氧离子进行选择性氧化，生成的原子氧与乙烯发生深度氧化反应生成二氧化碳和水：

$$C_2H_4 + O_2^-(吸附态) \longrightarrow C_2H_4O + O^-(吸附态)$$
$$C_2H_4 + 6O^-(吸附态) \longrightarrow 2CO_2 + 2H_2O$$

将上面两个反应式合并，得到总反应式：

$$7C_2H_4 + 6O_2^-(吸附态) \longrightarrow 6C_2H_4O + 2CO_2 + 2H_2O$$

按照此机理，银催化剂表面上分子氧离子 O_2^- 是乙烯氧化生成环氧乙烷反应的氧种，而原子氧离子 O^{2-} 是完全氧化生成二氧化碳的氧种。如果在催化剂的表面没有 4 个相邻的银原子簇存在，或向反应体系中加入抑制剂，使氧的解离吸附完全被抑制，只进行非解离吸附，在不考虑其他副反应情况下，则乙烯环氧化的选择性最大为 6/7，即 85.7%。但从目前的研究结果来看，乙烯氧化生成环氧乙烷的选择性已超出 85.7% 的上限，说明此机理不完全符合实际情况。一些学者对此进行了修正，认为吸附态的原子氧离子是乙烯选择性氧化的关键物种，它既可生成环氧乙烷，亦可生成 CO_2 和水，乙烯与被吸附的氧原子之间的距离不同，反应生成的产物也不同。当与被吸附的氧原子间距离较远时，为亲电性弱吸附，生成环氧乙烷；距离较近时，为亲核性强吸附，生成二氧化碳和水。氧覆盖度高产生弱吸附原子氧，氧覆盖度低产生强吸附原子氧，凡能减弱吸附态原子氧与银表面键能的措施均能提高反应选择性。由此推测，合成环氧乙烷的选择性有可能会超过 85.7%。事实上，已经有不少催化剂制造公司制造出的银催化剂，初始选择性超过 86%。

5.3.3 催化反应动力学

化学反应速率与参与反应的组分及其含量、温度、压力以及催化剂性质等有关。通过动力学方程和给定的生产任务，可以确定反应器中催化剂的装载量；根据动力学方程和表达传递（动量、热量和质量传递等）特性的方程，可以确定反应器内各参数之间的定量关系，从而确定最佳工艺条件。

在银催化剂上所进行的乙烯直接氧化反应，到目前为止，虽然进行了大量的研究工作，但由于对反应机理还没有统一的看法，因此各研究者提出的动力学方程也不一样。此外，由于催化剂的改进（如活性组分、助催化剂和载体原材料的选用，它们在催化剂中的含量以及制备方法的变化等），也会影响动力学方程的形式。下面介绍的是苏联学者 M. И. 乔姆金和 H. B. 库利科夫提出的动力学方程式。他们认为在催化剂表面上乙烯氧化生成环氧乙烷和乙烯深度氧化为 CO_2 和水的活性中心是同一氧化物，即 $Ag_2^{(S)}O_2$。由此提出的反应机理如下：

$$ZO + C_2H_4 \begin{cases} \xrightarrow{k_1} Z + C_2H_4O \\ \xrightarrow{} ZC_2H_4O \end{cases} \tag{5-7}$$

$$ZO + C_2H_4 \xrightarrow{k_2} Z + CH_3CHO \tag{5-8}$$

乙醛为中间产物，它氧化生成 CO_2 和水：

$$CH_3CHO + 5ZO \longrightarrow 2CO_2 + 2H_2O + 5Z \qquad \text{快速} \tag{5-9}$$

$$2Z + 2O_2 \xrightarrow{k_3} 2ZO_2 \tag{5-10}$$

$$Z + ZO_2 \longrightarrow 2ZO \qquad \text{快速} \tag{5-11}$$

$$ZC_2H_4O \longrightarrow Z + C_2H_4O \tag{5-12}$$

$$ZO + C_2H_4O \xrightarrow{k_5} ZO \cdot C_2H_4O \tag{5-13}$$

$$ZO + H_2O \xrightarrow{k_6} ZO \cdot H_2O \tag{5-14}$$

$$ZO + CO_2 \xrightarrow{k_7} ZO \cdot CO_2 \tag{5-15}$$

其中，$Ag^{(S)}$ 表示银的表面化合物，Z 表示 $Ag_2^{(S)}O$，ZO 表示 $Ag_2^{(S)}O_2$。

作者根据上述反应机理，导出了以载于浮石上的银为催化剂，以氯为助催化剂的反应动力学方程：

$$r_{EO} = \frac{k_1 \cdot p_{C_2H_4}}{A}$$

$$r_{CO_2} = \frac{k_2 \cdot p_{C_2H_4}}{A}$$

$$A = L \frac{p_{C_2H_4}}{p_{O_2}}(1 + K_4 \cdot p_{C_2H_4O}) + (1 + K_5 \cdot p_{C_2H_4O} + K_6 \cdot p_{H_2O} + K_7 \cdot p_{CO_2})$$

$$L = \frac{k_1 + 6k_2}{2k_3}$$

式中　r_{EO}，r_{CO_2}——生产 C_2H_4O 的反应速率；

　　　　　　p——各组分的分压；

　　　　$K_5 \sim K_7$——相关反应的平衡常数；

　　　k_1，k_2，k_3——相关反应的反应速率常数。

当乙烯浓度低于爆炸下限时，乙烯的氧化在氧过剩的情况下进行，生成环氧乙烷的反应速率方程式可以简化为如下形式：

$$r'_{EO} = \frac{k_1 \cdot p_{C_2H_4}}{1 + K \cdot p_{C_2H_4O}}$$

式中，k_1 和 K 为常数。在此情况下反应对乙烯是一级，对氧是零级，即氧浓度的变化对反应速率没有影响。这一方程似乎对空气氧化法较为适宜。

当乙烯处于高浓度范围，即超过爆炸上限和氧含量小时：

$$r''_{EO} = \frac{(k_1/L)\, p_{O_2}}{1 + K_4 \cdot p_{C_2H_4O}}$$

式中，k_1、L 和 K_4 是常数。反应对氧是一级，对乙烯是零级。对氧气法而言，乙烯浓度为 15% 左右，低于爆炸上限（乙烯在空气中的爆炸范围为 2.7%～36%）。因此反应对乙烯和 O_2 应均在 0～1 级之间。这一假设，与实验数据相当吻合。

5.3.4 催化剂制备与研究进展

催化剂的制备过去常用黏结法，即将上述三种组分用黏结剂黏合在一起，再经干燥和热分解制得具有催化活性的催化剂颗粒，这种制备方法的缺点是活性组分分布不均匀、银粉容易剥落、强度差，不能承受高空速，寿命不长。现在普遍采用浸渍法，即将载体浸入水溶性的有机银（如烯酮银、酸银或银有机铵络合物等）和助催化剂溶液中，然后进行洗涤、干燥和热分解。这种制备方法活性组分银高度分散，银晶粒在载体外表面和孔壁上分布均匀，与载体结合也较牢固，能承受高空速。目前工业催化剂的银含量一般在 10%～20%。

世界上银催化剂的研究已有 70 多年的历史，催化剂的性能也一直在不断提高。银催化剂目前主要分为三类：一是目前生产装置上普遍应用的高活性银催化剂，这类催化剂活性高，使用的时空产率［EO 200～300kg/(m^3·h)］高，稳定性好，初期反应温度为 220～230℃，初始选择性 80%～82%，使用寿命在 2～4 年，适用于采用传统高活性催化剂、反应器入口 CO_2 浓度较高（一般为 5%～10%）的生产装置；二是用于专门设计的生产负荷较低装置的高选择性催化剂，这类催化剂初始选择性达 88%～90%（或以上），但要求反应器入口 CO_2 浓度在 2% 以下；三是活性和选择性都处于中间水平的银催化剂，这种类型的催化剂在兼顾到高时空产率的同时，又具有高选择性的优点，催化剂初始选择性为 84%～85%，一般要求反应器入口 CO_2 浓度在 3% 以下。目前，世界上 54% 的银催化剂由 Shell 公司供应，SD 公司占 10%，Dow 公司占 10%，日本触媒公司占 5%，此外三菱公司、ICI 公司、BASF 公司、Huels 公司以及我国燕山石化研究院也一直从事 EO 银催化剂的开发与生产。Shell 公司在 EO 催化剂的研发中一直处于领先地位。

Shell 公司继 1990 年推出 Ag-Re-Cs 体系的高选择性催化剂 S-880 系列后，银催化剂的研发工作进展很快。从多方面着手对该系列催化剂进行改进与完善，主要进行了提高其活性的研究工作，以降低催化剂末期反应温度，延长催化剂的使用寿命，相继推出了 S-882、S-886 和 S-888 催化剂。S-882 催化剂已在我国惠州的中海-壳牌和辽阳石化 EG 装置成功应用，S-886 催化剂 2005 年商业化，2010 年 6 月我国辽阳石化 200kt EG 装置装填的催化剂由 S-882 更换为 S-886。

Shell 公司中、高选择性催化剂主要有 S-865 和 S-875、S-877。我国扬子石化、抚顺石化和茂名石化分别在 2008 年 5～6 月和 2009 年 1 月脱碳系统改造后选用 Shell 公司 S-865 催化剂，并获得成功。S-877 催化剂于 2009 年 5 月在吉林石化 EG 装置脱碳改造后成功使用，最高选择性可达 85% 以上。目前，Shell 公司推出了 S-891 中、高选择性催化剂，S-891 催化剂性能显著高于目前牌号的中、高选择性催化剂，可适用于中高 CO_2 浓度的 EG 装置。Shell 公司进行工业化试验表明，初始温度有明显下降，选择性下降缓慢，反应条件更趋于温和，其选择性比 S-865 高 4%；比 S-882 高 2%，比先前的中、高选择性催化剂的稳定性更优，目前该类型催化剂已商业化运行。Shell 公司高选择性催化剂在全球生产 EO 市场份额已超过 25%；中高选择性 S-865 和 S-875、S-877 催化剂，虽然进入市场时间不长，但已得到广泛应用。

Dow 化学公司开发的 METEOR EO/EG 工艺技术最大特点是工艺围绕其高选择性催化剂设计，METEOR 催化剂是同时具有高选择性和高活性催化剂。METEOR-200 高选择性催化剂初期选择性为 90.8%，末期为 87.5%，平均为 89.0%；初始温度 224℃，末期为 255℃，平均温度 238℃；时空产率为 EO 180kg/(m^3·h)，使用寿命 3 年。Dow 化学公司自 2001 年兼并了 UCC 公司后，增强了 Dow 化学公司在世界银催化剂方面的研发能力。DOW 化学公司的高选择性催化剂只用于 Dow 化学公司的 METEOR EO/EG 工艺。

SD 公司高活性催化剂一直处于市场的主导地位，其 SynDox 2110s 催化剂显著改善了催化剂的稳定性。另外，该公司还成功研制了高选择性催化剂 SynDox 400 和中选择性催化剂 SynDox 300。SynDox 400 在低 CO_2 入口浓度装置中性能最好。SynDox 300 选择性高，放宽了 CO_2 入口浓度限制，使其成为装置改造的优选，投资费用较低。SynDox 300 催化剂于 2009 年 10 月在吉林石化公司 EO 装置成功应用。时空产率 EO 257.18kg/($m^3 \cdot h$)，反应温度 232℃，选择性达到 87.4%。SynDox 400 的性能与 SynDox 882 相当，2008 年分别在印度和我国浙江乍浦等工业装置试应用成功，2010 年 3 月开车的辽宁北方化学工业公司（盘锦）EO、EG 装置，采用的是 SD 公司高选择性催化剂，催化剂初期选择性保证值为 89.1%。我国新建或在建小规模 EO 装置大部分采用 SD 公司生产工艺技术，扩大了 SD 公司在中国的催化剂市场份额。

燕山化工研究院自 20 世纪 70 年代开始研究银催化剂，但均属于低选择性催化剂。此后，他们加紧了催化剂性能的改进研究，主要致力于开发 YS-8 系列高选择性催化剂和 YS-8500 系列中等选择性银催化剂的研究开发工作，近几年进展很快。YS-8 系列高选择性催化剂在载体的制造、助剂的选用和搭配以及浸渍活化工艺 3 方面进行了大量制备试验和稳定性试验，进一步提高催化剂的稳定性。于 2009 年底在载体上研发创新，开发了适用于较高负荷下的 YS-8520 催化剂，其最高选择性提高了 1.5%，达到 85% 以上。稳定性明显优于 YS-8500 和 YS-8510。YS-8520 催化剂 2009 年 3 月在天津石化工业应用，并获得成功。在此基础上，2010 年燕山分院又成功推出了 YS-8810 高选择性催化剂，达到国际同类催化剂性能水平，并在上海石化 2 号乙二醇装置上应用，投运以来运行效果良好。燕山化工研究院由此成为继 Shell 公司、美国 SD 公司、陶氏公司之后，第一个拥有高选择性银催化剂的中国企业。

5.4 工艺条件

5.4.1 温度

温度直接影响反应速度，乙烯直接氧化和其他多数反应一样，反应速度随温度升高而加快。在乙烯环氧化过程中，存在着完全氧化平行副反应的激烈竞争，而影响竞争的主要外界因素就是反应温度。

通过对乙烯直接氧化过程热力学计算得知，其主、副反应的化学平衡常数均很大。在 250℃时，主反应平衡常数为 1.66×10^6，而副反应（深度氧化反应）的平衡常数为 10，两个平衡常数分别计算主、副反应的平衡转化率都是 100%，这说明乙烯能够完全转化，即都可看作是不可逆反应。要想提高生产环氧乙烷的竞争能力，只有选用合适的催化剂。

关于在银催化剂上主反应和主要副反应的活化能数据，如表 5-2 所示，由此表可以看出，尽管各研究者使用的催化剂不同，因而测得数据略有差异，但主反应的活化能比主要副反应的活化能低，这一点结论是一致的。

表 5-2 在银催化剂上主、副反应的活化能

序号	主反应活化能/(kJ/mol)	主要副反应活化能/(kJ/mol)	研究者
1	50.21	62.76	默里
2	63.60	82.84	库里连柯
3	59.83	89.54	波布柯夫

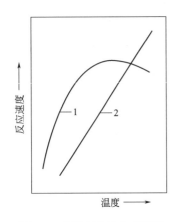

图 5-1 乙烯环氧化生成环氧
乙烷和二氧化碳的反应速率
与温度的关系
1—环氧乙烷；2—二氧化碳

因此，在温度较低时，有利于提高环氧乙烷的选择性，如 100℃时，氧化产物几乎全部是环氧乙烷，但速度很慢，没有工业生产价值；在反应系统中，随温度升高，虽然转化率提高，但选择性却下降，即主反应速度提高，而副反应速度增加得更快；当温度超过 300℃时，几乎全部生成二氧化碳和水。一般来说，操作温度低些，选择性高而转化率低；操作温度高些，则选择性低而转化率高。图 5-1 形象地示出了这一规律性。

工业生产中，应权衡转化率和选择性这两个方面来确定适宜的操作温度，一般空气氧化法控制在 220～290℃，氧气氧化法控制在 204～270℃。

乙烯直接氧化过程的主副反应都是强烈的放热反应，且副反应（深度氧化）放热量是主反应的十几倍。由此可知，当反应温度稍高，反应热量就会不成比例地骤然增加，而且引起恶性循环，致使反应过程失控，所以在工业生产中，对于氧化操作一般均设有自动保护装置。

由于催化剂活性不可避免地要随着使用时间的增加而下降，为使整个生产过程中生产效能基本保持稳定，在催化剂使用初期，宜采用较低的反应温度，然后逐渐提高操作温度，只能在催化剂使用的末期才升高到允许的最高温度值。

5.4.2 压力

乙烯直接氧化反应的过程，其主反应是体积减少的反应，而副反应（深度氧化）是体积不变的反应，因此采用加压操作有利。但因主、副反应基本上都是不可逆反应，因此压力对主、副反应的平衡没有多大影响。

目前工业生产中多数采用加压操作，其目的是提高乙烯和氧的分压，以加快反应速度，提高反应器的生产能力，且有利于从反应气体产物中回收环氧乙烷。但压力太高将可能产生环氧乙烷聚合及催化剂表面积炭，影响催化剂使用寿命。目前工业生产中，氧气氧化法的操作压力为 1.013～3.039MPa。

5.4.3 原料纯度

在乙烯直接氧化过程中，许多杂质会使催化剂中毒（如 Fe 离子会促使环氧乙烷异构成乙醛），热效应增大（如原料气中的 H_2、C_3 以上烷烃和烯烃会发生完全氧化反应，从而释放出大量反应热），影响爆炸极限（如氩气的存在使原料气爆炸极限变窄，增加爆炸危险性）。所以对原料的纯度要求较高，乙烯和空气必须进行十分仔细的净化过程处理。对原料乙烯的纯度要求是含量大于 98%（物质的量分数），同时必须严格控制有害杂质的含量。

乙炔是非常有毒的杂质，乙炔于反应过程中发生燃烧反应，产生大量的热量，使反应温度难以控制在反应条件下，乙炔还可能发生聚合而黏附在银催化剂表面、发生积炭而影响催化剂活性。另外乙炔能与银生成有爆炸危险的乙炔银。

一氧化碳和氢气的存在，不仅对反应器的热过程和催化剂活性有影响，而且氢气的存在，显然增加原料气的爆炸危险性。

丙烯和其他高级烯烃存在，均发生燃烧反应，放出大量热量，将使反应过程恶化，操作控制困难，另外，这些烯烃也易在催化剂表面积炭而影响活性。

含氧烃类的存在也能使催化剂表面积炭而使催化剂失活。

一般要求原料乙烯中的杂质含量见表 5-3。

表 5-3　原料乙烯中杂质含量要求

C_2	C_3 以上烃	硫化物	氯化物	H_2
$<5\mu L/L$	$<10\mu L/L$	$<1\mu L/L$	$<1\mu L/L$	$<5\mu L/L$

对于采用气体循环操作的直接氧化法，循环气中若含有环氧乙烷，将对反应过程中产生严重不良影响。环氧乙烷对银催化剂有钝化作用，使催化剂活性显著下降。在生产中，原料气的环氧乙烷含量通常控制在 10^{-4} 以下。

为了提高乙烯和氧的浓度，可以用加入第三种气体来改变乙烯的爆炸极限，这种气体通常称为致稳气，致稳气是惰性的，能减小混合气的爆炸极限，增加体系安全性；具有较高的比热容，能有效移出部分反应热，增加体系稳定性。工业上曾广泛采用的致稳气是氮气，近年来采用甲烷作致稳气。在操作条件下，甲烷的比热容是氮气的 1.35 倍，且比氮气作致稳气时更能缩小氧和乙烯的爆炸范围，使进口氧的浓度提高，还可使选择性提高 1%，延长催化剂的使用寿命。生产中由于使用的氧化剂不同，反应器进口的混合气的组成也不相同。用空气作氧化剂时，空气中的氮充作致稳气，乙烯的含量为 5% 左右，氧含量为 6% 左右；以纯氧为氧化剂时，为使反应缓和进行，仍需加入致稳气，在用氮作致稳气时，乙烯含量可达 20%～30%，氧含量 7%～8% 左右。

5.5　空速

空速有体积空速和重量空速之分。前者为单位时间内通过单位体积催化剂的物料体积数。单位为 V（物料）/[V（催化剂）·h] 或 V（物料）/[V（催化剂）·s]；后者为单位时间内通过单位重量催化剂的物料重量。单位为 G（物料）/[G（催化剂）·h] 或 G（物料）/[G（催化剂）·s]。体积空速常用于气-固相反应，重量空速常用于液-固相反应。空速大，物料在催化剂床层停留时间短，若属表面反应控制，则转化率降低，选择性提高。反之，则转化率提高，选择性降低。空速的确定取决于许多因素，如催化剂类型、反应器管径、温度、压力、反应物浓度等。当其他条件确定以后，空速的大小主要取决于催化剂性能，催化剂活性高，可采用高空间速度。适宜的空速与催化剂有关，应由生产实践确定。对空气氧化法而言，工业上主反应器空速一般取 7000h^{-1} 左右，此时的单程转化率在 30%～35% 之间，选择性可达 65%～75%。对氧气氧化法而言，空速为 5500～7000h^{-1}，此时的单程转化率在 15% 左右，选择性大于 80%。工业装置上的操作范围一般为 4000～8000h^{-1}。

5.6　流程

5.6.1　工艺流程

氧气直接氧化法制备环氧乙烷的生产系统分为三部分：环氧乙烷反应系统、二氧化碳脱除系统、环氧乙烷回收和精制系统。见图 5-2 所示。

（1）环氧乙烷反应系统

原料乙烯、氧气和含二氯乙烷的致稳气体，在循环压缩机的出口侧与循环气混合，混合气中乙烯和氧控制一定的浓度（含乙烯 20%，含氧 7%），通过气-气热交换器管程与反应器出口气体换热后，进入填充银催化剂的列管式固定床反应器，在银催化剂的作用下，在一定温度（235～273℃）和压力（2.06MPa）下，进行氧化反应。反应器流出的反应气中环氧乙烷含量（摩尔分数）通常小于 3%，经热交换器冷却到约 102℃进入环氧乙烷吸收塔，环氧

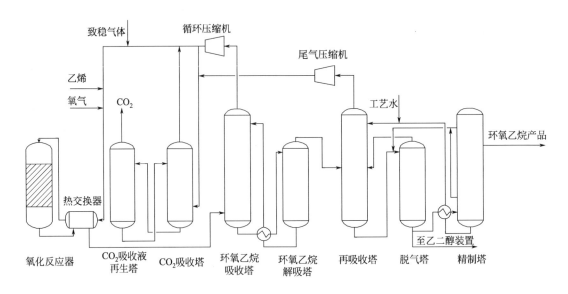

图 5-2　氧气直接氧化法制环氧乙烷流程

乙烷可与水以任意比例互溶，采用水做吸收剂，可将环氧乙烷完全吸收。未被吸收的塔顶气
体（如循环气即氮气或甲烷，未反应完的氧气、乙烯等），通过分离器到循环压缩机的进口，
在此被压缩到大约 2.16MPa，以补充压力损失。

（2）二氧化碳脱除系统

来自循环压缩机的气体，含有未转化的乙烯、氧、二氧化碳和惰性气体，应循环使用。
为了维持循环气中 CO₂ 含量不过高，其中 90％ 左右的气体做循环气，剩下 10％ 的气体（出
口二氧化碳摩尔分数约 12％）与来自尾气压缩机（出口二氧化碳摩尔分数 40％）汇合后，
送往二氧化碳吸收塔，与来自再生塔的热碳酸钾溶液接触，在系统的压力（约 2.06MPa）
下，CO₂ 经化学吸收，与碳酸钾反应生成碳酸氢钾溶液，气体中的二氧化碳含量下降到大
约 3％，经气体冷却器冷却到 45℃后，再经分离器，分离出夹带的液体后返回至循环气系
统。来自吸收塔塔釜的溶液送往二氧化碳吸收液再生塔，经加热解压解吸 CO₂，再生后的
碳酸钾溶液返回到吸收塔循环使用。

（3）环氧乙烷回收和精制系统

自环氧乙烷吸收塔塔底排出的环氧乙烷吸收液，含少量甲醛、乙醛等副产物和二氧化
碳，需进一步精制。根据环氧乙烷用途的不同，提浓和精制的方法不同。环氧乙烷吸收塔塔
底排出的富环氧乙烷吸收液经热交换、减压闪蒸后进入解吸塔顶部，在此环氧乙烷和其他气
体组分被解吸。解吸塔塔釜液（水）用釜液泵送至热交换器，冷却后送回吸收塔塔顶。被解
吸出来的环氧乙烷和水蒸气经过塔顶冷凝器，大部分水和重组分被冷凝，解吸出来的环氧乙
烷进入再吸收用水吸收，塔底可得到 10％ 的环氧乙烷水溶液，塔顶解吸的不凝气体排至
尾气压缩机返回循环气系统。所得环氧乙烷水溶液经脱气塔脱除二氧化碳后，一部分可直接
送往乙二醇装置。剩下部分送入热交换器预热到 95℃，进入精制塔，脱除甲醛、乙醛等杂
质，制得高纯度环氧乙烷，精制塔 95 块塔板，在 86 块塔盘上采出环氧乙烷产品，纯度大于
99.99％，经 EO 产品泵冷却到 5℃以下，进入 EO 中间储槽。塔顶蒸出的含环氧乙烷的甲醛
和塔下部采出的含乙醛的环氧乙烷汇合，返回至脱气塔，不含环氧乙烷的塔釜液（水），经
换热器冷却后，送到再吸收塔冷却器。

5.6.2 氧化反应器

非均相催化氧化都是强放热反应，而且都伴随有完全氧化副反应的发生，放热更为剧烈。故要求采用的氧化反应器能及时移走反应热。同时，为发挥催化剂最大效能和获得高的选择性，要求反应器内反应温度分布均匀，避免局部过热。对乙烯催化氧化制环氧乙烷而言，由于单程转化率较低（约10%～30%），采用流化床反应器更为合适，在20世纪50～60年代，世界各国均对此进行试验，终因银催化剂的耐磨性差，容易结块以及由此而引起的流化质量不好等问题难以解决，直到现在还没有实现工业化。催化剂被磨损不仅造成催化剂的损失，而且会造成"尾烧"，即出口尾气在催化剂粉末催化下继续进行催化氧化反应，由于反应器出口处没有冷却设施，反应温度自动迅速升至460℃以上，流程中一般多用出口气体来加热进口气体，此时进口气体有可能被加热到自燃温度，有发生爆炸的危险。也有人采用移动床反应器，乙烯的总转化率可达到93%，环氧乙烷收率达到64%，但也因催化剂磨损等问题解决不了，没有能实现工业化。

目前，世界上乙烯环氧化反应器全部采用列管式反应器。其结构与普通的换热器十分接近，管内装填催化剂，管间（壳程）流动的是处于沸点的冷却液（过去常用导生油，后改用煤油，近年来都采用高压下处于沸点的热水），因冷却液的沸点是恒定的，控制其沸点与反应温度之差在10℃以下，移走的反应热转为冷却液的蒸发潜热，因为蒸发潜热很大，冷却液的流量也很大，因此能保证经反应管管壁传出的热量能及时移走，从而达到控制反应温度的目的。图5-3和图5-4为用水和用导生油（联苯-联苯醚的混合液，常压下的沸点为255℃）或矿物油为载热体的反应装置示意图。

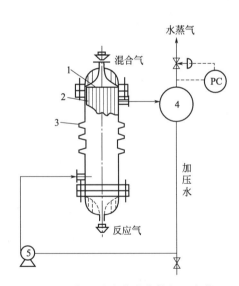

图5-3 以加压热水作载热体的反应装置
1—列管上花板；2—反应列管；3—膨胀圆；
4—汽水分离器；5—加压热水泵

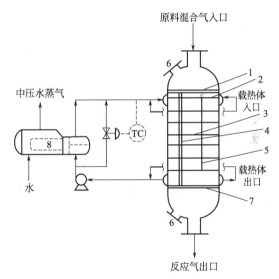

图5-4 以矿物油或联苯-联苯醚为载热体的反应装置
1—列管上花板；2,3—折流板；4—反应列管；5—折流板
固定棒；6—人孔；7—列管下花板；8—载热体冷却器

反应管管径在用导生油或煤油作冷却剂时为25.4mm或25.4mm以上，长度一般为7.2～12.2m。总列管数视生产规模而定，多达3000～20000根。改用沸水作冷却剂后，管径增大，例如Shell公司的反应管管径为$\phi44.9 \times 3.0$mm，UCC公司为$\phi34.9 \times 2.75$mm，SD公司为$\phi38.1 \times 3.4$mm。由于管径增大，相应的空速降低，原料乙烯浓度提高，与常用油冷反应器比较，在环氧乙烷生产能力相同的情况下，总建造费用降低5%～

10%，选择性提高 0.5%～1.0%。因此，80 年代后期新建的环氧乙烷装置全部采用沸水反应器。

反应器的外壳用普通碳钢制成，列管及与原料气（或反应气）相接触的部分分别用不锈钢无缝钢管（也有用渗铝管的）及含铬或含镍的钢制造，这是因为二氧化碳在操作条件下对普通碳钢有强腐蚀作用；作为催化剂活性抑制剂的二氯乙烷，在操作条件下也会少量分解生成含氯有机化合物，对普通碳钢产生腐蚀作用；银催化剂对各种杂质很敏感，不允许有设备腐蚀物落在催化剂上。反应器上、下封头设有防爆膜和催化剂床层测温口，原料气由上封头进口进入，反应气由下封头出口流出，即气流流向与催化剂重力方向一致，以减小气流对催化剂的冲刷。

5.7　应用

环氧乙烷最大的用途就是生产乙二醇，环氧乙烷产量的 70% 以上都被制成乙二醇。世界环氧乙烷生产装置几乎全部配套生产乙二醇，目前由环氧乙烷生产乙二醇最常用的工业方法是环氧乙烷直接水合法。乙二醇主要用于生产聚酯纤维（涤纶）、不饱和聚酯树脂、非离子表面活性剂，另一种用途是由于其可降低水溶液的凝固点，因此可作汽车冷却系统防冻液，美国在这方面的用途占乙二醇用量首位。

聚醚型非离子表面活性剂一直是环氧乙烷的第二大用途。环氧乙烷与各种含活泼氢的化合物 RXH 反应，均生成非离子表面活性剂 $RX(CH_2CH_2O)_nH$。RXH 为脂肪醇、烷基酚、脂肪酸、脂肪胺、多元醇等。这类化合物具有很好的去污作用，对酸和碱都稳定，易于溶解，可制成液体洗涤剂，还可作乳化剂和纤维的抗静电剂，广泛应用于化工、纺织助剂和石油等行业。脂肪醇聚氧乙烯醚（AEO）是非离子表面活性剂中用量最大的一个品种，是由烷基醇和环氧乙烷在碱性催化剂存在下反应而得。

环氧乙烷与甲醇、乙醇、丁醇等各种低级醇类作用，分别生成乙二醇-甲醚、乙二醇-乙醚、乙二醇-丁醚等，它们兼有醇和醚的性质，具有优异的性能，被广泛用作溶剂、喷气燃料防冻剂、刹车液和化学中间体等，目前有 50% 以上的乙二醇醚类被用作各种工业过程中的溶剂。

环氧乙烷还可与氨作用，生产一乙醇胺、二乙醇胺和三乙醇胺。三种乙醇胺都是无色黏稠液体。乙醇胺是重要的化工原料，具有广泛的用途，主要用于生产表面活性剂，在医药行业中可合成多种基本药物，在气体净化中主要用作脱硫剂，在合成树脂行业中可作为催化剂和交联剂，在纺织工业中用作织物整理剂、柔软剂、乳化剂等，在金属清洗中用作金属加工液等，此外还是一种重要的有机原料，可以合成多种重要的精细化工产品，如 1,2-亚乙基胺、聚乙烯吡咯烷酮、农药甘草膦等。

环氧乙烷还广泛应用于消毒领域。环氧乙烷的杀菌机理是烷化作用，对细菌的代谢细胞产生不可逆损害。环氧乙烷与菌体蛋白质中的氨基（—NH_2）、羟基（—OH）、羧基（—COOH）和巯基（—SH）相结合成羟乙基，通过蛋白质分子的烷基化作用，造成蛋白失去反应基因，阻碍蛋白质的新陈代谢，抑制生物酶活性，使细菌酶的代谢功能受到抑制而导致菌体死亡。环氧乙烷可杀灭细菌（及其内孢子）、霉菌及真菌，同时环氧乙烷灭菌是负压、低温、熏蒸式消毒，因此可用于消毒一些不能耐受高温消毒的物品。环氧乙烷也被广泛用于消毒医用品诸如绷带、缝线及手术器具。目前，环氧乙烷灭菌装置是一次性使用无菌医疗器械（如注射器、输液器具等）生产企业的关键设备，医疗界的药品、生物制品、隐形眼镜、各种人体导管、各类人体黏膜和血液接触用具都是应用环氧乙烷装置消毒。

参考文献

［1］ 田春云．有机化工工艺学．北京：中国石化出版社，1997.

［2］ 黄仲九，房鼎业．化学工艺学．北京：高等教育出版社，2001.

［3］ 米镇涛．化学工艺学．北京：化学工业出版社，2001.

［4］ 金国山，周忠清，陶国忠．乙烯环氧化反应中银催化剂的研究动向．精细石油化工，1998，3（2）：1-3.

［5］ 刘艳杰，刘景忠，林峰．乙烯直接氧化制环氧乙烷银催化剂的研究进展．化工科技市场，2008，31（11）：19-24.

［6］ 刘艳杰，郝继红，丁国荣，柴再胜．国内外乙二醇生产与技术分析．合成纤维工业，2011，34（2）：42-41.

［7］ 陈向华，孙凯．环氧乙烷的生产方法及应用．化工科技市场，2008，31（10）：33-31.

［8］ 李丽芳，姚本镇．环氧乙烷下游产品研究开发进展．石油化工技术与经济，2011，27（6）：21-27.

第6章 酞菁颜料生产工艺

酞菁颜料是有机颜料中除偶氮颜料外最重要的品种，它和偶氮颜料堪称有机颜料的两大支柱。目前，二者产量之和约占有机颜料总产量的 90%，而酞菁颜料的产量约占有机颜料总产量的三分之一。

1927 年，Diesbach 等人试图用二溴苯与氰化亚铜反应制邻苯二腈，实验中意外地获得了蓝色的铜酞菁化合物。由于它对浓酸、浓碱和热有非凡的稳定性，因而引起了广泛的注意。1929 年，公布了第一个关于铜酞菁化合物的专利，同时，英国帝国大学 R. P. Linstead 教授及其学生在 ICI 公司支持下花了五年时间，于 1934 年完成了酞菁化合物的结构测定。翌年，ICI 公司首先生产了铜酞菁，用酸浆法生产了 α 型酞菁蓝。此后，德国与美国也开始生产。稳定的 β-铜酞菁则问世于 1949 年，由于它具有重要的工业价值，因此人们越来越重视对它的理论和应用的研究。此后相继开发了无金属酞菁（C. I. 颜料蓝 16）、氯代酞菁（C. I. 颜料绿 7）、氯/溴代酞菁（C. I. 颜料绿 36）等品种。

酞菁颜料主要为蓝、绿色，色泽鲜艳，着色力强，成本低廉，具备颜料的各种特性，有优良的坚牢度。至今为止，尚无一种有机的蓝、绿色颜料可与酞菁颜料相媲美。金属酞菁根据取代基和中心配位金属以及晶型的不同，酞菁的发色范围不同，据此可制得很多不同色相的蓝色或绿色颜料商品。目前蓝色品种有 756 种，绿色品种有 247 种。近年由于酞菁颜料应用领域的不断扩大，开发专用型的酞菁商品不断增多，产量增长很快，对粗酞菁的需求量也很大。目前世界酞菁的年产量为 10 万吨，其中亚洲超过 5.0 万吨，在亚洲国家，日本的产量最大，其次是我国，产量约 2 万吨。全世界生产酞菁的主要公司有 34 家，日本东洋油墨制造公司的产量最大，年产量为 7000t。我国生产企业有 34 家，但据 1999 年统计，年产量在 1000t 以上的只有 4 家，大多数生产厂家的年产量都在 500 吨以下，可见我国企业的生产规模还不够，尚需扩大规模生产，提高竞争能力，另一方面，我国在酞菁颜料的商品化加工技术方面还落后，在专用剂型的开发方面还不能满足需求。

6.1 酞菁颜料的化学结构及性质

6.1.1 酞菁的化学结构

酞菁的分子结构与叶绿素、血红素等天然有色物质的结构非常相似，可以看作是具有 4 个异吲哚啉单元的衍生物，由 4 个异吲哚啉组成一个封闭的十六元环，在环上氮、碳交替地相连，形成一个有 16 个 π 电子的环状轮烯发色体系。苯环上的十六个氢原子可以被卤素、磺酸基、氨基、硝基等取代。中心的两个氢原子则可被不同的金属取代，并与氮形成共价键；另两个氮原子以配位键与金属结合成十分稳定的络合物。在环的中心有一个直径约 0.27nm 的空洞，可以容纳铁、铜、钴、铝、镍、钙、钠、镁、锌金属原子，形成各种金属酞菁颜料，其颜色范围为绿光蓝、黄光蓝、红光蓝，分子结构如下所示：

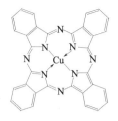

6.1.2　酞菁的性质

（1）物理和化学性质

金属酞菁以离子键方式结合的有钠、钾、钙、钡、镉、汞等。这类金属酞菁几乎不溶于一般有机溶剂，在真空或惰性气体中不挥发。用无机酸处理，能脱除金属生成无金属酞菁。

金属酞菁以共价键方式结合，其中稳定性较好的有铜、镍、锌、钴、铝、铂、铁、钒等。这些金属酞菁可以在400～500℃真空中或惰性气体中升华而不发生变化。其中稳定性好的，如铜酞菁即使长期与矿物酸接触，也不会脱去金属。其中稳定性稍差的有铍、铅、锰、锡、镁等金属酞菁，也能挥发，但能被矿物酸脱去金属生成无金属酞菁。以共价键方式结合的酞菁微溶于有机溶剂，例如热2-氯萘在测定酞菁相对分子质量和吸收光谱时，常作为溶剂。

酞菁一般不溶于水，但能溶于浓硫酸、氯磺酸、磷酸中形成酸式盐。所有酞菁都会被强氧化剂如硝酸、高锰酸钾水溶液所破坏，生成邻苯二甲酰亚胺。钴酞菁及其衍生物能被保险粉还原生成水溶性产物，可以再氧化恢复原来的蓝色，因此被用作还原染料，用于染棉可得鲜艳的蓝色，但不耐次氯酸钠和过氧化氢漂白。

铁酞菁、钴酞菁对某些氧化反应有明显的催化作用，因此工业上用作触媒。酞菁的耐光性能各不相同，其中以铜酞菁、钴酞菁、镍酞菁耐光性最佳。铜酞菁与发烟硫酸反应，磺化生成磺酸衍生物，与氯磺酸反应生成磺酰氯衍生物。与卤素反应生成卤代衍生物。铜酞菁还能氯甲基化，但不能硝化，遇硝酸则被氧化破坏。

（2）多晶型性能

通过X射线衍射分析，对铜酞菁的研究，发现存在"同质多晶"现象，至今已被确认的有 α、β、γ、δ、ε、π、X、ρ、R 等九种晶型。作为颜料使用的有 α、β、ε 三种，其中以 α、β 型较为重要。其X射线衍射特性见图6-1。

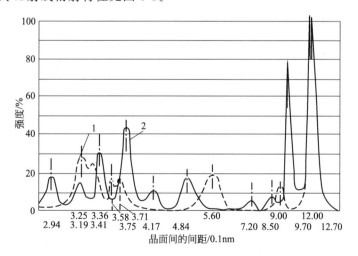

图6-1　α 型和 β 型铜酞菁X射线衍射图

1—α 型；2—β 型

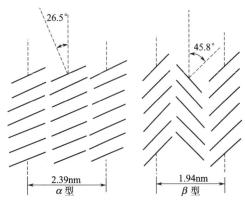

图 6-2　铜酞菁的晶格结构

α型色光呈红相，从热力学角度分析属亚稳态（meta-stable form）。β型色光呈绿相，热力学中属稳定态（stable form）。

根据 X 射线分析证明，铜酞菁分子呈方形平面。铜原子处于平面的对称中心。平面分子堆积成分子柱，相邻的分子柱轴心相互平行。平面分子与分子柱的轴心成一夹角，α型夹角为 22.5℃，而β型夹角为 45.8℃。这种分子的柱形排列，也叫柱式晶格。在α型中，相邻分子柱中的平面分子呈平行排列，而在β型中，呈错向排列。这种错向排列加上较大的夹角，使β型比α型的分子柱排列，更显紧凑，其结果使β型中相邻二分子柱中的分子接触机会比α型多，结合相互连锁，限制了沿分子柱轴心的旋转。所以β型比较稳定，其密度亦较α型略大。α型和β型铜酞菁的晶格结构见图 6-2。

铜酞菁的不同晶型在一定条件下，可以相互转变。其条件如下：

值得注意的是当β型与无机盐研磨时，得到α型。如果β型与无机盐研磨的同时，加入有机溶剂得到的仍是β型。

根据上述分析，α型受到高温（＞200℃）或者接触有机溶剂（特别是芳烃溶剂）会转变成结晶粗大的β型。晶型变化的结果是颜料色光由鲜明蓝色变成蓝灰色，着色力大幅下降。这就是不稳定α型酞菁蓝用于含有芳烃溶剂的涂料、油墨或高温塑料加工中所发生的"结晶"现象（crystallization）。"结晶"现象的产生使制成的涂料、油墨，在储存过程中，高温加工的塑料在着色过程中产生褪色、变色的严重质量问题。

产生结晶现象的原因是微粒的α型在芳烃溶剂中有较大的溶解度。当溶液达到过饱和时，便有晶核析出，这种晶核是β型（有机溶剂中的正常晶型）接着便是α型的逐步消失和β型的晶核的成长，最终则全部转变为大结晶的β型。

为了克服上述缺陷，可将铜酞菁结构 4 位中引进少量氯原子，或加入少量添加剂，制成抗结晶α型酞菁蓝（或稳定α型酞菁蓝），主要用于含有芳烃溶剂的涂料、凹版油墨和需要高温加工的聚烯烃树脂中。

商品酞菁蓝的抗结晶性，可用下述方法测定。

取样品 1g 放入 100mL 试管中，加入二甲苯 20mL。试管口配置空气冷凝器，然后置于油浴中。加热至二甲苯沸腾，保持回流 2h。冷却过滤，以 95％乙醇洗去二甲苯。再用水洗去乙醇，干燥。将处理后样品与未处理前样品作着色力试验比较。如果处理前后着色力相同，或处理后略高，说明颜料是抗结晶性的。反之处理后着色力下降，说明颜料不是抗结晶性的。

（3）絮凝性能

酞菁颜料用于制作涂料，有时会生絮凝现象。絮凝是指介质中被分散的颜料微粒，由于表面能等因素，在液相中移动而集结成疏松的团块，这些疏松的团块借机械力的作用，能重新分散成均匀的分散体。涂料中的絮凝现象，使涂刷之后发生色泽不匀和遮盖力下降等缺陷。为了克服上述缺点，可在酞菁蓝中加入少量添加剂制成抗结晶抗絮凝酞菁蓝，主要用于涂料塑料。酞菁绿也存在絮凝性，因此需要同样处理，以改善其抗絮凝性能。

商品酞菁颜料的抗絮凝性，可用下述方法测定之：取样品 2.3g、金红石型钛白 31g 和 88g 油改性醇酸树脂在球磨机中研磨 48h。然后用甲苯 150g，16％铅干燥剂 0.9mL，6％钴干燥剂 0.25mL 混合稀释。将上述制得的磁漆喷涂在样板上。10min 以后，再取上述磁漆一滴，滴在同一样板上，让其自然淌下。如果后滴磁漆的颜色比涂漆样板的颜色浅，说明颜料不是抗絮凝性的。

（4）其他性能

酞菁中的某些品种还具有半导体、光导、光敏、光化学、荧光、发光等性能。

6.2 酞菁的合成技术

6.2.1 原料及合成路线

许多重要金属酞菁化合物均可视为含有 4 个异吲哚环的大分子，均可以采用起始原料一步合成，包括邻苯二腈、邻苯二甲酸酐、酞菁衍生物及酞菁碱金属盐来制备。

为形成吲哚环所采用的原料主要是邻苯二腈与邻苯二甲酸酐，其工业合成方法分别以邻二甲苯为原料通过氨催化氧化及催化氧化反应或早期由萘催化氧化制备。其制备方法大致可分为如下几种：

① 邻苯二腈路线（由邻苯二腈或取代的邻苯二腈与金属盐作用）；

② 邻苯二甲酸酐路线（由苯酐或其他取代衍生物与金属盐作用）；

③ 其他（包括 1,3-二亚氨基异吲哚啉方法或金属酞菁置换）。

目前工业上有实际意义的是苯酐工艺，基于原料成本低、来源方便、工艺简单，多数生产厂家采用此工艺；另一生产工艺——邻苯二腈工艺主要应用于欧洲，如德国 BASF 公司就采用该工艺生产酞菁类颜料。

6.2.2 苯酐-尿素工艺

具有实际意义的是采用苯酐-尿素法合成铜酞菁，以苯酐、尿素、铜盐（氯化亚铜、氯化铜）在催化剂存在下合成工艺最为重要。

该工艺成本低，尿素作为氮的最便宜的来源，添加催化剂可以使产率提高。众多的金属盐中（周期表 V 族或 Ⅵ 族）作为催化剂，尤以磷钼酸、钼酸及钼酸铵效果最佳，收率 92％以上。

所制得的铜酞菁尚不具备作为颜料使用的性能，色光暗、色力低，粒径约为 100μm 左右，必须进行颜料化处理。该工艺既可不用溶剂（烘焙法）也可在溶剂中完成（溶剂法），由于环境保护的要求以及对产品中限制致癌物质的存在，更趋向于采用固相烘焙工艺。

6.2.2.1 溶剂工艺

（1）工艺概述

溶剂法是将上述原料在惰性溶剂中加热而制得 CuPc（Pc 即酞菁），是目前国内外普遍采用的工业上最重要的方法，又称为液相法（溶剂的采用有助于物料的混合及反应热的传递及反应副产物的除去），产率 90％～92％且粗酞菁质量好，含量在 90％以上，适合于生产 α 型铜酞菁、酞菁绿、直接耐晒翠蓝及酞菁衍生物的活性染料等产品。不足之处是工艺流程较长，溶剂需回收套用，而且由于使用三氯苯作为溶剂，生成少量的多氯联苯（PCB，致癌物质），精酞菁中大约含 $1 \times 10^{-4} \sim 2.5 \times 10^{-4}$（质量分数），最终产品中约含 $4 \times 10^{-5} \sim 5 \times 10^{-5}$（质量分数）。

溶剂法生产粗铜酞菁的缩合反应一般在常压下进行，温度在 190～210℃，反应时间 16～18h。反应设备可采用碳钢或搪玻璃材料，避免产品中铁酞菁的生成而影响产品质量。

反应方程式可表示如下：

$$4 \text{（邻苯二甲酸酐）} + 4(NH_2)_2CO + Cu^{2+} + 2e^- \longrightarrow CuPc + 8H_2O + 4CO_2\uparrow + 4NH_3\uparrow$$

反应中生成的二氧化碳、氨气可用填料塔喷淋水或稀硫酸吸收。综合反应完成后，处理方式一种是蒸去溶剂，需耗用大量蒸汽（约 2.5MPa 蒸汽/1kg 溶剂），耗能大，且树脂化副产物不易除去。另一种是采用热过滤，以溶剂三氯苯、甲醇等洗涤滤饼，不仅可以除去树脂状杂质，而且大幅度降低产品中 PCB 的含量，产品质量好，但需要配备专用的耙式搅拌和螺杆出料装置，用不锈钢丝织成的过滤布，可在 200℃（0.25MPa）或真空下操作。

苯酐-尿素工艺生成铜酞菁的反应历程，可认为是在催化剂作用下尿素首先形成异氰酸酯和氨，苯酐与氨反应生成酞酰亚胺，再与异氰酸酯反应生成 1，3-二亚氨基异吲哚啉相互作用自身缩合，放出氨，再生成 4 个分子的缩合产物，最终与铜盐作用生成 CuPc。

$$H_2NCONH_2 \xrightarrow{(NH_4)_2MoO_4} HN=C=O + NH_3$$

1,3-二亚氨基异吲哚啉

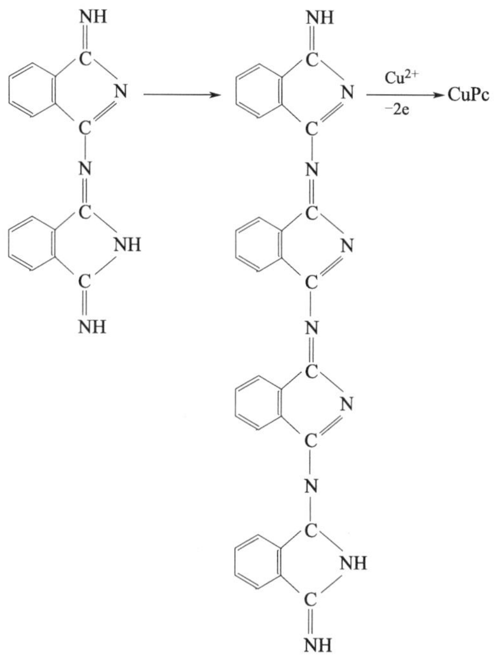

应该指出的是尿素在反应过程中不仅作为 NH_3 的来源，而且生成分解产物异氰酸、双脲或更复杂的综合产物；^{14}C 测定证明尿素分子中的碳原子并没有导入 CuPc 分子中，而释放的 CO_2 却显示有 ^{14}C 的存在。

（2）溶剂的选择

近年为了合成不含 PCB 的铜酞菁，工业生产中已采用了非三氯苯溶剂法工艺。采用硝基苯，其收率较低，气味较大难回收；用十二烷基苯产品颗粒细，过滤较困难；用煤油（沸点为 160～320℃不等）产品色光较暗。日本东洋油墨公司曾报道用甲基萘作为溶剂，可达 90%～92%。在邻甲基硝基苯中缩合产物具有更高的纯度；在叔丁基苯 $[PhC(CH_3)_3]$ 中，于 175～195℃反应 4～5h，产物纯度 95%，收率 92%；用 2,4-二氯甲苯或一氯二甲苯在 180～185℃反应 4h 及在环丁砜介质中反应，其产物纯度比采用硝基苯高。

有现实意义的是采用其组成、性能与日本石化公司（Nippon Petrochemical Co.）的 Hisol P 相似的溶剂。

组成为不同结构的叔烷基苯：叔戊基苯（*t*-Amylbenzene）17%～25%（质量），叔己基苯（*t*-Hexylbenzene）45%～55%（质量），叔庚基苯（*t*-Heptylbenzene）17%～25%（质量），异链烷基（*iso*-Paraffins）5%～8%（质量）。

主要物理常数：密度（15/4℃）0.863～0.873g/cm³，闪点 71～75℃，黏度（2.42～2.52）×10^{-6} m²/s，沸程 190～220℃。

溶剂特性：与三氯苯比较其毒性低；在反应过程中不生成致癌物 PCB；具有较高的耐氧化性；不含有联苯。在高温下氧化程度较其他溶剂低，明显降低了焦油状副产物的数量。

该工艺产品收率 87%，纯度达 92%，适用于生产 α 型 CuPc 产品，低卤代稳定 α 型 CuPc 等。

采用非三氯苯溶剂，为提高缩合反应效果，应采用密闭带压循环两段反应系统。一段是苯酐与尿素或氨反应生成邻苯二甲酰亚胺，第二段是由邻苯二甲酰亚胺缩合合成铜酞菁，可减少杂质，降低能耗，提高质量，其工艺设备如图 6-3 所示。

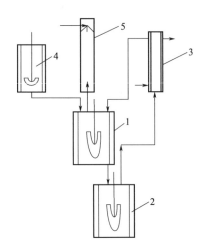

图 6-3 密闭加压循环反应系统
1—氨回收釜；2—反应釜；3—冷凝器；
4—预热釜；5—喷淋器

在反应釜 2 中进行缩合反应生成铜酞菁，释放出的氨气及其升华物进入冷凝器 3，水与溶剂冷凝，分离出的溶剂回流至反应釜，氨气通过列管进入吸收釜 1，与其中的苯酐反应生成邻苯二甲酰亚胺。在反应釜与氨气吸收釜中同时进行反应，缩合反应完成后出料，再将氨吸收釜中的产物放至 2 中，并从预热釜 4 中放入溶剂，投料反应。

此工艺于 $0.2 \sim 1 MPa$ 下进行，可降低尿素消耗量，比没有氨气回收装置的工艺节省 1/4～1/3。

近年来专利中推荐为改进在烷基苯溶剂中反应物料的流动性，避免酞酰亚胺中间产物黏附在搅拌器及釜壁上，影响反应收率及 CuPc 纯度；Toyo 公司提出先使苯酐与氨生成酞酰亚胺；再往生成物中添加尿素，加热下形成均匀的浆状物料，最后添加铜盐在催化剂下生成 CuPc，纯度可过 97%。或以烷基苯（Hisol P）为溶剂，添加特定的表面活性剂 [如 $(C_8H_{17}OCO)_2\text{-}CH_2CH_2\text{-}SO_3^{2-} \cdot Na^{2+}$] 在常压下于 $190 \sim 200 ℃$ 反应 1h，其 CuPc 纯度为 98.2%，收率 95.5%。或添加助剂二醇（Dithols）可改进 CuPc 产品质量，降低游离铜的含量；或某些硫黄、硫化物，也可使产品纯度提高。

（3）触媒

触媒的品种对产品收率影响甚大，不同触媒下的收率见表 6-1。

表 6-1 触媒的品种对产品收率的影响

触媒	收率/%	触媒	收率/%	触媒	收率/%	触媒	收率/%
硼酸	26.3	三氯化铁	60	氧化锌	51.2	磷钼酸	92
铬酸铵	27.3	钒酸钾	40	氧化亚砷	65	钼酸	94.5
氧化铬	41	钒酸	63	氧化砷	66.5	钼酸铵	96
硒酸	48	一氧化铅	65	氧化锑	75		
氯化铵	51.2	二氧化铅	66.5	氧化钼	78		

（4）工艺流程

溶剂法生产粗酞菁蓝，首先由苯酐、尿素、铜盐、触媒，在溶剂中进行缩合反应，然后除去溶剂，由于后处理工艺不同，可归纳为四种流程。

① 第一种流程是缩合反应，用水汽蒸馏除去溶剂，再经过滤、漂洗、干燥，得粗酞菁蓝。为了防止在水汽蒸馏过程中起沫溢锅，影响蒸馏速度，所以在水汽蒸馏前要加入液碱和水加热，再虹吸数次，去除杂质。水汽蒸馏一般要耗用 15～20kg 蒸汽才能蒸出 1kg 溶剂，因此能耗很大，工时亦长，树脂状副产物不能去除是其缺点。国内溶剂法生产粗酞菁多数采用此流程。

② 第二种流程是缩合反应后，直接用真空耙干，然后用稀酸（或乙醇、碱液）处理，再经过滤、洗涤、干燥，得粗酞菁蓝。此流程能耗较低，因为水的汽化潜热为 2.26MJ/kg，而一般溶剂如三氯化苯汽化潜热约在 252.2kJ/kg，理论上真空蒸馏时，1kg 蒸汽可蒸出 9kg 溶剂，但树脂状副产物不能去除是其不足之处。

③ 第三种流程是缩合反应后，热过滤，溶剂洗涤滤饼，再经水汽蒸馏除去溶剂，经过滤、洗涤、干燥，得粗酞菁蓝。此流程要采用密闭加压过滤器来进行缩合物的热过滤，再用

溶剂（与缩合所用相同）洗涤，甲醇洗涤，可以除去树脂状副产物，滤饼在水汽蒸馏时，可加碱和水，达到碱洗目的。因此酞菁蓝质量最好，能耗也不高。

④ 第四种流程是缩合反应后，热过滤溶剂洗涤，滤饼用真空耙干得粗酞菁蓝。此流程与第三种流程相似，要采用密闭加压过滤器，以达到热过滤和溶剂洗涤的要求，树脂状副产物可以去，因此粗酞菁蓝质量较好，能耗最低。

溶剂法生产粗酞菁蓝，采用的缩合锅一般容量为 $7\sim20m^3$，材质由搪玻璃或碳钢组成。搪玻璃锅寿命较长。碳钢锅有腐蚀现象，能用 $300\sim400$ 锅，且有少量铁酞菁形成，对产品质量不利。常用的热载体有汽相道生，液相道生或导热油。汽相道生，设备要求较高，安全性差，反应温度不易控制。导热油传热效率略低，容易变稠和结焦，常需更换。液相道生，设备简单，安全性高，反应温度控制容易，如无异物混入，可以长期运转，不会变稠或结焦。密闭加压过滤器，一般由不锈钢构成，带有可升降的耙式搅拌和螺杆出料装置，过滤布用不锈钢丝织成，可在 200℃下加压（245.17kPa）或真空下操作。耙式搅拌能在溶剂洗涤时把物料耙松和打浆。螺杆出料装置能过滤滤饼开裂时加以淌平，也能用于出料（顺转）。水汽蒸馏锅，搅拌桨底部装有耙齿，蒸汽从底部侧面吹入，兼具吹蒸和吹散物料的作用。真空耙式干燥器带有平套加热，内装中空轴的耙式搅拌器，以增大传热面。工艺流程见图6-4。

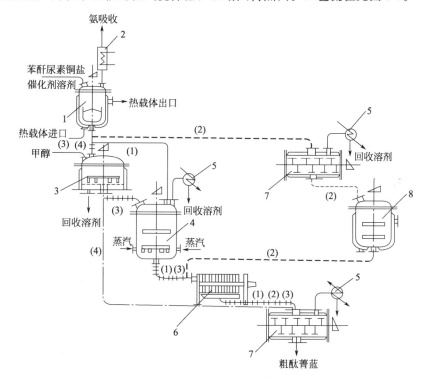

图 6-4　苯酐、尿素溶剂法制粗酞菁蓝工艺流程

1—缩合锅；2—回流冷凝器；3—密闭加压过滤器；4—水蒸馏锅；5—冷凝器；
6—压滤机；7—真空耙式干燥器；8—处理锅
（1）第一种工艺流程；（2）第二种工艺流程；（3）第三种工艺流程；（4）第四种工艺流程

粗酞菁的缩合反应，一般在常压下进行，反应温度 190～210℃，反应时间 12～24h，反应时不能有水进入，否则会降低收率和腐蚀设备（碳钢锅），反应后生成的氨和二氧化碳由填料塔用水或稀硫酸喷淋吸收。反应后期，随着粗酞菁蓝的生成和部分溶剂蒸出，反应物料会变得黏稠，因此必须配备强力的搅拌。有时排气会被碳酸铵和升华的邻苯二甲酰亚胺堵塞，因此排气管需要保温或及时清理，在用三氯化苯作溶剂时，也可加入少量（2％～5％）沸点较低的一氯化苯，使反应时，保持沸腾和回流状态，对冷凝器和排气管有"自洁"作用。缩合反应的主要副产物为邻苯二甲酰亚胺、缩合脲、树脂状副产物、氯化铵和微量的多氯联苯（三氯化苯作溶剂），此外粗酞菁蓝还会夹带过量的铜盐和催化剂。这些杂质必须在后处理中加以去除。

例如：取苯酐 500g，尿素 1050g，氯化亚铜 100g，搅拌，加热至 130℃，分少量加入无水三氯化铝 125g 和无水三氯化铁 50g 的混合物，然后升温至 180～200℃，保持 7h。除去溶剂，分离出粗酞菁蓝，其收率为理论量的 98％。

6.2.2.2 固相熔融工艺

固相熔融法又称烘焙法，操作方式既有间歇式也有连续式。

（1）间歇式

① 间歇式 1。早在 1940 年间歇式烘焙法合成铜酞菁就已实现工业化生产。经过长期的生产实践，原来的生产工艺被不断地改进。在我国，一种较为流行的工艺如下：将苯酐、尿素、氯化亚铜和催化剂按一定比例混合均匀后装入非铁制的金属盘或搪瓷盘，送入烘房后慢慢升温至 140～170℃，待挥发性气体基本放尽后，再将反应温度控制在 220～240℃，直至反应结束，整个反应过程约 20h。此法操作十分简单，所需的设备也非常简单。然而反应产物的纯度较低，粗品铜酞菁的含量≤60％。经过稀碱液和稀酸液处理，铜酞菁的含量可达到90％以上。以苯酐为基准，反应的产率＜60％。

② 间歇式 2。上述工艺收率低的原因主要在于：反应所用的原料都是固态物料，固态物料仅仅用人工翻动的方法进行混合，并不能使物料混合均匀，因而影响了反应物之间的传质。为此，对上述工艺的一个改良是将苯酐、尿素、氯化亚铜和催化剂按一定比例加入到耐酸的反应容器中，通过反应器的夹套加热，当物料的温度达到 140℃ 时，苯酐与尿素因熔融而处于液态，这样就很容易使反应物混合均匀，然后将液态（或浆状）的反应物装入非铁制的金属盘或搪瓷盘并送入烘房，将烘房温度控制在 220～240℃，直至反应结束。经过这样一个改良可使铜酞菁的收率提高约 5 个百分点，同时也降低了操作者的劳动强度。

③ 间歇式 3。上述改良虽然提高了铜酞菁的收率，但提高的幅度不大。为此，上述工艺被进一步革新。新的工艺需要使用一台配有强力搅拌的反应器，反应物料的混合与反应都在该反应器内进行。反应物料在转变成铜酞菁的同时其物理状态也由液态变成了固态，为使反应能正常进行，就必须使用强力搅拌。该工艺通过强化反应物料间的传热与传质，可使反应产率达到 85％。但用此工艺生产的铜酞菁颗粒较粗大，这给下游产品的加工带来一定的困难。使用专门的软化技术可使该产品的颗粒度接近于溶剂法生产的产品。

（2）连续式

连续式生产铜酞菁需要专门的设备，此种类型的设备我国目前尚不能生产，德国德莱士有限公司（Draiswerke GmbH）是生产该设备的主要厂商。

这套设备共有六个部分组成：

① DRAIS 紊流混合器；

② 预混合料的加料装置；

③ DRAIS 紊流反应器；

④ 排气管清洁装置；

⑤ 旋转阀；

⑥ 电气控制器。

其中的关键设备为 DRAIS 紊流反应器，专门用于铜酞菁的生产。该反应器中所有与产物接触的部分均经过特殊的设计，由特殊材料制成，能耐反应物和产物的腐蚀。反应器的体积由完成反应所需要的停留时间决定。它的加热采用导热油，所以加热均匀且易控制。使用该装置的生产流程见图 6-5。

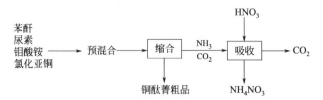

图 6-5 连续式固相反应生产铜酞菁的工艺流程

苯酐、尿素、氯化亚铜和催化剂按一定比例送入 DRAIS 紊流混合器，混合均匀后连续进入 DRAIS 紊流反应器。在正常状态下，随着原料连续进入反应器，铜酞菁粗品则连续地从反应器的另一端产出。粗品铜酞菁的纯度为 75％～80％，经后处理工段的酸处理后得到铜酞菁精品纯度可达 98％。反应中生成的氨气和二氧化碳从反应器顶部排出，在吸收工段被吸收。

整套设备的自动化程度很高，一套年产 500t（以年工作 8000h 计）铜酞菁的设备，生产时仅需 1 名操作工人，因而大大降低了工人的劳动强度。再则，用此设备产出的铜酞菁颗粒比溶剂法生产的小得多，因而大大方便了下游产品的生产，相比之下，用间歇式烘焙法制得的铜酞菁由于颗粒粗大，而不利于下游产品的生产，再则这种颗粒粗大的铜酞菁被制成颜料或染料后，其色光不及用溶剂法制得的铜酞菁的下游产品鲜艳。但是间歇式烘焙法所需的设备比较简单，投资小，所以目前国内仍有较大规模的生产。

6.2.3 邻苯二腈工艺

此工艺可分为无溶剂存在下的烘焙方法（Baking Process）及在溶剂中反应的溶剂方法。

6.2.3.1 烘焙法

将邻苯二腈和氯化亚铜混匀，装入铁盘内，送入用蒸汽加热的密闭烘箱，加热驱除部分空气。待升温至 140℃，即发生放热反应，生成粗酞菁蓝。反应时产生的升华物和烟雾，经排气口排出用水喷淋法除去，冷却过夜，出料，收率 90％～93％。

连续化烘焙法，所用设备如图 6-6 所示，为钢制卧式容器，上边开有加料口和排气口，下边出料口与有夹套冷却的螺旋输送器连接。容器内装有带式输送机，铜制输送带以 3m/min 速度运行。操作时将邻苯二腈、氯化亚铜和无水硫酸钠的混合物由加料口加入，落在输送带上，带下用电加热，以引发缩合反应。反应开始后，放热，温度可达 320℃。容器内必须送入氮气以防燃烧。废气由排气口排出，经喷淋塔除去升华物。当输送带运行至前方时，反应已经完成，由铲刀将成品铲下，落到螺旋输送器中，经冷却后送出。

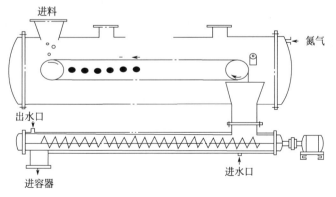

图 6-6 连续法生产铜酞菁的固相反应器（邻苯二腈法）

6.2.3.2 溶剂方法

邻苯二腈和铜盐（氯化亚铜或氯化铜）、催化剂（钼或钛、铁化合物），在氨气饱和的溶剂（硝基苯或三氯化苯）中一起加热到170～220℃，在10～20min内，立即生成粗酞菁蓝，过滤，用溶剂洗涤，水洗，干燥得粗酞菁蓝。

例如：将14.8g氯化亚铜分散于200g硝基苯中，通氨至饱和，升温至20～40℃，加入邻苯二腈80g和钼酸250mg，搅拌，升温至140℃。反应物颜色由绿转黄，逐渐变成红褐色，当温度达到146℃，开始放热并生成粗酞菁蓝。升温至沸，搅拌反应12min，趁热过滤，滤饼用200mL，100℃的硝基苯洗涤，再用300mL甲醇及15倍水洗涤得粗酞菁蓝，收率92.2%。

现代溶剂法工艺是以连续化方式生产，其生产工艺流程见图6-7。

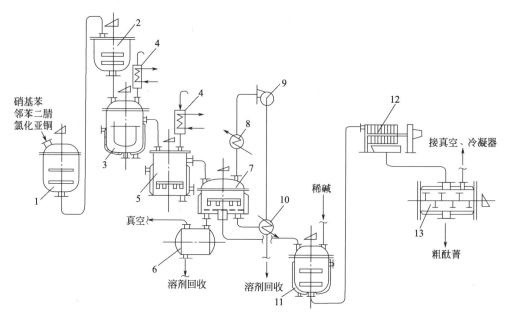

图 6-7　邻苯二腈溶剂法连续生产粗酞菁蓝工艺流程

1—原料配制锅；2—高位槽；3—第一反应锅；4—回流冷凝器；5—第二反应锅；6—溶剂受槽；7—密闭
加压过滤器；8—加热器；9—鼓风机；10—冷凝器；11—碱洗锅；12—压滤机；13—真空耙式干燥器

邻苯二腈、氯化亚铜、硝基苯等加入配料锅中配成悬浮液，经高位槽加入第一反应锅（搪玻璃锅，体积3000m³），再经第二反应锅（搪玻璃锅，体积8000m³）反应完成。再进入过滤器，有两台间断交替使用。在一个装满后，先用真空抽出溶剂，再用硝基苯洗涤，溶剂抽干后，开动热氮气干燥系统，用热氮气将滤饼中的硝基苯蒸发，含硝基苯的热氮气，经冷却，除去硝基苯，再加热循环使用。最后将滤饼耙出到碱洗锅，用稀碱液处理，经压滤机过滤，洗净，干燥得粗酞菁蓝，其中铜酞菁含量为95.8%。

邻苯二腈工艺的第一个特点是在Cu_2Cl_2存在下可以生产出低氯CuPc，即每个分子中含有0.5个Cl原子，而用$CuCl_2$反应则得到每个CuPc分子中含一个Cl原子，因此一步法直接制备出溶剂稳定型CuPc。

$$4 \quad \begin{array}{c} CN \\ \bigcirc \\ CN \end{array} + Cu^{2+} + 2e^- \longrightarrow CuPc + Cl_2 \longrightarrow CuPc-Cl + HCl$$

反应开始由亲核质点（$Y^{\ominus}$）攻击，相当于与Cu^{2+}结合的反向离子$Cl^{\ominus}$，攻击邻苯二腈分子中的CN基团而活化，最终形成CuPc的中间产物，再与Cu^{2+}配位结合，消除$Y^{\oplus}$，相

当于 $Cl^\oplus$ 再对 CuPc 发生亲电进攻，而生成 CuPc-Cl。

邻苯二腈工艺的第二个特点是可以制备相当纯的产品，含副产物少；同时也可以合成出不含有 Cl 原子取代的粗品颜料，即采用加入 20％的尿素或氨到反应物中，它们可以作为有效的氯捕获剂。

6.3　颜料化加工

苯酐-尿素法或邻苯二腈法生产的酞菁经过稀酸或稀碱的处理后，除去了可溶性的副产物及未反应的原料，纯度在 94％以上，有的工艺可使酞菁的纯度高达 98％。虽然如此，它们还是不能作为颜料使用。在未对它们进行颜料化处理以前，它们只不过是一种颜料或染料中间体，不具有颜料的应用性能。要把酞菁转变成有应用价值的有机颜料，必须对它们进行颜料化处理。以下介绍一些工业上常用的颜料化处理方法。

6.3.1　酸处理法

酸处理法（Acid Treatment Method）包括酸溶法和酸涨法。

6.3.1.1　酸溶法

酸溶法（Acid pasting process）是在酞菁生产中常用的颜料化处理工艺。将粗酞菁溶解于浓硫酸中（＞98％），然后用水稀释，使酞菁蓝析出。

以铜酞菁为例，在铁制成搪玻璃反应器中加入质量为待处理铜酞菁质量 7～10 倍的浓硫酸，室温下，边搅拌边用真空将铜酞菁吸入到硫酸中，继续搅拌直至铜酞菁完全溶解。然后将该溶液慢慢倾入至大量含有表面活性剂的水中使铜酞菁析出，过滤，水洗，干燥后得 α-晶型的酞菁颜料。在这过程中，硫酸的浓度、配比、酸溶的温度与时间，表面活性剂的种类与加入量以及稀释时的温度与时间，喷嘴形式和稀释程度等因素都会影响酞菁颜料的质量。若处理过程中条件控制得当，可得到颗粒均匀，平均粒径小于 0.5μm 的 α-晶型的酞菁颜料。其原理是铜酞菁在浓硫酸中有较大的溶解度，颗粒粗大的铜酞菁溶解于浓硫酸后生成了一种以分子状态存在于硫酸中的硫酸盐。加水稀释后，该硫酸盐经水解而分解成铜酞菁，铜酞菁因在稀硫酸中溶解度较低而以微小的晶粒从稀硫酸中析出。在析出过程中，由于水中添加了特定的表面活性剂，它吸附在粒子表面上，降低了微粒的表面自由能，所以新生成的微粒不会再凝聚。

6.3.1.2 酸涨法

酸涨法（Acid Slurry process）的作用原理与酸溶法相同，不同的是它使用的硫酸浓度比较低，一般为 $75\%\sim90\%$。粗酞菁不能溶解，只生成细结晶的酞菁硫酸盐悬浮液，然后用水稀释，使酞菁蓝析出。在这样的硫酸中经过长时间的搅拌，铜酞菁也会以硫酸盐的形式便被分散或溶解于硫酸中，此时物料处于一种浆状的状态，注入水中后伴随着该硫酸盐的分解而析出铜酞菁的微粒。

酸涨法处理铜酞菁的效果不如酸溶法，但是其用酸量相对较少。

酸处理法是一种较为成熟的方法，生产成本低。过去仅使用硫酸，近年来，为了改善处理效果，也采用其他酸，如发烟硫酸、硫酸、氯磺酸、磷酸、有机酸等，或它们与硫酸的混合物。但不论使用何种酸，稀释后，废水量都较大，必须采取适当的措施，才能减少其对环境的污染。例如，硫酸以酸溶稀释后，废酸浓缩后再利用；将多聚磷酸溶液稀释后的废酸用于生产磷肥等等。

6.3.2 研磨法

在研磨过程中，酞菁颜料因受到强烈的剪切作用力，其原先粗大的粒子被撞击成松软的细小颗粒，与此同时，借助于外界的机械能，固体颗粒的晶体构型克服了势能障碍，由高内能的晶型转变成稳定晶型。

在研磨中经常添加一些有机溶剂，如二甲苯、乙二醇、氯苯等，或添加助磨剂，如无水氯化钙、氯化镁、硫酸铝等无机盐。

研磨所用的设备主要有：

① 卧式和立式的球磨机（适用于干法处理粗品颜料）；

② 砂磨机（适用水性及溶剂型涂料的制备）；

③ 捏合机（适用于大批量酞菁颜料的生产）。

根据研磨时的物料状态和使用不同，可分为球磨法和捏合法两种工艺。球磨法用于溶剂较少情况下的干法研磨。使用的机械除球磨机外，还有立式搅拌球磨机、振荡球磨机、棒磨机等。捏合法用于溶剂用量较多的情况下，此时物料黏结成块状。使用的机械，除捏合机外，还有混炼机、边碾机等。

球磨法有间歇生产和连续生产两类。间歇生产的球磨机，设备简单，但单台机械生产能力低、批量小、能耗大。如立式搅拌球磨机（Attritor），容量 500L 需配备 22kW 电动机，每台日产量仅为成品 36kg 左右。每吨成品电耗 $11000kW\cdot h$。但对粗酞菁蓝规格要求较低，可采用含量 60% 作为原料。例如：粗酞菁蓝（约 60%）10kg，加无水氯化钙 $12\sim20kg$，二甲苯 $0.7\sim2.2kg$，钢珠 $70\sim90kg$，在立式搅拌球磨机中研磨 $3\sim4h$ 后取出，用 3% 盐酸热处理，过滤，漂洗，再用 3% 碱液热处理，过滤，漂洗，干燥，得 β 型酞菁蓝 6kg。

捏合法要用大功率的重型捏合机，单台机械生产能力大，能耗低，批量大。4000L 捏合机，一般配备 300kW 的电动机，每台日产量为成品 $700\sim800kg$。每吨成品电耗约 $6000kW\cdot h$。但对粗酞菁蓝规格要求较高，一般采用 92% 以上。例如：粗酞菁蓝（约 92%）400kg，干燥食盐细粉（$250\sim300$ 目）$1600\sim2000kg$，二聚乙二醇 $300\sim400kg$，捏合 $2\sim8h$。捏合时要求物料黏结成坚硬的块状，否则捏合效率会大大降低。取出物料，用水溶解，过滤，漂洗，滤液用真空浓缩回收食盐和二聚乙二醇，循环套用，回收率 95% 以上。滤饼用 3% 盐酸热处理，经过滤，漂洗，干燥，得 β 型酞菁蓝 360kg。

捏合所用的设备大多是双轴西格马刀式捏合机，这类机器对铜酞菁进行颜料化处理时需要 $7\sim12h$ 的盐磨时间，而且操作无法实现自动化，因为它们在出料时必须倾斜。这种机器的另一个缺点是机器的槽与盖之间有死区，死区中的物料无法被盐磨，因而对最终产品的质量有一定的影响。为此德国 DRAIS 公司开发了一种单轴式捏合机，名称为 DRAIS 紊流式快速捏合机。

根据研磨时主要添加的是无机盐还是有机溶剂，可将其分成盐磨和溶剂研磨两种方法。

盐磨要借助于大量的可溶性无机盐（如硫酸钠、氯化钙、亚铁氰化钾）作为助磨剂，与颜料一起在球磨机中进行研磨，借助于机械能使颜料粒子的晶型发生转变并细化到 $0.02 \sim 0.2\mu m$，研磨结束后用水洗掉无机盐便得到酞菁颜料。

溶剂研磨法是在球磨机中除加入小铁球和石英砂，还要加入相当量的有机溶剂进行研磨。用这种方法后得到的产品颗粒较细，平均粒径在 $0.02 \sim 0.1\mu m$ 之间。常用的溶剂有：四氯乙烯或其他低沸点的多氯代脂肪族烃类化合物、甲苯、二甲苯、乙二醇等。

6.3.3 颜料粒子的微胶囊化

以颜料粒子作为囊芯采用不同种类的囊壁材料，例如天然胶类物质（阿拉伯胶或明胶）或合成高分子材料。采用不同的包膜工艺，如溶剂蒸发法、喷雾干燥法、乳液聚合法以及相分离法（絮凝法）对预分散的粒子进行包膜，从而制备出微囊化的颜料产品。

通过微胶囊处理可以明显改进颜料粒子的表面性能和极性，改善与使用介质相互间的配伍性（如在油墨中的流动性或在水性分散体系中的稳定性），增加颜料粒子的表面光泽及易分散性，提高颜料的耐光、耐气候牢度。微胶囊化处理还可使颜料具有防尘性。

6.3.4 挤水转相法

含水的颜料滤饼与油性连接料借助于表面活性剂的作用在捏合机中进行捏合，在此过程中，原先含水的颜料粒子逐渐从水相转入油相，分离出的水分经真空脱除。经过这样的处理后，颜料滤饼成为油性膏状体，可直接使用。挤水转相法处理颜料时，湿滤饼不需干燥，而未经干燥的颜料粒子不易发生再聚集。当颜料以微小的颗粒状态直接分散在使用介质中时就具有较高的着色力，较高的鲜艳度。用这种方法制得的油墨透明性特别好，但是该方法仅适用于制造油墨，缺少通用性。

6.3.5 衍生物的表面改性处理

近年来已广泛利用添加某些特定的颜料自身衍生物实施颜料改性处理，其基本原理是，以结构上与欲处理的颜料相近似，并含有特定的极性或非极性取代基的衍生物作为改性剂，依据分子之间平面性，范德华引力以及偶极力，离子键等作用，结合于颜料分子表面上，导致粒子表面的改性，使其与分散介质相匹配，更易被润湿分散，改进流变特性，提高分散体系稳定性。

6.4 主要品种和性能

广泛应用的酞菁品种是 α 型、稳定 α 型及 β 型，依据需求生产了多种专用剂型具有最佳应用性能的蓝色颜料，近年市场上相继出售 ξ 型及无金属酞菁；绿色的颜料品种含 $14 \sim 15$ 个氯原子的 C.I. 颜料绿 7，含 $4 \sim 9$ 个溴及 $2 \sim 8$ 个氯原子的黄光绿色颜料 C.I. 颜料绿 36 等品种。

6.4.1 α 型 CuPc 颜料

α 型 CuPc 包括不稳定 α 型即 P.B.15，稳定 α 型即 P.B.15：1、15：2 均为红光蓝色，但 P.B.15 在有机溶剂中或在高温下转变为 β 型 CuPc，因此不适用于溶剂型凹版包装印墨或涂料中，只适用于油性体系胶印墨中，对酸、碱、皂、奶油等有良好的牢度性能。

在塑料着色时，P.B.15 可承受 200℃ 的温度，过高温度仍发生晶型转变，尤其是某些含有芳环的树脂（如聚苯乙烯、ABS 或聚酯）中更易发生；但可用于低于 200℃ 加工温度的聚乙烯着色。另外 P. B. 15 在含增塑剂的 PVC 中耐迁移性、耐光牢度优良，亦适用于各种聚氨酯发泡材料及橡胶；用于水性涂料印花浆、文具、纸张等具有更鲜艳的色光，但必须指出，此时应采用特定的分散剂如苯酚、脂肪醇、聚氧乙烯醚、烷基磺酸盐等进行处理，以增加颜料分子的极性。

稳定 α 型 P. B. 15：1 是工业上重要的稳定型品种，尽管通过部分氯化导致着色强度、鲜明性有所降低且稍微呈绿光蓝，但由于该品种具有良好的耐溶剂、优异的耐光与耐气候牢度、耐迁移性与热稳定性，使其广泛用于涂料、包装印墨及塑料着色；而且可与咔唑紫拼色给出深蓝（海军蓝色），与钛白粉组成制备高遮盖力产品。

P. B. 15：1 具有牢度优异耐罩光漆的性能，适用于涂料着色，包括汽车修补漆、底漆、粉末涂料；但在某些应用介质中流动性较差，需通过表面处理以改进其流变性。

在水性涂料上主要用于乳胶漆、涂料印花、水性柔版包装印墨及墙壁纸的着色，而且在涂料印花中尤其要用稳定晶型，因为印染织物要对干洗剂（卤代烃）有良好的稳定性能。

在印刷油墨中，对于常规四色版来讲，P. B. 15：1 色光过红，不过在很大程度上还是适用于特殊包装印墨的着色，在金属涂层印墨中耐热性为 200℃/10min、170～180℃/30min；在装饰印墨中适用于三聚氰胺体系的兼复合油墨，由于颜料可与固化剂作用，不宜用于聚酯体系的塑料复合印墨。

在聚苯乙烯、聚酰胺、聚碳酸酯（耐热性可达 340℃）中也可采用 P. B. 15：1 着色；而天然橡胶着色时，由于游离铜的存在将会影响硫化过程及熟化产品的牢度，因此 P. B. 15：1 颜料的游离铜含量不能超过 0.015%。

抗结晶抗絮凝型的 P. B. 15：2 品种主要应用性能是与 P. B. 15：1 相近似，特点是不仅在溶剂中晶型稳定而且具有非絮凝的特性，因此主要应用于 P. B. 15：1 发生明显絮凝的涂料着色。抗絮凝性能主要是通过化学改性、特定的添加剂对颜料粒子的大小、形状与分布进行调整来实现。

6.4.2 β 型及 ξ 型 CuPc 颜料

稳定型 β-CuPc P. B. 15：3 给出纯净的绿光蓝色，广泛用于印墨、涂料、塑料、橡胶及涂料印花浆着色。虽不具有高的着色强度，如获得 1/3 标准深度时比 α 型 CuPc 要低 15%～20%，但其有多种商品剂型，具有不同的应用特性、易分散、不同色光、透明度与光泽度等。在欧洲多以粉状或粒状出售，粉尘少但较难分散；在美国多以挤水转相色膏形态用于油墨中，可改进透明度、光泽及易分散性。

在印墨着色时显示良好性能，如耐溶剂、耐酸、碱、肥皂等，耐热虽不及 P. G. 7，但仍比稳定的 α-CuPc 要好，可经受 200℃/10min、180℃/30min 处理。在包装凹版着色时，多采用硝化纤维或其他树脂（氯乙烯/乙酸乙烯共聚物，乙基纤维素等）制备物，可显示更高的透明度与光泽度；如遇到高含量的芳烃及少量树脂场合，可能产生絮凝现象时应选用 P. B. 15：4 替代它，以改进抗絮凝性能。

由于 P. B. 15：3 的优良耐热性能，耐光牢度达 7～8 级，适用于塑料着色，尤其对于硬质 PVC 塑料，该品种是已知最稳定的蓝色颜料品种，只是尚应改进其易分散性能，及对于树脂着色影响其尺寸变形以及影响到不饱和聚酯注塑树脂的固化特性。

P. B. 15：4 在色光及牢度性能上与上述 β-CuPc 相似，但具有优良的流变性与抗絮凝性能，属于抗结晶抗絮凝商品剂型（NCFF），主要应用领域是凹版印墨，尤其是甲苯体系的凹版印墨及各种类型的柔版印墨，在这些应用介质中显示高的着色强度及良好的流动性能。故制备此商品剂型多采用特定的酞菁衍生物或聚合物分散剂等表面改性处理技术。

P. B. 15：6（ξ 型 CuPc）为酞菁颜料中红光最强的蓝色品种，对热、有机溶剂有良好的稳定性，着色强度较 α 型高 20% 左右，主要用于特殊印墨、塑料着色与光电功能性材料，如静电照相光敏涂料的感光板。在涂料中着色具有抗罩光漆的稳定性，其色光与 C. I. 颜料蓝 60 相似，但具有更鲜明、纯净的色光。

其制备方法可采用邻苯二腈在高剪切力作用下直接合成 ξ-CuPc，或以苯酐为原料在过量尿素存在下（部分作为反应介质并防止向 β-CuPc 转化）合成，或添加 CuPc 的特定衍生物进行合成。

6.4.3　C. I. 颜料绿 7 及 C. I. 颜料绿 36

铜酞菁的卤化物是应用最广泛的绿色颜料，依据分子引入卤原子数目与种类不同可获得不同商品颜料。C. I. 颜料绿 7 是在 1938 年合成的全氯代铜酞菁 CuPc-Cl$_{15}$，具有全面的优良牢度，其耐光、耐气候牢度、耐热、耐溶剂等均超过相应的蓝色品种，色光为蓝光绿色；理论上可含 16 个氯原子，实际上只有 13～15 个，其中低氯代的 C$_{32}$H$_3$N$_8$Cl$_{13}$Cu 与高氯代的 C$_{32}$H$_3$N$_8$Cl$_{15}$Cu，相对分子质量分别为 1024 和 1093。

分子中氯原子的引入可降低其着色强度，例如达到 1/3 标准深度印制物约需 17%，而相应未氯代的 β-CuPc 仅需 8%～9%；同样对塑料的着色力获得 1/3 标准深度的 HDPE（1%TiO$_2$）需 2% 用量，而 β-CuPc 仅需 0.1%，α-CuPc 需 0.08%。

C. I. 颜料绿 7 广泛应用于各领域如涂料中着色，具有良好的耐光、耐气候牢度及耐罩光漆性能，适用于高档汽车漆、户外涂料及粉末涂料。在印墨中适用于包装印墨及聚酯基料层压塑料薄膜的装饰印墨。

与铜酞菁不同，卤代产物仅存在一种晶型，而且近乎于 α 晶型，X 射线分析表明属于伪晶型，不存在规则的内部结构，在颜料化过程中从颗粒较大、结晶度低的粒子（无定形）转变为颗粒较小、结晶度较高的产物，显示明显的衍射峰。

C. I. 颜料绿 36 比起 P. G. 7 具有很强的黄光，呈黄绿色，分子中含有氯、溴混合取代物，可依据溴含量多少决定黄光的强度，如溴含量为 25%～30%（质量）呈较弱黄光，而溴含量为 50%～53% 则具有明显黄光；与 P. G. 7 一样亦只存在一种晶型；同时有优异的耐光、耐气候牢度及耐溶剂性能，主要用于高档汽车漆，塑料着色等。唯溴原子引入使其着色强度进一步降低，如达到 1/3 标准深度，要求在印墨中含有 26% 的颜料，而对于 P. G. 7 只需 17%。有时，在性能要求不高的场合，可能通过成本低的 P. G. 7 与适当的黄色颜料拼合获得黄光绿色。

6.4.4　其他颜料品种

C. I. 颜料蓝 16 为无金属酞菁，ICI 公司以 Monastral Fast Blue G 出售，呈绿光蓝色，主要用于金属涂层、汽车漆及塑料着色，比 CuPc 具有更好的耐气候牢度，虽早已为 β-CuPc 所替代，但在特殊领域如不希望含金属以及光电半导体等功能性颜料有特定应用价值。

无金属酞菁早在 1940 年在德国 BASF 以生产规模投产，MfPc 与 CuPc 相似，存在不同晶型，已知有 α、β、γ、X 等多种晶型，其中 α 型属于非稳定型。

C. I. 颜料蓝 75 为钴酞菁 CoPc，为近年投放市场的红光蓝色品种，其性能与 C. I. 颜料 60、α-CuPc 相比，显示更暗的红光蓝色，是重要的功能性颜料品种之一，也可作为催化剂，CoPc 的磺化产物为石油烃类的脱臭剂。

铝酞菁（AlPc）为非铜酞菁的另一品种，其产量和应用范围虽不如铜酞菁系列，属于具有某些特殊应用性能的着色剂。如作为光电导涂层材料中的"电荷形成层"、太阳能转化材料、污染的着色织物光照漂白增感剂、某些磺化或氯化衍生物用作杀菌剂等。

6.5　展望

酞菁颜料是有机颜料中蓝、绿色谱的主要品种。随着生产的增长正向大型化、计算机化、无公害化方向前进。由于工艺技术的不断改进，成本下降加上优良的性能，酞菁颜料正在逐步取代铁蓝、铬绿等无机颜料。对酞菁颜料的合成、应用等方面的研究和开发，还在继续深化中。

（1）新缩合溶剂的探索

在采用苯酐-尿素溶剂法生产粗酞菁蓝时，传统使用的溶剂，如三氯化苯存在有毒物质PCB问题。硝基苯类存在毒性大、安全性差的缺陷。因此对新溶剂的探索是一个主要的课题。可供选用的溶剂需符合：

① 具有惰性和良好的热稳定性；

② 常压下沸点在 200℃左右；

③ 闪点高，无毒性，容易取得；

④ 粗酞菁蓝收率要高，溶剂对副产物有较高的溶解度。

文献中提出的溶剂有烷基苯，含 3～14 碳烷基的苯和苯甲酸酯混合物。含有多烷基的一氯化苯和四氢萘、十氢萘等。

（2）直接合成酞菁蓝的工艺研究

传统制造酞菁蓝的方法是先合成粗酞菁蓝，然后经颜料化加工成酞菁蓝。新工艺是一步直接合成酞菁蓝。用邻苯二腈、氯化铜和氨在乙二醇中 50～100℃反应，可直接制得 ρ 型酞菁蓝。用 1,3-二亚氨基异吲哚啉、铜盐和含 2～6 个碳的醇类溶剂中在 80～140℃反应，可直接制得亚稳 α 型酞菁蓝。在采用苯酐-尿素溶剂法时，添加铜酞菁衍生物，可直接制得抗结晶的酞菁蓝。

（3）颜料应用性能的改进

运用添加剂的方法，以改进酞菁颜料的分散性、流变性、絮凝性等的研究和应用非常广泛。酞菁蓝使用的添加剂有松香酸钙、烷基硫酸盐、烷基丙二胺、萘酚磺酰胺、铜酞菁磺酰胺，用于酞菁绿的有叔丁基苯甲酸、苯酐和戊三醇的化合物。

（4）铜酞菁卤代工艺的改进

用三氯化铝、氯化钠、氯化硫酰和溴制造多氯，溴代铜酞菁、三氯化铝与铜酞菁的比例可降低到（2～3）:1，可以节约三氯化铝，降低成本。以熔融苯酐作为介质，三氧化钼作催化剂，用于铜酞菁氯化反应，可回收二氯苯酐。

参考文献

[1] 周春隆，穆振义. 有机颜料——结构、特性及应用 [M]. 北京：化学工业出版社，2002.
[2] 朱骥良，吴申年. 颜料工艺学 [M]. 北京：化学工业出版社，2002.
[3] 沈永嘉. 酞菁的合成与应用 [M]. 北京：化学工业出版社，2000.
[4] 沈永嘉. 有机颜料——品种与应用 [M]. 北京：化学工业出版社，2002.
[5] 肖刚，王景国. 染料工业技术 [M]. 北京：化学工业出版社，2004.
[6] 张先亮，陈新兰. 精细化学品化学 [M]. 武汉：武汉大学出版社，2000.
[7] 黄肖容，徐卡秋. 精细化工概论 [M]. 北京：化学工业出版社，2012.
[8] 程万里. 染料化学 [M]. 北京：中国纺织出版社，2010.
[9] 何瑾馨. 染料化学 [M]. 北京：中国纺织出版社，2009.

第四篇

煤化工工艺学

第7章　煤的气化与焦化工艺

煤化工是指以煤为原料，经化学加工使煤转化为气体、液体或固体燃料以及化学品的工业过程。主要包括煤的气化、合成氨以及焦化等。

7.1　煤化学基础

7.1.1　煤的生成、组成、性质及分类

7.1.1.1　煤的生成和种类

（1）煤的生成

煤是由古代植物遗体（残骸）经成煤作用后转变成的固体可燃矿产。成煤植物包括高等植物和低等植物，高等植物经煤化作用转变成腐植（殖）煤，低等植物经煤化作用转化成腐泥，再经成岩作用转变成腐泥煤。高等植物遗体经泥炭化作用转变成泥炭，经成岩作用转变成褐煤，再经变质作用转变成烟煤和无烟煤。烟煤因所处阶段不同可分为长焰煤、气煤、肥煤、焦煤、瘦煤和贫煤。

成煤过程见表 7-1。

表 7-1　成煤过程

成煤作用阶段			原始植物及转化产物
成煤作用	泥炭化作用 或 腐泥化作用		植物 → 高等植物、低等植物；高等植物→泥炭，低等植物→腐泥
	煤化作用	成岩作用	褐煤　　　腐泥煤
		变质作用	烟煤 → 无烟煤；长焰煤、气煤、肥煤、焦煤、瘦煤、贫煤

（2）煤的种类

根据成煤植物种类的不同，煤主要可分为腐植煤和腐泥煤两大类。

① 腐植煤。腐植煤根据煤化程度的不同区分为泥炭、褐煤、烟煤和无烟煤四大类。泥炭煤化程度最低，无烟煤煤化程度最高。根据煤化程度不同，我国又将烟煤分为长焰煤、气煤、肥煤、焦煤、瘦煤和贫煤等，其中长焰煤、气煤为年轻烟煤，而瘦煤和贫煤为年老烟煤。

② 腐泥煤。腐泥煤包括藻煤、石煤和胶泥煤。藻煤主要由藻类转化而成。石煤是一种

高变质程度的腐泥煤，其成分除含有机物外，还含有 40%～90% 的矿物质。胶泥煤是无结构的腐泥煤，植物成分分解彻底，几乎完全由基质组成，其数量很少。胶泥煤中矿物质含量大于 40% 即称为油页岩。

此外，还有腐植煤和腐泥煤的混合体，有时单独分类成与腐植煤和腐泥煤并列的第三类煤，称为腐植腐泥煤。通常所说的煤是指腐植煤。

7.1.1.2 煤的组成

煤是由多种结构形式的有机物与少量种类不同的无机物（矿物质）组成的混合物。煤的组成又分为岩相组成和化学组成。

（1）煤的岩相组成

煤的岩相组成包括宏观煤岩成分和显微组分。

① 宏观煤岩成分。宏观煤岩成分是根据煤的颜色、光泽、断口、裂隙、硬度、结构等性质的不同，用肉眼或放大镜可以区分的煤的基本组成单元。包括镜煤、亮煤、暗煤和丝炭四种煤岩成分，其中镜煤和丝炭是简单的宏观煤岩组分，亮煤和暗煤是复杂的宏观煤岩组分。它们的颜色、光泽、断口都各具特征，性质各异。

a. 镜煤。呈黑色、光泽强、结构均匀、性脆，具有贝壳状断口，其形态多呈透镜体或层状。

镜煤的挥发分、氢含量较高，黏结性和结焦性好，反应活性大，灰分低，含镜煤多的煤是优质的炼焦煤。

b. 丝炭。呈绒黑色，有丝绢光泽和明显的纤维状结构，它是由成煤植物的木质纤维组织结构经丝炭化作用而形成。丝炭外观像木炭，性脆易碎能染手指。丝炭含碳量高，氢含量低，没有黏结性，由于丝炭空隙率高，易于发生吸氧和自燃。

c. 亮煤。呈黑色，光泽仅次于镜煤，具有贝壳状断口，硬度低而性脆，易破碎。亮煤的挥发分和氢含量高，黏结性较好。含亮煤多的煤可用作炼焦、气化及低温干馏的原料。

d. 暗煤。呈灰黑色，光泽暗淡，断口平滑整齐，结构致密或呈粒状，坚硬且具有韧性，不易破碎。暗煤黏结性差、灰分高，故含暗煤多的煤不适宜炼焦。

可以看出，镜煤的工艺性质最好，亮煤稍差，丝炭最差，暗煤介于丝炭和亮煤之间。

② 煤的显微组分。煤的显微组分是指煤在显微镜下能够区分和辨识的基本组成成分。按其成分和性质可以分为有机显微组分和无机显微组分。有机显微组分是指煤中由植物有机质转变而成的组分。无机显微组分是指煤中的矿物质。

腐植煤的有机显微组分可分为三类：镜质组、稳定组（壳质组、角质组）、丝质组（惰质组）。各类显微组分按其镜下特征，可以进一步分为若干组分或亚组分。

在炭化过程中，能软化、熔融成为黏结组分的煤岩显微组分称为活性组分。反之，加热时不软化、不熔融、无黏结性的煤岩显微组分称为惰性组分。

煤的显微组分中一般以镜质组为主，在成煤过程中变化比较均匀，所以不同煤化度煤的镜质组分具有代表性，是研究的主要对象。

（2）煤的化学组成

煤是由许多有机物和无机物组成的复杂的混合物。有机物主要由苯环、脂环、氢化芳环、杂环和支链构成的煤的基本结构单元构成，其组成元素主要是碳、氢、氧、氮、硫。通过工业分析可以确定煤的化学组成。

① 工业分析。煤的工业分析主要是分析其水分（M）、灰分（A）、挥发分（V）和固定碳（FC）。

a. 水分（M）。煤中水分分为外在水分、内在水分和结晶水。外在水分和内在水分属于游离水，结晶水则为化合水。外在水分是指附着于煤粒表面和存在于直径大于 10^{-5} cm 毛细孔中的水分。内在水分是指吸附或凝聚在煤粒内部毛细孔（直径小于 $10^{-5}\,cm$）中的水分。含有外在水分的煤样称为收到基煤，失去外在水分的煤称为空气干燥基煤（分析煤样）。外在水分和内在水分的总和称为全水分。

工业分析一般只测定煤样的空气干燥基煤样的水分（M_{ad}），分析方法采用 GB/T 212—2008。全水分（M_t）的测定采用 GB/T 211—2007。

b. 灰分（A）。煤的灰分是指煤样在规定条件下完全燃烧后的固体残留物。由煤中矿物质转化而来，以氧化物的形式存在，包括 K_2O、CaO、Na_2O、MgO、Al_2O_3、Fe_2O_3、SiO_2、TiO_2、BaO、MnO_2 等。

灰分的测定方法采用 GB/T 212—2008。

c. 挥发分（V）和固定碳（FC）

Ⅰ.挥发分。煤样在规定条件下隔绝空气加热，煤中的有机质受热分解出一部分相对分子质量较小的液态（此时为蒸气状态）和气态产物，这些产物称为挥发物。

挥发分的测定采用 GB/T 212—2008。

Ⅱ.固定碳。煤的固定碳是指煤中除去水分、灰分和挥发分后的残留物，即：

$$FC_{ad} = 100\% - M_{ad} - A_{ad} - V_{ad} \tag{7-1}$$

式中 FC_{ad}——分析煤样的固定碳，%；

      M_{ad}——分析煤样的水分，%；

      A_{ad}——分析煤样的灰分，%；

      V_{ad}——分析煤样的挥发分，%；

② 元素分析。国家标准（GB/T 3715—2007）规定：煤的元素分析是碳、氢、氧、氮和硫五个分析项目的总称。因此，通常所说的元素分析是指对煤中碳、氢、氧、氮、硫的测定。

各类煤的元素组成如表 7-2 所示。

表 7-2 各类煤的元素组成

煤的类别	$C_{ad}/\%$	$H_{ad}/\%$	$O_{ad}/\%$	$N_{ad}/\%$
褐煤	60～77	4.5～6.6	15～30	1.0～2.5
烟煤	73～79	4.0～6.8	2～15	0.7～2.2
无烟煤	89～98	0.8～4.0	1～3	0.3～1.5

煤的元素组成对研究煤的成因、类型、结构、性质和利用等都有十分重要的意义。

煤的碳、氢、氮、硫含量是用直接法测出，氧含量一般用差量法计算而得。

a. 碳和氢。碳和氢的测定采用 GB/T 476—2008。

b. 氮。煤中氮的测定采用 GB/T 19227—2008。

c. 硫。硫通常以有机硫和无机硫的状态存在于煤中。煤中各种形态硫的总和称为全硫。硫的测定包括全硫的测定和各种形态硫的测定，元素分析中硫的测定是指全硫的测定。全硫测定采用 GB/T 214—2007。

d. 氧。在煤中主要以羧基、羟基、甲氧基、羰基和醚基形态存在，也有些氧和碳骨架结合成杂环。氧含量采用差减法按下式计算：

$$O_{ad} = 100\% - (C_{ad} + H_{ad} + N_{ad}) - S_{t,ad} - M_{ad} - A_{ad} \tag{7-2}$$

计算所得的氧含量，包括了对碳、氢、氮和硫等所有测定的误差，是一个近似值。

7.1.1.3 煤的性质

煤的性质包括物理性质、化学性质和工艺性质等。

（1）煤的物理性质

煤的物理性质是煤的一定化学组成和分子结构的外部表现。主要包括煤的密度、表面性质（湿润性、表面积、孔隙度）、光学性质（折射率、反射率）、电性质（电导率、介电常数）、磁性质、热性质（比热容、热导率、热稳定性）和机械性质（硬度、脆度、可磨性）等。

① 煤的密度。煤的密度是单位体积煤的质量，单位是 g/cm^3、kg/m^3 或 t/m^3。

相对密度是煤的密度与参照物质的密度在规定条件下的比值，没有单位。国家标准规定以 20℃ 的水为参照物质。

a. 真相对密度。是在 20℃ 时（不包括煤的孔隙）的质量与同体积水的质量之比。国家标准（GB/T 217—2008）规定了真相对密度的测定方法。

b. 煤的视相对密度。煤的视相对密度是在 20℃ 时（含煤的孔隙）的质量与同体积水的质量之比。国家标准（GB/T 6947—2010）规定了视相对密度的测定方法。

c. 煤的堆积密度。是指用自由堆积的方法装满容器的煤粒的总质量与容器的容积之比，单位为 kg/m^3 或 t/m^3。煤的堆积密度用于估算煤堆的质量、煤炭运输物流量、煤仓储量、炼焦炉炭化室装煤量、气化炉的装料量、商品煤的装车量以及设计矿车、煤仓、煤车方面。

② 煤的机械性质。煤的机械性质是指煤在外来机械力作用下表现的各种特性，其中比较重要的有煤的硬度、脆度、可磨性和弹性等。

a. 煤的硬度。煤的硬度影响采煤机械的效率、采煤机械的应用范围、各种机械和鼓齿的磨损情况等，同时还决定破碎、成型加工的难易程度。

根据外加机械力的不同，煤的硬度有不同的表示和测定方法。通常有划痕硬度（莫氏硬度）、弹性回跳硬度（肖氏硬度）、压痕迹硬度（努普硬度、显微维氏硬度）等。常用的是显微维氏硬度和划痕迹硬度。

煤炭行业标准（MT 264—1991）规定了煤的显微硬度的测定方法。

b. 煤的可磨性。是指煤被磨碎成煤粉的难易程度。

国家标准（GB 2565—1998）规定，煤的可磨性采用哈德格罗夫法（简称哈氏法）测定。在实际测定时是用被测定煤样与标准煤样相比较而得出的相对指标表示。

③ 煤的光学性质。煤的光学性质主要有可见光照射下的反射率、折射率和透光率，以及不可见光照射下的 X 射线、红外光谱、紫外光谱和荧光性质等。

煤的镜质体（组）反射率是煤分类的重要指标，在炼焦生产中，平均最大反射率是评价煤质的重要指标，反射率分布图是鉴定混煤的唯一方法。

煤的镜质体反射率是指由褐煤、烟煤或无烟煤制成的粉煤光片，在显微镜油浸物镜下，镜质体的抛光面的反射光（$\lambda = 546nm$）强度对其垂直入射光强度之百分比。

国家标准（GB/T 6948—2008）详细规定了煤镜质体反射率的测定方法。

（2）煤的化学性质

煤的化学性质是指煤与各种化学试剂在一定条件下发生化学反应的性质，以及煤用不同溶剂萃取的性质。一般包括煤的氧化、煤的加氢、煤的磺化、煤的抽提等。

① 煤的氧化。煤的氧化是指煤与氧或氧化剂相互作用的过程。除燃烧外，煤在氧化中，同时伴随着结构从复杂到简单的降解过程，该过程也称为氧解。

通常，煤与氧的作用有风化、氧解和燃烧三种情况。

煤在空气中堆放一定时间后，就会被空气中的氧缓慢氧化，煤化度越低的煤越易氧化。氧化使煤失去光泽，变得疏松易碎，许多工艺性质发生变化（发热量降低、黏结性变差甚至消失）。这是一种轻度氧化，因为在大气条件下进行，常称为风化。

煤与双氧水、硝酸等氧化剂反应，会很快生成各种有机芳香酸和脂肪酸，这是煤的深度氧化，也即氧解。

煤的可燃物质与空气中的氧进行迅速的发光、发热的剧烈氧化反应，即燃烧。

采用不同氧化剂对煤进行不同程度的氧化，可以得到不同氧化产物，这已成为煤化工发展的一个新方向。

煤的氧化过程按其反应深度或主要产品的不同，可分为 5 个阶段，如表 7-3 所示。

表 7-3　煤的氧化阶段

氧化阶段	主要氧化条件	主要氧化产物	属性
I	从常温到 100℃ 左右,空气或氧气	表面碳氧络合物	煤的表面氧化
II	100～250℃ 空气或氧气 100～200℃ 在碱溶液中,空气或氧气 80～100℃ 硝酸	溶于碱的高分子有机酸 (再生腐殖酸)	煤的轻度氧化——可控
III	200～300℃ 在碱溶液中,空气或氧气 100℃ 碱性介质中,$KMnO_4$ 100℃ H_2O_2	溶于水的复杂有机酸(次生腐殖酸)	煤的深度氧化——可控
IV	条件与 III 相同,但增加氧化剂用量,延长反应时间	可溶于水的苯羧酸	煤的深度氧化——可控
V	完全氧化	CO_2 和 H_2O	煤的完全氧化

② 煤的加氢。煤的加氢是指在一定条件下，通过化学反应在煤的有机质分子上增加氢元素的比例，提高 H/C 比，以改变煤的分子结构和性质。

煤加氢分为轻度加氢和深度加氢两种。轻度加氢几乎不破坏煤的大分子结构，而深度加氢则会对煤的大分子结构彻底破坏，形成小分子化合物。

煤的加氢是具有发展前途的煤转化技术。煤通过加氢液化可制取洁净的液体燃料，煤加氢脱灰、脱硫制取溶剂精制煤，煤加氢制取结构复杂和有特殊用途的化工产品，煤加氢还可以改善煤质等。

③ 煤的磺化。煤的磺化是煤与浓硫酸或发烟硫酸作用发生的反应，在煤的缩合芳环和侧链上引入磺酸基（—SO_3H），生成磺化煤的过程。

煤的磺化反应为：

$$RH + HOSO_3H \longrightarrow R-SO_3H + H_2O$$

进行磺化反应时，浓硫酸是一种氧化剂，可把煤分子结构中的甲基（—CH_3）、乙基（—C_2H_5）氧化成羧基（—COOH），并使碳氢键（C—H）氧化成酚羟基（—OH）。

故磺化煤可以表示为 $\underset{OH}{\overset{SO_3H}{R-COOH}}$ ，可简化为 RH。

由于煤经磺化反应后，增加了—SO_3H、—COOH 和—OH 等官能团，这些官能团上的氢离子（H^+）能被其他金属离子（如 Ca^{2+}、Mg^{2+}）所取代。当磺化煤遇到含金属离子的溶液时，就以 H^+ 和金属离子交换：

$$2RH + Ca^{2+} \longrightarrow R_2Ca + 2H^+$$
$$2RH + Mg^{2+} \longrightarrow R_2Mg + 2H^+$$

因此，磺化煤是一种多官能团的阳离子交换剂。

磺化煤经洗涤、干燥、过筛即得氢型磺化煤（RH），与 Na^+ 交换制成钠盐即为钠型磺化煤（RNa）。

（3）煤的工艺性质

煤的工艺性质是指在一定加工条件下或转化过程中所呈现的特性。如煤的黏结性、结焦性、可选性、低温干馏性、反应性、机械强度、热稳定性、结渣性、灰熔融性、灰熔点、灰黏度、发热量等。不同种类和不同产地的煤，其工艺性质差别较大，而不同的加工利用方法对煤的工艺性质又有不同的要求，这里主要介绍炼焦和气化用煤的一些工艺性质。

① 炼焦用煤的工艺性质。

a. 煤的黏结性。是指粉煤在隔绝空气条件下加热，经过胶质状态生成块状半焦的能力。有的煤不仅有自身有黏结能力，并且还能将其他惰性物料黏结在一起，煤的这种性质叫黏结能力。有黏结性的煤，不一定具有黏结能力，而有黏结能力的煤，就一定具有黏结性。

b. 煤的结焦性。是指在工业炼焦条件下（或模拟工业炼焦条件下）单种煤（或配合煤）生成优质冶金焦的性能。

煤的黏结性与结焦性密切相关，黏结性是结焦性的前提和条件。结焦性好的煤，黏结性一定好；而反过来，黏结性好的煤，不一定结焦性好。如肥煤黏结性好，其结焦性并不太好。

② 气化用煤的工艺性质

a. 煤的反应性。又称煤的化学活性，是指在一定温度条件下煤与不同气化介质（如 CO_2、O_2、空气和水蒸气等）发生化学反应的能力，它是气化用煤的重要工艺性质。煤的反应性有多种表示方法，中国（GB/T 220—2001）多采用 CO_2 的还原率表示煤的反应性。

b. 煤的热稳定性。是指煤在气化过程中对热的稳定程度，也就是当温度急剧变化时块煤保持其原来粒度的性质。

各种气化炉对煤的粒度有不同要求，煤的热稳定性测定方法亦不同：有 13～25mm 块煤测定法和 6～13mm 块煤测定法两种。我国（GB/T 1573—2001）采用后一种，其优点是实验室受煤块的机械强度及原始裂纹影响较小，适于褐煤、无烟煤和不黏结煤的热稳定性测定。

c. 煤的机械强度。是指块煤的抗碎强度、耐磨强度和抗压强度等。其测定方法包括测定块煤抗碎性的落下实验法、测定块煤耐磨性的转鼓实验法和测定块煤抗压强度的抗压试验法等。目前，国家标准（GB/T 15457—2006）采用块煤落下实验法。

d. 煤的结渣性。是指煤料在气化时灰分是否烧结成渣。易于成渣的煤料，在气化过程中受到高温作业容易软化熔融而生成熔渣块，影响气化剂的均匀分布并增加排灰的难度，这样的煤料能在较低温度下操作，影响煤气的产量和质量。

煤的结渣性采用国家标准（GB/T 1572—2001）机械测定。

e. 煤灰的熔融性和黏度。煤灰没有固定的熔化温度，只有一个较宽的熔化温度范围，并且这些灰成分在一定温度下能形成共熔体，这种共熔体在熔化状态时有熔解煤灰中其他高熔点物质的能力，并改变共熔体的熔化温度。但煤灰的这种熔融特性习惯上仍被称为灰熔点。

通常用测定灰熔点的方法来判别是否易于结渣，其测定方法有角锥法和柱体法两种，国家标准（GB/T 217—2008）采用角锥法。

煤料的结渣性在工业上一般以灰的软化温度 ST 来表示。一般用于固态排渣的煤料的灰熔点 ST 应在 1250℃ 以上；相反对于液态排渣的气化炉需采用灰熔点低的煤料。

f. 粒度。不同的气化方法对煤料粒度有不同要求：如固定床（移动床）气化炉中原料的度组成应尽量均匀且合理；如含大量煤粉和细粒，易使气化床层阻力分布不均而影响正常操作。

流化床气化炉一般使用 3～5mm 的原料煤，要求煤的粒度接近，以避免带出物过多。

气流床气化炉（干法进料）使用＜0.1mm 的粉煤；水煤浆进料时，还要求有一定粒度及分布，以提高水煤浆中煤的浓度。气流床气化炉对原料煤粒径的均一性和粒径保持度的要求最低。

g. 黏结性。煤的黏结性对气化很不利，在气化过程中煤粒相互黏结会破坏燃料层的透气性，影响气化剂的均匀分布而使气化操作难以正常进行。因此，在使用黏结性煤做气化原料时，发生炉内必须设有搅拌装置以破坏煤粒的黏结性，或者先进行预处理降低黏结性，然后再去气化。

流化床气化炉一般可使用自由膨胀序数 2.5～4.0 的煤。当采用喷射进料时，喷入的煤粒很快与一部分气化所得的焦粒充分混合，这时可使用黏结性稍强的煤为原料。气流床气化炉中的煤粉微粒之间互相接触机会少，反应快，故可使用黏结性煤，但不应使用黏结性强的煤。

h. 煤的发热量。煤的发热量是指单位质量的煤完全燃烧释放出的全部热量，以 kJ/g 或 MJ/kg 表示。煤的发热量是煤质分析的重要指标，是热工计算的基础。发热量由量热计（氧弹量热法）（GB/T 213—2008）测定。煤在氧弹中燃烧时，硫生成稀硫酸，氮生成稀硝酸；而在工业装置中燃烧时，硫生成 SO_2，氮则生成 NO_x。由测得的弹筒发热量减去稀硫酸生成热和 SO_2 生成热两者之和，再减去稀硝酸的生成热，得出的发热量称为高位发热量。在工程实际应用中往往将高位发热量减去生成水的汽化热，即为煤的低位发热量。不同煤种的发热量相差巨大。

7.1.2 煤的利用

7.1.2.1 各类煤的基本特征及主要用途

（1）无烟煤

无烟煤（WY）外观呈灰黑色、金属光泽，固定碳高、挥发分低，密度大，无黏结性，燃烧时无烟，燃点高达 360～410℃以上。无烟煤主要用于民用和制造合成氨的原料，少数年轻些的无烟煤也可用于发电。低灰、低硫、可磨性好的无烟煤适用于作高炉喷吹和烧结铁矿的燃料，也可以作为制造碳电极、阳极糊和活性炭的原料，还可以作为制造型煤和型焦的原料。

（2）贫煤

贫煤（PM）是煤化度最高的一种烟煤。无黏结性或有微弱的黏结性。单独炼焦时，不能结成焦块，为非炼焦煤。燃烧时火焰短，耐烧。一般多用作发电、高炉喷吹燃料，也可作为民用以及工业锅炉燃料。

（3）贫瘦煤

贫瘦煤（PS）是煤化度高、挥发分低、黏结性介于贫煤和瘦煤之间的烟煤。加热时产生极少量的胶质体，不能单独炼成块状焦炭，在配煤炼焦中少量配入能起到瘦煤的瘦化作用。也可用作发电、民用及锅炉燃料。

（4）瘦煤

瘦煤（SM）是煤化度较高的烟煤，加热时产生的胶质体少，能单独结焦，所得焦炭块度大，裂纹少，熔融性差，耐磨强度不好。在炼焦配合煤中，瘦煤可起到骨架和缓和收缩应力从而增大焦炭块度的作用，是配合煤的重要组分。某些高灰高硫者也可作为发电和锅炉等的掺烧燃料。

（5）焦煤

焦煤（JM）是中等及低挥发分的中等黏结及强黏结性的烟煤。加热时能产生稳定性很好的胶质体，单独炼焦时所得焦炭块度大、裂纹少，机械强度高。但膨胀压力大、收缩小，在炼焦配合煤中炼焦可起到焦炭骨架和缓和收缩应力的作用，从而提高焦炭机械强度，是优质的炼焦原料。

（6）肥煤

肥煤（FM）是中等及高挥发分的强黏结性烟煤。加热时能产生大量的胶质体，单独炼焦时，所得焦炭熔融良好，但焦炭横裂纹多，气孔率高，在焦饼根部有蜂窝状。肥煤是炼焦配煤中的重要组分，配入肥煤可使焦炭熔融良好，从而提高焦炭的耐磨强度，并为配入黏结性差的煤或瘦化剂创造条件。

（7）1/3 焦煤

1/3 焦煤（1/3JM）是介于焦煤和气煤之间的烟煤，单独炼焦可以生成一定块度和强度的焦炭。1/3 焦煤的性质并不完全一样，其中黏结指数 $G>75$ 的煤加热时能产生较多的胶质体，结焦性好，可单独炼出强度较高的焦炭，为配合煤的主要组分。而 $G\leqslant75$ 的 1/3 焦煤结焦性较差，单独炼焦时得不到强度较高的焦炭，在配合煤中的用量也不宜过多。

（8）气肥煤

气肥煤（QF）是介于气煤和肥煤之间的烟煤。气肥煤的煤化度低，挥发分特别高，黏结性强，单独炼焦时产生大量的气体和液体化学产品。最适宜高温干馏制造煤气，也可用于配煤炼焦以增加化学产品。

（9）气煤

气煤（QM）是煤化度低的烟煤。加热时，产生的胶质体热稳定性差，气体析出量大。单独炼焦时，焦饼收缩大，所得的焦炭裂纹多，且细长易碎，气孔大而不均匀，反应性高，在配合煤中配入气煤后，焦炭块度变小，机械强度变差；但可以降低炼焦过程中的膨胀压力，增加焦饼收缩度，并能增加煤气和炼焦产品的产率。也可用气煤单独高温干馏来制造城市煤气，焦炭用于气化。

（10）1/2 中黏煤

1/2 中黏煤（1/2ZN）是介于气煤和弱黏煤之间，挥发分范围较宽的烟煤。是炼焦煤与非炼焦煤之间的过渡煤。在中国，1/2 中黏煤的资源很少，一般不用作炼焦煤，可作为气化用煤或动力用煤。

（11）弱黏煤

弱黏煤（RN）为中、低煤化度而黏结性较弱的烟煤。主要用作工业和民用燃料，亦可用作气化原料。我国弱黏结煤的灰分和硫分较低，在炼焦配煤中，当有足够量的强黏结肥煤时，可适量配入弱黏煤，以降低焦炭的灰分和硫分。

（12）不黏煤

不黏煤（BN）是一种在成煤初期已经受到相当程度的丝炭化作用和氧化作用的低、中煤化度的烟煤。含惰性组分高，加热时基本不产生胶质体。主要可用作气化、高炉喷吹和发电用煤，也可作动力及民用燃料。

（13）长焰煤

长焰煤（CY）是煤化度最低的烟煤。它的挥发分高，燃烧时火焰长，因此而得名。其黏结性从无黏结性到弱黏结性的均有。煤化度较高者加热时能产生一定数量的胶质体，也能结成细小的长条形焦炭，但焦炭强度甚差，粉焦率甚高。因此长焰煤一般作为气化、发电等的燃料，低温干馏的原料，如生产兰炭。

（14）褐煤

褐煤（HM）是煤化度比烟煤低的煤。它的外形多呈褐色，含有较高的内在水分和数量不等的腐殖酸，挥发分高，加热时不软化，不熔融，没有黏结性。它在空气中极易风化破碎成小块，属于非炼焦用煤。褐煤多作为发电燃料、加压气化的原料、锅炉燃料和直接液化原料。也可制成磺化煤和活性炭以及作为提取褐煤蜡的原料。年轻褐煤也适于作腐殖酸等有机肥料，用于农田和果园，能起增产作用。

7.1.2.2 煤的转化利用

煤既是国民经济中的举足轻重的能源，又是宝贵的化工原料，根据各种煤性质，采用不同方法进行加工、转化，可以得到各种各样的产品，以满足社会发展的需要。常用的方法包括焦化、气化、液化、氧化、加氢、磺化、炭素化、卤化、水解、溶剂抽提等。目前，实现工业化大生产的工艺包括焦化、气化、液化、炭素化等。

（1）焦化

焦化，又称为炼焦、干馏、碳化等，是指将炼焦煤料在隔绝空气的条件下加热，经过干燥、热解、熔融、黏结、固化、收缩等阶段，生产焦炭、焦油和煤气的工艺过程。按炼焦最终温度的不同，可分为高温炼焦（炼焦温度 950～1050℃）、中温炼焦（660～750℃）和低温炼焦（500～550℃）。

通常所说的炼焦一般是指高温炼焦。

高温炼焦生产冶金焦炭、焦炉煤气、煤焦油和粗苯等化工产品。高温焦炭主要用于炼铁、铸造和有色金属冶炼等行业，少量用于电石、气化和化工行业，是高炉炼铁不可替代的原材料，在高炉的冶炼过程中起着热源、还原剂、疏松骨架和供碳剂的作用。高温焦炉煤气其产率约占干煤量的 15%～20%（330～350m³/t），属中热值煤气，发热量（标态）约为 17500kJ/m³，是钢铁联合企业中的重要气体燃料，也可用于城市煤气，其主要成分是氢和甲烷，可分离出供化学合成用的氢气和代替天然气的甲烷。高温煤焦油约占干煤量的 3%～4%，组成极为复杂，以芳烃化合物为主，经分离加工后可得到多种多环芳香烃化工产品，是难得的重质烃的资源宝库。粗苯约占干煤量的 1%，其中苯、甲苯、二甲苯都是有机合成工业的原料。

低温炼焦通常称为低温干馏，生产半焦、干馏煤气、低温煤焦油。低温炼焦由于终温较低，分解产物的二次热解少，故产生的焦油中除含较多的酚类外，烷烃和环烷烃含量较多而芳烃含量很少，是人造石油的重要来源之一，早期的灯用煤油即由此制造，其产率约占入炉干煤的 8%～25%。干馏煤气的产率和组成取决于生产工艺。如果是内热式气体热载体工艺，如兰炭的生产，煤气则被稀释甚至部分燃烧，则热值低、体积大。如果是外热式或内热式固体热载体工艺，则煤气的组成以甲烷和氢气为主，热值高，约 33500～37700kJ/m³（标态），产率在 6%～23%（120～130m³/t），可作为城市煤气、工业燃料气和化工合成气。半焦是优质无烟燃料，可用作民用燃料和动力燃料，也可用于电石和铁合金的生产以及气化的原料。

中温炼焦生产半焦、焦油和煤气。其产品的性质介于高温炼焦产品和低温炼焦产品之间。

（2）气化

煤炭气化是指在一定温度、压力条件下，用气化剂将煤中的有机物转变为煤气的过程。煤炭气化在气化炉中进行，在一定温度及压力下使煤中有机质与气化剂（如蒸汽、空气或氧气等）发生一系列化学反应，将固体煤转化为含有 CO、H_2、CH_4 等可燃气体和 CO_2、N_2 等非可燃气体。按气化炉内煤料与气化剂的接触方式区分，气化工艺有移动床（固定床）、流化床、气流床、熔融床（熔浴床）气化。生产发生炉煤气、水煤气等。煤气用作工业燃气、民用煤气、化工合成气或用来制氢气等。

（3）液化

煤液化是把固体煤炭通过化学加工过程，使其转化成为液体燃料、化工原料和产品的先进洁净煤技术。煤的液化分为直接液化和间接液化两种。

煤的直接液化是在高温（400℃以上）、高压（10MPa以上）、催化剂和溶剂作用下使煤的分子进行裂解加氢，直接转化成液体燃料——轻油和中油，主要含芳烃，其次是环烷烃以及部分脂肪烃等化合物，再进一步加工精制成汽油、柴油等燃料油，又称加氢液化。直接液化产物为轻油和中油。

煤的直接液化使用的原料煤要求低灰、磨细、干燥的褐煤，以及高挥发分的长焰煤和不黏煤，煤种限制非常严格。

煤的间接液化是先将煤全部气化成合成气（$CO+H_2$），然后以煤基合成气为原料，在一定温度和压力下，将其催化合成为烃类燃料油及化工原料和产品，其工艺包括煤炭气化制取合成气、气体净化与交换、催化合成烃类产品以及产品分离和改制加工等过程。煤间接液化产品主要是脂肪烃化合物，适合作柴油和航空气轮机燃料。煤间接液化与直接液化产物互为补充，可以满足不同产品的需要。

（4）其他

除了上述的焦化、气化和液化外，煤的炭素化、磺化、溶剂抽提等也具有一定的生产规模。

炭素化是以煤及其衍生物为原料，生产炭素材料的工艺过程。无烟煤、焦炭用来生产电极糊、炭砖、炭块。煤沥青用来生产炭纤维、针状焦等。

磺化是煤与浓硫酸或发烟硫酸作用发生的反应，在煤的缩合芳环和侧链上引入磺酸基（—SO_3H），生成磺化煤的过程。磺化煤是用途广泛的阳离子交换剂。

此外，煤的临界萃取、碳分子筛等研究也取得了巨大成就，并已形成工业生产规模。

各种加工转化方法及其产品及用途如图 7-1 所示。

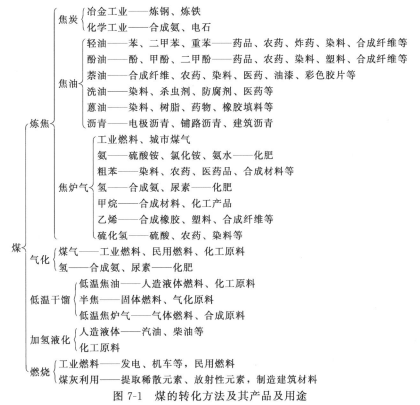

图 7-1　煤的转化方法及其产品及用途

7.2　煤的气化

煤的气化过程是以煤为原料，以氧气（空气、富氧空气或纯氧）、水蒸气、氢气等为气化剂，在高温条件下，通过化学反应使煤中可燃物质转变为可燃气体的过程。上述过程得到的可燃气体称为气化煤气。气化煤气可用作工业燃气、城市燃气及化工原料气。

7.2.1 气化原理

7.2.1.1 气化的基本反应

煤的气化过程是在气化炉中进行的。在气化炉中进行的气化反应，主要是煤中的碳与气化剂中的氧、水蒸气、氢气之间的反应，也有碳与气化产物以及气化产物之间进行的反应。

（1）碳与氧的反应

在气化炉中，碳与氧发生下列反应：

$$C+O_2 = CO_2 +406.4MJ/kmol \tag{7-3}$$

$$C+0.5O_2 = CO+123.2MJ/kmol \tag{7-4}$$

$$CO+0.5O_2 = CO_2 +283.3MJ/kmol \tag{7-5}$$

$$C+CO_2 = 2CO-160.1MJ/kmol \tag{7-6}$$

反应式（7-3）是碳完全燃烧反应；反应式（7-4）是碳的不完全燃烧反应；反应式（7-5）是 CO 的燃烧反应；反应式（7-6）为 CO_2 的还原反应。

反应式（7-3）与式（7-4）为初始物质间的反应．所以称为一次反应；反应式（7-5）与式（7-6）为初级产物与初始物质之间的反应，称为二次反应。

（2）碳与水蒸气的反应

当水蒸气通入气化炉时，水蒸气与炽热的碳发生如下主要反应：

$$C+H_2O = CO+H_2 -118.8MJ/kmol \tag{7-7}$$

$$C+2H_2O = CO_2 +2H_2 -77.5MJ/kmol \tag{7-8}$$

此外，水蒸气与上述反应生成的 CO 间可产生下列反应：

$$CO+H_2O = CO_2 +H_2 +41.3MJ/kmol \tag{7-9}$$

反应式（7-7）称为水煤气反应，反应式（7-9）称为水煤气平衡反应或称为 CO 变换反应。

（3）生成甲烷的反应

气化煤气中的甲烷一部分来自气化煤料挥发物热裂解的产物，另一部分是炉内的碳与气化剂或气化产物中的氢等反应的结果。

$$C+2H_2 = CH_4 +75.6MJ/kmol \tag{7-10}$$

$$CO+3H_2 = CH_4 +H_2O+205.2MJ/kmol \tag{7-11}$$

$$CO_2 +4H_2 = CH_4 +2H_2O+164.0MJ/kmol \tag{7-12}$$

$$2CO+2H_2 = CH_4 +CO_2 +246.4MJ/kmol \tag{7-13}$$

7.2.1.2 气化过程的分类

气化过程的分类方法很多，常用的有以下几种：

① 按气化方式，分为移动床气化、流化床气化、气流床气化和熔融床气化；

② 按原料煤的粒度不同，可分为块煤气化、细粒煤气化和粉煤气化；

③ 按气化炉排渣方式不同，可分为固态排渣气化和液态排渣气化；

④ 按气化炉操作压力不同，可分为常压气化和加压气化；

⑤ 按气化炉供热方式不同，可分为内热式气化和外热式气化；

⑥ 按气化剂种类不同，可分为表 7-4 所示的各类；

表 7-4　气化过程按气化剂种类的分类

气化煤气名称	气化剂种类	煤气主要成分	煤气主要用途
空气煤气	空气	CO、N_2	工业燃气
混合发生炉煤气	空气+水蒸气	CO、H_2、N_2	工业燃气
水煤气	水蒸气	CO、H_2	化工原料气、城市燃气补充气源
蒸汽-氧气煤气	氧气+水蒸气	CO、H_2	化工原料气、城市燃气补充气源
代用天然气	氢气	CH_4、C_mH_n、H_2	城市燃气

⑦ 按气化技术的发展阶段可分为第一代气化（早已大规模工业化生产）、第二代气化（处于中试或半工业试验阶段及近期实现工业化生产）和第三代气化（处于实验室研究和小试阶段）。

7.2.2　气化方法及工艺

7.2.2.1　混合发生炉煤气

混合发生炉煤气（也称发生炉煤气）是以空气和水蒸气的混合物为气化剂，在发生炉内与灼热的碳作用得到的一种气体燃料，其可燃成分主要是 CO 及 H_2，因含有大量的 N_2，故热值一般为 $5.0\sim6.3MJ/m^3$。它的理论燃烧温度通常在 1500℃左右，在许多情况下，必须通过把空气和煤气预热来提高它的燃烧温度才能满足用户的要求。发生炉煤气燃烧火焰长、透明、辐射能力低。

发生炉煤气的热值虽较低，但与其他燃气相比，它不受产地的限制，同时发生炉煤气的负荷调节幅度较大，因而得到了广泛的应用。由于发生炉煤气含有较高的 CO，在使用时应特别注意防止煤气中毒事故。

（1）制气原理

在讨论一个气化方法时，常常是假设一种理想的反应过程，然后再分析实际过程与理想过程的不同，从而明确哪些地方在实际上是可以改进的，而某些改进又会受到一定限制等问题。

① 理想发生炉煤气。满足下述假设条件制得的发生炉煤气称为理想发生炉煤气。

a. 气化原料为纯碳，且碳全部转化为 CO；

b. 按化学计量方程式供给空气与水蒸气，完全反应而无过剩；

c. 气化过程无热损失，自身实现热平衡。

理论上制取理想发生炉煤气是按下列两个反应进行：

$$2C+O_2+3.76N_2 == 2CO+3.76N_2+246.3MJ/kmol$$

$$C+H_2O == CO+H_2-118.8MJ/kmol$$

理想发生炉煤气的组成，取决于这两个反应的热平衡条件，即放热反应的热效应与吸热反应的热效应平衡。为了达到这个目的，每 2kmol 碳与空气起反应时，与水蒸气起反应的碳应为 246.3/118.8=2.07kmol。因此满足热平衡时的方程式为：

$$2C+O_2+3.76N_2 == 2CO+3.76N_2+246.3MJ/kmol$$

$$2.07C+2.07H_2O == 2.07CO+2.07H_2-246.3MJ/kmol$$

则其综合反应式为：

$$4.07C+O_2+2.07H_2O+3.76N_2 == 4.07CO+2.07H_2+3.76N_2$$

由上式得出，4.07kmol 碳与水蒸气空气混合物相互作用，在理论上产生的煤气量为 4.07+2.07+3.76=1.9kmol。

理想发生炉煤气的几项指标：

煤气的组成（体积分数，%）为：$\phi(CO) = \dfrac{4.07}{9.9} \times 100\% = 41.1\%$

$$\phi(H_2) = \dfrac{2.07}{9.9} \times 100\% = 20.9\%$$

$$\phi(N_2) = \dfrac{3.76}{9.9} \times 100\% = 38.0\%$$

煤气的产率（V_g）为：$\dfrac{9.9 \times 22.4}{4.07 \times 12}\text{m}^3/\text{kg} = 4.54\text{m}^3/\text{kg}$（碳）

煤气的低热值（H_L）：$(12645 \times 47.1 + 10793 \times 20.9)/100\text{kJ/m}^3 = 7490\text{kJ/m}^3$

气化效率（$\eta_{气}$）为：$\dfrac{7490 \times 4.54}{406430 \div 12} = 100\%$

② 实际发生炉煤气。实际气化过程并非理想情况，无法满足上述假设条件，因为：

a. 气化原料是煤而不是纯碳，含有水分、挥发分及灰分等，气化后不可能全部转变成 CO；

b. 气化剂量也比按化学反应方程式计量数要高，气化反应也不能进行到平衡，碳不可能完全气化，有燃料损失，水蒸气不能完全分解，CO_2 也不能完全还原；

c. 气化过程不可避免有热损失，如散热损失、生成物和炉渣带出的显热损失等。

此外，实际生产过程中尚存在干馏过程，产生的干馏煤气混入发生炉煤气中。

正因为如此，实际发生炉煤气与理想发生炉煤气有差别。实际发生炉煤气中有 CO_2、水蒸气和 CH_4 等烃类，N_2 也比理想发生炉煤气多；而 CO 和 H_2 含量减少。热值比理想发生炉煤气低，但因混入干馏煤气多少不同，故热值降低多少不一。以弱黏结烟煤为原料制得的发生炉煤气，热值约为 6.0MJ/m^3；而以无烟煤或焦炭为原料生产的发生炉煤气，热值约为 5.0MJ/m^3。实际发生炉煤气生产的气化效率为 70%～80%。

（2）气化用煤料的要求

用作生产发生炉煤气的原料主要是弱黏结性烟煤、无烟煤或焦炭，或炭化煤球，其主要技术指标宜符合下列要求。

① 粒度分级

烟煤：13～25mm、25～50mm、50～100mm；

无烟煤：6～13mm、13～25mm、25～50mm；

焦炭：6～13mm、13～25mm。

② 质量指标。气化用原料的质量要求见表 7-5。

表 7-5 发生炉对原料煤的质量要求

序号	项目	单位	原料种类				备注
			无烟煤	贫煤	烟煤	褐煤	
1	水分	%			<8		制热煤气时
2	灰分	%	<25	<25	<20	<20	
3	硫分	%	<2	<2	<1.2	<1.2	
4	含矸率	%	<2	<4	<3	<2.5	
5	机械强度	%	>65	>65	>60		
6	胶质层厚度(Y 值)	mm			16		
7	热稳定性	%	>65	>65	>60	>75	
8	黏结性	%	应在难熔区或中等结渣范围以内				
9	灰熔点(ST)	℃	>1250	>1250	>1250	>1250	

（3）发生炉构造

煤气发生炉是由炉体、加料装置、炉栅及除灰装置等几部分组成。

① 炉体。煤气发生炉的炉体为圆形截面，炉体外壳用锅炉钢板制成。炉体形式有内壁全部衬砖、上部衬砖下部水夹套（称半水夹套）和全部水夹套三种。炉体内壁全部衬砖不仅增加了炉体重量，而且使炉体易损坏，废热未能利用，因此，这种形式目前用得较少。从方便维修，多产水蒸气、减轻整个炉子重量的观点来看，全水夹套是比较适宜的，但其制造成本要高些。水夹套的宽度应考虑到有利于对夹套的清扫，一般为 $100\sim500$mn。

目前，在炉子设计上非常注意煤气显热的利用，如在水夹套内置有列管，煤气通过列管被吸收显热后再导出炉外。这种夹套生产的水蒸气量远比旧式的简单夹套为高，充分利用了煤气的显热，提高炉子的热量利用率。

② 加料与搅拌装置。发生炉的加料装置应使操作简便可靠，保证燃料沿炉膛截面均匀分布，同时要求严格密封，防止炉内煤气外逸。

加料装置有间歇式和连续式之分。间歇式加料装置为手动操作。大型发生炉均采用机械化连续加料装置，加料速度与炉内的气化速度相适应，燃料在整个炉膛截面上均匀分布。其装置形式有钟罩、双滚筒和加料管等。

目前加料装置对粒度范围有一定的要求，粒度差愈小愈好，在生产中要变换粒度是困难的，为了扩大燃料的粒度范围，可设计对称的两个加料装置，分别安装两个料斗，可以交换使用，随时改变供料粒度，例如由左支路供给 $6\sim12$mm 的粒度，由右支路供给 $13\sim25$mm 的粒度，分层供给，这样可提高粒度分级，改善气化条件。

国外有采用自动加料装置的，它利用中间料斗的燃料重量、利用电性质以及放射性物质（钴 60）来测定料层厚度。

在气化有一定黏结性煤料的发生炉上设有搅拌装置，以破坏煤料因黏结而生成的半焦硬壳，以保证气流均匀畅通。其结构形式通常是搅拌耙和搅拌棒。

③ 炉栅及除灰装置。炉栅又称炉条或炉箅。它是煤气发生炉最重要的组成部分。其作用是使鼓风均匀分布、支承燃料层、破碎并排除灰渣。

炉栅有固定炉栅和旋转炉栅两类。一般固定炉栅只用于小型煤气发生炉。旋转炉栅根据鼓风沿炉身截面分布的特征又可分为均匀分布鼓风、中央鼓风和圆周鼓风三种。目前常用的形式为前两种，尤以均匀分布鼓风的旋转炉栅为多。圆周鼓风虽可使渣烧得较完全，但易于局部烧熔，并且不适用于大块燃料。中央鼓风的构造简单，但炉径较大时容易发生鼓风不匀的现象。

灰渣的排除有湿法和干法两种。湿法排渣一般用于炉底鼓风压力不大的气化炉中。干法排渣用在鼓风压力较大的气化炉中。湿法排渣的过程是灰渣由旋转炉栅排出，落入水封槽中，借装在炉底的灰犁刮出，越过水封槽及炉底边缘而进入小车。为了防止气体从水封槽逸出，水封的深度应较鼓风的压力高 $100\sim150$mm。干法排渣系借助于安装在炉壁上的刮刀的作用，当炉栅旋转时，使灰渣不断地落入灰箱。

（4）几种常用的煤气发生炉

制造混合发生炉煤气的发生炉形式很多，一般根据气化燃料的性质、煤气的用途等来选用。

① M 型煤气发生炉。我国制造工业燃气应用最广泛的是 M 型煤气发生炉。此类发生炉可用来气化烟煤、无烟煤和焦炭等。针对不同燃料，确定不同的机械化加料装置及是否设搅拌装置。

根据炉膛内径尺寸不同，发生炉分为小型和大型，工业上常用 3m 内径的发生炉，用

3M 型表示。

图 7-2、图 7-3 为两种 M 型煤气发生炉。炉体形式为半水夹套，炉体支持在 4 个金属支柱上，炉体下部设有裙板，浸没在灰盘的水池中形成炉体水封，灰盘支持在滚球上，借蜗轮蜗杆的传动装置，绕着炉体的中心轴线旋转；偏心的"Д"型炉栅固定在灰盘底上并随灰盘旋转；"Д"型炉栅由四个偏心放置的鱼鳞状炉条、帽盖、底座组成。它们之间用螺栓牢固地连在一起。底座上设有刮刀，加之炉栅偏心，炉条呈鱼鳞状，所以炉栅具有很好地搅动、破碎及排除炉渣的能力。

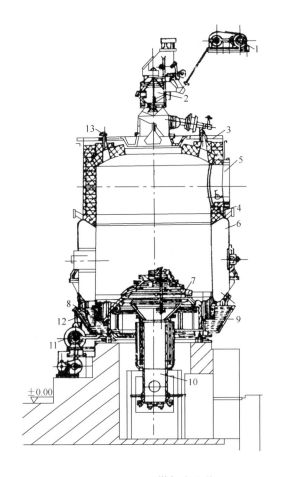

图 7-2　3M-21 型煤气发生炉
1—减速机；2—加煤机；3—炉盖；4—砖砌体；5—煤气出口；6—水夹套；7—炉栅；8—排灰刀；
9—灰盘；10—气化剂入口；11—灰盘传动装置；12—炉裙；13—探火孔

根据使用原料种类不同，3M 型发生炉有两种不同的结构形式。当使用无烟煤或焦炭为气化原料时，往往用钟罩式加料装置，其典型炉型为 3M-21 型（又称 3AД-21型），如图 7-2 所示。当使用弱黏结烟煤为气化原料时，则采用双滚筒加料装置，在炉顶中心装有机械化搅拌耙，其典型炉型为 3M-13 型（又称 3AД-13 型），如图 7-3 所示。搅拌耙由一竖直的空心轴及横式管子耙所组成，空心轴、横管及耙齿均镶套管，以便引入冷却水，搅拌耙由电动机通过蜗轮带动在煤层内转动，以破坏煤的黏结。当燃料层中产生较大的阻力时，搅拌耙使沿蜗壳中的螺丝扣向上移动而退出燃料表面，可移动范围为 500～600mm。

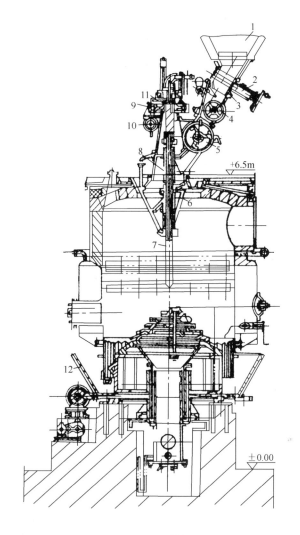

图 7-3　3M-13 型煤气发生炉

1—煤斗；2—煤斗闸门；3—伸缩节；4—计量给煤器；5—计量锁气器；6—托盘和三脚架；
7—搅拌装置；8—空心柱；9—蜗杆减速机；10—圆柱减速机；11—四头蜗杆；12—灰盘

② W-G 型煤气发生炉。W-G 型为威尔曼-格鲁夏（Wellman-Galusha）型的简称。该炉型亦有两种型式，一种是无搅拌装置的用于气化无烟煤、焦炭等不黏结原料；另一种是有搅拌装置的用于气化弱黏结性烟煤。图 7-4 是直径为 3m 的 W-G 煤气发生炉。该炉的结构特点是用加料管加料，炉体为全水夹套，灰盘为 3 层偏心锥形炉栅。通过齿轮减速传动，大约每 2h 转一周。炉渣通过炉栅落入炉底灰箱内，定期干式排灰。这种炉子加料装置简单，由于料层高、不存在布料均匀问题。煤气出口在炉顶上距料层较高，煤气中带出物较 M 型炉少。空气经夹套上部的水蒸气饱和后再通入炉底的密封灰斗中，压力不受水封限制。这种炉子炉算的通风面积大，风压在炉膛断面分布均匀，灰渣的排出也较通畅。该种炉型在直径为 3m 的混合发生炉中与其他几种炉型比较，它的技术经济指标要好，生产成本更低。但该发生炉整体高大，需较高的生产厂房。

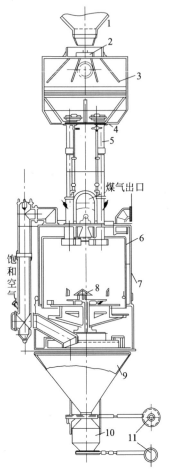

图 7-4　W-G 型煤气发生炉

1—储煤斗；2—圆盘阀；3—料仓；
4—下圆盘阀；5—下料管；6—炉身；
7—水夹套；8—炉箅；9—储灰斗；
10—下灰斗；11—插板阀

7.2.2.2　水煤气

在气化炉中，水蒸气与赤热的炭发生气化反应所生成的煤气叫水煤气。

（1）制气原理

制造水煤气的基本反应是以 $C+H_2O \rightleftharpoons CO+H_2$ 为主，尚有 $C+2H_2O \rightleftharpoons CO_2+2H_2$ 的反应。这两个反应均为吸热反应。因此为了使反应能够进行，必须供给其所需的热量。在工业上目前最普遍采用的供热方式是在水煤气反应之前，先向燃料层鼓入空气（或氧气）烧掉部分燃料以产生热量，积蓄的热量足以使燃料层的温度升高到水煤气反应所要求的温度后，停止送入空气，改吹水蒸气，使发生水煤气反应制得水煤气。当燃料层温度降到一定程度后停止送入水蒸气，再重新鼓入空气，如此反复进行，间歇地制取水煤气。

① 理想水煤气。满足下述条件制得的水煤气称为理想水煤气，它们是：

a. 气化原料为纯碳，通空气时只产生 CO_2，通水蒸气时只产生 CO 和 H_2；

b. 反应物按化学反应方程式计量提供，反应物无损失、无过剩；

c. 整个气化过程无热损失，热量自身平衡。

根据上述理想条件，制得理想水煤气只发生以下两个反应：

$$C+O_2+3.76N_2 \rightleftharpoons CO_2+3.76N_2+406.4MJ/kmol$$
$$C+H_2O \rightleftharpoons CO+H_2-118.8MJ/kmol$$

根据热量自身平衡，存在如下关系：

$$\frac{406.4}{118.8} \approx 3.44$$

即 1kmol 碳完全燃烧后释放出的热量可用于分解约 3.44kmol 的水蒸气，故理想水煤气总反应方程为：

$$C+O_2+3.76N_2+3.44C+3.44H_2O \rightleftharpoons CO_2+3.76N_2+3.44CO+3.44H_2$$

理想水煤气生产的几项气化指标见表 7-6。

表 7-6　理想水煤气气化指标

指　　标	数　　值
吹风气组成	$CO_2+3.76N_2$ 即 21%CO_2、79%N_2
水煤气组成	$3.44C+3.44H_2O$ 即 50%CO、50%H_2
吹风气产率	$(4.76×22.4)/(4.44×12)=2(m^3/kg$ 碳$)$
水煤气产率	$(6.88×22.4)/(4.44×12)=2.9(m^3/kg$ 碳$)$
水蒸气消耗量	$(3.44×18)/(4.44×12)=7.16(kg/kg$ 碳$)$
水煤气的低热值	$(12645CO+10793H_2)/100=(12645×50+10793×50)/100=11719(kJ/m^3)$
气化效率	$(11719×2.9)/(406430÷12)=100\%$

② 实际水煤气。在实际生产过程中与理想条件相差很大。气化所用原料不是纯碳，而是煤或焦炭；气化过程中除发生水煤气主反应（$C + H_2O \Longrightarrow CO + H_2$）外，尚有副反应（$C + 2H_2O \Longrightarrow CO_2 + 2H_2$）和变换反应（$CO + H_2O \Longrightarrow CO_2 + H_2$）发生；原料中含硫，故在气化过程中硫化物与氢、水蒸气相互作用而生成 H_2S 存在于煤气中；水煤气中还含有未分解的水蒸气及残存的吹出气等。因此，实际的水煤气组成中，除 H_2 和 CO 外，尚有 CO_2、水蒸气、CH_4、H_2S、O_2、N_2 等；吹出气组成中除 CO_2 和 N_2 外，尚有 CO、水蒸气及 H_2S 等。另一方面，气化过程中有燃料损失以及各种热损失，故实际生产中水煤气的气化效率远比理想水煤气低，一般为 60% 左右，热效率仅为 50% 左右。实际水煤气的组成和热值如表 7-7 所示。

表 7-7　实际水煤气的组成和热值表

项目	组成(体积分数)/%							低热值/(kJ/m³)
	CO_2	H_2S	O_2	CO	H_2	CH_4	N_2	
焦炭	6.5	0.3	0.2	37	50	0.5	5.5	10475
无烟煤	6.0	0.4	0.2	38.5	48	0.5	6.4	10391

（2）间歇法水煤气的生产

① 间歇法水煤气生产的工作循环

在间歇式水煤气发生炉内，需要周期地地送入空气和水蒸气。自上一次开始送入空气至下一次再送空气止称为一个工作循环。为了操作安全、有效利用热量及保证煤气质量，常把每个工作循环分成 6 个阶段来进行，各阶段气体的流向如图 7-5 所示。

a. 空气吹风阶段。使燃料层加热，将吹风气送入烟囱或送入废热回收装置。

b. 蒸汽吹净阶段。水蒸气由燃料层下方进入，用生成的水煤气吹赶系统中残留的吹风气从烟囱排尽，以防止吹风气与下一阶段的煤气混合而降低煤气的质量。

c. 一次上吹制气阶段。水蒸气仍由燃料层下方进入，产生的水煤气进入净化系统。

d. 一次下吹制气阶段。水蒸气由下往上吹入燃料层，利用上部料层的蓄热制气，并使料层温度均匀。

e. 二次上吹制气阶段。水蒸气往上吹入，这一阶段为了将炉算下方的水煤气吹出干净，以免通入空气时形成爆炸气体。

f. 空气吹净阶段。用空气从下部吹入，使燃料燃烧产生的废气将发生炉上部空间残存的水煤气赶至净化系统，为下一循环做好准备。

每一个工作循环所需的时间，称为循环时间。循环时间长，则气化层温度和煤气的产量、质量的波动大。反之，循环时间短，气化层温度波动小，煤气的产量及质量较稳定，但开闭阀门占用的时间相对加长，影响发生炉的气化强度，且阀门因开闭过于频繁，容易损坏。根据自动控制的水平和维持炉内生产较为稳定的原则，一般循环时间 2.5～4.5min。反应性好的原料，循环时间短些。在生产操作中，循环时间一般不随意调整，可由改变工作循环中各阶段的时间分配来改善气化炉的工况。

循环中各个阶段的时间分配，随燃料性质和工艺操作的具体要求而异。吹风阶段的时间以能提供制气所需热量为限；其长短主要决定于燃料灰熔点和空气流速等；上吹、下吹制气阶段的时间以维持气化区稳定、煤气质量好及热量合理利用为原则；蒸汽吹净为辅助生产阶段。其时间以排净系统内废气为原则；二次上吹与空气吹净阶段的时间以能达到排净气化炉下部空间和上部空间的残留煤气为原则。

表 7-8 为制造水煤气 6 个阶段循环时间的分配表。

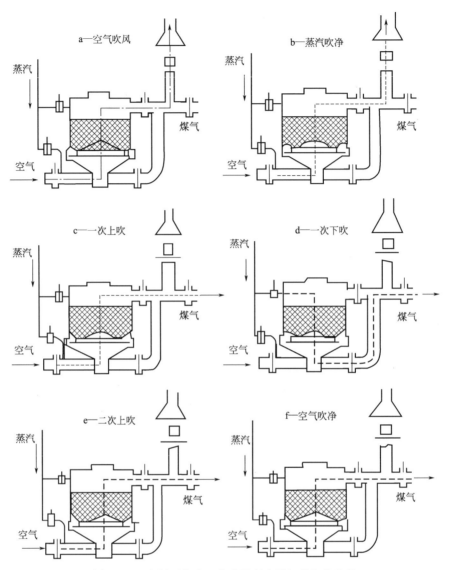

图 7-5　一个循环分成 6 个阶段制水煤气的气体流程

表 7-8　水煤气制造操作循环的时间分配

阶段名称	三分钟循环		四分钟循环	
	时间/s	%	时间/s	%
空气吹风	52.2	29	74.4	31
蒸汽吹净	5.1	3.0	2.4	1
一次上吹	28.8	16.0	61.6	29
一次下吹	61.2	34.0	72	30
二次上吹	28.8	16.0	11.2	8
空气吹净	3.6	2.0	2.4	1

　　② 水煤气生产对原料的要求。水煤气生产宜用焦炭、无烟煤类低挥发分的原料（但以前者为原料时，煤气成本较高）。这是因为挥发分含量较高的原料，在气化反应生成物中焦油成分增加，易使操作阀门堵塞关闭不严形成事故。同时煤气净化处理复杂，并从吹风气中带走的可燃组分多，降低气化效率。入炉燃料质量要求见表 7-9。

表 7-9　水煤气发生炉入炉燃料质量要求

项目	单位	质量要求
固定碳(干基)	%	≥70
灰分(干基)	%	<33(焦)、<24(无烟煤)
挥发分(干基)	%	<9
含硫(干基)	%	<2
水分(收到基)	%	<10
热稳定性	%	≥60
灰熔点(ST)	℃	>1300
机械强度(粒度大于25mm)	%	≥60
块度	mm	25～75

（3）水煤气发生炉

水煤气发生炉构造与混合煤气发生炉相似。但因水煤气发生炉鼓风压力高达18kPa，因而不能用水封，而采用干法排渣，图7-6为具有旋转炉栅、机械排渣、自动控制的水煤气发生炉。

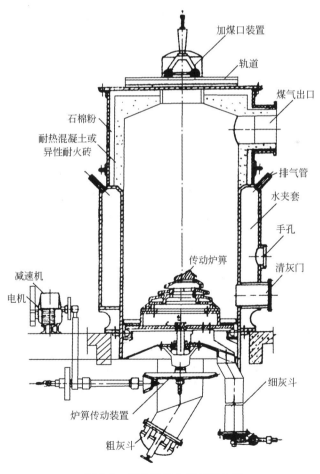

图 7-6　旋转炉栅水煤气发生炉

发生炉采用双钟罩式加料器加料，护体上半部为耐火材料衬里，外包钢板，下部为水夹套，炉栅为均匀布风的偏心旋转炉栅。炉底有 3 个灰斗，两侧为两个粗灰斗，中间为细灰斗。细灰斗上有水煤气引出管连接。设在炉外的电动机、减速机经炉栅转动装置带动炉栅旋转，旋转轴与炉底壁之间由轴密封装置密封。炉栅边缘刮下的干灰落入粗灰斗中，下吹制气从炉栅缝隙漏出的大颗粒灰渣落入细灰斗中，灰斗定期排灰。

我国采用的水煤气发生炉，炉膛直径有 1.50m 至 3.60m 的不同规格，其中以 2.74m 和 3m 的 U.G.I 型水煤气炉最多。

7.2.2.3 移动床两段炉气化

前述的混合煤气发生炉和水煤气发生炉都是单段式气化炉。在单段炉中，由于全部上升的高温热煤气通过干馏段，煤料被快速干馏，部分挥发分在高温下发生裂解，使煤气中焦油含有较多的沥青和游离碳，且黏度大，与水难分离，质量较差，影响焦油正常利用。另一方面，由于炉内干馏层较薄，上升煤气通过干馏段来不及充分换热，造成出炉煤气温度高，冷却煤气需耗用大量的冷却水，因此，热损失大，处理含酚废水量大。采用两段炉气化工艺基本可以解决单段炉存在的这些问题。

两段炉是一种在常压下将烟煤的干馏和气化分别在同一气化炉的上、下两段来完成的移动床气化装置。它实际上是在一般的煤气发生炉（或水煤气炉）上部加上一个干馏段，烟煤先在此进行低温干馏，变成赤热的半焦。然后进入下部的发生炉进行气化。根据气化段生产工艺不同，两段炉可分成两类：一类是由干馏段和发生炉组成的连续鼓风型两段炉，即混合煤气两段炉；另一类是由干馏段和水煤气炉组成的循环鼓风型两段炉，即水煤气两段炉。

（1）混合煤气两段炉

① 气化过程。混合煤气两段炉的结构如图 7-7 所示。下部气化段为一般的发生炉。上部干馏段是一个钢板制成的圆筒，内衬耐火材料，外层为带垂直分隔的环形通道，气化段产生的煤气流过其间对干馏段煤料进行间接加热。干馏段中间设有垂直隔墙（直径小于 2m 炉可不分隔），以保证气流合理分布和均匀加热。干馏段自上而下逐渐扩大，锥度视煤种而定，使具有膨胀性的煤也能顺利下落。

混合煤气两段炉气化的制气原理与单段发生炉类似，亦用空气及水蒸气作为气化剂。由气化段产生的煤气，一部分通过气化炉外侧的环形通道，利用其显热间接加热干馏段煤料（外热干馏），最后从气化炉上部的下煤气出口排出，温度为 500~600℃，称为下段煤气或底煤气。底煤气不含焦油或轻油，故可称为净煤气。另一部分煤气进入干馏段料层，利用其显热直接加热煤料（内热干馏）。通过控制进入干馏段料层的气化煤气量以及煤料的下降速度，使低温干馏过程缓慢进行，逐渐脱出挥发物。此时由于干馏生成的油品和焦油基本上不再发生裂解和聚合，故此种焦油的流动性好，轻质组分多，含沥青和游离碳低，质量好。干馏段产生的赤热半焦落入气化段气化。干馏段生成的干馏煤气和进入干馏料层的气化煤气混合由炉顶的上段煤气出口排出，称为上段煤气或顶煤气。由于在干馏段中已经过充分的热交换，顶煤气出口温度很低，为 90~120℃，可采用间接冷却器冷却煤气，使焦油不与水直接接触，既保证了焦油的质量，又避免了含酚污水的产生。由于焦油的流动性较好，因此电捕焦油器的焦油脱除率很高。包含干馏气的顶煤气中 H_2、CH_4、

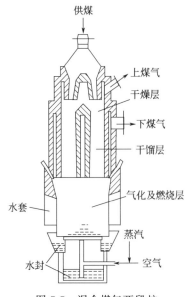

图 7-7 混合煤气两段炉

C_mH_n 的含量及煤气热值均比底煤气高。

② 操作条件和气化指标

原料：褐煤、长焰煤、不黏结煤和弱黏结煤；粒度 20～40mm，或 20～80mm，小于 20mm 的应不大于 10%，且不得有细粉；自由膨胀序数不大于 3；灰熔点大于 1250℃。

操作温度：气化段 1200℃；顶部出口煤气 120℃，底部出口煤气 590℃；混合后 400℃。

产品煤气压力：约 7.25kPa。

生产能力：一台内径 3m 的两段气化炉每日可生产热值为 6.3～6.9MJ/m³ 的冷净煤气 1.44×10^5～1.8×10^5 m³。

（2）水煤气两段炉

① 气化过程。水煤气两段炉与混合煤气两段炉相仿，其结构如图 7-8 所示。下部气化段为水煤炉，上部的干馏段是钢制圆筒。内衬耐火材料，炉内中间由耐火砖砌成十字隔墙，将干馏室垂直分割成 4 室。隔墙和外墙内部均匀布置垂直通气道，供鼓风气流通过，对煤进行均匀地间接加热。干馏段自上而下逐渐扩大，以利于原料煤顺利下降。

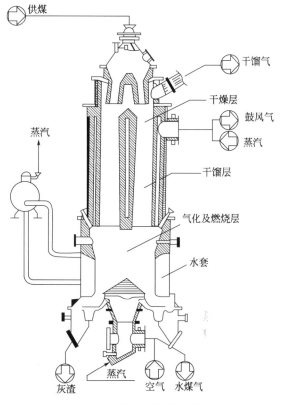

图 7-8　水煤气型两段炉构造

水煤气两段炉制气循环与水煤气发生炉相似，也由吹风和制气两个过程组成。整个制气循环包括 5 个阶段。

a. 鼓风阶段。从气化炉底鼓入空气。在气化段内使热半焦部分氧化燃烧，炉内温度升至 1200℃。生成的吹风气中含一定量的 CO，其热值约 4.2MJ/m³，此高温鼓风气流经干馏段隔墙外墙的直立孔道，对煤料进行外加热干馏。为了充分利用热能，从底煤气出口引出的吹风气经除尘器后进入过热器，与二次空气一起燃烧，使其中格子砖的温度升至 850℃，再进入燃烧室与三次空气完全燃烧，高温烟气至废热锅炉换热，产生蒸汽供制气用，最后烟气从烟囱排出。干馏段产生的纯干馏煤气从顶煤气出口送出，经洗气箱后进入煤气冷却净化系统。

煤气冷却净化系统的工艺流程是：

粗煤气 → 洗气箱 → 冷却塔 → 电捕焦油器 → 间接冷却器 → 脱氨 → 缓冲罐 → 排送机 → 脱硫 → 气柜

b. 蒸汽吹净阶段。由炉底吹入水蒸气把鼓风气完全排出，为下阶段制气作准备，其流程与鼓风阶段相同。

c. 上吹制气阶段。由炉底送入 200～300℃ 的过热蒸汽，在气化段与赤热的炭进行水煤气反应，生成的高温水煤气全部流入干馏段，对煤料进行内热干馏。水煤气和干馏气混合，由顶煤气出口引出至过热器，在此煤气中的焦油在 850℃ 的格子砖中进一步受热分解，最后水煤气、干馏气和焦油裂解气一起混合成粗煤气至冷却净化系统。

这个阶段是主要的制气阶段。为了提高煤气热值，有时在过热器中喷入重油，利用油裂解气使水煤气热值增至 15.9～16.7MJ/m³，以供作城市煤气。

d. 下吹制气阶段。低压水蒸气经过热器过热至 550℃，从底煤气出口鼓入干馏段隔墙和外墙的直立通气道，一方面对干馏段煤料进行外加热干馏，同时下吹蒸汽进入气化段，与赤热的炭反应生成水煤气，由炉底导出。干馏段由外热干馏生成干馏煤气则由顶煤气出口导出，并与炉底导出的水煤气混合后进入煤气冷却净化系统。

e. 二次蒸汽吹净阶段。从炉底吹入水蒸气，把上阶段生成的煤气全部吹至煤气冷却净化系统。

一个制气循环约需 3.5min。各个阶段的时间分配如表 7-10 所示。每个阶段中有关阀门的开闭均自动控制。

表 7-10　水煤气两段炉制气循环时间的分配

阶段	鼓风	蒸汽吹净	上吹制气	下吹制气	二次吹净	小计
时间/s	63.0	6.3	100	21.8	1.9	210
百分比/%	30.0	3.0	47.6	14.2	5.2	100

② 操作条件和气化指标

原料：适用长烟煤、不黏结或弱黏结烟煤以及热稳定性较好的褐煤。入炉煤质量要求见表 7-11。

表 7-11　水煤气型两段炉入炉煤质量要求

项　目	单位	指标
粒度	%	20～50(<10mm 粉煤≤10%)
灰分 A_d	%	<20
水分 M_{ar}	%	—
挥发分 V_{daf}	%	宜>30
灰熔点 ST	℃	>1250
黏结性		
自由膨胀序数		0～3
罗加指数		<20
半焦机械强度	%	>65(落下试验法)

操作压力：常压。

煤气组成及热值：$\phi(H_2)48$，$\phi(CO)30.2$，$\phi(CH_4)5.4$，$\phi(C_mH_n)0.6$，$\phi(CO_2)8.6$，$\phi(N_2)7.2$(体积分数，%)；煤气高热值为 $12.5MJ/m^3$。

煤气产率：$1320～1400m^3/t$（煤）。

焦油与轻油产率：$60～80kg/t$（煤）。

生产能力：一台直径 3.3m 两段炉每天可生产煤气约 $8×10^4m^3$。

气化效率：约 60%。

总热效率（包括焦油、轻油和过热蒸汽）：约 77%。

(3) 移动床两段炉气化法的工艺特点

① 煤种适应性较广。褐煤、长焰煤、不黏结或弱黏结烟煤都可用于气化。对煤的机械强度、热稳定性要求较低。但与其他移动床一样，对煤的块度、黏结性、灰熔点等有一定的要求。

② 置干馏段与气化段于一炉，气化过程的热效率较高。

③ 开停车容易，负荷变动范围为 50%，生产灵活，调节方便，可作为主气源，也可作为调峰气源。但炉体结构比单段炉复杂，异形砖用量大，且质量要求高。

④ 煤气中萘、氨、苯等含量较低，净化系统较简单，环境污染较小，废水量少且易处理。所得到的焦油、轻油质量好，基本上不含沥青和炭粒，利用价值高。

⑤ 与单段炉相比较，提高了煤气的热值。但煤气中 CO 含量高（约 30%），直接应用尚不能达到城市燃气的 CO 含量要求及热值的要求。

7.2.2.4 移动床加压气化

在加压条件下进行煤的气化方法称为加压气化。加压气化与常压气化相比,它的气化强度高,生产能力大,煤种适应广,煤气中可燃组分除了 H_2 和 CO 外,还有较高的 CH_4,因而热值较高。经净化后可以作为城市燃气,并且适宜于远距离输送。

(1) 加压气化过程及其主要反应

在移动床加压气化炉内,原料煤从炉顶加入,经过干燥、干馏、半焦气化和残炭燃烧等过程,生成的炉渣由炉底排出。煤气由气化炉上部引出,作为气化剂的氧气和水蒸气由气化炉下部鼓入。气化炉内的燃烧层自下而上可分为灰渣层、第一反应层(又称氧化层)、第二反应层(又称还原层)、甲烷层、干馏层和干燥层。它与移动床常压气化的主要是差别在于多了甲烷层。其实各层之间并无明确分界面,因为气化炉内的反应十分复杂,大部分反应互相交融在一起,这里仅按其主要反应或特性进行分层。

移动床加压气化炉内各床层的主要反应如图 7-9 所示。在第一反应层中,主要是碳的氧

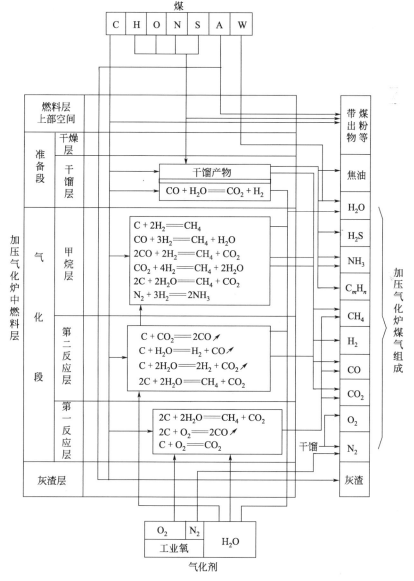

图 7-9　加压气化过程

133

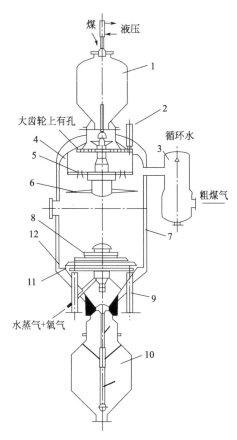

图 7-10 第三代固态排渣加压气化炉
1—煤箱；2—上部传动装置；3—喷冷器；
4—裙板；5—布煤器；6—搅拌器；7—炉体；
8—炉箅；9—炉箅传动装置；10—灰箱；
11—刮刀；12—保护板

化放热反应。在第二反应层中，CO_2 被还原，水蒸气发生分解，生成大量的 CO 和 H_2。由于灰渣中催化剂的作用，这两层中都伴随有碳与水蒸气反应生成 CH_4 和 CO_2 的反应。在甲烷层中主要进行 CO 与 H_2、C 与 H_2 之间生成 CH_4 的反应，与前两层的反应相比，生成 CH_4 的反应速度要小得多，因此甲烷层较厚。差不多占整个料层的 1/3，煤在该层的停留时间为 0.3～0.5h。在干馏层主要进行煤的干馏，由于压力高，温度较低，并且上升气流中含有大量的 H_2，因此热解产生的焦油和轻油很少裂解，粗煤气中含有较多的焦油和轻油蒸气。这一层中还同时进行 CO 变换反应。

（2）固态排渣和液态排渣的加压气化

移动床加压气化按照排渣方式可以分为固态排渣法和液态排渣法。鲁奇炉（Lurgi）是移动床加压气化炉的典型炉型。

① 固态排渣加压气化。图 7-10 为固态排渣鲁奇炉的结构示意图。气化炉压力为 2.0～3.0MPa。它包括加煤及搅拌装置、炉体、炉栅及排渣装置等。煤斗设有自动控制操作的钟罩阀，煤是根据气化炉生产周期加入炉内，灰渣也是周期地从灰斗排出。加料、排灰时均应使煤仓、灰斗压力与炉内压力平衡。

为了提高气化炉的生产能力和粗煤气中 CH_4 的含量，在普通鲁奇炉的基础上，又发展了鲁尔-100 型气化炉，将气化压力提高到 1.0MPa 左右，气化炉的结构特点是：有两个煤气出口，从上部煤气出口引出干馏煤气，从中部煤气出口引出气化层煤气；气化炉顶部安装两个锁式煤斗，交替使用。

加压气化工艺具有以下几个特点。

a. 由于是逆向气化，气化比较完全，煤中约 90％ 的热量转入煤气和液体产品中，所以气化效率高。

b. 在加压下有利于气化反应向体积减小、生成 CH_4 的方向进行。生成 CH_4 的反应是放热反应，因此可以提供气化反应所需的部分热量，起到了辅助供热的作用，这样就可以减少氧气消耗。在 2.0MPa 压力下气化所需的氧气量仅为常压气化时的 1/3～2/3，压力更高，氧耗还可降低。

c. 由于煤气压力的提高，有利于后续的净化、变换和甲烷化工艺。当净煤气用作城市燃气时，可以直接输至高压或中压管网，不需另外加压；由于制气过程中耗氧的体积仅为所生成煤气体积的 10％～20％，与常压制气后再加压至高压煤气相比，可以节省动力约 2/3。

d. 对煤质要求比常压气化低，采用块煤为原料，也可以气化碎煤，原料范围广，煤的破碎和研磨费用低。

但是，加压气化的制气和净化工艺、设备及废水处理系统都十分复杂，还需配备庞大的制氧装置，因此投资大，运行费用高。随着煤气压力的提高，水蒸气分解率降低，高压水蒸气的耗用量将增加，废水处理量也增加。

② 液态排渣加压气化。液态排渣气化的基本原理就是向气化炉内供给最少量的蒸汽，使气化区的温度高于灰分的熔点，气化过程产生的灰渣就会熔融，并以熔渣形式排出炉外。

液态排渣气化炉又称熔渣气化炉。图7-11为液态排渣鲁奇炉的结构示意图。与一般的鲁奇炉基本相同，主要差别是下部用一个熔渣段代替炉栅。炉膛下部沿径向均布8个向下倾斜的、带水冷夹套的钛钢喷嘴，从喷嘴喷入气化剂并汇集于排渣口上，使之产生高温区。同时煤气中焦油、轻油及煤粉回收后，也通过喷嘴循环回炉。气化后形成的熔渣通过排渣口落入充满循环冷却水的熔渣急冷室，使熔渣淬冷而形成固态渣粒，再通过储渣斗减压后排到炉外。

与固态排渣法相比较，液态排渣加压气化法的主要特点有如下一些。

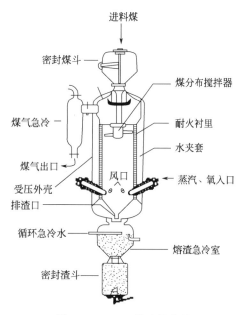

图7-11　BG/L熔渣气化炉

a. 气化强度高，生产能力大。对于直径相同的加压气化炉，液态排渣的生产能力约比固态排渣法提高3～5倍。

b. 水蒸气耗量低，水蒸气分解率提高。汽氧比（摩尔比）由固态排渣的9降至1.3，水蒸气耗量仅为固态排渣气化的20％左右，水蒸气分解率由固态排渣时的40％左右提高至95％。

c. 煤气中可燃组分增加，热值提高。

d. 煤种适应性强，尤其是固态排渣法较难气化的活性差、灰熔点低的煤都可适用于液态排渣法，还能气化部分粉煤。

e. 碳转化率、气化效率和热效率均有提高。

f. 废水处理量仅为固态排渣时的1/4～1/3；焦油等回炉循环；急冷后的熔渣烧结物是洁净的黑色粒状玻璃体，化学活性极小。这些均使得对环境污染减小。

g. 当气化低活性煤时固态排渣法的氧耗量略高于液态排渣法；当气化高活性煤时，氧耗量则相反。

液态排渣法加压气化具有一系列优点，因而它的进一步研究开发受到广泛重视。但是由于高温高压操作条件，对于炉衬材料、熔渣池的结构和材质以及熔渣排出的有效控制都有待不断改进完善。

7.2.2.5　流化床气化

常压和加压移动床气化的操作和设备比较简单。但气化强度较低，而流化床气化不仅可利用小颗粒燃料，而且由于床层温度均匀，可以大大提高气化强度。

（1）流化床气化过程

流化床气化以细颗粒煤（<8mm）为原料，气化剂从气化炉炉栅下方送入，其气流速度使得原料煤床层处于完全流化状态。炉内气固两相不仅发生剧烈运动，同时伴随着强烈的传热、传质和化学反应。尽管煤和气化剂在流化床内停留时间较短，但由于煤的粒度很小，床层温度高且均匀，所以煤料还是很快地经历了完全气化过程。

煤在炉内的热解反应为：

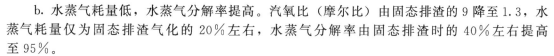
$$煤 \xrightarrow{高温} 气体产物(CO+H_2+CH_4+CO_2+N_2+H_2S)+液体轻油(焦油等)+焦炭$$

135

液体产物在高温下进一步裂解为气态烃类，而焦炭进一步与气化剂接触，发生气化反应。

主要的气化反应为：

$$C + O_2 = CO_2 + 406.4 MJ/kmol$$
$$C + CO_2 = 2CO - 160.1 MJ/kmol$$
$$C + H_2O = CO + H_2 - 118.8 MJ/kmol$$
$$C + 2H_2O = CO_2 + 2H_2 - 77.5 MJ/kmol$$
$$CO + H_2O = CO_2 + H_2 + 41.3 MJ/kmol$$

由于细颗粒煤在高温下迅速干馏，挥发物得到进一步裂解，所以出炉的煤气中几乎没有焦油和酚类。高温煤气由炉顶引出，其中夹带了约占总灰量70%的细灰，它包含着未反应的炭粒。其余灰粒因密度加大或熔聚成团而重量增加，沉降到炉栅并排至灰箱。

（2）流化床气化的特点

① 流化床气化所用燃料粒度比移动床小，反应表面积大，加之气流在颗粒间的不断搅动，提高了传热传质强度，因而大大提高了气化强度。常压流化床气化炉的生产能力大约是相同直径的常压移动床气化炉的3倍。

② 在流化床气化炉中，燃料颗粒与气化剂混合在一起，整个床层温度均匀，因而床层温度不会在某局部点上超过原料灰分熔点，但在混合不均匀，局部过热时，也可能产生局部结渣。对大部分煤来说，其灰分的开始软化温度为1050～1100℃，为了避免结渣，流化床通常在850～950℃条件下气化，在这一温度下，只能用反应性好的煤（如褐煤）作为气化原料才能获得质量较好的煤气。

③ 在流化床气化炉中，由于煤受到充分而均匀地加热以及干燥干馏过程是在反应层中进行的，因此挥发物的分解完全，粗煤气中基本上不含焦油、酚类，这使得后续净化工艺和设备简单，不需大量处理废水，对环境污染小。

④ 由于加入气化炉的燃料中有一部分细小颗粒，其自由沉降速度小于操作条件下的气流速度，以及气化过程中颗粒不断缩小，因而以飞灰形式带出的未气化的燃料损失相对量较大。为了减少燃料的带出损失，在流化床上部空间进行二次吹风，使其燃烧气化，或将随煤气带出的煤粉经旋风分离器回收后再送入气化炉内。由于整个床层温度均匀，出炉煤气的温度较高，因而带出的显热损失较大，为了提高热效率，一般采用废热锅炉回收显热。在流化床中，灰分和燃料是相互混合的，为了使气化过程有效地进行，就不能使燃料全部成灰，因此排出物中含有较多的可燃组分。

（3）流化床气化方法

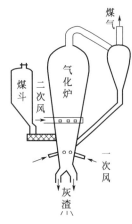

图7-12 改良型温克勒气化炉

① 常压流化床气化。温克勒气化炉1926年在德国首先建立，它是煤的第一个工业化常压流化床气化装置，适用于活性高的煤及褐煤半焦的气化。但早期温克勒炉存在着炉栅排渣不够通畅，带出物损失过大等问题，二次大战后德国对温克勒炉作了较大的改进。如图7-12所示。

改良的温克勒炉是一种无炉栅、无刮灰刀、无鼓风室的结构型式。气化炉炉体是一个内衬耐火材料的钢制圆筒形容器。工业化装置的气化炉内径5.5m，高23m。炉体内仅下部1/3为流化床，而上部空间为稀相区。精度为0～8mm的原料煤由煤仓用螺旋给料器送至气化炉，加料口位于气化炉下部。在常压下以氧气（或空气）和蒸汽作气化剂，由床身不同高度上的几个喷口切向喷入，气化段的操作温度约950℃。在流化床床层上部补充喷入二次气化剂，以使那些被气流夹带离开密相区的碳能完全气化。同时在气化炉的出口设置旋风分离器，分离下来的细粒煤返回气化炉。炉内的灰渣在下降途中由于不存在炉栅阻挡，所以排渣变得容易了。此外根据需要还可在气化炉上部设置辐射式废热锅炉或在炉后另设对流式废热锅炉回收热量。

温克勒法工艺及设备简单，操作稳定可靠，技术成熟。但是由于这种方法受灰熔点的限制，气化温度较低，对原料的活性要求较高，碳的气化不完全，带出物多。

② 加压流化床气化。采用加压流化床的气化过程可以消除一系列常压流化床气化过程的缺点，例如，可以减少固体燃料的带出物损失，保证过程的气化强度，提高煤气中甲烷含量，并可减小气化炉及系统中设备的尺寸等。

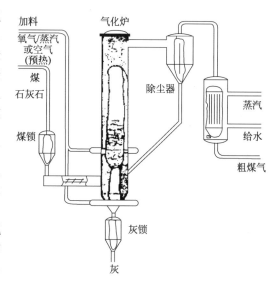

图 7-13　高温温克勒炉结构

a. 高温温克勒法（HTW）。该方法是在常压温克勒法的基础上发展起来的，并已达到工业规模的第二代流化床气化炉。气化炉的结构如图 7-13 所示，它比早期温克勒炉有了很大改进，首先取消了炉栅和刮刀，使灰渣下降畅通无阻，又避免了炉栅上结渣。其次，气化剂改用二个喷嘴沿切向吹入炉内，改善了气体的分布和流化质量。第三，采用颗粒排出物循环回流入炉。通过改进炉体结构，操作压力由常压提高到 1.0MPa，气化温度也提高 50～100℃，因而操作更加稳定可靠，排渣顺利，气化强度、气化效率和碳转化率均有较大提高，煤气热值也有所增加。

b. U-gas 法。U-gas 法是美国煤气化工艺研究所（IGT）开发的第二代流化床煤气化工艺。图 7-14 为 U-gas 法煤气化工艺流程图。

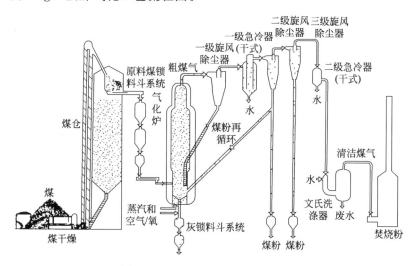

图 7-14　U-gas 法煤气化工艺流程

U-gas 气化炉是加压单段流化床气化炉。原料煤破碎至 6mm 以下，通过锁斗系统后由气力输送喷入炉内流化床层中部。如气化黏结性煤，则预先将煤送至一个与气化炉压力相同的，炉温在 400℃左右的流化床中加热氧化，进行破黏处理，然后送入气化炉。炉内气化温度在950～1100℃范围内，根据煤种和灰熔化温度而定。

为了能够顺利排渣，提高气化温度及降低排出物中含碳量，U-gas气化炉采用了灰熔聚技术和新的排渣结构。气化炉底部是一个带有中央排灰管（文丘里管）的倒锥形多孔分布板，气化剂由炉底分两股向上流入炉内。通过中央排灰管的一股保持较高的氧气/蒸汽比，高速喷入床层底部的中心区域，形成喷射流，造成一个速度较高、温度较高的氧化区；另一股通过倒锥形多孔分布板送入炉内，气化剂的氧气/蒸汽比较低，这样就能保持在分布板上层形成速度较低、温度较低的还原区。在氧化区由于煤的燃烧温度较高，接近于灰的软化温度，颗粒燃料运动到那里，碳就不断被反应掉。灰粒在高温下软化黏结，熔聚变大，直到不能被上升气流所支持，灰粒就从床层中分离出来由排灰管落下，进入充水的灰斗。这时灰团中含碳量已很低，甚至可达到5%以下，与液态排渣法相仿。

粗煤气在炉顶排出时温度为930～1040℃，其中夹带的细粉经三级旋风分离器从煤气中分离出来。第一级被分离的稍粗颗粒循环回床内气化区；第二级分离出的细粒循环回床内气化和熔聚区；第三级分离出的细粉经锁斗系统直接外排，经除尘后的煤气进入废热锅炉回收余热后进一步冷却、净化。

U-gas气化法除了流化床气化工艺的一般特点之外，还采用了灰熔聚技术和高速气流送煤入炉。此外，采用加压气化，气化温度也比第一代流化床气化炉高。因此其生产能力大，气化强度高，带出物减少，灰渣含碳量较低，气化效率和碳转化率提高。

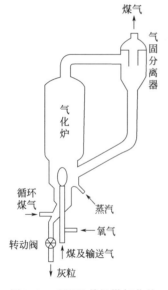

图7-15　KRW单级煤气化炉

c. KRW法。KRW法又名西屋法，是由美国KRW（Kell Rust Westinghouse）能源系统公司开发的一种单级加压流化床气化工艺，属于第二代煤气化技术。KRW气化炉的结构如图7-15所示。气化炉内按其作用不同，可分成4段。自上而下依次为分离段、气化段、燃烧段和团灰分离段。

原料煤被破碎到6mm以下，并干燥到水分约5%以便于气力输送。煤由储仓送到加压煤斗，用旋转给料阀送到输煤管，再以循环煤气或空气作气力输送，从中央喷流管喷入炉内，煤粉在喷射区附近发生急速脱除挥发分生成半焦，同时喷入的气化剂（水蒸气和氧或富氧空气的混合物）在喷口附近形成了一个射流高温燃烧区，周围床层为温度稍低的还原气化区。灰熔聚的原理和过程与U-gas气化炉相同。熔聚灰团集中到分离区的环形灰道，循环冷煤气由环形灰道自下吹入，一方面使灰团冷却，热量仍带回炉内，另一方面根据大而致密的团灰与半焦最小流化速度的差别，团灰从流化床中分离出来，沉积于底部，用旋转卸料器连续排出。气化炉的自由膨胀区直径扩大，并有一定高度，以使被煤气夹带的大颗粒由于速度降低而返回气化段。与U-gas工艺相仿，煤气出炉经废热锅炉回收热量后，由旋风分离器把细粉焦回收返回氧化区。除尘后的煤气经冷却净化后供使用。

与U-gas法相比，KRW工艺有如下特点。

Ⅰ.适应广泛，气化黏结性煤时不需预处理。

Ⅱ.在炉底环形灰道用循环冷煤气来分离和冷却熔聚灰团，循环冷煤气吸收团灰显热带入炉内，降低了灰渣排出温度，因而热效率较高。

Ⅲ.用循环煤气兼作流化介质，可减少蒸汽耗量，但循环煤气用量较大。

Ⅳ.煤料由喷流管喷入氧化区，提高了热解和气化温度；循环细煤粉直接返回炉内氧化区，使细粉中碳完全反应后灰分很快熔聚，不致再带出。而U-gas炉中原料煤由侧面加到床层还原区。

7.2.2.6 气流床气化

流化床气化法虽在一定程度上利用了细粒的劣质燃料，且气化强度较移动床增大，但受反应温度不能过高和气化剂与燃料接触时间短的限制，因此气化活性高的燃料较为合适。为了扩大气化原料使用范围并利用粉煤，而开展了气流床气化的研究开发。对于气流床气化方法，最为成熟的是柯伯斯-托切克（Koppers-Totztek）法，此法早已实现工业化。属于第二代的德士古（Texaco）法也已工业化使用。

（1）气流床气化基本原理及其特点

① 气流床气化基本原理。气流床气化的原料煤是粉碎得极细的煤粉或煤粉与水（或油）混合成的水（油）煤浆。煤粉用气力输送及螺旋给料器送至燃烧室喷嘴，水煤浆则用泵输送至喷嘴。气化剂夹带煤料通过喷嘴以约100m/s的高速喷入炉膛，瞬间着火燃烧及反应。火焰区的温度往往高达2000℃，气化区的温度也有1500～1650℃，所以微小的细煤粒子能在1s内完成气化反应。由于在高温下挥发分中重烃化合物基本上都裂解，因此生成的煤气主要成分是 H_2、CO、CO_2 及少量的 H_2S 和 N_2。煤灰在炉内高温下熔融，大部分熔渣增重后流到循环水淬冷槽，急冷成粒子排出，其余呈细灰粒与未反应的炭微粒被夹带在煤气中引出炉体。

② 气流床气化的特点。气流床气化与移动床气化及流化床气化相比具有以下特点。

a. 气流床中煤料以微粒悬浮于气流中，随着气流运动，颗粒之间为气流所隔开，各自单独完成干燥、热解、气化及形成熔渣的全过程，互相不受影响。因此，煤料的黏结性、膨胀性、热稳定性、强度等对气化过程没有影响，故对煤种适应性大。

b. 煤粉和气化剂进行并流气化，反应物之间的相对速度小，接触时间短，为了提高反应速度、强化生产，气流床必须在高温下（＞1500℃）操作，灰渣以液态排出。为此，一般用纯氧、水蒸气作气化剂，并且将煤磨得很细，以增加反应表面积，通常要求70%以上的煤粉通过200目（＜90μm）筛。

c. 在高温下，由于干馏产物都转化为CO、CO_2 和 H_2，因此煤气中不含焦油、酚类等化合物，所以后续净化系统简单，对环境污染小。但煤气中 CH_4 含量很低，一般在0.5%以下。

d. 由于炉内反应温度高，且为并流操作，煤气由上部排出的温度高达1400℃以上，且夹带大量未燃尽的炭及飞灰，为此，需设置废热回收装置及采取带出物循环回炉的方法，以提高气化过程的热量利用以及提高碳的转化率。

（2）气流床气化方法

① 常压气流床气化。柯伯斯-托切克法（简称K-T法）是以干煤粉进料的常压气流床气化工艺，属于第一代气化技术。第一台工业规模的双炉头K-T炉在1952年建成运行。该法经过工业化验证，是成熟的工艺，已被许多国家所采用。

图7-16为K-T炉的结构示意图。气化炉是由两个或四个截头锥体焊接而成，外壳为锅炉钢板制成的夹套锅炉，以产生水蒸气作气化剂用。粉煤、氧气和水蒸气从位于炉头的喷嘴中按一定比例混合后喷到炉内。出口速度一般为40～60m/s，大型气化炉喷嘴出口速度达100m/s。喷嘴设计是K-T炉的关键，它必须使反应物混合均匀，并强烈湍动，提高扩散速度。喷嘴结构不受煤种改变的影响。两股火焰在中心相遇，从喷出口到炉膛中心时间只有0.1～0.2s。由于炉膛结构是两头小、中间大，所以炉膛中部气流速度最低，使反应过程中产生的灰分能沉降下来，并从位于炉膛下部的渣口排出，煤气从炉膛上方排气口排出。

早期设计的双炉头型气化炉产气量为 $5000m^3/h$，近年来设计的以炉头四喷嘴型气化炉产气量为 $25000m^3/h$，四炉头八喷嘴气化炉产气量达 $50000m^3/h$。

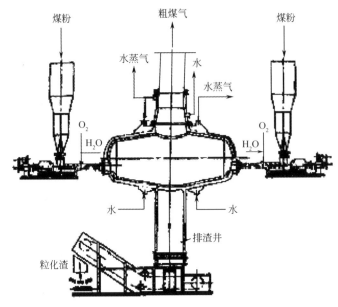

图 7-16　K-T 炉结构

　　K-T 法气化流程如图 7-17 所示。该流程包括煤粉的制备、煤粉与气化剂的送入、气化炉、废热回收和洗涤冷却等部分。经破碎、研磨到小于 90μm 占 70%～85%，水分为 8%～10%（若是烟煤则水分控制在 1% 左右）煤粉送入煤斗。然后以均匀的速度加入螺旋给料机送入混合器，在混合器中氧和水蒸气夹带煤粉进入喷嘴（为了防止回火，煤粉的喷出速度必须大于火焰的扩散速度），从喷嘴喷出的氧、蒸汽和煤粉并流入高温炉头，发生强烈的氧化反应，产生高达 2000℃ 的火焰区，煤粉约在 1s 内完成反应。由于气化还原反应的吸热及热损失，故至气化炉中部时，气体混合物温度已降至为 1500～1600℃，但仍超过灰熔化温度。约 70% 的灰分成液渣沉降到淬冷槽中凝固成 5～6mm 大小的颗粒，由出灰机移走。约 30% 的灰分被煤气夹带出去。从气化炉出来的煤气温度在 1500℃ 左右，通过废热锅炉产生高压蒸汽，使煤气的温度降到 300℃ 以下，然后经过洗涤、分离、冷却，使煤气温度降至 35℃ 左右，含尘量降低到 10mg/m³。当生产合成氨原料气时，需进一步除尘，降到 0.2mg/m³ 以下。

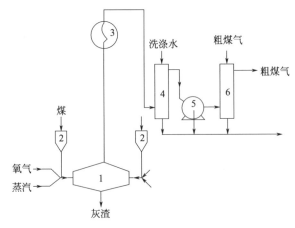

图 7-17　K-T 法气化流程
1—K-T 气化炉；2—煤斗；3—废热锅炉；4—洗涤塔；5—离心分离器；6—最终冷却塔

K-T气化法的优点是对原料的适应性强，对原料的灰分、黏结性、热稳定性、机械强度等都没有严格的要求，液态排渣，渣中几乎不含碳，单炉生产能力大。其缺点是（与鲁奇炉相比）气化效率低，氧耗大，磨煤电耗高，投资及操作费均比较高。

② 加压气流床气化

限于篇幅本书只介绍德士古法（Texaco）。

德士古法是以水煤浆进料的加压气流床气化方法。该法为第二代煤气化技术中最成熟、商业化装置最多的技术。

德士古气化炉分为急冷型和废热锅炉型两种。如图7-18所示。其上部均为气化部分，急冷型气化炉的下部为急冷室，而废热锅炉型气化炉下部为辐射式废热锅炉。

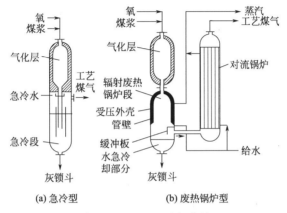

图7-18 Texaco法气化炉

原料煤经二级粉磨，使粒度小于$90\mu m$的占$40\%\sim86\%$，然后用气力输送至煤浆槽，制得的水煤浆由泵输送到气化炉。水煤浆和氧气从炉顶的燃烧器高速喷入炉内，在高温下迅速反应。炉内温度$1350\sim1500℃$，气化压力$4.3\sim8.3MPa$，炉内压力高低，视煤气用途而定。炉内灰分熔融为液渣。急冷型气化炉生成的粗煤气夹带熔渣向下流入急冷室，熔渣急冷固化后被分离出来，并通过熔渣罐排出。高温煤气经急冷而产生饱和蒸汽，并随粗煤气带出。当生产氢气时可采用此冷却方式，因为粗煤气内蒸汽量已达到饱和，可直接去变换，不需再加蒸汽。

废热锅炉型气化炉生成的粗煤气首先向下进入辐射式废热锅炉，被冷却至$700℃$左右，同时产生高压蒸汽，这时熔渣已固化落入水槽。热煤气再经对流立管式废热锅炉，进一步冷却至$300℃$。

该法除具有一般气流床气化的特点外，还有采用水煤浆进料形式，因此解决了干法磨碎、煤的进料及加压下煤锁进料等问题，也取消了气化之前的干燥。因此较干式进料安全可靠，能耗减少。

7.3 煤的焦化

焦化系炼焦化学之简称。焦化工艺包括炼焦煤料的制备、高温炼焦、炼焦化学产品的回收与制取等工序，一般设置备煤、炼焦、煤气净化等车间。炼焦煤料的制备通常称为备煤，由备煤车间完成，包括来煤的接收、储存、倒运、配合、粉碎等，并将制备好煤料送往炼焦炉的煤塔。高温炼焦由炼焦车间完成，包括装煤、炭化、出焦、熄焦、筛焦而得焦炭，将干馏煤气从炭化室引出、喷洒氨水冷却、气液分离，并将荒煤气和焦油氨水混合液送往煤气净化车间。炼焦化学产品的回收与制取由煤气净化车间完成，包括荒煤气的初冷、（鼓风）输送、电捕、脱氨、脱硫、终冷、脱苯而得净煤气，同时制取硫铵（无水氨）、硫黄、粗苯等化学产品，同时将焦油氨水混合液进行油水渣分离得煤焦油和焦油渣，氨水一部分送往焦炉用于荒煤气的冷却喷洒，剩余氨水进行蒸氨，蒸氨废水送生化车间处理。焦化工艺流程如图7-19所示。

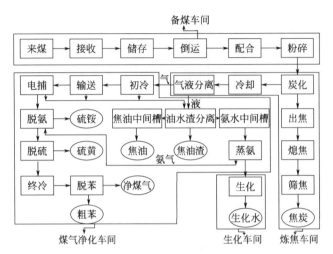

图7-19 焦化工艺流程

7.3.1 炼焦生产原理

炼焦可分为高温、中温和低温炼焦。这里只讨论高温炼焦，系指炼焦煤料隔绝空气加热到950～1050℃，经过干燥、热解、熔融、黏结、固化、收缩等阶段最终得到焦炭、煤气、焦油等的工艺过程。

7.3.1.1 煤的结焦过程

（1）结焦过程概述

粉状煤料转化为结构致密的焦炭，其结焦过程可大致分为3个阶段。

① 第一阶段（常温～300℃）。即煤干燥、脱吸阶段。煤的基本结构没有发生变化，主要是水分的蒸发和吸附的脱吸，析出的气体包括CH_4、CO_2、CO、N_2等。

② 第二阶段（300～600℃）。即煤解聚、分解、黏结成半焦阶段。一般烟煤在300℃后开始软化，伴随有煤气和煤焦油析出，在450℃左右析出的煤焦油量最大，而在450～600℃析的气体量最多；中等煤化度烟煤中的活性组分经软化、熔融、流动并将不熔融的惰性组分黏结、膨胀等过程，直到固化。在此阶段的一定温度范围内生成了气、液、固三相为一体的黏稠混合物，称此三相混合物为胶质体。

③ 第三阶段（600～1000℃）。即半焦变成焦炭的阶段。在此阶段以缩聚反应为主，经收缩形成有裂纹的焦炭。

（2）煤的黏结和半焦收缩

① 煤的黏结。煤热解形成胶质体，胶质体的形成是黏结过程的基础。胶质体填充于煤粒之间，将固体煤粒黏结。不同煤形成的胶质体的数量和稳定性不同，气体析出的速度也不同，因此形成的气孔有很大差异。焦炭气孔主要在炭化过程的胶质体阶段形成。当煤在炭化过程中热解析出挥发物的速度大于气体扩散逸出的速度时，部分未逸出的气体在新产生的胶质体内形成气孔。随着炭化温度上升，胶质体流动速度增大，体系表面张力变小，气孔开始长大。在气泡密集的部位也会出现气孔合并形成大气孔。在最大膨胀温度时，气孔达到最大尺寸，这时胶质体数量也达到最高，因此这时形成的半焦有较大的气孔壁厚度。然后，在接近固化温度时，由于大量气体析出，导致体积收缩、气孔渐渐缩小，气孔壁厚度也因收缩有

所减薄。气孔的存在最终形成多孔体的焦炭。气孔大小、气孔分布和气孔壁厚度，对焦炭强度有较大影响，它主要取决于胶质体性质。中等变质程度烟煤的镜质组，形成的气孔数量适宜，大小、分布均匀，焦炭强度好。

② 半焦收缩。半焦中不稳定部分受热后，不断地裂解，形成气态产物，残留部分不断地缩合增碳。由于半焦失重致密化，产生了体积收缩。因为半焦受热不均，存在着收缩梯度，而且相邻层又不能自由移动，故有收缩应力产生。当收缩应力大于焦炭强度时，出现裂纹。此裂纹网将焦炭分裂成焦块，裂纹多则焦炭细碎。

降低收缩或设法减少收缩应力，可以减少焦块裂纹。煤的半焦收缩值大小和煤的挥发分密切相关，图7-20为几种煤的半焦收缩曲线。曲线一般呈现两个收缩峰，第一个峰在500℃附近，此时发生半焦第一次收缩，其收缩值取决于煤的挥发分，煤的挥发分越高收缩系数越大。第二个收缩峰在700℃左右，它与煤的挥发分关系不大。随加热速度提高，收缩加剧。半焦的收缩导致了裂纹网的产生。在配煤中配入瘦煤或其他惰性物，可以降低半焦收缩值，减少收缩应力，降低焦炭裂纹，增大焦炭块度，提高焦炭强度。

7.3.1.2 煤料在炭化室内的结焦

（1）煤在炭化室内的结焦过程

炭化室内煤料结焦过程的基本特点是，单向供热，成层结焦，结焦过程中传热特性随煤料所处状态及温度而变化。

炭化室内煤料热分解、形成塑性体、转化为半焦和焦炭所需的热量，由两侧炉墙提供。由于煤和塑性体的导热性很差，使从炉墙到炭化室的各个平行面之间温度差较大。因此，在同一时间，离炭化室墙面不同距离的各层炉料因温度不同而处于结焦过程的不同阶段（图7-21），焦炭总是在靠近炉墙处首先形成，而后逐渐向炭化室中心推移，这就是"成层结焦"。当炭化室中心面上最终成焦并达到相应温度时，炭化室结焦才终了，因此结焦终了时炭化室中心温度可作为整个炭化室焦炭成熟的标志，该温度称炼焦最终温度，高温炼焦的终温为950～1050℃。

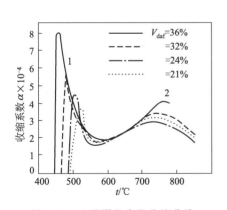

图7-20　几种煤的半焦收缩曲线
1—第一收缩峰；2—第二收缩峰

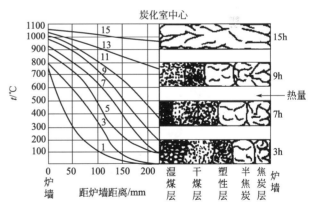

图7-21　不同结焦时刻炭化室内各层
炉料的状态和温度（等时线）

图7-21表明，结焦过程中炉料状态随时间而变化，在结焦过程不同阶段的各种中间产物的比热容、热导率、相变与反应热效应均不相同，所以炭化室内炉料的传热过程属于不稳定传热。炭化室内炉料的温度场是不均匀、不稳定的温度场。

（2）炭化室各部位的焦炭

炭化室内煤料不仅是单向传热和成层结焦，而且距炉墙不同距离的各层煤料的升温速度

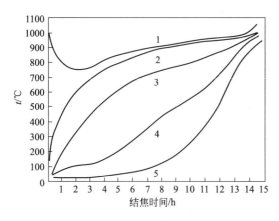

图 7-22 炭化室各层煤料的温度变化
1—炭化室墙表面温度；2—炭化室墙附近煤料的温度；
3—距炉墙 50~60mm 处煤料温度；4—距炉墙 130~
140mm 处煤料温度；5—炭化室中心部位煤料温度

也不同，如图 7-22 所示。

由图 7-22 可以看出，靠近炭化室墙面的焦炭（焦头），如图中曲线 2，由于升温速度快，故熔融良好，结构致密，但温度梯度较大，因此裂纹多而深，焦面扭曲如菜花，常称"焦花"，焦炭块度较小。炭化室中心部位处的焦炭（焦尾），如图中曲线 5，结焦前期升温速度慢，而结焦后期升温速度快，故焦炭黏结、熔融均较差，裂纹也较多。焦头和焦尾之间的部分（焦身），加热速度和温度梯度均相对较小，故焦炭结构的致密程度差于焦头而优于焦尾，但裂纹少而浅，焦炭块度较大。

7.3.1.3 煤气的形成及二次热解的化学反应特征

煤高温炼焦的最终产物是焦炭、煤气和化学产品，其产品产率、组成和低温炼焦有明显的差别（表 7-12）。这是因为高温炼焦所得到的化学产品及煤气是一次热解产物在析出途径中受高温作用后的二次热解产物。因此，高温炼焦时的煤气、化学产品的组成及产率，不仅取决于煤料的组成及性质，也取决于一次热解产物在析出途径中经受的温度、停留时间及装炉煤的水分等。

表 7-12　高温炼焦与低温炼焦的煤气组成及化学产品比较

炼焦类型	最终炼焦温度/℃	焦油产率/%	粗苯产率/%	煤气产率/(m³/t)	焦油的有关组成/%				煤气的有关组成/%			煤气热值/(kJ/m³)
					酚	甲酚	苯	沥青	H_2	CH_4	C_mH_n	
低温炼焦	500~600	9~10		120~130	约 3.8			约 12	约 31	约 55	约 4	约 26000
高温炼焦	950~1050	3~4	7.1~1.4	330~350	约 0.6	约 7.1	6~7	约 55	54~58	23~28	2~3	约 18000

（1）煤气的生成

煤在高温干馏过程中所形成的煤气，主要是煤在受热时分解的产物。首先释放出水蒸气及吸附在煤粒表面的 CO_2、CO、CH_4、N_2 等气体。当温度升到 300℃ 以上时，煤开始分解，这时最易分解的短侧链形成 CO_2 及 CO，所以这时生成的煤气热值很低，产率也不高。这一过程一般在 350~450℃ 之间完成（对于焦煤约在 400℃）。其煤气生成量，因煤种不同而异，约占高温炼焦时生成总煤气量的 5%~10%。自 400℃ 左右开始，煤的热解加剧，煤气析出量急剧增加，当温度达到 500~550℃ 时，其析出量约为总煤气量的 40%~50%，CH_4 含量高达 45%~55%，而 H_2 含量较低，约为 11%~20%，并有较多的重烃化合物，所以，煤气的热值很高。这一阶段内形成的 H_2 是煤的环状化合物脱氢的产物，而 CH_4 则是低温焦油内石蜡烃热解的结果，因此，这阶段内煤气不仅来自煤的一次热解，而且还含有一次热解生成的焦油的二次热解产物。550~750℃，基本上不再产生焦油，从半焦内析出大量气体，主要是 H_2 及少量 CH_4，此时产生的煤气量急剧增加，其逸出量约占煤气总生成量的 40% 左右。750~1000℃，半焦进一步分解，继续析出少量气体，主要是 H_2。该阶段内煤气组成的特征是 H_2 含量很高，热值较低。

（2）气体析出途径与二次热解反应

煤结焦过程的气态产物大部分是在塑性温度以上产生。炭化室内干煤层热解生成的气态产物和塑性层内产生的气态产物中的一部分不可能横穿透气性较差的塑性层，而是从塑性层内侧上行进入炉顶空间，这部分气态产物称"里行气"（图 7-23），约占气态产物的 $10\%\sim25\%$。塑性层内产生的气态产物中的大部分和半焦层内的气态产物，则沿着焦饼裂纹以及炉墙和焦炭之间的空隙进入炉顶空间，这部分气体产物称"外行气"，约占气态产物的 $75\%\sim90\%$。

从干煤层、塑性层和半焦层内产生的气态产物称一次热解产物，在流经焦炭层、焦饼与炭化室墙间隙（外行气）及炭化室顶部空间（外行气和里行气）时，受高温作用发生二次热解反应，生成二次热解产物。

主要的二次热解反应有：烷烃和烯烃的裂解、环烷烃的脱氢、芳烃的缩合、带支链芳烃的氢化等。

里行气和外行气由于析出途径、二次热解反应温度和反应时间不同以及两者的一次热解产物也因热解温度不同而异，故两者的组成有很大差别（表 7-13）。

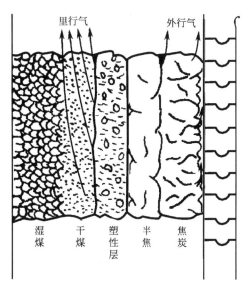

图 7-23　气体析出途径

表 7-13　里行气与外行气的组成比较

项目	煤气组成/%									烃及衍生物组成/%						
---	H_2	CH_4	C_2H_6	C_2H_4	C_3H_8	C_3H_6	CO	CO_2	N_2	初馏分	苯	甲苯	二甲苯	酸性化合物	碱性化合物	其他
里行气	20	53	10	2	3	3	2	5	2	40	4	7	10	9	5	25
外行气	60	27	1	2.5	0.2	0.3	5	2	2	3.5	73	17	4.5			2

7.3.2　炼焦煤料的制备

7.3.2.1　配煤原理

（1）配合煤质量

① 配煤的目的与意义。室式炼焦的装炉煤，通常是由多种煤按适宜比例配合而成的配合煤。由于高炉焦和铸造焦等要求灰分低、含硫少、强度大、各向异性程度高，在室式炼焦条件下，单种煤炼焦很难满足上述要求，各国煤炭资源也无法满足单种煤炼焦的需求，因此必须采用配煤炼焦。

所谓配煤就是将两种以上的单种煤，按适当比例均匀配合，以求制得各种用途所要求的焦炭。采用配煤炼焦，既可保证焦炭质量符合要求，又可合理利用煤炭资源，同时增加炼焦化学产品产量。配煤方案是焦化厂规划的重要组成部分，也是焦化厂设计的基础，在确定配煤方案时，应遵循一定的配煤原则。

② 配合煤质量指标。配合煤质量指标大体上可以分为两类，即：化学性质，如灰分、硫分、矿物质组成；工艺性质，如煤化度、黏结性、膨胀压力、细度等。

a. 水分。水分对结焦过程影响甚大，配合煤水分应力求稳定，以利焦炉加热制度稳定。因此来煤应避免直接进配煤槽，应在煤场堆放一定时期，通过沥水稳定水分，也可通过干燥，稳定装炉煤的水分。

b. 灰分。配合煤灰分可按各单种煤灰分用加和计算，也可直接测定。在炼焦过程中，煤的灰分全部转入焦炭，配合煤的灰分控制值（％）可根据焦炭灰分要求按下式计算：

$$A_煤 = K \cdot A_焦 \tag{7-14}$$

式中　$A_煤$、$A_焦$——煤、焦炭的干基灰分，％；

　　　K——全焦率，％。

计算出的配合煤灰分值系控制的上限，降低配合煤灰分有利焦炭灰分降低，可使高炉、化铁炉等降低焦耗，提高产量。

c. 硫分。配合煤硫分也可按单种煤硫分用加和计算，也可直接测定。在炼焦过程中，煤中的部分硫如硫酸盐和硫化铁转化为 FeS、CaS、Fe_nS_{n+1} 而残留在焦炭中（$S_残$），另一部分硫如有机硫则转化为气态硫化物，在流经高温焦炭层缝隙时，部分与焦炭反应生成复杂的硫碳复合物（$S_复$）而转入焦炭，其余部分则随煤气排出（$S_气$），随煤气带出的硫的量因煤中硫的存在形态及炼焦温度而异。

煤中硫分转入焦炭的百分率 $\Delta S = \dfrac{S_残 + S_复}{S_煤} = \dfrac{S_煤 - S_气}{S_煤} \times 100\%$，则配合煤的硫分控制值可按焦炭硫分（％）要求用下式计算：

$$S_煤 = \frac{K}{\Delta S} \cdot S_焦 \tag{7-15}$$

式中　$S_煤$、$S_焦$——煤、焦炭的硫分，％。

一般 $\Delta S = 60\% \sim 70\%$，当 $K = 74\% \sim 76\%$ 时，$S_焦 / S_煤 = 80\% \sim 93\%$，即室式炼焦条件下，焦炭中硫分为煤中硫分的 $80\% \sim 93\%$，提高炼焦终温可使 ΔS 降低，故焦炭硫分将有所降低。

d. 煤化度。目前常用的煤化度指标有干燥无灰基挥发分（V_{daf}）和镜质组平均最大反射率（$\overline{R}_{max}$）。前者测定方法简单，后者可较确切地反映煤的煤化度本质。据大量测定，我国煤源在很大煤化度区域内二者有很好的线性关系，如鞍山热能研究院对国内 148 种煤所作的测定值，经回归分析，得出如下线性回归方程：

$$\overline{R}_{max} = 2.35 - 0.041 V_{daf} \qquad （相关系数 \; r = -0.947） \tag{7-16}$$

配合煤的挥发分可按各单种煤的挥发分用加和计算，但有误差。采用各单种煤的 $\overline{R}_{max}$ 按加和计算出的配合煤 $\overline{R}_{max}$，误差较小。

煤料的煤化度影响焦炭的气孔率、比表面积、光学显微结构、强度和块度等。综合各方面因素，一般认为大型高炉用焦炭的配合煤煤化度指标，宜控制在 $V_{daf} = 26\% \sim 28\%$ 或 $\overline{R}_{max} = 1.2\% \sim 1.3\%$。实际确定该指标时，还应视具体情况，结合黏结性指标一并考虑。

e. 黏结性。配合煤的黏结性指标是影响焦炭强度的重要因素，据煤的成焦机理，配合煤中各单种煤的塑性温度区间应彼此衔接和依次重叠，在此基础上，室式炼焦配合煤的各黏结性指标的适宜范围大致为：以最大流动度 MF 为黏结性指标时，为 $70 \sim 10^3$ DDPM；以奥亚总膨胀度 b_t 为指标时，$b_t \geqslant 50\%$；以胶质层最大厚度 Y 为指标时，$Y = 17 \sim 22$mm；以黏结指数 G 为指标时，$G = 58 \sim 72$。配合煤的黏结性指标一般不能用单种煤的黏结性指标按加和性计算。

f. 细度。指配合煤中小于 3mm 粒级占全部配合煤的质量百分率。一般条件下，室式炼焦的配合煤细度因装炉煤的工艺特征而定，常规炼焦（顶装煤）时为 $72\% \sim 80\%$，配型煤炼焦时约 85%，捣固炼焦时为 90% 以上。在此前提下，尽量减少 <0.5mm 的细粉含量，以减轻装炉时的烟尘逸散。

除上述配合煤质量指标以外，配合煤的镜质组最大反射率分布曲线和矿物质的组成也引起生产企业的重视。前者用来控制配煤比例的合理性，后者用来控制对焦炭热性质的影响。

（2）配煤原理

146

配煤原理建立在煤的成焦机理基础上，迄今为止煤的成焦机理可大致归纳为三类。对应三类煤的成焦机理，派生出相应的三种配煤原理，即胶质层重叠原理，互换性原理和共炭化原理。

① 胶质层重叠原理。配煤炼焦时除了按加和方法根据单种煤的灰分、硫分控制配合煤的灰分、硫分以外，要求配合煤中各单种煤的胶质体的软化区间和温度间隔能较好地搭接，这样可使配合煤在炼焦过程中，能在较大的温度范围内煤料处于塑性状态，从而改善黏结过程，并保证焦炭的结构均匀。不同牌号炼焦煤的塑性温度区间如图 7-24 所示，各煤种的塑性温度区间不同，其中肥煤的开始软化温度最早，塑性温度区间最宽，瘦煤固化温度最

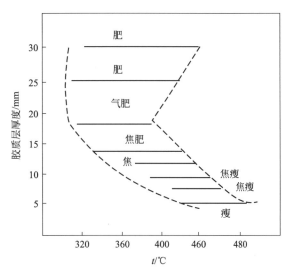

图 7-24 不同煤化度炼焦煤的塑性温度区间

晚，塑性温度区间最窄。气煤、1/3 焦煤、肥煤、焦煤、瘦煤适当配合可扩大配合煤的塑性温度范围。这种以多种煤互相搭配、胶质层彼此重叠的配煤原理，曾长期主导前苏联和我国的配煤技术。

② 互换性配煤原理。根据煤岩学原理，煤的有机质可分为活性组分和惰性组分两大类。日本学者城博提出用黏结组分和纤维质组分来指导配煤，按照他的观点，评价炼焦配煤的指标，一是黏结组分（相当于活性组分）的数量，这标志煤黏结能力的大小；另一是纤维质组分（相当于惰性组分）的强度，它决定焦质的强度。煤的吡啶抽出物为黏结组分，残留部分为纤维质组分，将纤维质组分与一定量的沥青混合成型后干馏，所得固块的最高耐压强度表示纤维质组分强度。要制得强度好的焦炭，配合煤的黏结组分和纤维质组分应有适宜的比例，而且纤维质组分应有足够的强度。当配合煤达不到相应要求时，可以用添加黏结剂或瘦化剂的办法加以调整，据此城博提出了图 7-25 所示的互换性配煤原理图，由图可形象地看出：

获得高强度焦炭的配合煤要求是：提高纤维质组分的强度（用网格的密度表示），并保

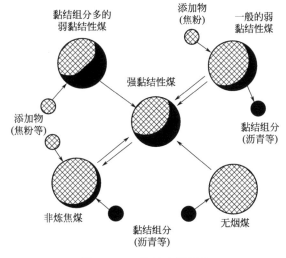

图 7-25 互换性配煤原理

持合适的黏结组分（用黑色的区域表示）和纤维质组分比例范围。对于不同的煤必须调整二者的比例、添加不足的组分，才能得到高强度的焦炭。

③ 共炭化原理。共炭化原理认为烟煤在热解过程中产生的各向同性胶质体中，随热解进行会形成由大的片状分子排列而成的聚合液晶，它是一种新的各向异性流动相态，称为中间相，成焦过程就是这种中间相在各向同性胶质体基体中的长大、融并和固化的过程，不同烟煤表现为不同的中间相发展深度，最后形成不同质量和不同光学组织的焦炭。

7.3.2.2 备煤工艺

焦炭质量取决于炼焦煤的性质、备煤和炼焦工艺条件，在炼焦配合煤既定的情况下，炼焦煤料的制备（预处理）对改善焦炭质量具有重要意义。

炼焦煤入炉前的制备包括来煤接收、储存、倒运、配合、粉碎和混匀等工序。若来煤系灰分较高的原煤，还应包括选煤、脱水工序。为扩大弱黏煤用量，可采取干燥、预热、捣固、配型、配添加剂等预处理工序。北方地区的工厂，还有解冻和冻块破碎等工序。

上述加工处理过程统称备煤工艺。

（1）煤预处理的基本工艺

① 原料煤的接收与储存

原料煤的接收与储存通常在储煤场进行，设置储煤场的目的，一是保证焦炉连续生产；二是对来煤进行混匀作业以稳定装炉煤的质量；三是沥水，稳定原料煤的水分。

储煤场由卸煤机械、倒运机械、转运胶带运输机和受煤坑以及储煤场地等组成。实施来煤的接收，卸至储煤场堆放，需要时再取出送往配煤系统。

a. 煤场机械。按其功能可分为两大类：一类是卸煤机械，包括翻车机、链斗卸车机、螺旋卸车机及抓斗类起重机等，如果是水运则采用卸船机；另一类是用于堆放、混匀和回取煤料的倒运机械，包括斗轮式堆取料机、门式抓斗起重机等。随着焦化厂大型化，卸煤机械一般采用翻车机，倒运机械采用斗轮式堆取料机。

b. 储煤场地。储煤场的容量主要依据焦炉生产能力和储存天数来确定，储存天数应根据煤源基地的远近、来煤均衡状况等确定，一般取 15~20 天，靠海运的煤场，由于运煤船的大型化，储煤天数可增至 40~60 天。

为防止煤的氧化变质，煤的存放时间不宜过长。根据鞍钢和武钢的生产实践，各种煤允许的储存时间如表 7-14 所示。

表 7-14　炼焦煤允许储存时间

煤种			气煤	肥煤	焦煤	瘦煤
允许储存时间/天	夏季	鞍钢	60	70	90	90
		武钢	50	50	90	90
	冬季	鞍钢	60	80	100	100
		武钢	60	60	100	100

② 装炉煤的配合

配煤工艺有两种，一种是配煤场配煤，将各种煤按比例用堆取料机薄层铺堆配煤，这种方式配煤简单，配比不受限制，并可有效地利用多种小批量煤种，但精度差。另一种是配煤槽配煤，靠配煤槽下部的定量给料设备进行配煤，是国内广泛采用的配煤方式，它精度高，易实现自动配煤，但设备多，投资大。配煤设备包括配煤槽和定量给料设备。

a. 配煤槽。配煤槽个数一般应比采用的煤种多 2~3 个，主要考虑煤种更换、设备维修、配比大或煤质波动大的煤需要两个配煤槽同时配煤，以提高配煤准确度。生产规模较大的焦化厂，配煤槽个数一般为煤种数的 2 倍，以利操作。配煤槽容量，一般按焦炉一昼夜的用煤量考虑。

配煤槽由上部卸料装置、槽体和锥体等部分组成。配煤槽顶部一般采用移动胶带机、卸料小车或犁式卸料器卸料。槽体断面形状一般为圆形，槽的锥体部分一般为双曲线形。

b. 定量给料设备。配煤槽所用定量给料设备主要有圆盘给料机（配煤盘）和电磁振动给料机两种形式。

圆盘给料机如图 7-26 所示。煤从配煤槽卸料口经装在其下部的加减套筒落至旋转的圆盘上，给料多少靠改变刮煤板斜度、加减套筒的提升高度及圆盘转速大小而改变，圆盘给料机调节简单，运行可靠，维护方便，对黏结煤料适应性强，但设备笨重，传动部件多，耗电量大，刮煤板易挂杂物，影响配煤准确度，需经常清理。

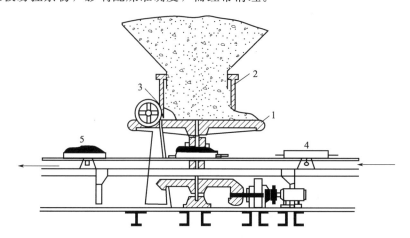

图 7-26 圆盘给料机（配煤盘）
1—圆盘；2—加减套筒，3—刮煤板；4—铁盘

电磁振动给料机如图 7-27 所示。它是利用电磁铁与弹性元件配合作为振动源，使给料槽作高频往复运动，槽内物料以一定角度抛掷，使之朝一定方向给料。生产能力大小依靠开启闸门的高度及改变线圈电流大小以改变振幅而调节。电磁振动给料机结构简单、布置紧凑、电耗低、投资少，调节也较方便。但安装、调整要求严格，调整不好，运行中会产生很大噪声，对煤料的水分、块度的适应性不强。

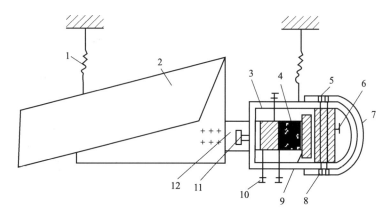

图 7-27 电磁振动给料机
1—减振器及吊杆；2—给料槽体；3—激振器壳体；4—板弹簧组；5—铁芯的压紧螺栓；
6—调节螺栓；7—密封罩；8—铁芯；9—衔铁；10—螺栓；11—螺钉；12—连接叉

③ 煤的粉碎。为了获得质量均匀的焦炭，必须将各种原料煤都进行适度粉碎并配合成质量均匀的装炉煤。但是，各种不同的原料煤和同一种原料煤中不同岩相组分的结焦性和粉碎性不同，根据结焦机理，活性组分应粗粉碎，而惰性组分应细粉碎，但是，活性组分和含有较多活性组分的强黏结性煤，如焦煤和肥煤，很容易粉碎，而惰性组分和含有较多惰性组分的弱黏结性煤，如气煤和瘦煤，却不易粉碎，这就使炼焦煤的粉碎不只是简单地磨碎而是有目标有区别地对各原料煤进行粒度调整，并使装炉煤粒度分布最优化。

a. 装炉煤粒度分布原则。装炉煤的粉碎粒度分布最优化是选择适当粉碎工艺的基础，为实现粒度分布的最优化应遵循：装炉煤细粒化和均匀化原则、粗细粉碎原则、粒度分布的堆密度最大原则、控制装炉煤粒度的上下限原则等。

b. 粉碎工艺。炼焦煤的粉碎工艺必须适应炼焦煤的粉碎特性，使粒度达到或接近最佳粒度分布，由于煤的最佳粒度分布因煤种、岩相组成而异，因此应采用不同的粉碎工艺。常用的粉碎工艺包括：先配后粉、先粉后配、部分硬质煤预粉碎、分组粉碎、选择粉碎等工艺。

我国大部分焦化厂均采用先配后粉工艺。

先配后粉工艺流程如图 7-28 所示，是将组成炼焦用煤的各单种煤，先按规定比例配合后再粉碎的工艺，简称"混破"工艺。

图 7-28　先配后粉工艺流程

这种工艺流程简单、布置紧凑、设备少、投资省、操作方便，但不能按各种煤的不同特性控制不同的粉碎程度。仅使用于煤料黏结性好，煤质较均匀的情况，当煤质差异大、岩相不均匀时不宜采用。这种工艺，确定适宜的粉碎细度可在一定范围内改善粒度分布，提高焦炭质量。

c. 粉碎设备与操作。煤料的细度和粒度分布对焦炭质量及焦炉操作有很大影响，为此装炉煤必须粉碎。常用的煤粉碎机有反击式、锤式和笼型等几种形式。

反击式粉碎机（图 7-29）主要由转子、锤头（板锤）、前反击板、后反击板和外壳组成。煤进入粉碎机后，首先靠转子外缘上锤头的打击使煤粉碎。高速回转的锤头又把颗粒大的煤沿切线方向抛向反击板，煤撞击反击板后，有的被粉碎，有的被弹回再次受锤头打击，如此反复，使煤粉碎到一定程度。煤的粉碎细度主要取决于转子的线速度和锤头与反击板之间的间隙。煤的水分高时，由于煤黏附在反击板上，粉碎机的生产能力和粉碎细度明显下降，严重时会发生堵塞现象。

锤式粉碎机（图 7-30）主要由转子、锤头、篦条、篦条调节装置及其外壳组成。在转子的外缘上，等距离地排列若干排轴，其上等距离交错安装适当数量、质量几乎相等的锤头（活动铰连接）。转子高速旋转时，锤头沿半径方向向外伸开，从而产生很大的粉碎动能。篦条安装在转子的下半部，可以升降，以调整与锤头间的距离。煤由进料口垂直进入机内锤击区后，受高速回转锤头的打击，顺转子转动方向进入转子与篦条间隙处，经冲击、研磨和剪切作用被粉碎，并由篦条缝和排料小窗排出。煤的粉碎细度靠篦条和锤头的间隙来控制，粉碎机的闸门用来放出

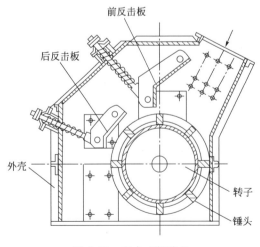

图 7-29　反击式粉碎机

混入煤料中的杂物。煤的水分对生产能力和粉碎细度均有影响，当粉碎细度一定时，水分增高，就应加大蓖条和锤头之间的距离，以防堵塞。

（2）扩大炼焦配煤的预处理技术

根据我国煤炭资源的实际情况，在炼焦配煤中为了多用高挥发分弱黏结煤，经广泛研究，开发了不少煤的预处理技术。这些技术包括：捣固装炉（捣固炼焦）、压块混装（配型煤炼焦）、干燥煤装炉及加入添加物炼焦等。这里只介绍捣固炼焦和配型煤炼焦。

① 捣固炼焦。将细度90%以上、水分10%左右的配合煤在入炉前用捣固机捣实成体积略小于炭化室的煤饼后，从机侧炉门推入炭化室内炼焦称捣固炼焦。

捣固煤饼如图7-31所示。

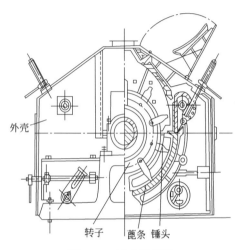

外壳

转子　蓖条　锤头

图 7-30　锤式粉碎机

图 7-31　高 6m 的捣固煤饼

捣固炼焦可明显改善焦炭质量，而改善的幅度取决于入炉煤的性质，当气煤用量较多时，抗碎强度 M_{40}（M_{25}）提高 2%～4%，耐磨强度 M_{10} 改善 3%～5%，反应性 CRI 降低 2%～3%，反应后强度 CSR 提高 4%～6%；当配合的黏结能力足够时，M_{10} 和 CSR 有所改善，M_{40} 甚至会下降；当保持焦炭质量不变的条件下，可多配 10%～20% 的气煤。

煤饼捣实后堆积密度可由原来散装煤的 $0.75t/m^3$ 提高到 $0.95～7.15t/m^3$，煤料堆积密度增加，煤粒间的间隙减小，接触紧密，填充间隙所需的胶质体液相产物的数量也相对减少。也就是说由煤热分解时产生的一定数量的胶质体，能够填充更多煤粒之间的空隙，可以用较少的胶质体液相产物均匀分布在煤粒表面上，进而在炼焦过程中，在煤粒之间形成较强的界面结合；捣实的煤料结焦过程中产生的干馏气体不易析出，煤粒的膨胀压力增加，这就迫使变形的煤粒更加靠拢，增加了变形煤粒的接触面积，有利于煤热解产物的游离基与不饱和化合物进行缩合反应；热解产生的气体逸出时遇到的阻力增大，使气体在胶质体内的停留时间延长，这样，气体中带自由基的原子团和热分解的中间产物有更充分的时间相互作用，有可能产生稳定的、相对分子质量适度的物质，增加胶质体内不挥发的液相产物，结果胶质体不仅数量增加，而且还变得稳定。

这些都有利于增加煤料的黏结性，改善焦炭质量。

捣固炼焦技术日臻成熟，在我国先后投产了炭化室高 4.3m、5.0m、5.5m、6.0m、6.25m 的捣固焦炉。捣固炼焦发展迅速，目前我国捣固焦炭的产量在 1.5 亿吨/年左右，约占焦炭总产量的 1/3。

② 配型煤炼焦。将一部分装炉煤在装入焦炉前，加入黏结剂加压成型煤，然后与散装装炉煤按一定比例混合装入焦炉炼焦，称为配型煤炼焦。

型煤如图 7-32 所示。

配型煤炼焦可以改善焦炭质量，改善的幅度取决于入炉煤的性质。当入炉煤的黏结能力足够时，配型煤炼焦甚至降低焦炭强度；当入炉煤的黏结不足时，配型煤炼焦可使焦炭的抗碎强度 M_{40} 提高 0.5%～1.0%，耐磨强度 M_{10} 改善 2%～4%，反应性 CRI 降低 5%～6%，反应后强度 CSR 提高 5%～8%，块度均匀系数 K 明显提高。

改善焦炭质量的原因是多方面的：主要是提高了装炉煤的堆密度、增大了装炉煤的塑性温度区间、增大了装炉煤内的膨胀压力、黏结剂有改质作用等。

配型煤炼焦的生产工艺有新日铁式、住友式和将二者结合的宝钢（三期）式。

宝钢（三期）的工艺流程如图 7-33 所示。为新日铁工艺和住友工艺相结合的工艺，取出部分配合煤经添加黏结剂、混捏（搅拌）、成型后与粉煤一起送往煤塔装炉炼焦。为我国自行设计，宝钢三期所采用。该工艺集新日铁工艺和住友工艺的优点于一体。

图 7-32　型煤

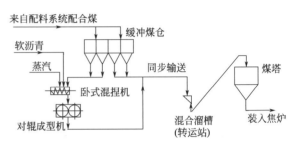

图 7-33　宝钢三期配型煤工艺

7.3.3　炼焦炉及其设备

炼焦炉为焦化厂最重要生产设施，也是结构最复杂的工业窑炉。为了完成炼焦生产配备了各种附属设备，其配置如图 7-34 所示。

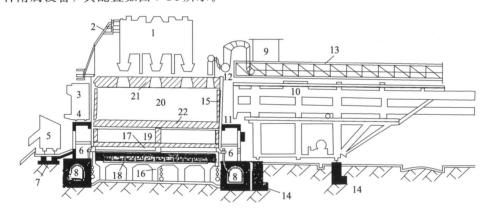

图 7-34　炼焦炉及其基础断面

1—装煤车；2—磨电线架；3—拦焦车；4—焦侧操作平台；5—熄焦车；6—交换开闭器；7—熄焦车轨道基础；8—分烟道；9—仪表小房；10—推焦车；11—机侧操作台；12—集气管；13—吸气管；14—推焦车轨道基础；15—炉柱；16—基础构架；17—小烟道；18—基础顶板；19—蓄热室；20—炭化室；21—炉顶区；22—斜道区

7.3.3.1　炼焦炉

炼焦炉习惯上称为焦炉，到目前为止，经历了四个发展阶段：蜂窝炉（堆式干馏与窑）、倒焰炉、废热式焦炉和现代蓄热式焦炉。目前的大型焦炉均为现代蓄热式焦炉。

（1）炉体构造

现代蓄热式焦炉由炭化室、燃烧室、蓄热室、斜道区和炉顶区组成，蓄热室以下为基础和烟道（图 7-35）。

① 炭化室与燃烧室。位于炉顶区和斜道区之间。炭化室是煤隔绝空气干馏的地方，燃烧室是煤气燃烧的地方，两者依次相间，一墙之隔（图 7-36）。

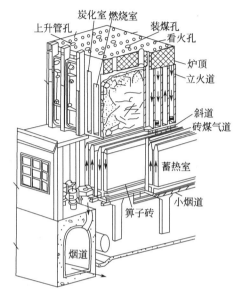

图 7-35　焦炉炉体结构

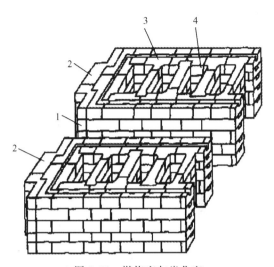

图 7-36　燃烧室与炭化室

1—炭化室；2—炉头；3—隔墙；4—立火道

炭化室顶上设 2～5 个装煤孔和 1～2 个导出荒煤气的上升管孔，两端有为推焦用、内衬耐火材料的铸铁炉门。整座焦炉靠推焦车（机）一侧称为机侧，另一侧称为焦侧。

顶装煤的常规焦炉，为顺利推焦，炭化室的水平截面呈梯形，焦侧宽度大于机侧，两侧宽度之差称为锥度。燃烧室的机焦侧宽度恰好相反，故机焦两侧炭化室的中心距相同。捣固焦炉由于装入焦炉的捣固煤饼的机焦两侧宽度相同，故锥度较小。焦炉炭化室的主要尺寸见表 7-15。

表 7-15　焦炉炭化室主要尺寸　　　　　　　　　　　　　　　单位：mm

项目	墙厚	长度	高度	平均宽度	锥度		中心距
					顶装	捣固	
尺寸范围	90～120	12000～18800	4000～7000	400～623	40～76	0～20	1100～1650
我国大型焦炉的尺寸范围	90～105	14000～18800	3800～7630	407～623	50～76	0～20	1100～1650

燃烧室顶高度低于炭化室顶，两者之差称加热水平高度。

炭化室长度减去机焦侧炉门砖深入的距离称有效长度；炭化室高度减去炭化室顶部空间高度，即装煤线高度，称为有效高度。炭化室有效长度、有效高度和平均宽度三者之积即炭化室有效容积。

燃烧室用隔墙分成许多立火道（历史上曾采用水平火道），以便控制燃烧室长向的温度从机侧到焦侧逐渐升高和增加结构强度。立火道个数随炭化室长度增加而增多，火道中心距大体相同，一般为 460～480mm。火道宽度则因炭化室中心距增大而加宽，这有利于火道内

153

废气辐射传热。立火道的底部有两个斜道出口和一个砖煤气道出口，分别通煤气蓄热室、空气蓄热室和焦炉煤气管砖。用贫煤气加热时由斜道出口引出的贫煤气和空气在火道内燃烧。用焦炉煤气加热时，两个斜道均走空气，焦炉煤气由砖煤气道出口引入与空气混合燃烧。

立火道的联结方式有双联式、二分式、四分式、跨顶式等（图7-37）。目前，我国的大型焦炉均采用双联式立火道。

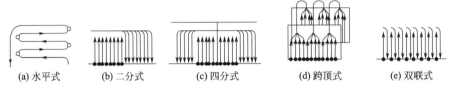

(a) 水平式　(b) 二分式　(c) 四分式　(d) 跨顶式　(e) 双联式

图7-37　焦炉燃烧室火道

为了实现高向加热的均匀性，不同的焦炉采用不同的措施，主要有高低灯头、不同炉墙厚度、分段加热、废气循环、加热微调等（图7-38）。

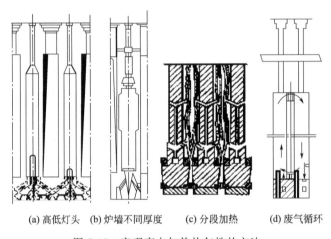

(a) 高低灯头　(b) 炉墙不同厚度　(c) 分段加热　(d) 废气循环

图7-38　实现高向加热均匀性的方法

高低灯头是在相邻火道采用不同高度的煤气灯头，以改变立火道内燃烧点的高度，从而使高向加热均匀。不同炉墙厚度即炭化室炉墙厚度自下向上逐渐减薄，影响上下的传热量以实现高向加热均匀，但是炉墙热阻增大，使结焦时间延长。分段加热是将贫煤气和空气沿立火道隔墙中的孔道，在不同高度处送入立火道，分段燃烧，这种措施可使火焰拉得较长，并通过孔道出口的断面调整高向加热，但火道的结构复杂。废气循环是使下降火道的部分燃烧废气，通过立火道隔墙下部的循环孔，部分返回上升立火道，形成炉内循环，以稀释煤气和降低氧的浓度，从而减缓燃烧速度，提高气流速度，拉长火焰，这种方式结构简单而行之有效，故被广泛采用。

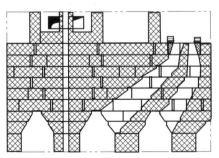

图7-39　JN焦炉斜道区结构

②斜道区。位于蓄热室和燃烧室之间，是连接两者之间的通道，为结构最为复杂的区域。我国的JN型焦炉的斜道区的结构如图7-39所示。斜道区内布置着数量众多的通道（斜道、砖煤气道等），它们距离很接近，而且走压力不同的各种气体，容易窜漏，因此结构必须保证严密。此外，焦炉两端因有抵抗墙定位，不能整体膨胀，为了吸收炉组长向砖的热膨胀，在斜道区内各砖层均预留膨胀缝，缝的

方向平行于抵抗墙，上下砖层的膨胀缝间设置滑动层，以利于砌体受热时，膨胀缝两侧的砖层向膨胀缝膨胀。

斜道的倾斜角应大于30°，以避免积灰造成堵塞。斜道的断面收缩角一般应大于7°，以减小阻力。同一火道内的两条斜道出口中心线的夹角尽量减小，以利于拉长火焰。斜道出口收缩和突然扩大产生的阻力应约占整个斜道阻力的75%。这样，当改变调节砖厚度而改变出口断面时，能有效地调节贫煤气和空气量。斜道区用硅砖砌筑。

③ 蓄热室。蓄热室位于焦炉炉体下部，其上经斜道同燃烧室相连，其下经交换开闭器（废气盘）分别同分烟道、贫煤气管和大气相通。蓄热室用来回收焦炉燃烧废气的热量并预热贫煤气和空气。我国的大型焦炉均采用横蓄热室并列式。蓄热室自下而上分小烟道、箅子砖、格子砖和顶部空间（图7-40），同向气流蓄热室之间的隔墙称为单墙，异向气流蓄热室隔墙称为主墙，分隔同一蓄热室机焦侧的墙为中心隔墙，机焦两侧砌有封墙。小烟道和废气盘相连，向蓄热室交替导入冷煤气、空气或排出热废气，小烟道内砌有黏土衬砖。小烟道黏土衬砖上砌有箅子砖（图7-41），合理的箅子砖孔型和尺寸排列，可以使蓄热室内气流沿长向均匀分布。箅子砖上架设格子砖，下降气流时，用来吸收热废气的热量，上升气流时，将所蓄热量传给贫煤气或空气。

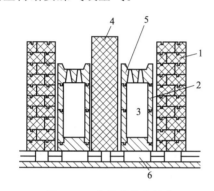

图 7-40　焦炉蓄热室结构
1—主墙；2—小烟道衬砖；3—小烟道；4—单墙；
5—箅子砖；6—隔热砖

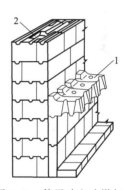

图 7-41　箅子砖和砖煤气道
1—扩散型箅子砖；2—直立砖煤气道

焦炉煤气由下部供入的焦炉，蓄热室主墙内还有直立砖煤气道（图7-41），以防止焦炉煤气漏入两侧蓄热室中，因此主墙多用带沟舌结构的异型硅砖砌筑，砖煤气道均用管砖砌筑。

④ 炉顶区。炉顶区是指炭化室盖顶砖以上的部位（图7-42），设有装煤孔、上升管孔、看火孔、烘炉孔及纵、横拉条沟。炭化室盖顶砖一般用硅砖砌筑，以保证整个炭化室膨胀一致，为减少炉顶散热，炭化室盖顶砖以上采用黏土砖、红砖和隔热砖砌筑。炉顶表面一般铺砌缸砖，以提高炉顶面的耐磨性。炉顶区高度关系到炉体结构强度和炉顶操作环境，现代焦炉炉顶区高度一般为1000~1700mm，我国大型焦炉为1000~1250mm。炉顶区的实体部位也需设置平行于抵抗墙的膨胀缝。

⑤ 烟道与基础。蓄热室下部设有分烟道，来自各下降蓄热室的废气流经各废气盘，分别汇集到机侧或焦侧分烟道，进而在炉组端部的总烟道汇合后导向烟囱根部，借烟囱抽力排入大气。

烟道用钢筋混凝土浇灌制成，内砌黏土衬砖。分烟道与总烟道衔接部之前设有吸力自动调节翻板，总烟道与烟囱根部衔接部之前设有闸板，用以分别调节吸力。

焦炉基础包括基础结构与抵抗墙构架两部分。

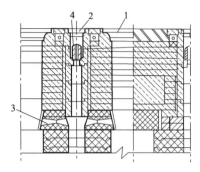

图 7-42　焦炉炉顶区结构

1—装煤孔；2—看火孔；3—烘炉孔；4—挡火砖

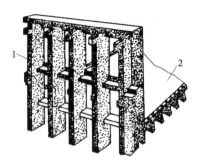

图 7-43　下喷式焦炉基础结构

1—抵抗墙构架；2—基础

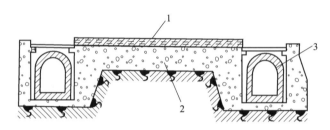

图 7-44　侧喷式焦炉基础结构

1—隔热层；2—基础；3—烟道

　　基础结构根据加热煤气引入方式，有下喷式（图 7-43）和侧喷式（图 7-44）两种。下喷式焦炉基础是一个地下室，由底板、顶板和构架柱组成。侧喷式焦炉基础是无地下室的整片基础。上面两种形式的分烟道均设在基础结构的两侧。

　　抵抗墙对炉体的纵向膨胀起一定的约束作用，两抵抗墙上部用纵拉条拉紧，向炉体施加足够的保护性压力，用以克服膨胀缝各层砖间滑动面的摩擦阻力，使膨胀缝发挥作用。

　　（2）我国焦炉的类型

　　焦炉类型很多，按加热用煤气供入方式分有下喷式和侧喷式；按加热煤气种类分有单热式和复热式；按装煤方式分有顶装式和侧装（捣固）式；按火道配置方式分有双联式、两分式、四分式和跨顶（上跨）式；按炭化室高度分有 5m、6m、7m、7.63m 焦炉等。我国自行设计建造的大型焦炉主要炉型有 JN 型、JNX 型和 JNX3 型，此外，还有从日本引进的新日铁式 M 型焦炉和从德国引进的 7.63m 焦炉等。

　　① JN 型焦炉。JN 型焦炉为我国鞍山焦化耐火材料设计研究院（现中冶焦耐工程技术有限公司）在总结多年炼焦炉生产实践经验基础上，吸取国外炉型优点，自 1958 年开始设计的一系列焦炉，包括 JN43、JN55 和 JN60 型焦炉等，其主要结构特点是：双联火道、废气循环、富煤气下喷下调、空气和贫煤气侧喷上调、复热式。

　　焦炉结构如图 7-45 所示。气体流动途径如图 7-46 所示。

　　② JNX 型焦炉。JNX 型焦炉是为了解决 JN 型焦炉贫煤气上调（上部调节）问题而设计的下部调节焦炉。有 JNX43、JNX60、JNX70 型焦炉。为了配合贫煤气下部调节，将蓄热室长向分格，每格与相应的立火道相连。通过箅子砖实现贫煤气和空气的下部调节。气体流动途径同 JN 型焦炉。其结构特点为：双联火道、废气循环、富煤气下喷下调、空气和贫煤气侧喷下调、复热式。

　　焦炉结构如图 7-47 所示。箅子砖结构如图 7-48 所示。

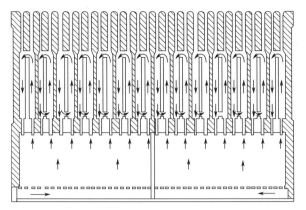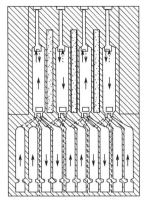

图 7-45　JN 焦炉结构

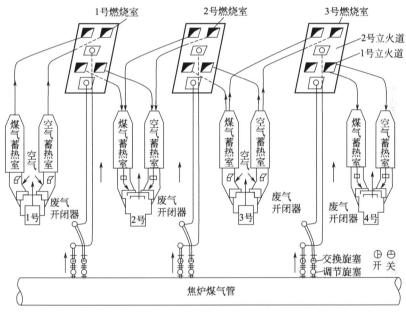

图 7-46　JN 焦炉气体流动途径

燃烧室剖面

炭化室剖面

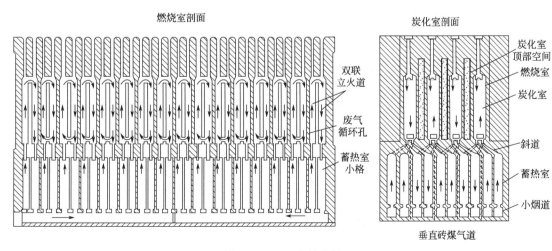

图 7-47　JNX 焦炉结构

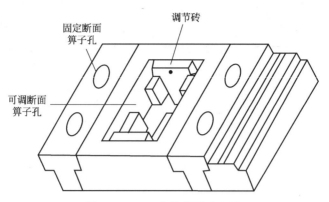

图7-48 JNX焦炉箅子砖配置

③ JNX3型焦炉。JNX3型焦炉是为了降低燃烧废气中NO$_x$浓度问题而对JNX型焦炉加以改进的焦炉，只有JNX3-70型。其改进之处就是将一段加热改为三段加热。其结构特点为：双联火道、废气循环、三段加热、富煤气下喷下调、空气和贫煤气侧喷下调、复热式。

④ 7.63m焦炉。7.63m焦炉为德国伍德公司设计开发的既有废气循环又有分段加热的"组合火焰型（COMBIFLAME）"焦炉，为我国目前最大的生产焦炉。其结构特点为：双联火道、废气循环、三段加热、加热微调（双跨越孔）、焦炉煤气下喷下调；空气和贫煤气侧喷下调、单侧分烟道、复热式。

7.3.3.2 焦炉设备

焦炉设备包括护炉设备和煤气设备。

（1）护炉设备

① 护炉设备的构成。护炉设备又称为护炉铁件，分纵向（炉组长向）和横向（燃烧室长向）两部分。

纵向上的护炉设备包括抵抗墙、纵拉条、弹簧组等。横向的护炉设备包括保护板、炉门框、炉柱（钢柱）、上部横拉条、下部横拉条、大小弹簧和炉门等。

其配置如图7-49和图7-50所示。

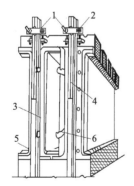

图7-49 护炉设备装配简图

1—上部横拉条；2—弹簧；3—炉门框；
4—炉柱；5—保护板；6—炉门挂钩

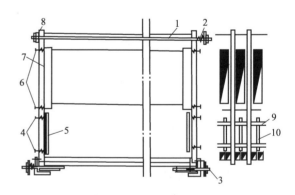

图7-50 炉柱、横拉条和弹簧装配示意图

1—上部横拉条；2—上部大弹簧；3—下部横拉条；
4—下部小弹簧；5—蓄热室保护板；6—上部小弹簧；
7—炉柱；8—木垫；9—小横梁；10—小炉柱

纵拉条的两端穿过抵抗墙，在抵抗墙外侧的纵拉条端部配置弹簧组和螺栓、螺帽，松紧螺帽将两抵抗墙拉紧，抵抗墙压紧焦炉砌体，向炉体施加保护性压力。弹簧受压后的高度反映压力的大小。

保护板紧贴在炉头的砌体上，外压炉柱，炉柱上部和下部由上、下部横拉条拉紧，拉条两端部配置弹组和螺栓、螺帽。松紧螺帽压缩弹簧，弹簧将压力传递给炉柱，炉柱再将压力传递给保护板，压紧炉体。沿炉柱高向设置四线小弹簧，调节小弹簧的高度来调节高向上向炉体施加的压力。在保护板上固定炉门框，炉门框上安装炉门，完成炭化室的密封。

② 护炉设备的作用。利用可调节的弹簧势能，连续不断地向砌体施加数量足够、分布合理的保护性压力，使砌体在自身膨胀和外力作用下仍能保持完整、严密，从而保证焦炉的正常生产；支撑机焦侧操作台、集气管；保护板、炉门框和炉门之间的配合，完成焦炉的密封，防止荒煤气外泄。

（2）煤气设备

焦炉的煤气设备包括干馏煤气导出设备和加热煤气导入设备两套系统。

① 干馏煤气导出设备。干馏煤气导出设备包括上升管、桥管、集气管、吸气弯管（Ⅱ形管）、吸气管以及相应的喷洒氨水系统等。干馏煤气的导出系统见图 7-51。

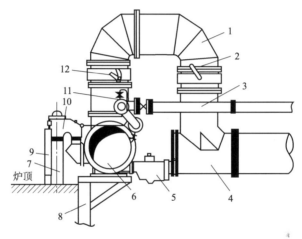

图 7-51 荒煤气导出系统

1—吸气弯管（Ⅱ形管）；2—自动调节翻板；3—氨水总管；4—吸气管；5—焦油盒；6—集气管；
7—上升管；8—炉柱；9—隔热板；10—桥管；11—氨水管；12—手动调节翻板

温度约 600～800℃的荒煤气由上升管引出，流经桥管时用温度 75～80℃的循环氨水喷洒，由于部分（2.5%～3.0%）氨水迅速蒸发大量吸热，使荒煤气温度急剧降至 80～100℃，同时煤气中约 60%的焦油蒸气冷凝析出。冷却后的煤气、循环氨水和冷凝焦油一起进入集气管，并沿集气管向中部的吸煤气管方向流动。煤气在集气管截面的上部流动，经吸气弯管进入吸气管；循环氨水和焦油在集气管截面的下部流动，经焦油盒进入吸气管。吸气弯管上设有调节翻板用以控制集气管压力，使吸气管下方炭化室底部在推焦前保持 5Pa 的压力。吸气管内荒煤气、循环氨水和冷凝焦油一起流向气液分离器，分离后的荒煤气和焦油氨水分别送往煤气净化系统。

干馏煤气导出设备的作用：一是将荒煤气顺利导出，不致因炉门刀边附近煤气压力过高引起冒烟冒火，但又要使全炉各炭化室在整个结焦过程中始终保持正压；二是将荒煤气适度冷却，不致因温度过高引起设备变形、阻力升高、冷凝的负荷增大，但又要保持焦油和氨水良好的流动性。

② 加热煤气导入设备。加热煤气导入设备包括加热煤气管系及与之相配合的交换开闭器（废气盘）、交换机等。其主要作用是供入煤气、供入空气与排出废气并使焦炉加热系统定期换向。

a. 加热煤气管系。因焦炉结构不同加热煤气导入系统分侧入式和下喷式两大类，单热式焦炉仅配备一套加热煤气管系，复热式焦炉则配备贫煤气（高炉煤气或发生炉煤气）和富煤气（焦炉煤气）两套管系。以 JN 型焦炉为例，焦炉煤气下喷，贫煤气侧入，见图 7-52、图 7-53。从煤气总管送来的焦炉煤气经预热器后进入地下室的焦炉煤气主管，由此经各煤气支管（其上设有调节旋塞、孔板盒和交换旋塞）、横管、小横管（设有调节煤气流量的小孔板或喷嘴）和下喷管进入直立砖煤气道，最后从立火道底部的焦炉煤气烧嘴喷出，与斜道来的空气混合燃烧。

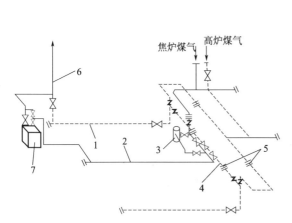

图 7-52 JN 型焦炉加热系统
1—高炉煤气主管；2—焦炉煤气主管；
3—煤气预热器塞；4—混合用焦炉煤气管；
5—流量孔板；6—放散管；7—水封

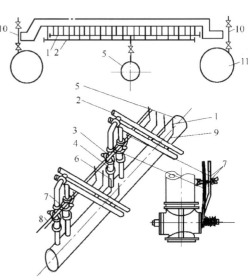

图 7-53 JN 型焦炉入炉煤气管道配置
1—煤气下喷管；2—煤气横管；3—交换旋塞；
4—调节旋塞；5—焦炉煤气主管；6—煤气支管；
7—交换搬把；8—交换拉条；9—小横管；
10—高炉煤气支管；11—高炉煤气主管

高炉煤气是侧入式的，来自总管的高炉煤气，经煤气混合器掺入少量焦炉煤气（5%～8%），进入地下室的高炉煤气主管，由此经各支管（其上设有调节旋塞、孔板盒和交换旋塞）、废气开闭器、小烟道、蓄热室、斜道进入立火道与进入的空气混合燃烧。

加热煤气主管上还设有流量孔板、压力自动调节翻板、测压管、取样管、蒸汽清扫管和冷液排出管等，末端还设有放散管和防爆孔。

b. 交换开闭器（废气盘）。交换开闭器用来导入空气和高炉煤、排出废气并控制其流量的设备，与交换机配合完成加热系统的换向。结构类型很多，大体上可分为提杆式双砣盘型和杠杆式砣型两大类。JN 焦炉采用前者，如图 7-54 所示。

它主要由筒体、砣盘、两叉部和连接管构成。用以完成上升气流时向焦炉供空气和高炉煤气，下降气流时排出废气，并能调节其流量。

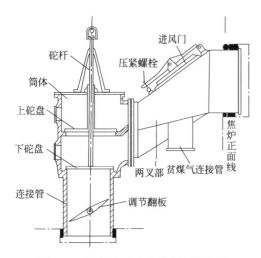

图 7-54 提杆式双砣盘型交换开闭器

160

c. 交换设备。由交换机、拉条等组成。交换机通过传动装置带动贫、富煤气和废气拉条系统进行定期换向。换向要经历三个基本的交换过程，即先关煤气，后交换空气和废气，最后开煤气。这样可以保证炉内残留的煤气完全燃烧，燃烧室内有足够的空气，煤气进入炉内后可立即燃烧，可防止发生爆炸的危险。

7.3.4 炼焦生产操作

炼焦生产俗称三班生产，完成从煤到焦的转化过程，包括装煤、推焦、熄焦、筛焦、焦炉加热管理等。装煤、推焦和熄焦要借助于焦炉机械来完成，焦炉机械又称四大车，包括装煤车（加煤车）、导焦车（拦焦车、火架车）、推焦车（推焦机）和熄焦车，当采用干法熄焦时为焦罐车。装煤车行驶在焦炉炉顶的轨道上，完成从煤塔取煤和向炭化室装煤。导焦车行驶在焦侧操作台上的轨道上，完成焦侧炉门的启闭和导焦。推焦车行驶在机侧地面上的轨道上，完成机侧炉门的启闭、推焦和平煤。熄焦车行驶在焦侧地面上的轨道上，完成接焦和熄焦。当采用干法熄焦时，焦罐车完成接焦并将焦罐送往干熄焦站。四大车分工合作，常通过联锁进行协调。

7.3.4.1 焦炉的装煤和出焦

（1）装煤

装煤由装煤车和推焦车联合完成，装煤车完成从煤塔取煤和往炭化室装煤，推焦车完成平煤。其要求是：装满、装实、装平、装匀。

装煤不满将减少产量，且使炉顶空间温度升高，加重荒煤气的裂解和沉积炭的形成，易造成推焦困难和堵塞上升管；装煤应实，这不但可增加装煤量，还有利于提高装炉煤的堆积密度、改善焦炭质量。与推焦车配合、顺序装煤，平好煤，以利于荒煤气畅流。为缩短平煤时间及减少平煤带出量，装煤车各斗取煤量应适当，放煤顺序应合理。各炭化室装煤量应均衡，要在规定偏差范围以内，以保证焦炭产量和炉温稳定。

（2）出焦

① 推焦。出焦由推焦车、导焦车和熄焦车联合完成。推焦车将焦饼从炭化室推出，导焦车将焦饼导向操作台以外，熄焦车接住焦炭。

当焦饼在炉内炭化达到规定的结焦时间并确认成熟后，即可从炭化室推焦。推焦应严格按计划进行。推焦操作必须在确认导焦车和熄焦车（焦罐车）均已做好准备并给出信号后方可进行。推焦过程中应注意推焦电流的变化，当电流达到一定值仍推不动时，应停止推焦，此时即所谓焦饼难推，俗称"二次焦"。造成二次焦的原因很多，出现这种现象必须查明原因，采取措施后方可继续推焦。

② 推焦串序和计划图表。推焦串序是指一座（或一组两座）焦炉各个炭化室装煤、出焦的次序。焦炉推焦应按一定串序进行，推焦串序是否合理对炉体寿命、热量消耗、操作效率及机械损耗等均有影响。

推焦串序通常以 $m\text{-}n$ 表示，m 代表一座或一组焦炉所有炭化室划分的组数（笺号）即相邻两次推焦相隔的炉孔数，n 代表两趟笺间对应炭化室相隔的数。生产上采用的中序有 9-2 串序、5-2 串序和 2-1 串序。国内大型焦炉一般均配置 5 炉距推焦车，采用 5-2 串序。如 2×55 孔 JN60 焦炉共用一套焦炉机械，推焦串序排列如下：

1 号笺：1、6、11、16、…、101、106；

3 号笺：3、8、13、18、…、103、108；

5 号笺：5、10、15、20、…、105、110；

2 号笺：2、7、12、17、…、102、107；

4 号笺：4、9、14、19、…、104、109。

按 5-2 串序出炉时，同号笺相邻炉号差 5，而相邻笺号对应号差 2。

为使推焦按计划时间进行，在生产上制定有推焦计划图表，计划按分钟计算，一座（或一组）焦炉在一个周转时间内，应全部推焦一次。根据循环检修计划及上一周转时间内各炭化室实际装煤时间就可编排出推焦计划。

周转时间（又称小循环时间）是指某一炭化室从本次推焦（或装煤）至下一次推焦（或装煤）的时间间隔。

对某个炭化室而言，周转时间＝结焦时间＋炭化室处理时间。

结焦时间是指从开始平煤至开始推焦的时间间隔。

炭化室处理时间是指从开始推焦至开始平煤的时间间隔。

在确定了周转时间和结焦时间后，就可以算出检修时间，检修时间一般以 2～3h 为宜，若检修时间较长，为均衡操作和炉温稳定可分为若干段进行检修。

编排推焦计划，应保证每孔结焦时间与规定结焦时间相差不超过±5min，并保证必要的机械操作时间，推焦计划中如有乱笺号应尽快调整。

为评定出焦操作的均衡性，要求各炭化室的结焦时间与规定值相差不超过±5min，并以推焦计划系数 K_1、推焦执行系数 K_2 和推焦总系数 K_3 来评定。

$$K_1 = \frac{M-A_1}{M} \tag{7-17}$$

$$K_2 = \frac{N-A_2}{M} \tag{7-18}$$

$$K_3 = K_1 \times K_2 \tag{7-19}$$

式中　M、N——分别为班计划推焦炉数、班实际推焦炉数；

　　　A_1——计划与规定结焦时间相差大于±5min 的炉数；

　　　A_2——实际推焦时间超过计划推焦时间±5min 的炉数。

总推焦系数反映了焦炉操作的总水平，一般要求 K_3 大于 0.9。

（3）装煤、出焦的机械化、自动化和环境保护

随着科技的发展，炼焦生产也实现了机械化、半自动化、全自动化操作。其发展过程基本上都是在单项自动化的基础上完成全车的自动化，再在全车自动化的基础上实现各车辆的自动识别炉号、自动对位，从而实现焦炉机械的集中自动控制，无人化操作。我国的大型焦化厂基本上都实现了装煤孔盖的自动启闭，炉顶、炉门、炉门框、小炉门、上升管等的自动清扫，四大车的联锁等以及焦炉机械的单项自动化。武钢焦化厂的 9、10 号焦炉达到了全自动、无人化操作水平。

炼焦生产污染严重，保护环境刻不容缓。对于装煤、出焦的烟尘治理目前有多种工艺。常用的装煤烟尘控制系统有：非燃烧干式地面站、燃烧干式地面站和燃烧湿式地面站等；出焦烟尘控制系统一般均采用干式地面站。还有装煤、出焦二合一地面站等。

7.3.4.2　熄焦

熄焦分为湿法熄焦和干法熄焦两类。湿法熄焦又可进一步分为常规（传统）湿法熄焦、低水分熄焦等。焦化厂通常采取干法熄焦生产，湿法熄焦备用。

（1）湿法熄焦

湿法熄焦系用水将焦炭淋熄。焦饼成熟后，由推焦车将出炉红焦推入导焦车，导焦车再将焦炭导入熄焦车中送往熄焦塔用水淬熄（图 7-55），熄灭后焦炭由熄焦车送至凉焦台，局部未熄灭的红焦在此用水补充熄灭，凉放、蒸发焦炭中水分后，焦炭由刮板放焦机刮至胶带机送往筛焦工段。

湿法熄焦设施由熄焦塔、泵房、粉焦沉淀池、清水池及粉焦抓斗等组成。

（2）干法熄焦

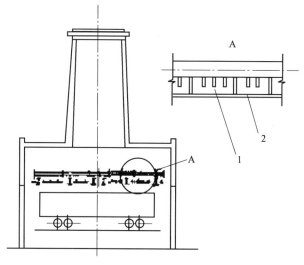

图 7-55　熄焦塔结构
1—喷洒水管；2—溅板

干法熄焦系采用惰性气体熄灭赤热焦炭的熄焦方法（图 7-56）。焦饼成熟后，由推焦车将出炉红焦推入导焦车，导焦车再将焦炭导入焦罐车，装满红焦的焦罐车由电机车牵引至干熄站的提升井架底部。提升机将焦罐提升并送至干熄炉炉顶，通过带布料器的装入装置将焦炭装入干熄炉内。在干熄炉中焦炭与惰性气体直接进行热交换，焦炭被冷却至 200℃ 以下，

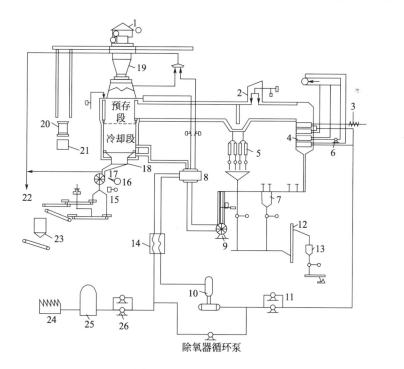

图 7-56　干法熄焦工艺
1—提升机；2——一次除尘器；3—消音器；4—锅炉；5—水冷管；6—强制循环泵；7—二次除尘器；8—给水预热器；
9—循环风机；10—除氧器；11—锅炉给水泵；12—粉焦收集设备；13—粉焦仓；14—水换热器；15—自动润滑泵；
16—吹扫风机；17—旋转密封阀；18—振动给料器；19—装入装置；20—旋转焦罐；21—焦罐台车；22—地面除尘站；
23—焦炭仓；24—除盐水站；25—纯水槽；26—除氧给水泵

经排焦装置卸到带式输送机上，然后送往筛焦系统。

循环风机将冷却焦炭的惰性气体从干熄炉底部的供气装置鼓入干熄炉内，与赤热焦炭逆流换热。自干熄炉排出的热循环气体的温度约为850～960℃，经一次除尘器除尘后进入干熄焦余热锅炉换热，温度降至160～180℃。由锅炉出来的循环气体经二次除尘器除尘后，由循环风机加压，再经给水换热器冷却至约130℃后进入干熄炉循环使用。

一、二次除尘器分离出的焦粉，由专门的输送设备将其收集在储槽内，以备外运。

干熄焦装置的装料、排料、预存室放散及风机后放散等处的烟尘均进入干熄焦地面站除尘系统，进行除尘后放散。

经除盐后的软水先送入给水预热器循环惰性气体换热，再经除氧后送入锅炉与来自干熄炉的高温循环惰性气体换热，生产高压蒸汽，蒸汽送后续工序。

干法熄焦是集节能、环保和改善焦炭质量于一体的生产工艺。

7.3.4.3 筛焦

（1）焦炭的分级与筛焦系统

煤炭的分级是为了适应不同用户对焦炭块度的要求，块度大于60～80mm的焦炭可供铸造使用，40～60mm的焦炭供大型高炉使用，25～40mm的焦炭供高炉或耐火材料厂竖窑使用，10～25mm的焦炭均作烧结机的燃料或供发生炉使用，5～10mm的焦炭供铁合金使用，小于5mm的焦炭供烧结使用。我国钢铁联合企业的焦化厂通常将大于25mm焦炭送炼铁厂供高炉使用，并以大于25mm焦炭的产量来计算冶金焦率。

通常，焦炭筛分设备的配置方式是以一组焦炉为一个系统，配两套筛子，一套工作，另一套备用。筛分设备有共振筛、辊轴筛、振动筛、圆筒筛和算条筛等。

一般大、中型焦化厂均设有焦仓和筛焦楼，国内多数焦化厂将大于25mm的焦炭用轴辊筛筛出，经胶带机送往块焦焦仓或直接送往炼铁焦库。轴辊筛下的焦炭再用两层振动筛分成三级，分别进入各自的焦仓。

（2）筛焦系统的环保

湿法熄焦的焦炭表面温度为50～70℃，干法熄焦焦炭的表面温度在180～200℃，在筛焦、转运过程中，会产生大量的粉尘。因此，筛焦楼应设置抽风除尘设备，常用的有湿法除尘器和袋式除尘器。

7.3.4.4 焦炉加热管理及热工评定

焦炉只能用气体燃料中的煤气加热，煤气又分为贫煤气（高炉煤气、发生炉煤气）和富煤气（焦炉煤气）。炉温是否稳定、炭化室长向和高向温度是否合理，不仅会影响焦炉正常生产，还会影响焦炭的质量。所以，焦炉的加热管理，即焦炉调火，是炼焦生产的重要内容之一。

焦炉加热管理的任务是按规定的结焦时间、装炉煤和加热煤气的性状等实际条件，及时测量、调整焦炉加热系统的流量及各控制点的温度、压力，实现全炉各炭化室在规定时间内，沿高向、长向均匀成焦，使焦炉均衡生产。

（1）焦炉加热管理的内容与要求

① 加热制度。加热制度是指需要经常测量和调节的温度制度和压力制度。每座焦炉均应根据规定的装煤量、装炉煤的性状、加热煤气的种类编制出不同结焦时间下的加热制度。它包括：标准温度、全炉和机焦侧煤气流量、煤气主管压力、烟道吸力、标准蓄热室顶部吸力等，如表7-16。在此基础上测量、调节全炉的温度和压力。

表 7-16　**JN55 型焦炉加热制度实例**（炭化室宽 450mm，结焦时间 17.5h）

加热煤气种类	标准温度/℃		煤气流量/(m³/h)			煤气压力/Pa		烟道吸力/Pa		孔板直径/mm	
	机	焦	机	焦	总	机	焦	机	焦	机	焦
焦炉	1330	1380	—	—	7600	1717	—	170	220	42	—
高炉	1305	1355	22460	27330	—	1510	1500	240	280	115	125

加热煤气种类	风门开度/mm		烟道温度/℃		蓄热室顶部吸力/Pa							
	机	焦	机	焦	机　侧				焦　侧			
					上煤	上空	下煤	下空	上煤	上空	下煤	下空
焦炉	90×330	100×330	270	290	44	42	72	72	48	46	77	77
高炉	175×330	200×330	270	290	43	48	79	78	33	41	83	85

② 温度制度。温度制度是指规定和需要测量和调节的各项温度，包括标准温度、直行温度、横排温度（横墙温度）、炉头温度等。

a. 标准温度。焦炉每个燃烧室的火道数较多，为均匀加热和便于控制、检查，每个燃烧室各选机、焦侧中部各一个火道为测温火道，测温火道的平均温度应控制适当的数值，以保证在规定结焦时间内焦饼中心达到要求的温度，该控制值称标准温度。标准温度还因高向加热均匀性、加热煤气种类、煤料和炉体等因素而不同，各座焦炉应据实际生产数据确定，并按实测焦饼中心温度和焦饼成熟情况进行调整。

b. 直行温度。全炉各燃烧室测温火道的温度值称直行温度。一般于换向后 5min（或 10min）在下降气流时测量，因为这时炉温的下降速度已趋平稳。所测温度根据已测定的温度下降曲线换算成换向后 20s 的温度，以确定该火道测温点的最高温度。为防止焦炉砌砖被烧熔，硅砖焦炉测温火道换向后的最高温度不得超过 1450℃。

为保证全炉各燃烧室温度均匀，各测温火道温度与同侧直行温度的平均值相差不应超过 ±20℃，边炉相差不超过 ±30℃，超过此值的测温火道为温度不合格火道，并以均匀系数 $K_均$ 作考核：

$$K_均 = \frac{(M - A_机) + (M - A_焦)}{2M} \tag{7-20}$$

式中　M——焦炉燃烧室数；
$A_机$、$A_焦$——机、焦侧测温火道温度不合格数。

当焦炉炉孔中有检修时，以上计算应将检修炉和缓冲炉除外。

直行温度不但要求均匀，还要求直行温度的平均值保持稳定，并用安定系数 $K_安$ 考核：

$$K_安 = \frac{2N - (A'_机 + A'_焦)}{2N} \tag{7-21}$$

式中　　　N——考核期间（如一昼夜）直行温度的测量次数；
$A'_机$，$A'_焦$——全炉机、焦侧直行平均温度与加热制度规定的该侧标准温度相差超过 ±7℃ 的测量次数。

c. 横排温度。燃烧室横向各火道的温度称横排温度，又称为横墙温度，它用以检查燃烧室从机侧到焦侧的温度分布。为保证焦饼沿炭化室长向均匀成熟，除两侧炉头火道外，应从机侧到焦侧火道温度均匀上升。为考核横排温度的均匀性，将每个燃烧室所测得的横排温度绘制成横排曲线，再将两个测温火道间标准温度差为斜率引一直线作为标准线，实测火道温度与该标准线相差超过 20℃ 的火道为不合格，并按下式计算横排温度均匀系数：

$$横排温度均匀系数 = \frac{考核火道数 - 不合格火道数}{考核火道数} \tag{7-22}$$

d. 炉头温度。每个燃烧室边火道的温度称炉头温度。燃烧室两端的炉头火道，由于散热量大，温度较低。为防止炉头焦炭不熟，以及装煤后炭化室头部降温过多，引起炉砖开裂变形，炉头温度的平均值与该侧标准温度相比不低于 150℃，而且在任何情况下应不低于 1100℃。炉头温度受大气影响波动较大，为评定炉头温度的好坏，要求每个炉头温度与该侧炉头平均温度（边炉除外）差不大于±50℃。

e. 其他温度。为控制蓄热室高温，防止格子砖、蓄热室墙烧熔或高炉灰熔结，硅砖蓄热室顶部温度不得超过 1320℃，黏土砖蓄热室顶部温度不得超过 1250℃。为提高蓄热室废气热量的回收程度，并及时发现炉体不严造成的漏气、下火等现象，小烟道温度应不超过 450℃。为提高化学产品的产率和质量，减少炉顶沉积炭的生成，炭化室顶部空间在结焦2/3 时的温度应不超过 850℃。

③ 压力制度。是指需要经常测量和调节的各项压力，并按一定的原则加以制定。包括煤气主管压力、燃烧系统压力、烟道吸力和炭化系统（集气管）压力。焦炉加热煤气管道的压力、烟道吸力、炉内各部位的压力关系到温度的稳定，流量的大小，炉体寿命和生产安全等，因此应按原则确定、严格控制并及时调节。

a. 煤气主管压力。以能克服煤气流经支管及其管件所有阻力为原则来确定。供给焦炉的加热煤气依靠一定的管道压力来输送；送往各燃烧室的煤气量，由安装在分管上的孔板来控制。在孔板尺寸一定时，主管压力直接决定进入焦炉的煤气流量。用焦炉煤气加热时，主管压力保持 700～1500Pa；用高炉煤气加热时，保持 500～1000Pa。其目的是：Ⅰ. 保证调节各燃烧室煤气流量的灵敏性和准确性；Ⅱ. 防止煤气因压力偏高而增加漏失量，或因偏低而产生回火爆炸的危险。当结焦时间变动而改变流量使主管压力超过上述范围时，应相应改变孔板尺寸，增大孔板直径可降低主管压力，反之则提高主管压力。

b. 燃烧系统压力。为有利于炉顶测温操作及减少炉顶散热，并保持燃烧系统压力低于同一标高相邻炭化室区域的压力，燃烧系统的压力应按规定的空气系数和看火孔压力保持 0～5Pa 为原则来确定，并且以由此确定的蓄热室顶部吸力作为燃烧系统压力的主要控制值。该吸力还影响燃烧系统的流量，因此全炉各蓄热室顶部的吸力值与选作比较用的标准蓄热室顶部吸力值间，气流上升时相差不应超过±2Pa，气流下降时相差不应超过±3Pa。为了解蓄热室内格子砖因长期操作被堵的程度，以便及时消除堵塞，应定期测定蓄热室顶、底间的压力差，用以标志格子砖的阻力。

焦炉用高炉煤气加热时，上升气流蓄热室底部废气盘处必须保持负压，以防止高炉煤气泄漏造成人身安全事故和污染环境。

c. 烟道吸力。以能克服燃烧系统所有阻力和下降段热浮力为原则来确定烟道吸力。供给焦炉加热用的空气依靠机、焦侧分烟道的吸力从废气盘的进风口抽入，送往各燃烧系统的空气量，由进风门的开度和废气盘内的调节翻板来控制。在进风门开度和调节翻板开度一定时，烟道吸力直接决定进入焦炉的空气量，同时影响燃烧系统的压力分布。当加热煤气量改变时，为保持要求的空气系数和良好的煤气燃烧状况，必须相应改变烟道吸力；为保持看火孔压力在 0～5Pa，当烟道吸力改变值较大，还必须同时相应变动进风门的开度。

d. 炭化系统压力。为保证炭化室在整个结焦时间内各部位的压力稍大于加热系统的压力，并防止吸入外界的空气，以吸气管正下方炭化室底部压力在结焦末期不小于 5Pa 为原则，确定集气管压力。这样就可以保证炭化系统产生的荒煤气只能向燃烧系统窜漏，因为新砌焦炉甚至生产焦炉的炭化室墙砌体不可能非常严密，但规定了上述集气管压力，最初荒煤气会通过砖缝漏入燃烧系统，逐渐由于砖缝被荒煤气热解生成的游离炭填塞而密封。若集气管压力不能保持炭化室底部结焦末期为正压，就不能保证炭化系统的压力始终高于大气的压力，空气就会漏入炭化室，或炭化系统压力低于燃烧系统压力，则炭化室砌体砖缝中的积炭将被烧掉，并引起窜漏，严重时砌体还会出现熔洞和渣蚀等现象。

（2）焦炉加热的自动控制

焦炉加热应随装煤条件（装煤量、装炉煤水分、堆积密度）、操作条件（周转时间、标准温度、焦饼温度）和加热煤气特性（煤气种类、热值、温度、压力和密度）的变化及时调节，以保证焦饼按时、均匀成熟。而采用焦炉加热的自动控制为有效途径之一。

自1973年日本钢管公司在福山厂5号焦炉上首次开发用计算机控制焦炉加热以来，世界上许多钢铁公司已经先后开发了十余种焦炉加热的最优化控制系统，这些控制系统可归纳为炉温反馈调节系统、前馈供热量控制系统和前馈、反馈结合的供热控制系统等三种基本类型，配合这些系统实施了多种加热过程的监视手段或操作指导，并建立了相应的工艺控制模型，均取得了较好的效果。

（3）焦炉热工评定

为了评价焦炉热工的好坏，常用炼焦耗热量和热工效率加以考核。

炼焦耗热量是指将1kg装炉煤在焦炉中炼成焦炭所需供给焦炉的热量。它是标志焦炉结构完善程度、调火技术水平、焦炉管理水平的综合评价指标，是炼焦过程的重要消耗定额，也是确定焦炉加热用煤气量的依据。

焦炉热工效率系指炼焦过程的有效热与焦炉所消耗的总热量的比值。

7.3.5 炼焦化学品的回收与制取

炼焦煤料从装煤孔或机侧炉门装入炭化室，经炭化生成焦炭和荒煤气，焦炭由推焦车推出，经熄焦得到焦炭，荒煤气（粗煤气）由炭化室经上升管引出，并于桥管处喷洒氨水冷却后进入集气管。在工业生产条件下，煤料高温干馏时各种产物的产率（对干煤的重量百分比）见表7-17。

表7-17　煤料高温干馏时各种产物的产率　　　　　　　　　　单位：%

产物	产率	产物	产率
焦炭	70～78	净焦炉煤气	15～19
焦油	3～4.5	化合水	2～4
苯族烃	0.8～1.4	带入水	11～13
其他	0.9～7.1	氨	0.25～0.35

因此，离开炭化室的荒煤气中除净焦炉煤气外的主要组成为见表7-18。

表7-18　荒煤气中除净焦炉煤气外的主要组成　　　　　　　　单位：g/m^3

组分	组成	组分	组成
水蒸气	250～450	焦油	80～120
苯族烃	30～45	氨	8～16
硫化氢	6～30	其他硫化物	2～2.5
氰化物	1.0～2.5	萘	8～12
吡啶盐基	0.4～0.6		

对于这种高温（650～750℃）气体混合物，进行冷却以便于输送并分离出焦油、氨、硫、粗苯等，并得到净焦炉煤气。我国的生产工艺（图7-19）一般包括初冷、鼓风、脱氨、脱硫、脱苯等工序。

7.3.5.1　煤气的冷却和输送

由上升管引出的荒煤气经桥管处喷洒氨水冷却（习惯上称为在集气管内冷却）、气液分离、初步冷却、鼓风输送、电捕，而后送往脱氨工序。

（1）煤气冷却

从煤气中回收化学产品时，通常要在较低的温度（25℃）下才能保证较高的回收率。含有大量水蒸气的高温煤气体积大，输送煤气时所需要的煤气管道直径和风机功率均增大，很不经济。煤气冷却时，不但水蒸气被冷凝，而且大部分焦油和萘也被分离出来，部分硫化物和氰化物等腐蚀性介质也溶于冷凝液中，从而可减轻对净化设备和管道的堵塞及腐蚀。

煤气冷却分两步进行：第一步是在桥管和集气管中用大量 70～75℃ 的循环氨水喷洒，使煤气冷却到 80～85℃；第二步是煤气在初冷器中冷却到 25～35℃。

① 煤气在集气管内的冷却。煤气在桥管和集气管内冷却时，用压力为 0.15～0.20MPa 的循环氨水通过喷头强烈喷洒（图 7-57）。当细雾状的氨水与煤气混合而充分接触时，由于煤气温度很高，且远未被水蒸气所饱和，故煤气放出大量显热，使氨水升温并部分蒸发，快速进行着传热和传质。传热过程取决于煤气和氨水的温度差，热量从煤气传给氨水，使煤气得到冷却。传质过程的推动力是循环氨水液面上的水蒸气分压与煤气中水蒸气分压之差。因为循环氨水液面上的水蒸气分压大于进入集气管内的煤气中的水蒸气分压，所以氨水部分蒸发。氨水蒸发所需的潜热来源于煤气温度急剧降低时所放出的显热以及焦油蒸汽冷凝所放出的潜热。

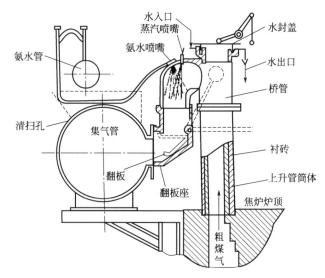

图 7-57　上升管、桥管、集气管结构

煤气在集气管内冷却时所放出的热量中，75%～80% 的热量用于氨水的蒸发，10%～15% 用于氨水升温，约 10% 用于集气管向大气的散热。

集气管操作的主要技术数据见表 7-19。

表 7-19　集气管操作的主要技术数据

参数	数据	参数	数据
集气管前煤气温度	650～750℃	离开集气管煤气温度	82～85℃
循环氨水温度	72～78℃	离开集气管的氨水温度	74～80℃
循环氨水量	5～6m³/t 干煤	冷凝焦油量(占煤气中焦油量)	约 60%
离开炭化室煤气露点	65～70℃	离开集气管煤气露点	80～83℃
蒸发的氨水量(占循环氨水量)	2%～3%		

② 煤气初冷工艺。煤气初步冷却的方式有间接冷却、直接冷却和间、直冷结合 3 种。目前焦化厂一般均采用管式间接冷却器来进行煤气初步冷却。

a. 间接初冷工艺。采用管式初冷器的煤气初冷工艺流程如图 7-58 所示。

从吸气管来的煤气和液体进入气液分离器进行气液分离。分离下来的焦油、氨水及焦油

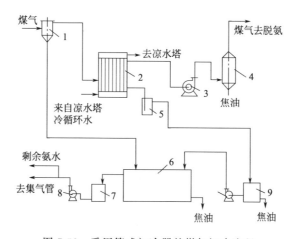

图 7-58　采用管式初冷器的煤气初冷流程

1—气液分离器；2—管式初冷器；3—鼓风机；4—电捕焦油器；5—冷凝液水封槽；6—焦油
氨水澄清槽；7—氨水中间槽；8—循环水泵；9—冷凝液中间槽；10—冷凝液泵

渣一起进入焦油氨水澄清槽。经澄清分成 3 层，上层为氨水、中层为焦油、下层为焦油渣；沉淀下来的焦油渣由刮板输送机连续排出槽外，焦油则送往精制车间加工处理。澄清后的氨水流到氨水中间槽，通过循环泵将一部分氨水送至焦炉喷洒，这一部分为循环氨水，余下的氨水为剩余氨水送去蒸氨。氨水的数量取决于配煤水分和化合水分的数量以及煤气初冷后的集合温度。

通过气液分离器后的煤气进入管式初冷器，用水间接冷却，煤气走管间，冷却水走管内。初冷器煤气出口的温度由后续净化工序来确定，当用硫酸吸收煤气中的氨时煤气出口温度为 25～30℃，当用水吸收煤气中的氨时其出口温度则要求低于 25℃。

由管式初冷器出来的煤气中还含有 1.5～2.5g/m³ 的雾状焦油，经风机输送至电捕焦油器，将煤气中所夹带的绝大部分焦油除去后送往后续工序。

在初冷器中形成的冷凝液（包括从煤气中冷凝下来的焦油及溶于焦油的萘）经过冷凝液水封槽自流入冷凝液中间槽，再用泵连续送入机械化焦油氨水澄清槽，与从气液分离器分离出来的液体混合处理。目前大部分焦化厂均采用这样两种氨水相互混合的工艺。

这种煤气间接初冷工艺仅适用于用 H_2SO_4 吸收煤气中氨生产硫酸铵的系统。当采用水吸收煤气中的氨时，宜采用两段初步冷却，使初冷器后煤气的温度低于 25℃，以减少煤气中焦油雾和萘的含量，有利于洗氨塔的操作。

b. 间接煤气冷却器。间接煤气冷却器有立管式和横管式两类，目前均采用横管式。

横管式初冷器如图 7-59 所示。

在横管式煤气初冷器中，煤气走管间，气流方向是从上向下流动。冷却水走管内，水流方向自下而上，两者的流向均与自身的自然对流方向一致，气流和水无返混现象。水程的流通截面不受煤气程的截面所限制，管内冷却水可以保持较高的流速，因此水侧的给热系数较高；煤气流与冷却水管呈垂直方向，产生强烈的湍动，从而增加了煤气侧的给热系

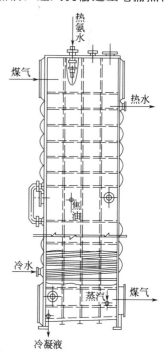

图 7-59　横管式煤气冷却器

数；由于冷凝液随着煤气自上而下流动，不断地冲刷冷却管外壁，防止了焦油、萘以及焦油渣等物质在管外沉积，因而横管冷却器既有很高的传热系数，又使煤气得到净化。

（2）煤气的输送与焦油雾的清除

① 煤气的输送系统。煤气从炭化室出来经集气管、吸气管及煤气净化设备直到煤气储罐或送回焦炉。途中要经过很多的管道及各种设备，为了克服这些设备和管道的阻力并保持足够的煤气剩余压力，需要设置煤气鼓风机。

鼓风机的吸入方（机前）为负压，压出方（机后）为正压，鼓风机的机后压力与机前压力差为鼓风机的总压头。

根据鼓风机位置的不同，煤气净化系统可分为正压系统和负压系统。如果鼓风机置于初冷器后，则为正压系统；如果鼓风机置于脱苯塔之后，则为负压系统。二者各有优缺点。我国的大型焦化厂和钢铁联合企业的焦化厂一般均采用正压系统。

目前，国内焦化厂所采用的鼓风机主要有离心式和旋转式（罗茨式）两种。前者一般用于大型焦化厂，后者用于中、小型焦化厂。

② 煤气中焦油雾的清除。荒煤气经初步冷却后，其中绝大部分焦油蒸气已冷凝下来，并结成较大的液滴从煤气中分离出来。但仍有一部分焦油在冷凝过程中会形成焦油雾，以内充煤气的焦油气泡状态或极细的焦油滴（$\phi 1 \sim 17 \mu m$）存在于煤气中。由于焦油雾滴颗粒重量轻，其沉降速度小于煤气流速，因而悬浮于煤气中并被煤气带走。横管初冷后煤气中焦油雾的含量一般为 $1.0 \sim 2.5 g/m^3$。煤气中的焦油雾应较彻底清除，否则给后续煤气净化操作带来严重影响。煤气净化工艺要求煤气中所含的焦油雾最好低于 $0.02 g/m^3$。

清除焦油雾的设备类型很多，主要有旋风式捕焦油器、钟罩式捕焦油器、蜂窝式捕焦油器、文氏管捕焦油器和电捕焦油器等，目前国内外大多采用电捕焦油器。

电捕焦油器技术成熟，效率高，可除去煤气中 99% 的焦油雾。

7.3.5.2 氨的回收与硫铵、无水氨的制取

干馏煤气中的氨来源于煤中的氮，一般配合煤中约含氮 2% 左右，其中有 10%～20% 变为氨，有 1.2%～1.3% 转变为吡啶。煤气经初步冷却后，部分氨转入冷凝氨水中，氨在煤气和冷凝氨水中的分配取决于初冷方式、冷凝氨水量和冷却温度。当采用间接冷却，并采用混合氨水流程时，初冷器后煤气中含氨约为 $4 \sim 8 g/m^3$。

目前，回收干馏煤气中氨的方法有用硫酸吸收氨生产硫酸铵、用磷酸吸收氨生产无水氨和用水洗氨生产氨水等。

（1）用硫酸吸收煤气中的氨

① 硫酸吸收氨的反应过程。用硫酸吸收煤气中的氨即得硫酸铵，其反应式为：

$$2NH_3 + H_2SO_4 \longrightarrow (NH_4)_2SO_4, \quad \Delta H = -275014 kJ/kmol$$

用适量的硫酸和氨反应，生成中式盐，硫酸过量时，则生成酸式盐：

$$NH_3 + H_2SO_4 \longrightarrow NH_4HSO_4, \quad \Delta H = -165017 kJ/kmol$$

硫酸氢铵可被氨进一步饱和转变成中式盐。溶液中酸式盐和中式盐的比例取决于溶液中游离硫酸的浓度，这种浓度以质量分数表示，称为酸度。酸度为 1%～2% 时反应结果主要生成硫酸铵。

目前吸收设备主要有饱和器和酸洗塔。饱和器因阻力大，正逐渐被填料塔和酸洗塔所取代。

生产硫酸铵有 3 种方法：直接法、间接法和半直接法，其中应用最广泛的是半直接法。此法是将煤气初冷至 20～35℃，经电捕除去焦油雾后，送入饱和器或酸洗塔回收氨，并将剩余氨水中蒸出的氨也送入饱和器或酸塔制取硫铵。此法流程简单、生产成本低，被广泛

采用。

② 酸洗塔法制取硫酸铵。酸洗塔法生产硫酸铵的工艺流程如图 7-60 所示。含有氨和吡啶盐的煤气进入喷洒式洗氨塔（酸洗塔），在塔中部设有一块断塔板，将全塔分为上、下两段。在塔下段进行循环喷洒的母液，其酸度为 1%～1.5%，并含有 40%左右的硫酸铵晶体，这可以使母液在真空蒸发器内进行蒸发时的蒸汽耗量小，减轻对蒸发器的腐蚀。在塔上段进行循环喷洒的母液酸度为 10%～12%，含有 20%～30%的硫酸铵晶体。较高的母液酸度可以将煤气中剩余的氨充分吸收，同时使送往吡啶装置的母液中含有较多的硫酸吡啶。从塔顶逸出的煤气经除酸器后送往下一工序。

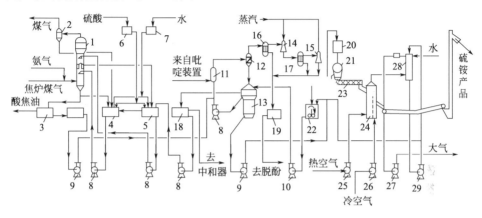

图 7-60　酸洗塔法生产硫酸铵的工艺流程

1—喷洒酸洗塔；2—旋风除酸器；3—酸焦油分离槽；4—下段母液循环槽；5—上段母液循环槽；6—硫酸高位槽；
7—水高位槽；8—循环母液泵；9—结晶母液泵；10—滤液泵；11—母液加热器；12—真空蒸发器；13—结晶槽；
14、15—第一及第二蒸汽喷射器；16、17—第一及第二冷凝器；18—满流槽；19—热水池；20—供料槽；
21—连续式离心泵；22—滤液槽；23—螺旋输送机；24—干燥冷却器；25—干燥用送风机；
26—冷却用送风机；27—排风机；28—净洗塔；29—泵

酸洗塔的两段各有独自的母液循环系统。下段来的部分母液先进入酸焦油分离槽，经分离后去母液储槽；另一部分母液进入下段母液循环槽，由此用泵送往酸洗塔下段循环喷洒。由酸洗塔上段引出的母液经上段母液循环槽于上段喷洒。循环母液中需要补充的硫酸由硫酸高位槽补充。

储槽内母液用结晶泵送往真空蒸发器的锥形底部分。在蒸发器内将硫酸铵结晶母液中的水蒸发出去。蒸发器内的真空度是由蒸汽喷射泵产生的。当真空度为 91.3kPa 时，母液的沸点为 50～60℃。在此，母液因水分蒸发而得到浓缩，浓缩后的过饱和硫酸铵母液流入结晶槽，晶体长大并下沉，仅有少量细小结晶的母液用循环泵送至加热器进行循环加热。由结晶槽顶溢流的母液进入满流槽后用泵送往循环母液槽。

结晶槽内形成含硫铵 70%以上的硫酸铵母液浆，用泵送至供料槽后卸入连续式离心机分离。分离母液经滤液槽返回结晶槽，硫酸铵晶体送至干燥器干燥后经胶带输送机送往仓库。

酸洗塔法生产硫酸铵具有产品粒度大、质量好等特点。但也存在着设备复杂，有些设备在真空下操作，硫酸铵生产成本较高等问题。

（2）用磷酸吸收煤气中的氨

用磷酸氢铵吸收煤气中的氨制取无水氨的工艺通常被称为弗萨姆（PHOSAM）法，在国内外得到广泛应用。

① 生产原理。因为磷酸是三元酸，用磷酸吸收氨的过程中，会生成一定比例的磷酸二

氢铵（$NH_4H_2PO_4$）和磷酸氢二铵 [$(NH_4)_2HPO_4$]，其生产原理是磷酸二氢铵在 $30\sim$ 60℃下吸收氨生成磷酸一氢铵，在 100～120℃的温度下磷酸一氢铵分解成磷酸二氢铵和氨，磷酸二氢铵循环使用的过程。即：

$$NH_4H_2PO_4 + NH_3 \begin{array}{c} 30\sim60℃吸收 \\ \xrightleftharpoons \\ 100\sim120℃解吸 \end{array} (NH_4)_2HPO_4$$

由于磷酸铵溶液呈酸性，它与氨反应是离子反应，反应速度很快。磷酸铵溶液吸收有选择性，只吸收煤气中的氨，不吸收酸性组分（CO_2、H_2S、HCN）。因此，无需再经化学净化就可以得到纯净的无水氨。

② 工艺流程。用磷酸溶液吸收煤气中的氨生产无水氨的工艺流程如图 7-61 所示。由鼓风机送来的煤气从吸收塔下部进入，在 45℃左右的操作温度下与喷洒的磷酸铵溶液逆流接触，煤气中 99% 的氨被吸收。塔后煤气含氨量约为 0.1g/m³。再经除酸器除去煤气中的酸沫后送往下一工序。为了提高吸氨效率，一般采用两段或三段空喷吸收塔。

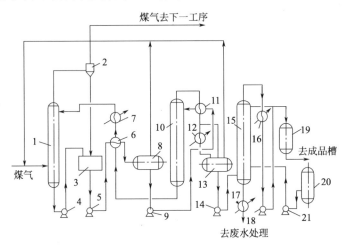

图 7-61　无水氨生产工艺流程

1—吸收塔；2—除酸器；3—除酸油槽；4、5、9、14、18、21—泵；6—换热器；7、11、12、16、17—
冷却器；8—接触器；10—解吸塔；13—供料塔；15—精馏塔；19—产品脱色槽；20—氢氧化钠储槽

吸氨后的富液，定量地从吸收塔底抽出，送往除焦槽脱去其中的焦油后，再与解吸塔底出来的贫液换热，使富液达到其沸点温度，进入脱气器。脱气器保持在一定温度下，使溶液中的酸性气体蒸出，随同少量氨气返回吸收塔，由脱气器底部排出的富液与解吸塔顶的馏出物换热后，进入解吸塔中进行解吸。解吸塔采用板式塔，其操作压力为 1.41MPa，解吸塔的热源则由相应压力的过热蒸汽从塔底提供。解吸后的贫液经与富液换热后，返回吸收塔循环使用。从解吸塔蒸汽的氨气经冷凝成为浓氨水，浓氨水经过换热后置于精馏塔供料槽中，在此尚有少量酸性气体逸出，仍将其返回吸收塔前的煤气总管。剩余溶液作为精馏塔的原料。

氨的精制部分主要设备为精馏塔，精馏塔仍采用板式塔，操作压力为 1.5～1.7MPa。由供料槽来的原料从精馏塔的下部进入，塔底通入相应压力的过热蒸汽。塔顶逸出的氨纯度可达 91.99%，除部分作回流用外，其余作为产品，经过活性炭脱色处理后送入成品库。为使产品中的酸性物尽量除去，防止酸性气体对设备的腐蚀，应在塔中加入少量的氢氧化钠，最后形成钠盐溶于精馏塔底排出的污水中。

7.3.5.3　硫化氢的脱除与硫黄的制取

煤气中所含的硫化氢和氰化氢均是有害物质，它们不仅腐蚀设备，而且污染环境；用此煤气炼钢，还会降低钢的质量；用作城市燃气，硫化氢燃烧生成的二氧化硫、氰化氢燃烧生成的氮氧化物均有毒，因此这些有毒物质必须通过煤气的净化予以脱除。煤气脱硫及脱氰不仅可以提高煤气的质量，同时还可以回收硫黄或硫酸以及硫氰酸钠和大苏打，有效地保持环境，从而实现变害为利。

煤气脱硫方法很多，但大体上可分为干法脱硫和湿法脱硫两大类。

这里只介绍湿法脱硫中的改良蒽醌二磺酸钠法（改良 A.D.A. 法）。

（1）改良 A.D.A. 法的生产过程原理

如图 7-62 所示，煤气从底部进入吸收塔，与

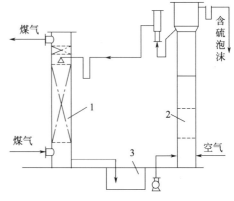

图 7-62　脱硫过程
1—吸收塔；2—再生塔；3—循环槽

从塔顶喷洒下来的吸收液逆流接触，煤气中的硫化氢被溶液吸收达到要求后从塔顶排出。由塔底排出的饱和溶液经循环槽用泵送入再生塔，经空气氧化再生并析出元素硫后，再自流回到脱硫塔顶循环使用。

脱硫液是在稀碳酸钠溶液中添加等比例的 2,6-蒽醌二磺酸和 2,7-蒽醌二磺酸的钠盐溶液配制而成。溶液的总碱度控制在 $0.36 \sim 0.5 \mathrm{mol/L}$ 之间，以确保溶液的 pH 值为 $8.5 \sim 7.1$。若溶液的 pH 值小于 3.5 会导致反应速度太慢；太高则会增加副反应，并使碱耗增大，同时还会加快硫的析出而造成堵塔。

上述溶液为 A.D.A. 法脱硫液，为了改进操作，在脱硫液中添加了适量的酒石酸钾钠（$NaKC_4H_4O_6$）和 $0.12\% \sim 0.18\%$ 的偏钒酸钠（$NaVO_3$），即成为改良 A.D.A. 法所用的脱硫液。

改良 A.D.A. 法脱硫过程的主要化学反应为：

硫化氢被碱液吸收：

$$Na_2CO_3 + H_2S \longrightarrow NaHS + NaHCO_3$$

偏钒酸钠与硫氢化钠反应，生成焦钒酸钠并析出元素硫：

$$4NaVO_3 + 2NaHS + H_2O \longrightarrow Na_2V_4O_9 + 2S \downarrow + 4NaOH$$

由偏钒酸钠形态的五价钒形成焦钒酸钠形态的四价钒的反应进行得很快。硫化氢转变为硫的数量随着钒在溶液中含量的增加而增加。

焦钒酸钠在碱性脱硫液中被 A.D.A.（氧化态）氧化再生成偏钒酸钠：

$$Na_2V_4O_9 + 2A.D.A.（氧化态）+ NaOH + H_2O \longrightarrow 4 NaVO_3 + 2A.D.A.（还原态）$$

在碱性脱硫液中，氧化态 A.D.A 的分子式为：

$$\begin{array}{c} O \\ NaO_3S \text{——}\bigcirc\bigcirc\bigcirc\text{——} SO_3Na \\ O \end{array}$$

还原态 A.D.A. 的分子式为：

$$\begin{array}{c} ONa \\ NaO_3S \text{——}\bigcirc\bigcirc\bigcirc\text{——} SO_3Na \\ H \end{array}$$

还原态的 A.D.A. 于再生塔内由通入的空气氧化再生为氧化态 A.D.A.：

$$2A.D.A.（还原态）+ O_2 \longrightarrow 2A.D.A.（氧化态）+ 2H_2O$$

此外，在反应过程中的 $NaHCO_3$ 和 $NaOH$ 又存在如下反应：

$$NaHCO_3 + NaOH \longrightarrow Na_2CO_3 + H_2O$$

从理论上看，在整个反应过程中，偏钒酸钠、A. D. A. 和碳酸钠都可获得再生，供脱硫过程中循环使用。但由于煤气中还含有氰化氢和氧，故存在下列副反应：

$$Na_2CO_3 + 2HCN \longrightarrow 2NaCN + H_2O + CO_2$$
$$NaCN + S \longrightarrow NaCNS$$
$$2NaHS + 2O_2 \longrightarrow Na_2S_2O_3 + H_2O$$

在这些副反应中，部分碳酸钠被消耗生成 $NaCNS$ 与 $Na_2S_2O_3$ 等副产品，故需经常添加碱液予以补充。一般每生产 1t 硫黄需补充 260～360kg 碳酸钠。

表 7-20 列出了国内某焦化厂所采用脱硫液的碱度和组分含量。

表 7-20　脱硫液的碱度和组分含量

溶液组分	设计数据	实际数据
总碱度/(mol/L)	0.36	0.36～0.50
Na_2CO_3/(mol/L)	0.1	0.1～0.2
$NaHCO_3$/(mol/L)	0.3	0.3～0.4
A. D. A./(g/L)	5	约 3.5
$NaVO_3$/(g/L)	1	约 2
$NaKC_4H_4O_6$/(g/L)	2	约 1

A. D. A. 和 $NaVO_3$ 在理论上不损耗，但实际上由于流失或因操作不善而发生沉淀，亦需一定补充，其补充量各为 0.5～1.0kg/t（硫黄）。

（2）改良 A. D. A. 法的工艺流程

如图 7-63 所示，从上一工序来的焦炉煤气进入脱硫塔，与塔顶喷淋的脱硫液逆流接触。脱除硫化氢后的煤气经液沫分离器分离液沫后送下一工序。

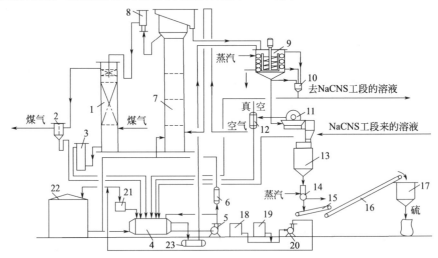

图 7-63　改良 A. D. A. 法脱硫工艺流程

1—脱硫塔（吸收塔）；2—液沫分离器；3—液封槽；4—循环槽（反应槽）；5—循环泵；
6—加热器；7—再生器；8—液位调节器；9—硫泡沫槽；10—放液器；11—真空过滤机；
12—真空除沫器；13—熔硫釜；14—分配器；15、16—皮带运输机；17—储槽；
18—碱液槽；19—偏钒酸钠溶液槽；20—碱液泵；21—碱液高位槽；
22—事故槽；23—泡沫收集槽

吸收了硫化氢的溶液从塔底经液封槽流入循环槽。槽内溶液由循环泵送至加热器加热（夏季则为冷却）至40℃后，送入再生塔底部。同时向再生塔底部鼓入空气。溶液在塔内得到再生。再生后的溶液经液位调节器返回脱硫塔循环使用。

在循环槽中积累的硫泡沫放入收集槽，由此用压缩空气压入硫泡沫槽。

大量的硫泡沫是在再生塔产生的，并浮于塔顶扩大部分，利用位差自流入硫泡沫槽，槽内温度控制在65～70℃，在机械搅拌下澄清分层，清液经放液器返回循环槽，硫泡沫放至真空过滤机进行过滤，成为硫膏。滤液经真空除沫器后也返回循环槽。

硫膏于熔硫釜内用间接蒸汽加热至130℃以上，使硫熔融并与硫渣分离。熔融硫放入用蒸汽夹套保温的分配器，以细流放至胶带输送机上，用冷水喷洒冷却，经脱水干燥后的硫黄产品用胶带运输机卸入储槽。

在碱液槽配制好的10%的碱液，用碱液泵送至高位槽，间歇或连续加入循环槽或事故槽，以补充碱的消耗。

脱硫液在循环过程中，硫代硫酸钠及硫氰酸钠的含量将会逐渐增加，当增加到一定程度时，会导致脱硫效率下降而影响正常操作。当溶液中硫氰酸钠增加到150kg/m³时，部分溶液去提取硫氰酸钠和硫代硫酸钠。

改良A.D.A.法脱硫塔采用填料塔或空喷塔。再生塔内装有3块筛板，以使硫泡沫和空气均匀分布。

7.3.5.4 粗苯的回收与制取

干馏煤气中一般含有25～40g/m³的苯族烃，因其不溶于水，在脱氨、脱硫之后仍以气态存在于煤气中。从煤气中回收苯族烃采用的方法有洗油吸收法、活性炭吸附法和深冷凝结法。其中洗油吸收法工艺简单，经济可靠，应用广泛。

洗油吸收法依据操作压力分为加压吸收法、常压吸收法和负压吸收法。加压吸收法的操作压力为800～1200kPa，此法可强化吸收过程，适于煤气远距输送或作为合成氨厂的原料。常压吸收法的操作压力稍高于大气压，是各国普遍采用的方法。负压吸收法用于全负压煤气净化系统。

吸收了煤气中苯族烃的洗油称为富油。富油的脱苯按操作压力分为常压水蒸气蒸馏法和减压蒸馏法。按富油加热方式又分为预热器加热富油的脱苯法和管式炉加热富油的脱苯法。

我国普遍采用常压洗油洗苯、管式炉加热富油、水蒸气蒸馏脱苯制取粗苯的工艺。近年来，也有厂家采用常压洗油洗苯、管式炉加热富油、减压蒸馏脱苯制取粗苯的工艺。

为了有效地回收粗苯，在回收粗苯之前，煤气必须进行最终冷却，将煤气的温度降到25～27℃。而来自脱硫的煤气的温度一般在40～50℃，这时，煤气中还含有萘1～2g/m³，大大超过25℃下的饱和含萘量。如果不将萘脱除，终冷时萘就会结晶进入终冷水中，对环境造成污染。因此，终冷前要先进行脱萘。

（1）煤气的终冷与脱萘

目前焦化厂采用的煤气终冷和脱萘的工艺流程主要有油洗萘和煤气终冷以及煤气先预冷的油洗萘和煤气终冷流程。这里只介绍油洗萘和煤气终冷工艺。

油洗萘和煤气终冷的工艺流程见图7-64。

从脱硫塔来的40～50℃的煤气进入填料洗萘塔底部，经由塔顶喷淋下来的55～57℃的洗苯富油洗涤后，可将煤气中80%～90%的萘除去。脱萘后的煤气温度约为52℃，于隔板终冷器内冷却至25℃左右后送往下一工序的洗苯塔。

洗萘塔为木格填料塔，洗萘所需填料面积为每小时每1000m³（标态）煤气0.2～0.3m²。塔内煤气的空塔速度为0.8～1.0m/s。

洗萘用的洗苯富油其喷洒量为洗苯富油的30%～35%，入塔富油含萘量要求小于8%。

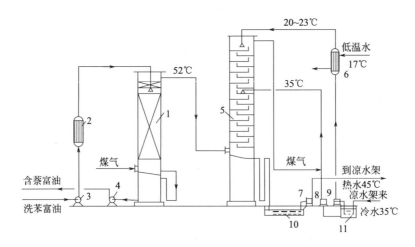

图 7-64　油洗萘和煤气终冷工艺流程

1—洗萘塔；2—加热器；3—富油泵；4—含萘富油泵；5—煤气终冷塔；6—循环水冷却器；
7—热水泵；8、9—循环水泵；10—热水池；11—冷水池

吸收了萘的富油与另一部分洗苯富油一起送去蒸馏脱苯脱萘。为了防止在终冷塔内从煤气中析出萘，以保证终冷塔的正常操作，洗萘塔后煤气含萘要求≤0.5g/m³。影响洗萘塔后煤气含萘量的主要因素是富油含萘量和吸收温度。

终冷塔为隔板式塔，共 19 层隔板，分两段。下段 11 层隔板用从凉水架来的循环水喷淋，将煤气冷却至 40℃左右。上段 8 层隔板，用温度为 20～23℃的低温循环水喷淋，将煤气继续冷却至 25℃左右。热水从终冷塔底部经水封管流入热水池，然后用泵送至凉水架冷却后自流入冷水池，再用泵送到终冷塔的下段循环使用，送往上段的水尚须经间冷器用低温水冷却。由于终冷器只是为了冷却煤气而无须冲洗萘，故终冷循环水量可减少至 2.5～3kg/m³ 煤气。

（2）粗苯的回收

① 粗苯的组成、性质和质量。粗苯主要含有苯、甲苯、二甲苯和三甲苯等，此外还含有一些不饱和化合物、硫化物、饱和烃、酚类和吡啶碱类等。当用洗油回收煤气中的苯族烃时，粗苯中尚含有少量洗油轻质馏分。

粗苯的组成取决于炼焦配合煤的组成及炼焦产物在炭化室内热解的程度。

粗苯的主要组分都在 180℃前馏出。在测定粗苯中各组分的含量和计算其在加工过程中的产量时，通常将 180℃前的馏出量作为鉴别粗苯质量的一个指标。180℃前馏出量越多，粗苯质量越好，一般要求为 93％～95％。

粗苯是黄色的透明液体，比水轻，不溶于水，易与水分离；粗苯易燃，闪点为 12℃；粗苯蒸气在空气中的爆炸浓度极限为 1.4％～7.5％（体积分数）。

国内一些焦化厂生产两种粗苯产品，轻苯和重苯。粗苯本身用途有限，因此必须进行精制，将其中各组分进行分离，并制成纯产品。其中主要有工业用的 CS_2、二聚环戊二烯、苯、甲苯、二甲苯、溶剂油和古马隆树脂等。

② 用洗油回收粗苯的基本原理。用洗油吸收煤气中的粗苯为纯物理吸收过程。

煤气中粗苯的分压 p_g 可根据道尔顿分压定律计算：

$$p_g = py \qquad\qquad (7\text{-}23)$$

式中　p——煤气的总压，Pa；

　　　y——煤气中粗苯的体积分数或摩尔分数。

洗油吸收粗苯所得的稀溶液可视为理想溶液，则洗油液面上粗苯的平衡蒸气压 p_L 可由拉乌尔定律计算：

$$p_L = p_0 x \qquad (7-24)$$

式中　p_0——在回收温度下粗苯的饱和蒸气压，Pa；

　　　x——洗油中粗苯的摩尔分数。

当煤气中粗苯的分压 p_g 大于洗油液面上粗苯平衡蒸汽压 p_L 时，煤气中的粗苯就被洗油吸收。p_g 与 p_L 之间的差值越大，则吸收过程进行得越容易，吸收速率也越快。

洗油吸收粗苯过程的极限为气液两相达成平衡，此时，$p_g = p_L$，即：

$$py = p_0 x$$

通常粗苯在煤气中的浓度 a 以 g/m^3 表示，洗油中粗苯的含量 C 以（质量）% 来表示，将 a 和 C 换算成摩尔分数 y 和 x，代入上式并整理得：

$$a = 0.446 \frac{C M_m p_0}{p} \qquad (7-25)$$

或

$$C = 2.24 \frac{ap}{M_m p_0} \qquad (7-26)$$

式中　M_m——洗油的相对分子质量。

③ 回收粗苯的工艺流程及设备。用洗油吸收煤气中的粗苯所采用的洗苯塔虽有多种类型，但工艺流程基本相同。填料塔吸收粗苯的工艺流程如图 7-65 所示。

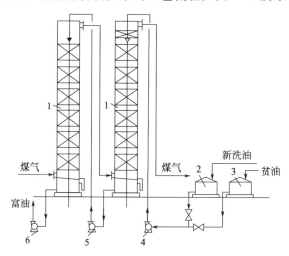

图 7-65　从煤气中吸收粗苯的工艺流程
1—洗苯塔；2—新洗油槽；3—贫油槽；4—贫油泵；5—半富油泵；6—富油泵

经最终冷却器冷却到 $25 \sim 27℃$ 后的煤气，依次通过Ⅰ、Ⅱ洗苯塔（钢板网填料），温度为 $27 \sim 30℃$ 的贫油由洗油槽用泵送往Ⅱ号洗苯塔的顶部，与煤气逆向沿着填料向下喷洒，然后经过油封流入塔底接受槽，由此用泵送至Ⅰ号洗苯塔的顶部。Ⅰ号洗苯塔底流出的含粗苯约 2.5% 的富油送至脱苯装置。脱苯后的贫油经冷却后再回到贫油槽循环使用。

洗苯塔类型主要有填料塔、板式塔和空喷塔。其中填料塔在我国应用较早、较多。

填料可用木格、钢板网、金属螺旋、泰勒花环、鲍尔环及鞍型填料等。

④ 粗苯的制取。我国普遍采用管式炉加热富油、水蒸气蒸馏法，有生产一种苯、两种苯和三种苯三种产品工艺。

生产一种苯的流程如图 7-66 所示。由洗苯工序和终冷与脱萘工序来的富油依次与脱苯塔顶的油气和水汽混合物、脱苯塔底排出的热贫油换热后温度达 $110 \sim 130℃$ 进入脱水塔。

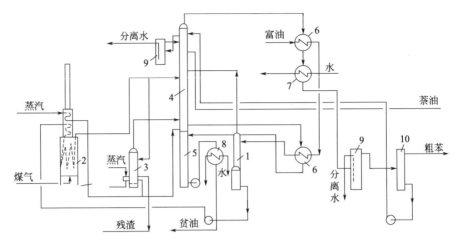

图 7-66　生产一种苯的工艺流程

1—脱水塔；2—管式炉；3—再生器；4—脱苯塔；5—热贫油槽；6—换热器；
7—冷凝冷却器；8—冷却器；9—分离器；10—回流槽

脱水后的富油经管式炉加热至 180～90℃进入脱苯塔，脱苯塔顶逸出的 90～93℃的粗苯蒸气与富油换热后，温度降到 73℃左右进入冷凝冷却器，冷凝液进入油水分离器。分离出水后的粗苯流入回流槽，部分粗苯送至塔顶作回流，其余作为产品。脱苯塔底部排出的热贫油经贫富油换热器进入热贫油槽，再用泵送贫油冷却器冷却至 25～30℃后去洗苯工序循环使用。脱水塔顶逸出的含有萘和洗油的蒸汽进入脱苯塔精馏段下部。在脱苯精馏段切取萘油。从脱苯塔上部断塔板引出液体至油水分离器分出水后返回塔内。脱苯塔用的直接蒸汽是经管式炉加热至 300～350℃后，经由再生器进入的，以保持再生器顶部温度高于脱苯塔底部温度。

为了保持循环洗油质量，将循环油量的 1%～1.5%由富油入塔前的管路引入再生器进行再生。洗油被 1～2MPa 的间接蒸汽加热至 160～180℃，并用过热水蒸气直接蒸吹，其中大部分洗油被蒸发并随直接蒸汽进入脱苯塔底部。残留于再生器底部的残渣油，靠设备内部的压力间歇或连续地排至残渣槽。

脱苯塔有泡罩塔和浮阀塔等。国内多采用铸铁泡罩塔，塔盘泡罩为条型或圆型。管式炉加热富油的脱苯塔，一般采用 30 层塔盘。从管式炉来的富油由第 14 层塔盘引入，塔顶打回流。

管式炉为具有对流段和辐射段的直立圆筒管式加热炉，其热负荷和型式随生产规模不同而异。

7.3.6　焦炭性质与应用

7.3.6.1　焦炭的性质

焦炭是炼焦煤料经高温干馏得到的固体产物，是质地坚硬、多孔、银灰色、有不同粗细裂纹的固体块状炭质材料。焦炭按用途可分为冶金焦、气化焦和电石用焦等。冶金焦是高炉焦、铸造焦、铁合金焦和有色金属冶炼用焦的统称。其中 90%以上用于高炉炼铁。焦炭虽然品种多，但都属于脆性多孔的炭质块状材料，均采用相同的方法分析和评价它们的化学成分、化学性质、物理性质、机械强度、力学性质和光学组织等。

（1）焦炭的化学成分

焦炭的化学成分包括有机成分和无机成分。有机成分是以平面碳网为主体的类石墨化物质，其他元素如氢、氧、氮和硫与碳形成的有机物，多存在于焦炭挥发分中。无机成分是存在于焦炭中的各种无机矿物质，以焦炭灰成分表征其组成。

焦炭的化学成分主要用焦炭工业分析、焦炭元素分析和焦炭灰成分分析来测定。

（2）焦炭的化学性质

焦炭的化学性质包括焦炭反应性和焦炭抗碱性（指焦炭在高炉冶炼过程中抵抗碱金属及其盐类作用的能力，是对高炉焦的一个特殊要求），主要是焦炭反应性，为焦炭的热性质指标之一。

反应性是指焦炭与 CO_2、O_2 和水蒸气等进行化学反应的能力，是评价焦炭质量的重要指标。

焦炭反应性按国家标准（GB/T 4000—2008）测定。可同时得到焦炭反应性指数 CRI 和反应后强度 CSR 两个指标。

焦炭在高炉炼铁、铸造化铁和固定床气化过程中，都要与 CO_2、O_2 和水蒸气发生化学反应，由于焦炭与 O_2 和 H_2O 反应有与 CO_2 反应相类似的规律，大多数国家都用焦炭与 CO_2 的反应特性评定焦炭反应性。

（3）焦炭物理性质

焦炭物理性质包括焦炭的真密度、视密度（假密度）、气孔率、筛分组成、堆积密度、比热容和着火温度等。

① 真相对密度、假相对密度和气孔率。焦炭的真密度和视密度是焦炭的重要性质，由它可以计算出焦炭的气孔率，由焦炭的视密度和堆积密度可以计算出成堆焦炭的空隙率。

密度是单位体积的质量。相对密度是与同体积水的质量之比，测定的均是相对密度。

真相对密度是无大气孔的焦炭（粒度＜0.2mm）质量与同体积水的质量之比，一般为1.80～1.95，采用密度瓶测定。真密度随炼焦终温提高和焦炭挥发分的降低而提高。

假相对密度是一定量的块焦试样（含气孔）质量与同体积水的质量之比，一般为0.88～1.08。它随原料煤的煤化度、装炉煤堆积密度、炭化温度和结焦时间的不同而变化。

气孔率是指气孔体积占焦炭总体积的百分率。由于气孔有开气孔和闭气孔之分，故气孔率也分显气孔率与总气孔率。显气孔率指开气孔体积占总体积的百分率，总气孔率是指开气孔体积和闭气孔体积之和占总体积的百分率。一般情况下闭气孔容积只占全部气孔容积的5%～10%。

总气孔率可由焦炭真相对密度 d 和假相对密度 d_A 按下式计算：

$$P_t = \frac{d - d_A}{d} \times 100\%$$

(7-27)

显气孔率可采用抽气法直接测定。焦炭的总气孔率波动在 35%～55% 范围。

② 堆积密度。即松散堆积焦炭的质量与其所占堆积体积之比，其值为 $400～520kg/m^3$，它主要决定于焦炭的粒度，随着焦炭平均粒度增大，其堆积密度成比例减少，它也决定于气孔率、焦炭块的均匀性和形状、堆积方式等。焦炭的堆积密度对焦炭透气性影响很大，不少国家将其作为焦炭特别是高炉焦质量的基本指标之一。

由焦炭的真密度和堆积密度可知，焦炭的堆积空隙率在 70%～80%，这正是在冶金、铸造、气化等使用中料层透气性的保证。

③ 筛分组成。用一套具有标准规格和规定孔径的筛子将焦炭筛分，然后分别称量各级焦炭的质量，算出各级焦炭的质量百分率或各筛级以上焦炭质量累积百分率，即焦炭的筛分组成，用来表达焦炭的粒度分布状况。通过焦炭筛分组成可以计算焦炭的平均块度、块度均匀性，还可估算焦炭比表面积、堆积密度，并由此得到评定焦炭透气性和强度的基础数据。

④ 着火温度。是焦炭在空气或氧气中加热时达到连续燃烧的最低温度。同一焦炭的着火温度，因测定方法和实验条件不同差异很大。焦炭在空气中的着火温度为 450～650℃。

焦炭的着火温度主要取决于原料煤的煤化度、炼焦终温和助燃气体中氧的浓度。随着原料煤的煤化度和炼焦终温的提高，焦炭的着火温度也提高。实践中，在氧气中测得的焦炭着火温度要比在空气中测得值低很多。

（4）焦炭机械强度

① 转鼓强度。焦炭机械强度包括耐磨强度和抗碎强度。

耐磨强度是指焦炭抵抗摩擦力破坏的能力。抗碎强度是指焦炭抵抗冲击力破坏的能力。当焦炭外表面承受的摩擦力超过气孔壁强度时，产生表面剥层分离现象，形成碎屑和粉末，焦炭抵抗这种摩擦力破坏的能力称耐磨性或耐磨强度。当焦炭承受冲击力时，焦炭沿结构的裂纹或缺陷处碎成小块，焦炭抵抗这种冲击力破坏的能力称为抗碎性或抗碎强度。

② 落下强度。焦炭的机械强度也可用落下强度表示，按国家标准（GB/T 451.2—1999）测定。

焦炭落下强度是用一定块度、一定数量的焦炭，在固定高度处下落一定次数后，测定大于某粒级焦炭占试验前焦样量的百分率来表示块焦的机械强度。由于焦炭的块度和粒度组成对落下强度指标影响很大，因此中国和美国标准均规定了两种焦炭块度试样的指标。落下强度仅检验焦炭经受冲击作用的抗破碎能力，由于铸造焦在冲天炉内主要经受铁块的冲击力，故落下强度特别适用于评定铸造焦的强度。

焦炭的机械强度取决于多种因素：所含裂纹、多孔体结构和强度，以及气孔壁厚度，气孔壁强度和组织成分等。通常块焦的机械强度随其裂纹率和气孔率的增大而降低。

（5）焦炭力学性质

焦炭力学性质是用材料力学方法测量和研究焦炭所得的焦炭性质，有抗拉强度、抗压强度、显微强度和杨氏模量等。这些性质与焦炭气孔壁强度、焦炭气孔结构、焦块中的裂纹直接相关。

（6）焦炭的光学性质

焦炭的气孔壁在反光偏光显微镜下，可以观察到它是由不同的结构形态和等色区尺寸所组成，不同煤炼成的焦炭在反光偏光显微镜下呈现为不同的光学特征，焦炭气孔壁的这种光学特征按其结构形态和等色区尺寸可分成不同的组分，称为光学显微组分，简称光学组织。

根据焦炭气孔壁（焦质）在显微镜下所呈现的光学性质可将焦炭的光学组织划分为各向同性组织和各向异性组织。各向异性组织又可进一步划分为镶嵌状（粒状）、纤维状和片状组织。

焦炭光学组织主要取决于煤的变质程度，也受备煤、炼焦工艺条件影响。

焦炭光学组织具有不同的反应性。

因此，焦炭的光学组织组成与焦炭的反应性关系密切，可以用焦炭的光学组织含量来预测焦炭的反应性和反应后强度。不同的光学组织来自不同的煤岩组分，这样就建立了一套从煤质到光学组织再到焦炭反应性和反应后强度的转化关系，可以用来指导配煤、炼焦生产。

7.3.6.2 焦炭的应用

焦炭广泛用于高炉炼铁、冲天炉化铁、铁合金冶炼和有色金属冶炼等冶金工业，作为热源、还原剂、料柱骨架和供碳剂。也用于电石生产、气化和化工合成等领域。不同用途的焦炭均有特殊的要求。

（1）高炉焦

① 在高炉冶炼中的作用。炼铁的高炉是一个中空竖炉，自上而下分为炉喉、炉身、炉腰、炉腹和炉缸 5 部分。铁矿石、焦炭和造渣熔剂等块状炉料从炉顶依次分批装入炉内。焦炭在炉缸上部的风口区与由风口鼓入的高温空气相遇并燃烧放热，燃烧产生的 CO_2 与风口边缘的焦炭反应，生成的还原性气体 CO 将矿石还原成铁。每生产 1t 生铁需要的焦炭量称为焦比，一般大型高炉的焦比约为 250～350kg（焦炭）/t（铁）。焦炭在高炉冶炼过程中有

供热、还原、料柱骨架和供碳 4 种作用。

a. 热源。高炉冶炼所需的热量是由焦炭和喷吹燃料的燃烧及热风提供的，其中焦炭燃烧提供的热量占主要部分。

b. 还原剂。高炉中矿石的还原，是通过间接还原和直接还原完成的。

间接还原是上升的炉气中的 CO 还原矿石，使氧化铁从高价铁逐步还原成低价铁、直到金属铁，同时产生 CO_2：

$$3Fe_2O_3 + CO \longrightarrow 2Fe_3O_4 + CO_2$$
$$Fe_3O_4 + CO \longrightarrow 3FeO + CO_2$$
$$FeO + CO \longrightarrow Fe + CO_2$$

直接还原是在高炉中约 850℃ 以上的区域开始。由于高温时生成的 CO_2 立即与焦炭中的碳反应生成 CO，反应迅速，从全过程看，可以认为是焦炭中的碳直接参与还原过程：

$$FeO + CO \longrightarrow Fe + CO_2$$
$$\underline{CO_2 + C \longrightarrow 2CO}$$
$$FeO + C \longrightarrow Fe + CO$$

无论是间接还原或直接还原，都是以 CO 为还原剂。为了不断补充 CO，要求焦炭有一定的反应性。

c. 料柱骨架。在高炉炉料中，焦炭约占炉料总体积的 35%～50%。在风口以上区域，虽然经历了剧烈的碳溶损反应（$CO_2 + C \rightleftharpoons CO$），焦炭始终保持块状，因此它是高炉料柱中的疏松骨架，焦炭的堆积空隙率保证了料性有良好透气性和透液性，是炉况顺行的重要因素。因此，要求焦炭具有较高的反应后强度。

d. 供碳。生铁中的碳全部来源于高炉焦，进入生铁的碳约占焦炭总碳量的 7%～9%。焦炭中的碳从高炉软熔带开始渗入生铁。在滴落带，滴落的液态铁与焦炭接触时，碳进一步渗入生铁，最后可使生铁的碳含量达到 4% 左右。

② 对焦炭的质量要求。根据冶炼过程分析和长期使用经验，高炉冶炼要求焦炭：粒度适当且均匀，灰分、硫分要低，机械强度要高（M_{40} 要大、M_{10} 要小），反应性适当、反应后强度要高，水分低且稳定等。

（2）铸造焦

铸造焦是化铁炉（冲天炉）熔铁专用的焦炭，它是化铁炉熔铁的主要燃料，用于熔化生铁并使铁水过热，还起支撑料柱保证良好透气性和供碳等作用。

根据化铁炉的熔炼过程，要求铸造焦有较大且均匀的块度；足够的抗碎强度；挥发分、反应性要低；气孔率要小等。

① 块度大而均匀。为了保证化铁炉内料柱有良好透气性能，使风能吹透中心，一般要求焦炭块度在 60mm 以上。

② 具有足够的抗碎强度。铸造焦除在炉前运输过程中会受到冲击和磨损外，主要是在入炉时和入炉后要承受大铁块的撞击。为了保持炉内焦炭的块度均匀和底焦的稳定，要求铸造焦具有一定的转鼓强度和落下强度。这对于保证铁水温度，提高化铁炉热效率有重要作用。

③ 灰分和挥发分要低。铸造焦的灰分应尽可能低，因为灰分不仅降低了焦炭的固定碳和热值，从而不利铁水温度的提高，还增加了造渣量和热损失。一般铸造焦灰分减少 1%，焦炭消耗约降低 4%，铁水温度约提高 10℃。铸造焦的挥发分应低，因为挥发分高的焦炭，固定碳含量低，使焦炭发热量降低，熔化金属的焦比高。

④ 硫分低。铸造焦中的硫约有 30%～60% 进入熔化的铁水。当废钢用量增多时，铁水的渗硫更多，直接影响铸件质量。

⑤ 气孔率小、反应性低。铸造焦要求气孔率小，反应性低，这样可以制约化铁炉内的氧化、还原反应，使底焦高度不会较快降低，减少 CO 的生成，提高焦炭的燃烧效率、炉气温度和铁水温度，并有利于降低焦比。

（3）铁合金焦

铁合金焦是用于矿热炉冶炼铁合金的专用焦炭，作为冶炼过程的一种炭质还原剂。铁合金的种类很多，有硅铁、锰铁、铬铁等。冶炼不同品种的铁合金，对焦炭的质量要求不一，生产硅铁合金时对焦炭质量要求最高，所以能满足硅铁合金生产的铁合金焦，一般也能满足其他铁合金生产的要求。

（4）气化焦

气化焦是用于生产煤气的焦炭。它主要用于固态排渣的固定床（移动床）煤气发生炉，作为气化原料，生产以 CO 和 H_2 为主要可燃成分的煤气。因为产生 CO 和 H_2 的过程均是吸热反应，需要的热量由焦炭的氧化、燃烧提供。因此，气化焦也是气化过程的热源。为了提高气化效率，气化焦应有较高的反应性，一般焦炭的气化是在固定床气化炉中进行，因此气化焦有一定的强度（$M_{25}＝60％～70％$），块度应适宜且均匀以改善炉料的透气性。固定床气化炉中气化后的残渣以固态排出，焦炭的灰分宜小于 15％，其灰熔点要求大于1250℃，以防灰分在炉内形成熔渣结块，使鼓风不匀，降低气化效率，并增加由炉渣带出的碳量。气化焦的含硫不宜太高。对挥发分的要求不太严格（＜3％）。气化焦可由以气煤为主的配合煤甚至单用气煤炼制。

（5）电石焦

电石焦是电石生产的碳素原料，每生产 1t 电石约需焦炭 0.5t。电石生产过程是在电炉内将生石灰熔融，并使其与碳素原料发生下列反应：

$$CaO+C \xrightarrow{1800～2200℃} CaC+CO$$

电石用焦应具有灰分低、反应性高、电阻率大和粒度适中等特性，还要尽量除去粉末和降低水分（为避免生石灰的消化）。其化学成分和粒度一般应符合如下要求：固定碳大于84％，灰分小于 14％，挥发分小于 2.0％，硫分小于 1.5％，磷分小于 0.04％，水分小于1.0％，粒度根据生产电石的电弧炉容量而定，一般为 3～20mm。

参考文献

［1］ 何选明．煤化学．北京：冶金工业出版社，2010.

［2］ 吕佐周，王光辉．燃气工程．北京：冶金工业出版社，1999.

［3］ 高福烨．燃气制造工艺学．北京：中国建筑工业出版社1995.

［4］ 姚昭章，郑明东．炼焦学．北京：冶金工业出版社，2005.

［5］ 潘立慧，魏松波，等．干熄焦技术．北京：冶金工业出版社，2005.

［6］ 库咸熙．化产工艺学．北京：冶金工业出版社，1995.

［7］ 徐一．炼焦与煤气精制．北京：冶金工业出版社，1985.

第8章 合成氨工艺

8.1 概述

氨是生产硫酸铵、硝酸铵、碳酸氢铵、氯化铵、尿素等化学肥料的主要原料，也是硝酸、染料、炸药、医药、有机合成、塑料、合成纤维、石油化学工业的重要原料。因此，合成氨工业在国民经济中占有十分重要的地位。

8.1.1 氨的性质和用途

氨在标准状态下为无色气体，密度比空气小，具有特殊的刺激性气味，会灼伤皮肤、眼睛，刺激呼吸器官黏膜。氨气易溶于水，溶解时放出大量的热。液氨或干燥的氨气对大部分物质不具腐蚀性，但在有水存在时，对铜、银、锌等金属有腐蚀性。氨是一种可燃性气体，自燃点为630℃，故一般较难点燃。氨与空气或氧气在一定范围内能够发生爆炸，氨的爆炸极限为15.5%～27%。氨的化学性质较活泼，能与酸反应生成铵盐。主要用于制造化学肥料，农业上使用的所有氮肥、含氮混肥和复合肥，都以氨为原料。氨在工业上还可以用来制造炸药、各种化学纤维及塑料。氨还可以用作制冷剂，在冶金工业中用来提炼矿石中的铜、镍等金属，在医药工业中用作生产磺胺类药物、维生素、蛋氨酸和其他氨基酸等。

8.1.2 合成氨工业概况

20世纪初，德国物理化学家哈伯（F. Haber）成功地采用化学合成的方法，将氢气和氮气通过催化剂的作用，在高温高压下直接制取氨。目前工业上生产氨的方法几乎全部都采用氢、氮气直接合成法。

1913年，德国建立了第一套日产30t的合成氨装置，合成氨工业从此正式诞生。第一次世界大战结束后，德国因战败而被迫把合成氨技术公开。一些国家在此基础上做了改进，出现了不同压力的合成方法：低压法（10MPa）、中压法（20～30MPa）和高压法（70～100MPa）。大多数工厂采用中压法，所用原料主要是焦炭和焦炉气。第二次世界大战后，特别是20世纪50年代以后，随着世界人口不断增长，用于制造化学肥料和其他化工产品的氨量迅速增加。1992年，世界合成氨产量为118.16Mt，在化工产品中仅次于硫酸而居第二位，成为重要的支柱产业之一。20世纪50年代，由于天然气、石油资源大量开采，为合成氨提供了丰富的原料，促进了世界合成氨工业的迅速发展。以天然气、石脑油和重油来代替固体原料生产合成氨，从工程投资、能量消耗和生产成本来看具有显著的优越性。起初，各国将天然气作为原料，随着石脑油蒸气转化催化剂的试制成功，缺乏天然气的国家开发了以石脑油为原料的生产方法。在重油部分氧化法成功以后，重油也成了合成氨工业的重要原料。经过90多年的发展，合成氨工业已遍布世界。合成氨技术得到了高速发展，而且促进了许多科技领域（如化学热力学、化学动力学、催化、高压技术、低温技术）的发展。因此，合成氨工业的诞生被誉为近代化学工业的开端。

8.1.3 我国合成氨工业发展

我国合成氨工业始于20世纪30年代，到1949年时，有南京、大连两座合成氨厂，年生产能力为46kt。新中国成立以来，基于农业的迫切需求，我国的合成氨工业得到很大的发展。50年代初，在恢复、扩建老厂的同时，从前苏联引进三套以煤为原料的年产50kt的合成氨装置，后又试制成功了高压往复式压缩机和氨合成塔，使我国具有生产和发展合成氨的能力。70年代后，小氮肥厂经历了原料、扩大生产能力、节能降耗、以节能为中心的设备定型化、技术上台阶等五个阶段的改造，部分企业吨氨能耗水平大大提高。

我国大型合成氨厂是在70年代中期开始建设的。随着农业生产对化肥需求量的日益增长和我国石油、天然气资源的大规模开发，1973年开始，从美国、荷兰、日本、法国引进了13套年产300kt合成氨的成套装置。以天然气为原料的10套，以石脑油为原料的3套。1978年又引进了3套以重油为原料、1套以煤为原料的年产300kt合成氨装置。这些引进大型合成装置的建成投产，不仅较快地增加了我国合成氨的产量，而且提高了合成氨工业的技术水平和管理水平，也缩小了与世界先进水平的差距。在原料方面，由单一的焦炭发展到煤、天然气、焦炉气、石油炼厂气、轻油和重油等多种原料制氨。

目前，我国已拥有一支从事合成氨生产的科研、设计、制造与施工的技术队伍，研制并生产多种合成氨工艺所需的催化剂，在品种、产量和质量上都能满足工业生产的需要，一些品种的质量已达到国际先进水平，我国已能完成大型合成氨厂的设计及关键设备的制造；具有因地制宜特点的我国小型合成氨工业，经过多年的改进，工艺日趋完善，能耗也明显降低。经过50多年的努力，我国已拥有多种原料、不同流程的大、中、小型合成氨厂。到1999年，我国合成氨产量居世界首位，达34.31Mt。2005年全国合成氨产量有45.45Mt，到2007年，我国合成氨产量继续保持增长势头，已达51.59Mt。2004年全国有合成氨生产企业570多家，其中产量达300kt以上的有30家，超过500kt的已有4家。我国生产合成氨的原料多样。目前，以煤为原料的合成氨产量约占其总产量的64%，以石油为原料的合成氨产量约占14%，以天然气为原料的合成氨产量约占22%。由于我国石油和天然气资源不够丰富，而煤资源相对丰富，因此合成氨原料结构继续向煤调整。

8.1.4 合成氨生产方法简介

氨的合成，首先必须制备合格的氢、氮原料气。氮气可直接取自空气或将空气液化分离而得；或使空气通过燃料层燃烧，将生成的CO和CO_2除去而制得。氢气一般常用含有烃类的各种燃料，如焦炭、无烟煤、天然气、重油等为原料与水蒸气作用的方法来制取。

合成氨的生成过程基本上可分为3个步骤：原料气的制备；原料气的净化；氨的合成。

（1）原料气的制备

① 利用固体燃料（焦炭或煤）的燃烧将水蒸气分解，将空气中的氧与焦炭或煤反应而制得氮气、氢气、一氧化碳、二氧化碳等的气体混合物。

② 利用气体燃料来制取原料气。如天然气可采用水蒸气转化法、部分氧化法制得原料气；焦炉气、石油裂化气可采用深度冷冻法制得氢气等。

③ 利用液体燃料（如重油、轻油）高温裂解或水蒸气转化、部分氧化等方法制得氮气、氢气、一氧化碳等气体混合物。

（2）原料气的净化

制得的原料气中含有一定量的硫化物（包括硫化氢、各种有机硫化合物，如COS，CS_2）、二氧化碳，以及部分灰尘、焦炭等杂质，为了防止管道设备阻塞和腐蚀以及避免催化剂中毒，必须在氨合成阶段前将杂质除净。

原料气中机械杂质的去除可借助过滤、用水洗涤或用其他液体洗涤的方法清除。气体杂质的除去方法可视所含杂质的种类、含量等的不同而采用不同的方法，这些方法的不同也使得合成氨生产流程产生较大差异。如脱除硫化物的方法有干法（如活性炭法、钴钼加氢法、氧化锌法）、湿法［如氨水催化法、蒽醌二磺酸钠（ADA）法］两大类。对于一氧化碳的清除，一般是将一氧化碳变换为二氧化碳和氢，对未变换的残余微量一氧化碳再用铜氨液洗涤法或甲烷化法清除。清除二氧化碳的方法也很多，一般采用碳酸丙烯酯法、低温甲醇洗涤法、热碳酸钾法等进行清除。

（3）氨的合成

将净化后的氢、氮混合气经压缩后，在铁催化剂与高温条件下合成氨，生成的氨经冷却液化与未反应的氢、氮气分离而成产品（液氨），氢、氮气则循环使用。

从上述 3 步骤中，由于各步骤的操作压力不同，因此合成氨厂还设置一个压缩阶段，由多段（一般 5～6 段）压缩机将各阶段气体按不同需要压缩到合适的压力。以焦炭（或无烟煤）、天然气、重油为原料的合成氨流程分别如图 8-1～图 8-3 所示。

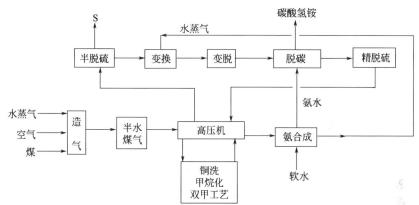

图 8-1　以煤为原料的合成氨工艺过程
注：变脱是指 CO 变换为 CO_2 并被脱除。

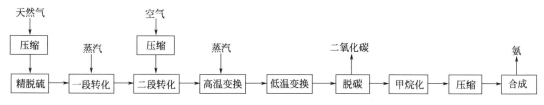

图 8-2　以天然气为原料的合成氨工艺过程

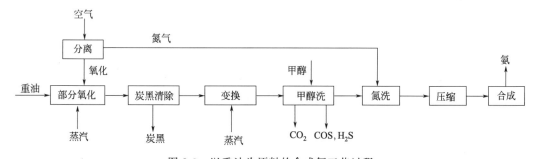

图 8-3　以重油为原料的合成氨工艺过程

8.2　煤气化气体（原料气）的净化

8.2.1　原料气脱硫

任何原料制得的合成氨原料气，除含氢和氮外，还含有硫化物、一氧化碳、二氧化碳和少量氧，这些物质对氨合成催化剂均有毒害，须在进合成工段前予以脱除。

原料气中的硫化物分为无机硫（H_2S）和有机硫（CS_2、COS、硫醇、噻吩、硫醚等）。原料气中硫化物的含量与原料含硫量以及加工方法有关。以煤为原料时，每立方米原料气中

185

含硫化氢一般为几克；用高硫煤为原料时，硫化氢可高达 $20\sim30g/m^3$，有机硫为 $1\sim2g/m^3$；天然气、石脑油、重油中的硫化物含量因产地不同而有很大差别。

硫化物是各种催化剂的毒物，对甲烷转化和甲烷化催化剂、中温变换催化剂、低温变换催化剂、氨合成催化剂的活性均有显著影响。硫化物还会腐蚀设备和管道，给后续工段的生产带来许多危害。因此；对原料气中硫化物进行清除是十分必要的。

脱硫方法有很多，通常是按脱硫剂的物理状态把它们分为干法脱硫和湿法脱硫两大类。

8.2.1.1 干法脱硫

采用固体吸收剂或吸附剂来脱除硫化氢和有机硫的方法称为干法脱硫。干法脱硫具有脱硫效率高、操作简便、设备简单、维修方便等优点。但干法脱硫受脱硫剂硫容的限制，且再生较困难，需定期更换脱硫剂，劳动强度较大。因此，干法脱硫一般用在硫含量较低、净化度要求较高的场合。目前，常用的干法脱硫有氧化锌法、钴钼加氢-氧化锌法、活性炭法、分子筛法等。

8.2.1.2 湿法脱硫

在塔设备中利用液体脱硫剂吸收气体中的硫化物的方法称为湿法脱硫。对于含大量无机硫的原料气，通常采用湿法脱硫。湿法脱硫有着突出的优点：①脱硫剂为液体，便于输送；②脱硫剂较易再生并能回收富有价值的化工原料硫黄，从而构成一个脱硫循环系统实现连续操作。因此，湿法脱硫广泛应用于以煤为原料及以含硫较高的重油、天然气为原料的制氨流程中。湿法脱硫吸收速度或化学反应速度快，硫容量大，适合于脱除气体中高硫；脱硫液再生简便，且可循环使用，还可回收硫黄。但受物理或化学反应平衡的制约，脱硫精度不及干法。当气体净化度要求较高时，可在湿法之后串联干法精脱，使脱硫在工艺上和经济上都更合理。有关内容如表 8-1 所示，这里重点介绍蒽醌二磺酸钠法（ADA 法）。

表 8-1 常用脱硫方法比较

项 目	名 称	脱硫剂	方法特点	温度	再生情况
干法脱硫	活性炭法	活性炭	脱除无机硫及部分有机硫，出口总硫小于 $1\mu L/L$	常温	可用水蒸气再生
	氧化锌法	氧化锌	脱除无机硫及部分有机硫，出口总硫小于 $1\mu L/L$	$350\sim400℃$	不再生
	钴钼加氢转化法	氧化钴、氧化钼	在 H_2 存在下有机硫转化为无机硫，气体须经氧化锌脱硫	$350\sim400℃$	不再生
湿法脱硫	ADA 法	稀碳酸钠溶液中添加蒽醌二磺酸钠、偏钒酸钠等	脱除无机酸，出口总硫小于 $20\mu L/L$	常温	脱硫液与空气接触进行再生，副产品为硫黄
	氨水催化法	稀氨水中添加对苯二酚或硫酸亚铁、二酚或硫酸亚铁	脱除无机酸，出口总硫小于 $20\mu L/L$	常温	脱硫液与空气接触进行再生，副产品为硫黄

ADA 是蒽醌二磺酸的英文缩写，这里是借用它代表该法所用的催化剂蒽醌二磺酸钠。此法最初是以加有蒽醌二磺酸钠的稀碳酸钠溶液脱除气体中的硫化氢，即为 ADA 法，以后，为了加快吸收和氧化速度，在溶液中又加入了偏钒酸钠、酒石酸钾钠等，故称其为改良ADA 法。脱硫时，气体与溶液在吸收塔中接触，气体中的硫化氢被溶液吸收，吸收硫化氢后的溶液送入氧化塔，塔底通入空气进行氧化，氧化后的溶液再送入吸收塔脱硫。溶液经过一个循环后，组成并不发生变化。所以，可以把脱硫过程中的化学反应看成用空气氧化硫

化氢。

（1）反应原理

① 吸收塔中的反应。以 pH 为 8.5～9.2 的稀碱液吸收硫化氢生成硫氢化物，反应式为：

$$Na_2CO_3 + H_2S \Longrightarrow NaHS + NaHCO_3$$

硫氢化物与偏钒酸盐反应转化为元素硫，反应式为：

$$2NaHS + 4NaVO_3 + H_2O \Longrightarrow Na_2V_4O_9 + 4NaOH + 2S$$

氧化态 ADA 反复氧化焦性偏钒酸钠，反应式为：

$$Na_2V_4O_9 + 2ADA（氧化态） + 2NaOH + H_2O \Longrightarrow 4NaVO_3 + 2ADA（还原态）$$

② 再生塔中反应。还原态 ADA 被空气中的氧氧化，恢复氧化态，其后溶液循环使用，反应式为：

$$2ADA（还原态） + O_2 \Longrightarrow 2ADA（氧化态） + 2H_2O$$

③ 副反应。气体中若有氧则要发生过氧化反应，反应式为：

$$2NaHS + 2O_2 \Longrightarrow Na_2S_2O_3 + H_2O$$

因此，一定要防止硫以硫氢化钠形式进入再生塔。

（2）工艺流程

ADA 法脱硫的工艺流程如图 8-4 所示。

含有硫化氢的原料气从底部进入吸收塔，与塔顶喷淋下来的溶液逆流接触，气体中的硫化氢即被脱除。净化后的气体从塔顶出来，送往下一工序。吸收硫化氢后的溶液从吸收塔底部引出，经循环槽用泵打入氧化塔进行再生，空气从氧化塔底部鼓泡通入，使溶液氧化，空气由塔顶排入大气，析出的硫黄呈泡沫状浮在液面上，由塔顶的扩大部分上部出口流入硫泡沫槽，用离心机分离出硫黄作为副产品，滤液则返回循环槽。氧化再生后的溶液由氧化塔顶部的扩大部分下部出口引出，经液位调节器进入吸收塔。

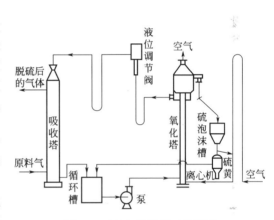

图 8-4　ADA 法脱硫工艺流程

ADA 法的优点是溶液无毒，副产品硫黄中不含有毒物质。国内中小型厂多采用此法脱硫。缺点是溶液组成复杂。

8.2.2　一氧化碳的变换

合成氨粗原料气中的一氧化碳是氨合成催化剂的毒物，需在进入氨合成工段前予以清除。

变换反应可用下式表示，即：

$$CO + H_2O(g) \Longrightarrow CO_2 + H_2 \qquad \Delta H = -41.19kJ/mol$$

一氧化碳的清除一般分为两步。①利用一氧化碳与水蒸气作用生成氢和二氧化碳的变换反应除去大部分一氧化碳，这一过程称为一氧化碳的变换，反应后的气体称为变换气。通过变换反应既能把一氧化碳转变为易除去的二氧化碳，同时又可制得等体积的氢，因此一氧化碳变换既是原料气的净化过程，又是原料气制造的继续。②再采用铜氨液洗涤法、液氮洗涤法或甲烷化法脱除变换气中残余的一氧化碳。

（1）变换反应过程的特点

该反应为等摩尔的可逆放热反应，因而存在着最佳反应温度。从反应动力学可知，温度升高，反应速率常数增大，对反应速率有利，但平衡常数随温度的升高而变小，即 CO 平衡含量增大，反应推动力变小，对反应速率不利，可见温度对两者的影响是相反的。对一定催化剂及气相组成，必将出现最大的反应速率值，其对应的温度即为最适宜反应温度。变换反应过程与硫酸生产过程中二氧化硫催化氧化过程具有许多相似之处。为了使反应速率最快或者说保持同样的生产能力所需的催化剂量最小，应尽可能接近最适宜反应温度线进行反应，工业变换反应则采用在多段催化床中进行，段间可采用间壁冷却，也可用水或水蒸气冷激。

CO 变换可分为中（高）温变换和低温变换。20 世纪 60 年代以前开发的催化剂，以 Fe_2O_3 为主体，Cr_2O_3、MgO 等为助催化剂，操作温度为 350～550℃。由于反应温度较高，受化学平衡的限制，出口气体中尚含 3% 左右的 CO，此过程及催化剂分别称为中温变换和中变催化剂（大型氨厂习惯上称之为高温变换和高变催化剂）。20 世纪 60 年代以后，经多年研究又开发了在较低温度具有良好活性的变换催化剂，即低变催化剂，它以 CuO 为主体，添加 ZnO、Cr_2O_3 等为助催化剂，操作温度为 180～280℃，出口气体的 CO 含量可降至 0.3% 左右。

水蒸气比例一般指 H_2O/CO 比值或水蒸气/干原料气（摩尔比），水蒸气比例一般为 3～5（H_2O/CO）。改变水蒸气比例是工业变换反应最主要的调节手段。增加水蒸气用量，提高了 CO 的平衡变换率，有利于降低 CO 残余含量，加速变换反应的进行。由于过量水蒸气的存在，保证催化剂中活性组分 Fe_3O_4 的稳定而不被还原，并使析碳及生成甲烷等副反应不易发生。过量的水蒸气还起到热载体的作用。提高水蒸气比例，使湿原料气中 CO 含量下降，催化剂床层的温升将减少。所以改变水蒸气的用量是调节床层温度的有效手段。

水蒸气用量是变换过程中最主要消耗指标。尽量减少其用量对过程的经济性具有重要意义。水蒸气比例过高还将造成催化剂床层阻力增加，CO 停留时间缩短，余热回收设备负荷加重等。

压力对化学平衡基本无影响，但提高压力将使析碳和生成甲烷等副反应易于进行。单就平衡而言，加压并无好处。但从动力学角度，加压可提高反应速率，催化剂用量减少。从能量消耗来看，加压也是有利的。由于反应物之一是大量的水蒸气，因而加压下进行变换反应，可节省合成氨总的压缩功耗，其原因与加压天然气蒸汽转化相同，其变换过程的操作压力与转化压力基本相同，并且干原料气物质的量（mol）小于干变换气的物质的量（mol），先压缩原料气后再进行变换的能耗，比常压变换再压缩变换气的能耗低。根据原料气中 CO 含量的差异，其能耗可降低 15%～30%。当然，加压变换需用压力较高的水蒸气，对设备材质的要求也较高，但综合的结果，优点还是主要的。

变换反应前应对催化剂进行还原。对中变催化剂需将 Fe_2O_3 还原成 Fe_3O_4 才具有活性。对于低变催化剂，金属铜才有活性。可用含有 CO、H_2 的工艺气体缓慢进行催化剂还原。在还原过程进行的主要反应分别为：

$$3Fe_2O_3 + H_2 \Longrightarrow 2Fe_3O_4 + H_2O(g) \qquad \Delta H = -9.62kJ/mol$$
$$3Fe_2O_3 + CO \Longrightarrow 2Fe_3O_4 + CO_2 \qquad \Delta H = -50.81kJ/mol$$
$$CuO + H_2 \Longrightarrow Cu + H_2O(g) \qquad \Delta H = -86.7kJ/mol$$
$$CuO + CO \Longrightarrow Cu + CO_2 \qquad \Delta H = -127.7kJ/mol$$

在还原过程中，催化剂中的其他组分一般不会被还原。低变催化剂由于价格昂贵且极易中毒，故要求原料气中的 H_2S 的含量小于 $1\mu L/L$。

（2）一氧化碳变换工艺流程

变换流程的设计，应根据原料气中 CO 的含量、进入系统的原料气温度及含湿量并结合后续工序的脱除残余 CO 的方法来确定。此外，还应考虑变换的压力、段间冷却方式、催化剂的段数、变换反应器的回收等问题。

图 8-5 为半水煤气为原料的二段中温变换流程。原料气中 CO 含量较高，故设置二段中温变换，而且由于进入系统的原料气温度与湿度较低，所以流程中设有原料气预热及增湿装置。因采用铜氨液最终清除残余的 CO，该法允许变换气 CO 含量较高，故不设低温变换。

如图 8-5 所示，脱硫后的半水煤气经压缩至 $0.7\sim1.0$MPa 后，进入饱和塔，与 $130\sim140$℃的热水逆流接触，气体被加热并增湿，然后配入适量水蒸气使气体中 H_2O/CO 的比值达到 5 左右，进入换热器及中间换热器预热至 380℃，然后进入变换炉。经第一段催化反应后温度升至约 500℃，经中间换热器冷却后进入第二段催化床继续反应。有的流程还设有第三段催化床，经反应后 CO 变换率达 90%，残余 CO 含量为 3% 左右。变换气经换热器与水加热器回收余热后，进入热水塔进一步冷却、减湿，而热水则被加热。

变换炉为固定床反应器，如图 8-6 所示。催化剂分为二、三段放置，外壳用钢板焊成，内衬耐火材料。每段催化剂的上下方均铺有耐火球，以利于气体的均匀分布并防止催化剂下漏。

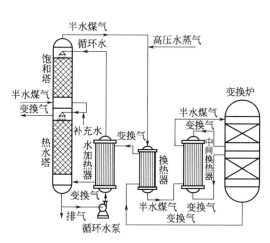

图 8-5 半水煤气二段中温变换流程

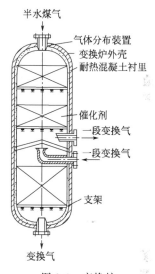

图 8-6 变换炉

图 8-7 所示为小型氨厂多段变换流程，因采用铜氨液最终清除 CO，该法允许变换气 CO 含量较高，故不设低温变换。

如图 8-7 所示，变换炉分为三段，一、二段间冷却采用原料气直接冷激降温，二、三段间冷却用水蒸气间接换热，将饱和水蒸气变为过热水蒸气，这对缺乏过热水蒸气的小型氨厂尤为合适，使用过热水蒸气可显著地减轻热交换器的腐蚀。

CO 含量 30% 左右的半水煤气，加压到 $0.7\sim1$MPa，首先进入饱和塔（填料塔或板式塔，上段为饱和塔，下段为热水塔），与 $130\sim140$℃的热水逆流接触，气体被加热而又同时增湿。然后在混合器中与一定比例的 $300\sim350$℃过热水蒸气混合。$25\%\sim30\%$ 的气体不经热交换器，作为冷激气体，其他则经热交换器近一步预热到 380℃进入变换炉。经第一段催化反应后温度升到 $480\sim500$℃，冷激后依次通过二、三段，气体离开变换炉的温度为 $400\sim410$℃。CO 变换率达 90%，残余 CO 含量为 3% 左右。变换气经热交换器加热原料气，再经第一水加热器加热热水，然后进入热水塔进一步冷却、减湿，温度降到 $100\sim110$℃。为了进一步回收余热，气体进入第二水加热器（即锅炉给水预热器），温度降到 $70\sim80$℃，最后经冷凝塔冷却到常温返回压缩机加压。系统中的热水在饱和塔、热水塔及第一水加热器中进行循环。定期排污及加水，以保持循环热水的质量及水的平衡。流程中还设置燃烧炉，用于

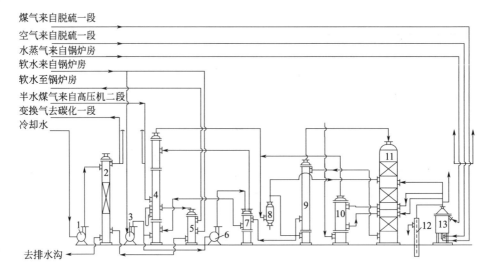

图 8-7　小型氨厂一氧化碳多段变换流程

1—冷却水泵；2—冷凝塔；3—软水泵；4—饱和热水塔；5—第二水加热器（锅炉给水预热器）；6—热水泵；
7—第一水加热器；8—水蒸气混合器；9—热交换器；10—水蒸气过热器；11—变换炉；12—水封；13—燃烧炉

开工时催化剂的升温还原。

以煤为原料的中、小型氨厂，高变催化剂段间常采用软水喷入填料层蒸发的冷却方式。这样既可达到气体降温，又可增加气体中水蒸气含量，有利于提高一氧化碳的最终变换率，节约了能量。采用软水冷激时应注意水质及喷头结构，水质不良将造成催化剂表面结盐而降低活性。喷头如不能使软水有效地雾化，将导致水滴与催化剂接触使催化剂崩裂。

8.2.3　二氧化碳的脱除

由任何原料制得的原料气经变换后，都含有相当数量的二氧化碳，在合成之前必须清除干净。同时，二氧化碳又是生产尿素、碳酸氢铵和纯碱的重要原料，有必要回收利用，或在脱碳的同时，生成含碳的产品，即脱碳与回收过程结合在一起。

工业上常用的脱除二氧化碳方法为溶液吸收法。它又分为两大类：①循环吸收法，即溶液吸收二氧化碳后在再生塔解吸出纯态的二氧化碳，以提供生产尿素的原料，再生后的溶液循环使用；②将吸收二氧化碳与生产产品联合起来同时进行，称为联合吸收法，例如碳铵、联碱和尿素的生产过程。

本节只介绍循环吸收法，循环吸收法又可分为物理吸收法和化学吸收法。物理吸收法是利用二氧化碳能溶解于水或有机溶剂的特性将其吸收。化学吸收法则是以碱性溶液为吸收剂，利用二氧化碳是酸性气体的特性进行化学反应将其吸收。

一般采用的吸收设备大多为填料塔。常用的脱碳方法如表 8-2 所示。

表 8-2　常用脱碳方法

名　称		吸收剂	方法特点	温度	压力
物理吸收法	加压水洗法	水	加压下 CO_2 溶于水，净化度不高，出口 CO_2 达 $1\%\sim1.5\%$（体积分数，下同）	常温	1.8MPa
	低温甲醇法	甲醇	加压、低温下 CO_2 溶于甲醇，净化度高，出口 CO_2 $10\mu L/L$	$-70\sim-30℃$	3.2 MPa
	碳酸丙烯酯法	碳酸丙烯酯	加压吸收，出口 CO_2 1%	35℃	8.7MPa

名　　称		吸收剂	方法特点	温度	压力
化学吸收法	氨水法	氨水	氨水吸收 CO_2 生成 NH_4HCO_3	常温	—
	乙醇氨法	乙醇氨	加压吸收,出口 CO_2 0.1%	43℃	—
	改良热碱法	碳酸钾溶液中添加二乙醇氨、五氧化二钒等	在较高温度下加压吸收,出口 CO_2 0.1%	70~110℃	—

由于合成氨生产中,二氧化碳的脱除及其回收是脱碳过程的双重目的,在选择脱碳方法时,不仅要从方法本身的特点考虑,而且要根据原料、二氧化碳用途、技术经济指标等进行考虑。

8.2.4 原料气的最终净化

经变换和脱碳后的原料气中尚有少量残余的一氧化碳和二氧化碳。为了防止它们对氨合成催化剂的毒害,原料气在送往合成工段以前,还需要进一步净化,称为"精制"。精制后气体中一氧化碳和二氧化碳体积分数之和,大型厂控制在小于 $10\mu L/L$,中小型厂小于 $30\mu L/L$。由于一氧化碳在各种无机、有机液体中的溶解度很小,所以要脱除少量一氧化碳并不容易。目前常用的方法有铜氨液洗涤法、甲烷化法和液氮洗涤法。

(1) 铜氨液洗涤法

铜氨液是由金属铜在空气存在的条件下与酸、氨的水溶液反应所制得的。为了减小设备的腐蚀,工业上不用强酸,而用甲酸(俗称蚁酸)、醋酸和碳酸等。

蚁酸亚铜在氨溶液中溶解度高,因此,单位体积的铜氨液吸收一氧化碳的能力大。由于蚁酸易挥发,再生时易分解而损失,需经常补充,使生产成本提高。碳酸铜氨液极易制得,但溶液中亚铜离子含量低,所以,溶液吸收能力差,处理一定量的原料气需要的铜氨液量大,洗气中残留的一氧化碳和二氧化碳多。醋酸铜氨液的吸收能力与蚁酸铜氨液接近,且组成比较稳定,再生时损失较少。当前,国内大多数中小型合成氨厂采用醋酸铜氨液。

工业上通常把铜氨液吸收一氧化碳的操作称为铜洗,主要设备有铜洗塔和再生塔。铜洗时压力为 $12~15MPa$,温度为 $8~12℃$,经铜洗后,一氧化碳和二氧化碳之和小于 $10\mu L/L$,而氧几乎全部被吸收。铜氨液在常压,温度为 $76~80℃$ 进行再生,释放出 CO、CO_2 等气体后循环使用。通常铜洗塔为填料塔,采用钢制填料,也可以用筛板塔。

(2) 甲烷化法

甲烷化法是利用催化剂使少量一氧化碳、二氧化碳加氢生成甲烷而使气体精制的方法。此法可使净化气中一氧化碳和二氧化碳的体积分数总量达 $10\mu L/L$ 以下。由于甲烷化过程消耗氢并且生成不利于氨合成的甲烷,因此此法仅适用于气体中一氧化碳和二氧化碳的体积分数总量低于 0.7% 的气体精制,并通常和低温变换工艺配套。

碳氧化物加氢的反应式为:

$$CO + 3H_2 \Longrightarrow CH_4 + H_2O(g) \qquad \Delta H = -206.16 \text{ kJ/mol}$$
$$CO_2 + 4H_2 \Longrightarrow CH_4 + 2H_2O(g) \qquad \Delta H = -165.08 \text{ kJ/mol}$$

当原料气中有氧存在时反应式为:

$$2H_2 + O_2 \Longrightarrow 2H_2O(g) \qquad \Delta H = -484 \text{ kJ/mol}$$

上述反应为甲烷蒸汽转化反应的逆反应,反应温度为 $360~380℃$,由于甲烷化反应是强放热反应,而镍催化剂床层不能承受很大的温升,故对气体中 CO 和 CO_2 的含量有一定的限制。因而甲烷化法一般与低变流程配合使用。

(3) 液氮洗涤法

液氮洗涤法（也称深冷分离法）是基于各种气体的沸点不同的特性进行分离的。氢的沸点最低，最不易冷凝，其次是氮、一氧化碳、氩、甲烷等，属物理吸收过程。前面介绍的两种方法都是利用化学反应把碳氧化物的含量脱除到 $10\mu L/L$ 以下，但净化后的氢氮混合气中仍含有 0.5%～1.0% 的甲烷和氩，虽然这些气体不会使氨合成的催化剂中毒，但它降低了氢、氮气的分压，从而影响氨合成反应。液氮洗涤法不但能脱除一氧化碳，而且能有效地脱除甲烷和氩气，得到惰性气体的含量低于 $100\mu L/L$ 的高质量氨合成原料气，这对于降低原料气消耗，增加氨合成生产能力特别有利。除此以外，液氮洗涤还可分离原料气中过量氮气，以适应天然气二段转化工艺添加过量空气的需要。液氮洗涤法常与重油部分氧化、煤的纯氧和富氧空气气化以及采用过量空气制气的工艺相配套。

8.3　氨的合成

氨合成的任务是将精制的氢氮气合成为氨，提供液氨产品，是整个合成氨流程的核心部分。氨合成反应是在较高压力和催化剂存在的条件下进行的。由于反应后气体中的氨含量一般只有 10%～20%，因此，氨合成工艺通常都采用循环流程。氨合成的生产状况直接影响到工厂生产成本的高低，是合成氨厂高产低耗的关键工序。

8.3.1　氨合成反应的化学平衡

氨合成反应是放热和体积减小的可逆反应。反应式为

$$0.5N_2+1.5H_2 {=\!=\!=} NH_3 \qquad \Delta H=-46.22kJ/mol$$

其化学平衡常数为

$$K_p=\frac{p_{NH_3}}{p_{N_2}^{0.5}p_{H_2}^{1.5}}=\frac{y_{NH_3}}{y_{N_2}^{0.5}y_{H_2}^{1.5}}$$

加压下的化学平衡常数 K_p 不仅与温度有关，而且与压力和气体组成有关。不同温度、压力下的 K_p 值如表 8-3 所示。

表 8-3　不同温度、压力下氨合成反应的 K_p 值

温度/℃	不同压力下的 K_p					
	0.1013MPa	10.13MPa	15.20MPa	20.27MPa	30.40MPa	40.53MPa
350	0.2596	0.2980	0.3293	0.3527	0.4235	0.5136
400	0.1254	0.1384	0.1474	0.1576	0.1818	0.2115
450	0.0641	0.0713	0.0749	0.0790	0.0884	0.0996
500	0.0366	0.0399	0.0416	0.0436	0.0475	0.0526
550	0.0213	0.0239	0.0247	0.0256	0.0276	0.0299

由表 8-3 可见，温度愈高，平衡常数值愈小，提高压力，K_p 值有所增加。利用平衡常数值及其他已知条件，可以计算某一温度、压力下的平衡氨含量。若干不同温度、压力下的平衡氨含量如表 8-4 所示。

表 8-4　不同温度、压力下的平衡氨含量（体积分数×100，氢、氮比为3）

温度/℃	不同压力下的平衡氨含量(体积分数)/10^{-2}					
	0.1013MPa	10.13MPa	15.20MPa	20.27MPa	30.40MPa	40.53MPa
350	0.84	37.86	46.21	58.46	61.61	68.23
380	0.54	29.95	37.89	44.08	53.50	60.59
420	0.31	21.36	28.25	33.93	43.04	50.25
460	0.19	15.00	20.60	25.45	33.66	40.49
500	0.12	10.51	14.87	18.81	25.80	31.90
550	0.07	6.82	9.90	18.82	18.23	23.20

显然，提高压力、降低温度有利于氨的合成。但是，即使在压力较高的条件下反应，氨的合成率还是很低的，即仍有大量的氢、氮气未参与反应，因此这部分氢、氮气必须加以回收利用，从而构成了氨合成必然是采用氨分离后的氢、氮气循环的回路流程。

8.3.2　氨合成的反应机理和动力学方程

氨合成反应过程和一般气-固相催化反应一样，由外扩散、内扩散和化学反应等一系列连续步骤组成。当气流速度相当大以及催化剂粒度相当小时，外扩散和内扩散的影响均不显著，此时整个催化反应过程的速度可以认为是本征反应动力学速度。

有关氮与氢在铁催化剂上的反应机理，存在着不同的假设。一般认为，氮在催化剂上被活性吸附，离解为氮原子，然后逐步加氢，连续生成 NH、NH_2 和 NH_3。本征反应动力学过程包括吸附、表面化学反应和脱附 3 个步骤，催化反应的总反应速度为其中最慢的一步所决定。该反应机理认为：氮在催化剂表面上的活性吸附是本征动力学反应速率的控制步骤。

1939 年，捷姆金和佩热夫根据以上机理，并假设催化剂表面活性不均匀，氢的吸附遮盖度中等，气体为理想气体及反应距平衡不很远等条件，推导出本征反应动力学方程式为：

$$r_{NH_3} = k_1 p_{N_2} \left[\frac{p_{H_2}^3}{p_{NH_3}^2} \right]^\alpha - k_2 \left[\frac{p_{NH_3}^2}{p_{H_2}^3} \right]^{1-\alpha}$$

式中　k_1、k_2——正、逆反应速度常数；

　　　　$p_{(i)}$——混合气体中 i 组分的分压；

　　　　α——视催化剂性质及反应条件而异的常数，一般由实验测得。

工业上铁催化剂，α 可取 0.5，于是上式变为：

$$r_{NH_3} = k_1 p_{N_2} \frac{p_{H_2}^{1.5}}{p_{NH_3}} - k_2 \frac{p_{NH_3}}{p_{H_2}^{1.5}}$$

还有一些其他形式的氨合成反应动力学方程，但在一般工业操作范围，使用捷姆金式还是比较满意的。

8.3.3　催化剂及氨合成的工艺条件

8.3.3.1　催化剂

长期以来，人们对氨合成中催化剂的影响做了大量的研究工作，发现对氨合成有活性的金属有锇、铀、铁、钼、锰、钨等，其中以铁为主体并添加有助催化剂的铁系催化剂，价廉易得，活性良好，使用寿命长，从而获得了广泛的应用。大部分合成氨厂使用的氨合成催化剂是国产系列产品，用经过精选的天然磁铁矿通过熔融法制备。铁系催化剂活性组分为金属铁，未还原前为氧化亚铁和氧化铁，其中氧化亚铁占 24%～28%（质量分数）。Fe^{2+}/Fe^{3+} 称为铁比，约为 0.5，催化剂主要成分可视为四氧化三铁，具有尖晶石结构，其质量分数为 90%左右。工业生产中，操作压力在 15MPa 以上的氨合成催化剂，一般控制铁比在 0.55～0.65。

不含促进剂的纯铁催化剂，不仅活性低，而且耐热性、耐毒性也不理想。现代熔铁氨合成催化剂均添加了铝、钾、钙、镁等金属元素的氧化物，借以改善催化剂的性能。通常制成的催化剂为黑色不规则颗粒，有金属光泽，堆积密度 8.5～3.0kg/L，孔隙率 40%～50%。还原后的铁催化剂一般为多孔的海绵状结构，孔呈不规则树枝状，比表面积为 4～16m²/g。

氨合成催化剂活性的好坏，直接影响到合成氨的生产能力和能耗的高低。催化剂的活性不仅与化学组成有关，在很大程度上还取决于制备方法和还原条件。因此，氨合成催化剂的还原可以看成催化剂制造的最后工序。催化剂还原反应式为：

$$Fe_3O_4 + 4H_2 \Longrightarrow 3Fe + 4H_2O \qquad \Delta H = 149.9kJ/mol$$

由于反应吸热，故还原时应提供足够的热量。中小型氨合成装置一般用电加热器加热进

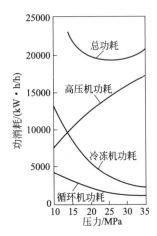

图 8-8　氨合成压力和
功耗的关系

入催化床的气体。对大型装置，则在加热炉中用燃烧气对氢、氮气进行间壁换热后进入催化床。对铁催化剂有毒的物质主要有硫、磷、砷的化合物以及一氧化碳、二氧化碳和水蒸气等。

8.3.3.2　氨合成的工艺条件

（1）压力

在氨合成过程中，合成压力是决定其他工艺条件的前提，是决定生产强度和技术经济指标的主要因素，提高操作压力有利于提高平衡氨含量和氨合成速度，增加装置的生产能力，有利于简化氨分离流程。但是，压力高时对设备材质及加工制造的技术要求均高，同时，高压下反应温度一般较高，催化剂使用寿命缩短。生产上选择操作压力主要涉及功的消耗（即氢、氮气的压缩功耗，循环气的压缩功耗和冷冻系统的压缩功耗）。图 8-8 所示给出了某日产 900t 氨厂合成工段功耗随压力的变化关系。如图 8-8 所示，提高压力，循环气压缩功和氨分离冷冻功减少，而氢、氮气压缩功却大幅度增加。当操作压力在 20～30MPa 时，总功耗较低。

（2）温度

和其他可逆放热反应一样，合成氨反应存在着最适宜温度，它取决于反应气体的组成、压力以及所用催化剂的活性。在最适宜温度下，氨合成反应速度最快，氨合成率最高。从理论上讲，氨合成操作曲线应与最适宜温度曲线相吻合，以保证生产强度最大，稳定性最好。

压力改变时，最适宜温度亦相应变化，气体组成一定，压力愈高，平衡温度与最适宜温度愈高。

氨合成反应温度，一般控制在 400～500℃ 之间（依催化剂类型而定）。催化剂床层的进口温度比较低，大于或等于催化剂使用温度的下限，依靠反应热床层温度迅速提高，而后温度再逐渐降低。床层中温度最高点，称为"热点"，不应超过催化剂使用温度的上限。到生产后期，催化剂活性已经下降，操作温度应适度提高。

由于氨合成反应的最适宜温度随氨含量提高而降低，因此在生产过程中要求随反应的进行，不断移出反应热。生产上按照降温方法不同，氨合成塔内件可分为内部换热式和冷激式。内部换热式内件采用催化剂床层中排列冷管或绝热层间安置中间热交换器的方法，以降低床层的反应温度，并预热未反应的气体。冷激式内件采用反应前尚未预热的低温气体进行层间冷激，以降低反应气体的温度。

（3）空间速率

空间速率是单位时间、单位体积催化剂上通过的标准立方米气体量。实际上它是气体与催化剂接触时间的倒数。其单位可写为 $m^3/(m^3 \cdot h)$ 或 h^{-1} 表示。显然空间速率（简称空速）越大，接触时间越短。选用空间速率既涉及氨净值（进出塔气体氨含量之差）、合成塔生产强度、循环气量、系统压力降，也涉及反应热的合理利用。因此选择空速时应综合考虑生产强度、功耗、床层温度、反应热回收等因素。大型合成氨厂为充分利用反应热，降低功耗并延长催化剂寿命，通常采用较低的空速。

当操作压力及进塔气体组成一定时，对于既定结构的氨合成塔，提高空速，出口气体的氨含量下降即氨净值降低。但增加空速，合成塔的生产强度有所提高，不过循环气压缩功耗、氨分离过程所需的冷冻量均增加。同时，由于单位体积入塔气产氨量减少，所获得的反应热也相应减少，甚至可能导致不能维持自热反应。因此空速应根据实际情况维持一个适宜值，一般为 $(1～3) \times 10^4 h^{-1}$。

（4）合成塔进口气体组成

合成塔入塔气体组成包括氢氮比、惰性气体含量和氨含量。

① 氢氮比。由化学平衡可知，当氢氮比为 3 时，氨的平衡含量最大。但从动力学角度分析，最佳氢氮比随氨含量的变化而变化，反应初期最佳氢氮比为 1，当反应趋于平衡时，最佳氢氮比接近 3。生产实践表明，进塔气中适宜的氢氮比为 8.8～8.9，若采用含钴催化剂其适宜氢氮比在 8.2 左右。氨合成反应氢与氮总是按 3:1 的比例消耗，若忽略氢与氮在液氨中溶解损失。新鲜气中氢氮比应控制为 3，否则循环系统中多余的氢或氮会积累起来，造成氢氮比失调，使操作条件恶化。

② 惰性气体含量。惰性气体的存在对化学平衡和反应速度都不利。惰性气体来源于新鲜气，主要靠"放空气"量来控制循环气中的惰性气体含量。惰性气体含量控制过低，需大量排放循环气而损失氢、氮气，导致原料气消耗量增加。当操作压力较低，催化剂活性较好时，循环气中惰性气体含量宜保持在 16%～20%，以降低原料气消耗量。反之，宜控制在 12%～16% 之间。

③ 入塔氨含量。当其他条件一定时，入塔氨含量越高，氨净值越小，生产能力越低。反之，降低入塔氨含量，催化剂床层反应推动力增大，反应速度加快，氨净值增加，生产能力提高。入塔氨含量的高低，取决于氨分离的方法。冷凝法分离氨，入塔氨含量与系统压力和冷凝温度有关。受此条件限制，要维持较低的入塔氨含量，必须消耗大量冷冻量，增加冷冻功耗，在经济上并不可取。通常情况下，中压法操作入塔氨含量应在 3.0%～3.8%，低压法操作入塔氨含量应在 8.0%～3.0%。采用水吸收法分离氨，入塔氨含量可在 0.5% 以下。

8.3.4 氨合成工艺流程

氢氮混合气体经过合成塔催化剂床层反应后，只有少部分氢、氮气合成为氨，这种混合气体必须经过一系列冷却分离处理后才能使气相氨冷凝为液氨，并与氢、氮气分离，此过程称为氨的分离。

目前，氨合成生产过程中常使用的分离方法是冷凝法，它是利用氨气在高压下易于被冷凝的原理而进行的。高压下气相氨含量，随温度降低、压力提高而下降。

利用氨气易于液化的特点，对具有较高压力的含氨混合气体进行冷却，使氨气冷凝成液态而与其他气体分离。当操作压力高达 45MPa 时，用水冷却即可使大部分气相氨冷凝，而操作压力为 15～30MPa 的一般流程，用水冷却后，尚须用冷冻机将其冷却至 0℃ 以下。最方便的方法是用液氨冷冻剂。这种水冷加氨冷的流程，称为两级氨分离流程。

合成氨厂工艺流程虽然不尽相同，但实现氨合成的几个基本步骤是相同的。一般包括：新鲜氢氮原料气的补入；对未反应气体进行压缩并循环使用；循环气预热和氨的合成；反应热回收；氨的分离及惰性气体排放等。工艺流程设计的关键在于上述几个步骤的合理组合，其中主要是合理地确定循环气压缩、新鲜气补入、惰性气体放空的位置以及氨分离的冷凝级数、冷热交换器的安排和热能回收方式。

图 8-9 所示为典型的中压合成两级氨分离流程。合成塔出口气体中含氨 14%～18%，压力约为 30MPa，经排管式水冷凝器冷却至常温，气体中部分氨被冷凝，在氨分离器中将液氨分离。为降低系统中惰性气体含量，少量循环气在氨分离后放空，大部分循环气由循环气压缩机加压至 32MPa 后进入油过滤器，新鲜氢、氮气也在此处补入。经油过滤器过滤后的气体进入冷凝塔上部的换热器，与第二次分离氨后的低温循环气换热，再进入氨冷凝器中的蛇管，蛇管外用液氨蒸发作为冷源，使蛇管中循环气温度降至 -8～0℃，气体中的大多数氨在此冷凝，并在冷凝塔下部进行气液分离，气体中残余氨含量约为 3%。气体进入冷凝塔上部经换热后温度上升至 10～30℃ 后进入氨合成塔，从而完成氢、氮气的循环过程。作为冷冻剂的液氨汽化后回冷冻系统，经氨压缩机加压，水冷后又成为液氨，循环使用。

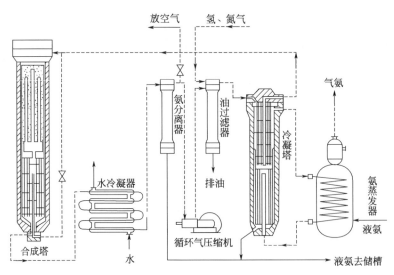

图 8-9　中压合成两级氨分离流程

　　上述流程的特点是：放空的位置设在惰性气体含量较高、氨含量较低的位置，可减少氨及氢、氮气的损失；新鲜气在油过滤器中补入，经第二次氨分离时可以进一步达到净化目的，可除去油污以及带入的微量 CO_2 和水分；循环气压缩机位于水冷凝器之后，循环气温度较低，有利于降低压缩功耗。

8.3.5　氨合成塔

（1）结构特点

　　氨合成塔是合成氨生产的主要设备之一。氨在高温、高压条件下合成，在此条件下氢、氮气对碳钢有明显的腐蚀作用。造成腐蚀的原因有：①氢脆，氢溶解于金属晶格中，使钢材在缓慢变形时发生脆性破坏；②氢腐蚀，即氢渗透到钢材内部，使碳化物分解并生成甲烷，甲烷聚集于晶界微观孔隙中形成高压，导致应力集中沿晶界出现破坏裂纹。若甲烷在靠近钢表面的分层夹杂等缺陷中聚积，还可以出现宏观鼓泡。氢腐蚀与压力、温度有关，温度超过 221℃、氢分压大于 1.43MPa，氢腐蚀就开始发生。

　　在高温高压下，氮与钢中的铁及其他合金元素生成硬而脆的氮化物，导致金属机械性能降低。为了适应氨合成反应条件，合理解决高温和高压的矛盾，氨合成塔都由内件与外筒两部分组成，如图 8-10 所示。进入合成塔的气体先经过内件与外筒间的环隙。内件外面设有保温层（或死气层），以减少向外筒的散热。因而，外筒主要承受高压，而不承受高温，可用普通低合金钢或优质低碳钢制成，在正常情况下，寿命可达 40 年以上；内件虽然在 500℃左右的高温下工作，但只承受环隙气流与内件气流的压差，一般仅为 0.5～2.0MPa，既主要承受高温而承受高压。内件用镍铬不锈钢制作，由于承受高温和氢腐蚀，内件寿命一般比外筒短些。内件由催化剂筐、热交换器、电加热器 3 个主要部分构成，大型氨合成塔的内件一般不设电加热器，开工时由塔外加热炉供热来

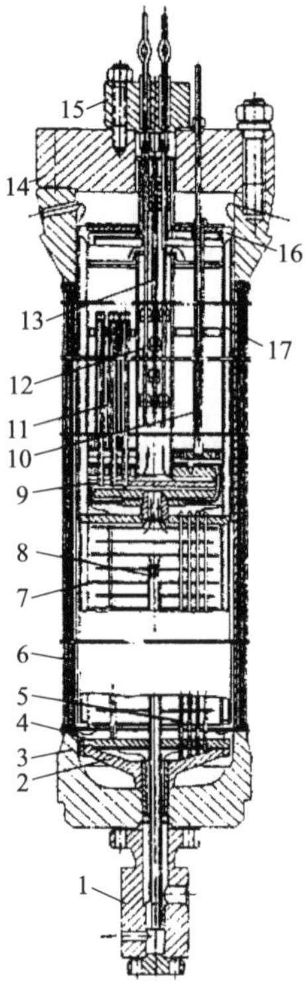

图 8-10　氨合成塔

1—塔体下部；2—托架；3—底盖；4—花板；5—热交换器；6—外筒；7—挡板；8—冷气管；9—分气盒；10—温度计管；11—冷管（双套管）；12—中心管；13—电炉；14—大法兰；15—头盖；16—催化剂床盖；17—催化剂床

还原催化剂。整个合成塔中，仅热电偶内套管既承受高温又承受高压，但直径较细，用厚壁镍铬不锈钢管即可。

氨合成塔结构繁多，目前常用的有冷管式和冷激式两种塔型，前者属于连续换热式，后者属于多段冷激式。20 世纪 60 年代开发成功的径向氨合成塔，将传统的塔内气体在催化剂床层中沿轴向流动改为径向流动以减小压力降，降低了循环功耗。中间换热式塔型是当今世界氨合成塔发展的趋向，但其结构较为复杂。

（2）冷管式氨合成塔

在催化剂床层中设置冷管，利用在冷管中流动的未反应的气体移出反应热，使反应比较接近最适宜温度线进行，此为冷管式氨合成塔的主要特征。我国小型氨厂多采用冷管式内件，早期为双套管并流冷管，1960 年以后开始采用三套管并流冷管和单管并流冷管。

冷管式氨合成塔的内件由催化剂筐、分气盒、热交换器和电加热器组成，催化剂床层顶部为不设置冷管的绝热层，反应热在此完全用来加热气体，温度上升快。在床层的中、下部为冷管层。并流三套管由并流双套管演变而来，二者的差别仅在于内冷管一为单层，一为双层，如图 8-11 所示。双层内冷管一端的层间间隙焊死，形成"滞气层"。"滞气层"增大了内外管间的热阻，因而气体在内管温升小，使床层与内外管间环隙气体的温差增大，改善了上部床层的冷却效果。

并流三套管的主要优点是床层温度分布较合理，催化剂生产强度高，如操作压力为 30MPa，空速 $20000\sim30000h^{-1}$，催化剂的生产强度可达 $40\sim60t/(m^3 \cdot d)$，结构可靠、操作稳定、适应性强。其缺点是结构较复杂，冷管与分气盒占据较多空间，催化剂还原时床层下部受冷管传热的影响升温困难，还原不易彻底。在国内此类内件广泛用于 $\phi800\sim1000mm$ 的合成塔。

从催化剂床层换热的角度讲，单管并流式与并流三套管式类似，如图 8-12 所示，以单管代替三套管，以几根直径较大的升气管代替三套管中几十根双层内冷管，从而使结构简化，取消了与三套管相适应的分气盒。因此塔内部件紧凑、催化剂筐与换热器之间间距小，塔的容积得到有效利用。此外，冷管为单管，不受管径和分气盒的限制，便于采用小管径多管数的冷管方案，有利于减小床层径向的温差。

单管并流式内件的缺点是结构不够牢固，由于温差应力大，升气管、冷管焊缝容易裂开。单管并流式塔在我国应用比较普遍，结构形式颇多，冷管形状有圆管、扁平管和带翅片的冷管 3 种；来自换热器的气体有的是先经中心管而后入冷管，有的是先经冷管而后入中心管，后者如图 8-12 所示。

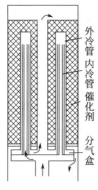

图 8-11　并流三套管

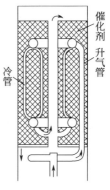

图 8-12　单管并流

（3）冷激式氨合成塔

日产 1000t 以上的大型合成氨厂大都采用冷激式氨合成塔。合成塔内部的催化剂床层分为几段，在段间通入未预热的氢、氮混合气直接降温。按床层内气体流动方向不同，可分为沿中心轴方向流动的轴向氨合成塔和沿半径方向流动的径向氨合成塔。图 8-13 所示为大型氨厂立式轴向四段冷激式氨合成塔（凯洛格型）。

该塔外筒形状为上小下大的瓶式，在缩口部位密封，以便解决大塔径造成的密封困难。内件包括四层催化剂、层间气体混合装置（冷激管和挡板）以及列管式换热器。原料气由塔底封头接管进入塔内，向上流经内外筒环隙，到达筒体上端后折返向下，通过换热器管间与反应后气体换热至 400℃ 左右，进入第一段催化剂床层，经反应后温度升至 500℃ 左右，在段间与冷激气混合，温度降至 430℃ 再进入第二段催化剂。如此连续进行反应-冷激过程，最后气体由第四层催化剂底部流出，再折流向上经中心管流入换热器管内，与原料气换热后流出塔外。

该塔的优点是：用冷激气调节反应温度、操作方便，而且省去许多冷管，结构简单，内件可靠性好，合成塔筒体与内件上开设人孔，装卸催化剂时，不必将内件吊出，外周密封在缩口处。

但该塔也有明显缺点：瓶式结构虽便于密封，但在焊接合成塔封头前，必须将内件装妥；日产 1000t 的合成塔总重达 300t，运输与安装均较困难，而且内件无法吊出，因此设计时只考虑用一个周期；维修上也带来不便，特别是催化剂筐外的保温层损坏后更难以检查修理。

图 8-14 为径向二段冷激式合成塔（托普索型），用于大型合成氨厂。反应气体从塔顶接口进入向下流经内外筒之间的环隙，再入换热器的管间，冷副线由塔底封头接口进入，二者混合后沿中心管进入第一段催化剂床层。气体沿径向呈辐射状流经催化剂层后进入环形通道，在此与塔顶接口来的冷激气混合，再进入第二段催化剂床层，从外部沿径向向内流动。最后由中心管外面的环形通道向下流，经换热器管内从塔底接口流出塔外。

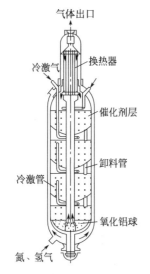

图 8-13　轴向冷激式氨合成塔

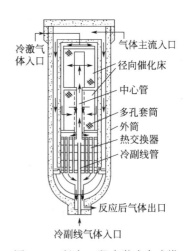

图 8-14　径向二段冷激式合成塔

与轴向冷激式合成塔比较，径向合成塔具有如下优点：气体呈径向流动，流速远较轴向流动为低，使用小颗粒催化剂时，其压力降仍然较小，因而合成塔的空速较高，催化剂的生产强度较大。对于一定的氨生产能力，催化剂装填量较少，故塔直径较小，采用大盖密封便于运输、安装与检修。径向合成塔存在的问题是如何有效地保证气体均匀流经催化剂床层而不会偏流。目前采用的措施是在催化剂筐外设双层圆筒，与催化剂接触的一层均匀开孔、且开孔率高，另一层圆筒开孔率很少，当气流以高速穿过此层圆筒时，受到一定的阻力，以此使气体均匀分布。另外，在上下两段催化剂床层中，仅在一定高度上装设多孔圆筒，催化剂装填高度高出多孔圆筒部分，以防催化剂床层下沉时气体短路。

参考文献

[1] 徐绍平，殷德宏，仲剑初. 化工工艺学. 大连：大连理工大学出版社，2008.
[2] 黄仲九，房鼎业. 化学工艺学. 北京：高等教育出版社，2003.
[3] 曾之平，王扶明. 化工工艺学. 北京：化学工业出版社，2010.
[4] 陈五平. 无机化工工艺学. 第三版，北京：化学工业出版社，2001.
[5] 梁仁杰. 化工工艺学. 重庆：重庆大学出版社，1996.
[6] 崔英德. 实用化工工艺学. 北京：化学工业出版社，2002.

第五篇

石油化工工艺学

第 9 章 石油炼制与加工

石油组成及理化性质复杂，加工单元过程繁多，本章不能一一罗列，仅针对石油的化学组成和物理性质、燃料油及润滑油生产、石油烃裂解和芳烃转化等典型加工过程单元作一最基本的介绍，详细内容可参考本章相关参考文献。

9.1　石油的化学组成

石油又称原油，是从地下深处开采出来且具有流动或半流动棕黑色或黄色的可燃黏稠液体。石油是古代海洋或湖泊中的生物经过漫长的演化过程形成的混合物，与煤一样属于化石燃料。从寻找石油到利用石油，大致要经历"石油寻找→石油开采→石油输送→石油加工"四个主要环节，这四个环节一般又分别称之为"石油勘探→油气田开发→油气集输→石油炼制"。

9.1.1　石油的一般性质、元素组成和馏分组成

9.1.1.1　石油的一般性质

石油的一般性质主要涉及密度、黏度、凝固点、蜡含量、庚烷沥青质、残炭、灰分、杂原子及微量元素含量等参数，其性质因产地而异，相对密度一般介于 0.8～0.98 之间，黏度范围很宽，凝固点差别也很大（30～60℃），沸点范围为常温到 500℃ 以上。石油可溶于多种有机溶剂，不溶于水，但可与水形成乳状液。

不同产地的石油中，各种烃类的结构和所占比例差异很大，但主要由烷烃、环烷烃和芳香烃组成。若按烃类结构和所占比例分类，通常以烷烃为主的石油称之为石蜡基石油；以环烷烃、芳香烃为主的称之为环烷基石油；介于二者之间的称之为中间基石油。国际石油市场常用比重指数作为计价标准，见表 9-1。

表 9-1　原油按 API 指数分类

类别	API 指数	密度(15℃)/(g/cm³)	密度(20℃)/(g/cm³)
轻质原油	>34	<0.855	<0.851
中质原油	34～20	0.855～0.934	0.851～0.930
重质原油	20～10	0.934～0.999	0.930～0.996
特稠原油	<10	>0.999	>0.996

相对密度小于 0.80 的轻质原油，该类原油的特点是相对密度小、轻油收率高、渣油含量少。这类原油目前在世界上的探明储量及产量均较少，其资源非常有限。

我国主要油区原油的凝点及蜡含量较高、庚烷沥青质含量较低、相对密度大多在0.85～0.95 之间，属偏重的常规原油。

近年来国内外相继对蕴藏量很丰富的重质原油（或称稠油）进行了开采。这些重质原油的相对密度均大于 0.93，黏度较高，而且其中若干重质原油酸值较高，属含酸重质原油。

9.1.1.2　石油的元素组成

不同油区所产的石油在组成和性质上存在很大差异，即使对于同一油区不同油层和油井

的石油，其组成和性质也可能差异很大。尽管如此，但基本上都由 5 种基本元素即 C、H、O、N、S 所组成。

对各国油田石油元素组成分析结果统计可知，原油中碳的质量分数一般为 83.0%～87.0%，氢的质量分数为 1.0%～14.0%，硫的质量分数为 0.05%～8.00%，氧的质量分数为 0.05%～2.00%，氮的质量分数为 0.02%～2.00%。

（1）碳、氢含量和氢碳比

表 9-2 为国内外一些原油的碳、氢元素质量分数和氢碳原子比（H/C），其数据表明，在组成原油的五种主要元素中，碳、氢这两种元素一般占 95% 以上，而硫、氮、氧等杂原子总含量不到 5%。由于不同原油中这些杂原子含量相差甚大，所以单纯用它的碳含量或氢含量不易进行比较。然而，原油的 H/C 则更能反映原油的属性。

表 9-2　原油中的碳、氢元素质量分数和氢碳比

原油名称	C/%	H/%	(C+H)/%	H/C(原子比)
大庆	85.87	13.73	91.60	1.90
胜利	86.26	1.20	98.46	1.68
孤岛	85.12	1.61	96.73	1.62
辽河	85.86	1.65	98.51	1.75
新疆	86.13	13.30	91.43	1.84
大港	85.67	13.40	91.07	1.86
欢喜岭	86.36	1.12	97.49	1.53
井楼	85.06	1.10	97.16	1.69
江汉	83.00	1.81	95.81	1.84
伊朗(轻质)	85.14	13.13	98.27	1.84
印尼(米纳斯)	86.24	13.61	91.85	1.88
美国(加州文图拉)	84.00	1.70	96.70	1.80
美国(堪萨斯)	84.20	13.00	97.20	1.84
前苏联(格罗兹尼)	85.59	13.00	98.59	1.81
前苏联(杜依玛兹)	83.90	1.30	96.20	1.75

一般说来，轻质原油或石蜡基原油的 H/C 较高，如表 9-2 中的大庆原油和印尼米纳斯原油，其 H/C 约为 1.9，而重质原油或环烷基原油的 H/C 较低，如欢喜岭原油，其 H/C 约为 1.5。

在石油的各种加工过程中，氢碳原子比也是一个重要的参数和指标。对于纯粹的脱碳（无外加氢）加工过程，在生成氢碳原子比高的轻质产物的同时，必然得到氢碳原子比低的重质部分，整个加工过程氢碳原子比将保持守恒。

（2）硫、氮、氧含量

在石油元素组成中除了碳、氢外，还有硫、氮、氧。在原油中氧含量不仅较少，而且一般不直接测定，而是常用减差法估算原油中的含氧量，因此数据不准确，所以在常规原油评价数据中氧含量不予列出。石油中的非碳氢元素也称杂原子，其含量一般不超过 5%（质量分数），但某些原油，例如委内瑞拉博斯坎原油含硫量高达 5.7%（质量分数）。大多数原油含氮量很低，一般为千分之几甚至万分之几。

与国外原油相比，我国原油含硫量较低，除了少数原油含硫量高于1%外（质量分数），大多数原油含硫量低于1%（质量分数）。但我国原油的含氮量普遍偏高，一般在千分之三以上，例如井楼及高升原油含氮量高达千分之七以上，这在世界上也属于较少见的高氮原油。因此，从元素组成上看，含硫低、含氮高是我国原油的特点之一。

虽然杂原子在石油中的含量较少，但是这些杂原子都是以烃类化合物的衍生物形态存在于石油中，因而含有这些元素的化合物所占的比例就大得多。这些非碳氢元素的存在对于石油的性质和石油加工过程有很大的影响，必须充分予以重视。

（3）微量元素

除上述5种主要元素外，在石油中还发现有微量金属元素和微量非金属元素，它们的含量一般为百万分之几甚至十亿分之几。这些元素虽然含量甚微，但它们对石油加工，尤其是对石油催化加工中的催化剂影响很大。众多的研究资料表明，石油中有几十种微量元素存在，到目前为止已从石油中检测出59种微量元素，其中金属元素45种。我国大庆、胜利、大港等原油的灰分中也检测出34种元素。石油中的微量元素按其化学属性可划分成如下三类：

① 变价金属，如V、Ni、Fe、Mo、Co、W、Cr、Cu、Mn、Pb、Ga、Hg、Ti等；

② 碱金属和碱土金属，如Na、K、Ba、Ca、Sr、Mg等；

③ 卤素和其他元素，如Cl、Br、I、Si、Al、As等。

9.1.1.3 石油的馏分组成

石油的沸点范围很宽，从常温一直到500℃以上。所以，无论是对石油进行研究或是进行加工利用，都必须对石油进行分馏。分馏就是按照组分沸点的差别将石油"切割"成若干"馏分"。例如，<200℃馏分，200~350℃馏分，等等，每个馏分的沸点范围简称为馏程或沸程。

馏分常冠以汽油、煤油、柴油、润滑油等石油产品的名称，但馏分并不就是石油产品，石油产品要满足油品规格的要求，还需将馏分进一步加工才能成为石油产品。各种石油产品往往在馏分范围之间有一定的重叠。例如，喷气燃料与轻柴油的馏分范围间有一段重叠。为了统一称呼，一般把原油在常压蒸馏时从开始馏出的温度（初馏点）到200℃（或180℃）之间的轻馏分称为汽油馏分（也称轻油或石脑油馏分），200（或180）~350℃之间的中间馏分称为煤柴油馏分，或称常压瓦斯油（简称AGO）。由于原油从350℃开始即有明显的分解现象，所以对于沸点高于350℃的馏分，需在减压下进行蒸馏，再将减压下蒸出分的沸点换算成常压沸点。一般将相当于常压下350~500℃的高沸点馏分称为减压馏分或称润滑油馏分，或称减压瓦斯油（简称VGO）；而减压蒸馏后残留的>500℃的油称为减压渣油（简称VR）；同时人们也将常压蒸馏后<350℃的油称为常压渣油或常压重油（简称AR）。

石油中的烃类主要是由烷烃、环烷烃和芳香烃以及在分子中兼有这三类烃结构的混合烃构成。

为了了解石油的烃类组成，必须首先了解烃类组成的表示方法。

① 单体烃组成。单体烃组成表征的是石油及其馏分中每一单体化合物的含量。石油及其馏分中的单体化合物数目繁多，而且随着石油馏分沸程的增高（或相对分子质量增大），其单体化合物数目急剧增加。由于分析和分离手段的限制，目前单体烃组成表示法还只能局限于石油气及石油低沸点馏分组成的表达。如用气相色谱技术已可分析鉴定出汽油馏分中的几百种单体化合物。

② 族组成。单体烃组成表示法过于细繁，在实际应用中不需要或不可能进行单体化合物分析时，常采用族组成表示法。所谓"族"，就是化学结构相似的一类化合物。至于要分

成哪些族则取决于分析方法以及实际应用的需要。一般对于汽油馏分的分析，以烷烃、环烷烃、芳香烃的含量来表示。如果要分析裂化汽油，因其含有不饱和烃，所以需增加不饱和烃的分析。如果对汽油馏分要求分析更细致些，则可将烷烃再分成正构烷烃和异构烷烃，将环烷烃分成环己烷系和环戊烷系，将芳香烃分为苯和其他芳香烃等。

煤油、柴油及减压馏分，由于所用分析方法不同，所以其分析项目也不同。例如，若采用液固色谱法，则族组成通常以饱和烃（烷烃和环烷烃）、轻芳香烃（单环芳香烃）、中芳香烃（双环芳香烃）、重芳香烃（多环芳香烃）及非烃组分等的含量表示。若采用质谱分析法，则族组成可以用烷烃（正构烷烃、异构烷烃）、环烷烃（单环、二环及多环环烷烃）、芳香烃（单环、二环及多环芳香烃）和非烃化合物的含量表示。

对于减压渣油，目前一般还是用溶剂处理法及液相色谱法将减压渣油分成饱和分、芳香分、胶质、沥青质四个组分，如有需要还可将芳香分及胶质分别再进一步分离为轻、中、重芳香分及轻、中、重胶质等亚组分。

9.1.2 石油气体及石油馏分的烃类组成

9.1.2.1 石油气体的烃类组成

石油气体主要由气态烃组成。石油气体因其来源不同，可分为天然气和石油炼厂气两类。

（1）天然气组成

天然气是指埋藏于地层中自然形成的气体。天然气可分为伴生气和非伴生气。伴生气伴随原油共生与原油同时被采出；非伴生气包括纯气田天然气和凝析气田天然气，两者在地层中均为气相。凝析气田天然气从井口流出后，经减压、降温分离成气液两相。气相经净化后成为商品天然气，液相主要是凝析油。纯气田天然气的主要成分是甲烷，一般占90%（体积分数）以上，此外还有少量的乙烷、丙烷、丁烷和非烃气体，例如氮、硫化氢和二氧化碳等。纯气田天然气一般称为干气。凝析气田天然气虽然以甲烷为主，但其中乙烷、丙烷、丁烷的含量明显增高，可达10%～20%（体积分数），甚至还含有少量戊烷和己烷。凝析气田天然气一般称为湿气。原油伴生气的组成与凝析气田天然气的组成比较接近。

在天然气中还经常掺杂有非烃气体，其中最主要的是二氧化碳，它的含量可以从千分之几到百分之几。在个别天然气井中，二氧化碳含量高达90%（体积分数）以上，如美国新墨西哥的圣安得烈气田，我国胜利油田滨南油区的天然气中二氧化碳含量也很高。除二氧化碳外，氮气在天然气中也经常可见，一般含量低于2%（体积分数）。在天然气中有时也有氦气存在，例如美国犹他州桑卡尼昂气田含氦气量高达1.3%（体积分数），我国四川威远气田含氦气也达0.316%（体积分数），具有工业开采价值，工业上氦的主要来源就是天然气。在含硫石油产地的天然气中，常有硫化氢存在，硫化氢含量有时可达百分之一至百分之几。天然气中一般不含氧，也不含一氧化碳和不饱和烃。天然气中氢含量极少，一般为万分之几至十万分之几。

天然气是很重要的化工原料，以甲烷为原料可以制取一系列有机化工产品。

尚需指出，天然气在高压、低温等条件下与水作用会生成天然气水合物（又称为笼形包合物）。天然气水合物是由低相对分子质量烃类气体与水相互作用形成的白色固态结晶物质，因外观像冰，且其中含有大量甲烷或其他烃类气体，极易燃烧，故又被称之为"可燃冰"。

天然气水合物的形成必须具备三个条件：①温度不能太高；②压力要足够高，但不需太高（例如温度为0℃时，30atm以上就可生成）；③地底下要有气源。

天然气水合物研究不仅涉及资源问题，更重要的是涉及环境和全球气候变化、海底安全、天然气传输和固化以及国防安全等相关领域的问题。

(2) 炼厂气的组成

石油炼厂气的组成因加工条件及原料的不同，可以有很大差别。在石油单纯受热分解反应所得的气体中，除了含有烷烃外，普遍都含有烯烃。表9-3列出了一些热加工及催化加工过程的典型气体组成。由表9-3可以看出，在高温热解反应的气体中含有大量的乙烯；在催化裂化反应的气体中含有大量的丙烯、丁烯和异丁烷；在催化裂解反应的气体中含有大量的丙烯和丁烯；而在催化重整反应的气体中其主要成分是氢气。

表9-3 石油炼厂气的典型组成

项　　目	催化裂化	催化裂解	加氢裂化	延迟焦化	催化重整
原　　料	减压馏分	重质原料油	减压馏分	减压渣油	轻油
反应温度/℃	480～530	约550	350～450	约500	约500
气体组成（质量分数）/% 氢气	0.16	0.5	0.19	0.66	26.66
甲烷	4.21	7.0	1.56	26.61	21.81
乙烷	1.03	4.3	3.95	21.23	17.98
乙烯	7.86	8.8	—	3.97	—
丙烷	1.04	6.6	27.11	18.09	16.62
丙烯	27.64	37.6	—	1.55	—
正丁烷	4.37	1.8	18.77	1.78	4.44
异丁烷	18.43	4.5	41.54		6.29
丁烯	23.75	21.0	—	7.53	—
C_{4+}及其他	1.51	0	6.88	0.58	6.20

9.1.2.2 汽油馏分的单体烃组成

(1) 直馏汽油馏分的单体烃组成

由于分离及分析技术的进步，对石油馏分特别是对汽油馏分的单体烃组成进行了较详细的研究。结果表明，组成汽油馏分的单体烃数目繁多。例如，我国大庆原油直馏60～200℃馏分中已定量鉴定出187种单体烃，大港原油60～153℃馏分中也已定量鉴定出148种单体烃。随着馏分变重，所含的单体烃数目迅速增加。

组成汽油馏分的单体烃不仅数目繁多，而且各单体烃含量之间的差别悬殊。在大多数石油的汽油馏分中，往往20种主要单体烃的含量就占该直馏汽油馏分总量的一半以上。在单体烃中，各正构烷烃的含量都比较高。对于异构烷烃，往往带一个甲基支链的异构烷烃的含量要占整个异构烷烃的一半以上。对于同碳原子数的异构烷烃，其含量随异构程度的增加而减少。

对于环烷烃，在我国汽油馏分中一般只有环戊烷系和环己烷系两类化合物。在环己烷系中，以甲基环己烷的含量为最高。

对于芳香烃，我国汽油馏分中芳香烃总含量均较少，尤其是苯含量很低，甲苯和二甲苯含量相对高些，在三种二甲苯异构体中以间二甲苯含量为最高。

(2) 直馏汽油馏分的烃族组成

直馏汽油馏分的单体烃组成分析方法虽然比较细致，但在生产上往往需要较为快速而简便地确定直馏汽油馏分的化学组成，因而常采用族组成分析法。

汽油馏分的族组成分析，过去常用液相色谱法，现已多采用气相色谱法。同时，质谱法也可用来对汽油馏分进行烃族组成分析。表9-4为液相色谱法所得到的直馏汽油馏分的烃族组成。

表 9-4　直馏汽油馏分的烃族组成（质量分数）——液相色谱法　　　　单位：%

沸点范围/℃	大庆			胜利			大港			孤岛[①]		
	烷烃	环烷烃	芳香烃	烷烃	环烷烃	芳香烃	烷烃	环烷烃	芳香烃	烷烃	环烷烃	芳香烃
60～95	56.8	41.1	2.1	52.9	44.6	2.5	51.5	42.3	6.2	47.5	51.4	1.1
95～122	56.2	31.0	4.8	45.9	41.8	4.3	42.2	47.6	1.2	36.3	51.6	4.1
122～150	60.5	32.6	6.9	44.8	43.6	1.6	44.8	36.7	18.5	27.2	64.1	8.7
150～200	65.0	25.3	1.7	52.0	35.5	1.5	44,9	34.6	20.5	13.3	72.4	14.3

① 孤岛汽油的第一个馏分沸点范围为初馏点至 95℃。

从表 9-4 可以看出，烷烃和环烷烃占直馏汽油馏分的大部分，芳香烃含量一般不超过 20%（质量分数）。就其分布规律而言，随着沸点的增高，芳香烃含量逐渐增加。芳香烃含量的这种分布规律，对国内外大多数原油的直馏汽油馏分都具有普遍意义。

在实际应用中，原油的轻馏分既可作为直馏汽油的调和组分，也可作为催化重整的原料。因此，轻馏分油的烃族组成对直馏汽油及催化重整产品的性质及产率有直接影响。

9.1.2.3　中间馏分及高沸点馏分的烃类组成

（1）中间馏分及高沸点馏分的烃类类型

① 中间馏分。中间馏分（200～350℃）中的烷烃主要包括从 C_{11} 到 C_{20} 左右的正构烷烃和异构烷烃。环烷烃和芳香烃以单环及双环为主，三环及三环以上的环烷烃和芳香烃含量较少。与汽油馏分的烷烃、环烷烃、芳香烃的不同之处在于中间馏分烷烃的碳原子数增多，环烷烃和芳香烃的环数增加（不仅有单环而且有双环、三环等），单环环烷烃和单环芳香烃的侧链数目或侧链长度增多或增长。中间馏分中双环环烷烃主要有十氢萘型 和氢化茚满类 的衍生物；三环环烷烃主要有 、、 等类型及其衍生物；中间馏分中双环芳香烃主要有萘类 、苊类 、芴类 以及联苯类 ；三环芳香烃主要有菲型 和蒽型 及其衍生物。在中间馏分中还存在着环烷-芳香混合烃，已鉴定出这类烃有四氢萘型 、二氢茚型 以及环己烷基苯型 等。

② 高沸点馏分。高沸点馏分（350～500℃）的烃类类型和中间馏分相似，只是其烃分子中碳原子数、环数更多，而且环的侧链数更多或侧链更长。高沸点馏分的烷烃主要包括从 C_{20} 到 C_{36} 左右的正构烷烃和异构烷烃。环烷烃包括从单环直到六环的带有环戊烷环或环己烷环的环烷烃，其结构主要是以稠合类型为主。芳香烃以单环、双环、三环芳香烃的含量为多，同时还含有一定量的四环以及少量高于四环的芳香烃。此外，在芳香环外还常并合有环数不等的环烷环（多至 5～6 个环烷环）。多环芳香烃多数也是稠合型的。

（2）中间馏分及高沸点馏分的结构族组成

如上文所述，对于沸点较高的馏分，由于其分子结构复杂以及所含的单体化合物的数目繁多，所以不仅无法测定其单体化合物组成，即使是族组成方法也很难确切地表述其结构特征。而用结构族组成方法则不管馏分的组成和结构如何复杂，都可对其烃结构部分用很少的几个平均结构参数从总体上加以定量的描述。该方法可用来比较不同原油在平均结构上的差异或考察石油加工过程中平均结构的变化。对于石油的中间馏分及高沸点馏分（200～500℃），目前常用 n-d-M 法来确定其结构族组成。

9.1.2.4　石油固态烃的化学组成

石油中有一些高熔点、在常温下为固态的烃类，例如 C_{16} 以上的正构烷烃以及某些相对分子质量较大的异构烷烃、环烷烃及芳香烃。这些在常温下为固态的烃类在石油中通常处于溶解状态，但如果温度降低到一定程度，就会有一部分结晶析出，这种从石油中分离出来的固态烃类在工业上称为蜡。按其结晶形状及来源的不同，蜡又分为两种，一种是从柴油及减压馏分中分离出来的结晶较大并呈板状结晶的蜡，称为石蜡；另一种是从减压渣油中分离出来的呈细微结晶的蜡，称为微晶蜡（旧称地蜡）。

石蜡的相对分子质量一般为 300～450，分子中碳原子数为 17～35，相对密度约为 0.86～0.94，熔点为 30～70℃。

微晶蜡的相对分子质量一般为 450～800，分子中碳原子数为 30～60。由于微晶蜡化学组成比石蜡复杂，所以无明显的熔点，一般用滴点或滴熔点表示，微晶蜡滴点范围为70～95℃。

（1）石蜡的化学组成

从化学组成来看，石蜡的主要成分是正构烷烃，尤其是经过精制后所得的商品石蜡中正构烷烃含量更高。从石蜡基原油所得到的石蜡中正构烷烃含量一般在 80％以上。除正构烷烃外，在石蜡中还含有少量的异构烷烃、环烷烃以及极少量的芳香烃。

（2）微晶蜡的化学组成

微晶蜡的相对分子质量、相对密度、黏度及折射率等都比石蜡高，其颜色一般也比石蜡深。微晶蜡不像石蜡那样容易脆裂，具有较好的延展性、韧性和黏附性。

从化学组成上看，微晶蜡与石蜡的化学组成不一样。石蜡的主要成分是正构烷烃，而微晶蜡中正构烷烃含量一般较少，其主要成分是带有正构或异构烷基侧链的环状烃，环状烃的含量约占 80％，其中大部分为环烷烃。

9.1.3　石油中的非烃类化合物

石油中含有相当数量的非烃化合物，尤其在石油重质馏分和减压渣油中其含量更高。在前面曾提到烃类是石油的主体，组成石油的主要元素是碳和氢，而硫、氮、氧等杂元素总量一般占 1％～5％。但是切不可以为该含量是无足轻重的，因为此含量是指元素而言，而在石油中硫、氮、氧主要不是以元素形态存在而是以化合物形态存在。因此从非烃化合物角度来看，它们在石油中的含量就相当可观了。

非烃化合物的存在对于石油的加工工艺以及石油产品的使用性能都具有很大影响。例如，石油加工中大部分精制过程以及催化剂的中毒问题，石油化工厂的环境污染问题和石油产品的储存、使用等许多问题都与非烃化合物密切相关。

为了更好地解决石油加工和产品应用中的一些问题，同时也为了合理利用非烃化合物这部分石油资源，就必须对石油中非烃化合物的化学组成、存在形态及分布规律等有所认识。石油中的非烃化合物主要包括含硫、含氮、含氧化合物以及胶状沥青状物质。

9.1.3.1　石油中的含硫化合物

硫是石油的组成元素之一。不同石油的含硫量相差很大，从万分之几到百分之几，例如，我国克拉玛依原油含硫量只有 0.04％～0.09％（质量分数），委内瑞拉原油含硫量高达 5.5％（质量分数）。由于硫对石油加工、油品应用和环境保护的影响很大，所以含硫量常作为评价石油的一项重要指标。

通常将含硫量高于 2.0％（质量分数）的石油称为高硫原油，低于 0.5％（质量分数）的称为低硫原油，介于 0.5％～2.0％（质量分数）之间的称为含硫原油。我国原油大多属于低硫原油（如大庆等原油）和含硫原油（如孤岛等原油）。

硫在石油馏分中的分布一般是随着石油馏分沸程的升高而增加，大部分硫集中在重馏分和渣油中。我国大多数原油中约有 70% 的硫集中在减压渣油中。

必须指出，有一部分含硫化合物对热不稳定，在原油蒸馏过程中容易分解成分子较小的硫化物，因而测定蒸馏产物中的含硫量往往并不能正确反映原来石油馏分中硫的真正分布情况。

9.1.3.2　石油中的含氮化合物

石油中的氮含量一般比硫含量低，通常在 0.05%～0.5%（质量分数）范围内，仅有约 4% 的原油的氮含量超过 0.6%（质量分数）。石油中的氮分布也是随着馏分沸程的升高，氮含量迅速增加，约有 80% 的氮集中在 400℃ 以上的重油中。我国原油含氮量偏高，而且我国大多数原油的渣油中浓集了约 90% 的氮。

石油中的含氮化合物对石油的催化加工和产品的使用性能都有不利的影响，它们往往使催化剂中毒失活，或引起石油产品的不安定性，易生成胶状沉淀，在发动机燃料中的氮化合物在燃烧时生成氮氧化合物危害人体健康，污染环境，所以必须尽可能加以脱除。

9.1.3.3　石油中的含氧化合物

石油中的含氧量一般在千分之几范围内，只有个别石油含氧量较高，可达 2%～3%。但是，若石油在加工前或加工后长期暴露在空气中，那么其含氧量就会大大增加。石油中的含氧量多是从元素分析中用减差法求得的（即用 100% 减去碳、氢、硫、氮的含量），实际上包含了全部的分析误差，因此数据并不十分可靠。石油中的含氧量虽然很低，但石油中含氧化合物的数量仍然可观。

石油中的氧元素都是以有机含氧化合物的形式存在的。这些含氧化合物大致有两种类型：酸性含氧化合物和中性含氧化合物。石油中的酸性含氧化合物包括环烷酸、芳香酸、脂肪酸和酚类等，它们总称为石油酸。石油中的中性含氧化合物包括酮、醛和酯类等，它们在石油中的含量极少，因而石油中的含氧化合物以酸性含氧化合物为主。

9.1.3.4　石油中的胶质和沥青质

关于胶质和沥青质，目前国际上尚没有统一的分析方法和严格的定义。胶质、沥青质的成分并不十分固定，它们是各种不同结构的高分子化合物的复杂混合物。由于分离方法和所采用的溶剂不同，所得结果也不相同。目前的方法大多是根据胶状沥青状物质在各种溶剂中的不同溶解度来区分的。一般把石油中不溶于低分子（$C_5～C_7$）正构烷烃，但能溶于热苯的物质称为沥青质。在生产和研究中常用到的是正戊烷沥青质和正庚烷沥青质。既能溶于苯，又能溶于低分子（$C_5～C_7$）正构烷烃的物质称为可溶质，因此渣油中的可溶质实际上包括了饱和分、芳香分和胶质。通常采用氧化铝吸附色谱法，用不同溶剂进行冲洗，可将渣油中的可溶质分离成饱和分、芳香分和胶质。

9.2　石油的物理性质

石油和油品的物理性质与它们的化学组成和烃类分子结构密切相关。但由于油品的组成、尤其是重质石油馏分的组成很难确定，所以，油品的物理性质难以用单个组分的性质进行加权计算得到，而且很多性质不具有可加和性。因此，为了实际使用的方便，便采用一些条件性的试验方法来测定油品的物理性质。所谓条件性试验，就是采用规定的仪器，在规定的试验条件、方法和步骤下进行油品性质的测定试验。这是为了使不同测试者得到的试验结果具有一致性和可比性。石油和油品性质测定国内外都规定了不同的测试方法标准，如国际标准化组织标准（ISO），美国材料试验标准（ASTM），美国石油学会标准（API）。中国常采用的标准有国家标准（GB）、石化标准（SH）、石油标准（SY）、专业标准（ZBE）、企业标准（QB）等。

油品的物理性质可归纳为六个方面：油品的蒸发特性、油品的质量特性、油品的流动特性、油品的燃烧特性、油品的热性质特性及其他特性等。

9.2.1 油品的蒸发特性

液体油品中的分子处于不停的热运动中，具有较高动能的分子会挣脱液体中周围分子的作用力，而进入气相中，这就是油品的蒸发。油品的温度越高，分子运动的动能越大，就有更多的分子由液相进入气相中；同样，油品越轻，分子越小，受到液体周围分子的作用力也越小，分子就易于汽化。表示油品蒸发特性的指标主要有蒸气压、馏程和沸点。

油品的蒸发性能，关系到油品的燃烧性能、油品的储存安定性，是油品重要性质之一。

9.2.1.1 蒸气压

某一温度下，液体与液面上方的蒸气呈平衡状态时，该蒸气所产生的压力称为饱和蒸气压，简称为蒸气压。蒸气压表示液体蒸发和汽化的能力，蒸气压越高，表明液体越易汽化。

油品蒸气压的变化规律如下。

① 对于纯烃类蒸气压，同一种烃类，随温度的升高，蒸气压增大；在相同温度下，随烃类相对分子质量增大或沸点的升高，蒸气压下降。

② 对于烃类混合物蒸气压，与纯烃不同，混合烃的组成随汽化率的增大而变重。如原油蒸馏过程中，随着轻馏分的不断馏出，剩余油品的组分不断变重，汽化能力下降，所以，需要不断提高温度，才能将较重的组分蒸馏出来。因此，混合烃的蒸气压不仅随温度不同而异，而且在一定温度时，又随其汽化率不同而不同。

石油馏分的蒸气压通常有两种表示方法。一种是工艺计算中常用的真实蒸气压，也称为泡点蒸气压，即汽化率为零时的蒸气压；另一种是油品规格中采用的雷德蒸气压，它是在38℃时，气相体积/液相体积＝4的条件下测定的条件蒸气压。

油品（主要是汽油）规格中规定了蒸气压的指标（见车用汽油标准 GB 17930—2011），主要是为了确保汽油在储存和运输过程中的安全性。

9.2.1.2 馏程（沸程）

对于纯物质，在一定条件下，当加热到某一温度时，其饱和蒸气压等于外界压力，此时在气液界面和液体内部同时出现汽化现象，这一温度即为沸点。在一定外压下，纯化合物的沸点是一常数。如水在外界压力为 1atm 时的沸点是 100℃。而石油馏分与纯物质不同，是不同沸点的纯物质组成的混合物，所以在逐步加热时，沸点低的组分首先汽化，其残液的蒸气压随汽化率增加而不断下降，因而沸点高的组分在较高温度下才能汽化，故石油馏分的沸点不是一个固定值，而是表现为一定宽度的温度范围，称为沸程。

油品的沸程因所用蒸馏设备不同所测得的数值也有所差别。在生产和工艺计算中常用的是采用简便的恩氏蒸馏设备测得的恩氏蒸馏数据。恩氏蒸馏数据普遍用于油品馏程的相对比较或大致判断油品中轻重组分的相对含量，并作为油品的质量标准之一。表 9-5 是汽油和煤油两种油品恩氏蒸馏馏程数据。

表 9-5　汽油、煤油馏程

馏　程	汽油馏分/℃	煤油馏分/℃	馏　程	汽油馏分/℃	煤油馏分/℃
初馏点	42	197	60%	151	254
10%	78	205	70%	159	263
20%	109	222	80%	168	275
30%	126	231	90%	180	287
40%	137	239	干点	196	302
50%	145	247	残留量及损失/%	1	—

9.2.2 油品的质量特性

9.2.2.1 密度和相对密度

密度是单位体积内所含物质在真空中的质量，其单位是 g/cm^3 或 kg/m^3，用 ρ 表示。我国规定油品以 20℃时的密度作为石油产品的标准密度，表示为 ρ_{20}。

在石油加工计算中，常用相对密度求定其他物理性质。液体的相对密度是在一定条件下，一种物质与另一种参考物质的密度之比，用 d 表示，是一个无量纲的量。油品的相对密度常以 4℃的水为参考物质，油品 20℃时的相对密度表示为 d_4^{20}，欧美各国常用 15.6℃（60℉）的水作为参考物质，表示 15.6℃时油品的相对密度为 $d_{15.6}^{15.6}$，并常用 API 指数来表示液体的相对密度，或称为 API 度，它与 $d_{15.6}^{15.6}$ 的关系为：

$$API\ 指数 = \frac{141.5}{d_{15.6}^{15.6}} - 131.5 \tag{9-1}$$

从式（9-1）可以看到，随着相对密度增大，API 指数的数值下降。

油品的密度与油品的馏分组成、化学组成、温度和压力等条件有关。当属性相近的两种或多种油品混合时，混合油品的密度可近似地按加权性计算。

9.2.2.2 平均相对分子质量

相对分子质量是油品的一个重要性质。由于油品是复杂烃类的混合物，所以其相对分子质量是各组分相对分子质量的加权平均值。

石油馏分的平均相对分子质量随沸点的升高而增大，汽油馏分的平均相对分子质量大约为 100～120，煤油为 180～200，轻柴油为 210～240，轻质润滑油为 300～380，重质润滑油为 370～470。

平均相对分子质量是设备设计与计算中常用数据之一，可以实测得到；也可以根据其他易测的物性数据进行关联。国内外许多科学工作者提出了很多精确度较高的关联式，为工程计算提供了方便。

9.2.3 油品的流动特性

黏度是评价原油及其产品流动性的指标之一，是各种油品的重要质量指标：如柴油用黏度表示其雾化分散性能；许多油品的分类是以黏度大小作为指标进行分级的，如重质燃料油的分类；化工设备的计算中都要用到黏度这个物理量。

油品黏度的表示方法很多，有动力黏度、运动黏度、恩氏黏度、赛氏黏度、雷氏黏度等，各国用法有所不同。现国际标准化组织（ISO）规定统一采用运动黏度，目前正处于逐步过渡的阶段，因而几种表示方法共存。

9.2.4 油品的燃烧特性

油品的燃烧特性主要有闪点、燃点和自燃点，这些性质对油品储存、运输、生产和使用有重要意义。

9.2.4.1 闪点

在加热油品时，随油品温度的升高，油品上方油气的浓度逐渐增大，当用外火源去引燃油气混合气时，发现在一定浓度范围内，油品上方会出现瞬间闪火现象。低于这一范围，油气浓度不足，高于这一范围，则空气浓度不足，都不能使油气闪火燃烧。因此这一浓度范围称为"爆炸范围"。由于"爆炸范围"这一指标既不直观又难以测定，因此通常用较为直观的闪点指标来描述油品的安全性。

闪点是指油品在常压下油气混合气相对于爆炸下限或上限浓度时油品的温度。汽油的闪点相当于爆炸上限浓度时的油温，煤、柴油等重馏分油的闪点则是相当于爆炸下限浓度时的油温。

测定油品闪点是严格的条件性试验。仪器分为开口闪点测定仪和闭口闪点测定仪两种。其主要区别是闭口闪点仪是在密闭容器中加热油气，而开口闪点仪中油蒸气可以自由扩散到周围空气中，因而同一油品用两种仪器测得的闪点值不同，油品闪点越高，两者的差别越大。开口闪点一般用以测定重质油料和残油等的闪点，闭口闪点对轻、重油都适用。

闪点是油品安全性的指标。轻油如汽油和原油的闪点都是很低的，因此敞开装油容器或倾倒油品时的温度应比油品闪点低 17℃ 以下才是安全的。

9.2.4.2 燃点和自燃点

燃点是油品在规定条件下加热油品，当油气被外部火源引燃并连续燃烧不少于 5 秒钟时的最低油温。同闪点一样，燃点也是条件性的，各种燃料的燃烧性能是与燃点有关系的。

闪点和燃点都是要用外部的火源引燃，燃点高于闪点。有一种情况是如果油品被预先加热到很高温度，然后使其与空气接触，则不需外部火源，油品就可能因剧烈的氧化而产生火焰而燃烧，这种现象称为自燃。能发生自燃的油品的最低温度称为自燃点。所以炼厂中一些热的转油管线、阀门等发生泄漏可能会发生油品自燃，引起火灾。

9.2.5 油品的热性质特性

油品的热性质比较复杂，关联方法也比较多，而且计算起来都比较麻烦，其常用热性质参数主要有油品的焓、比热容、汽化热等参数，本节仅对石油馏分的焓和比热容加以讨论。

9.2.5.1 石油馏分的焓

石油馏分焓的获取有两种途径：①借用石油馏分焓值图查取石油馏分的焓；②借用 Lee-Kesler 经验关联式用计算机求取石油馏分的焓。一般石油炼制教材都给出了石油馏分焓值图。

9.2.5.2 石油馏分的比质量热容

不论是液态烃还是气态烃，其比质量热容都随温度的升高而逐渐增大，压力对液态烃热容的影响一般可以忽略，但气态烃的比质量热容随压力的增高而明显增大，当压力高于 0.35MPa 时，其比质量热容需作压力校正。

9.2.6 油品的其他特性

9.2.6.1 表面张力及界面张力

（1）表面张力

液体表面分子不同于其内部分子，内部分子在各方向所受到的其他分子的引力相同，而表面分子受上方气相分子的引力远小于受下方液相分子的引力。这种内向引力使液体有尽量缩小其表面积的倾向。表面张力的定义为液体表面相邻两部分单位长度上的相互牵引力，其方向与液面相切且与分界线垂直，单位为 N/m，常用符号 σ 表示。在石油加工过程中常需用蒸馏、吸收等方法进行分离操作，此类气液传质设备的设计中涉及雾沫和泡沫等问题，这些都与液体的表面张力有关。

（2）界面张力

界面张力是指每增加一个单位液-液相界面面积时所需的能量，单位是 N/m。与液体的表面能相似，两个液相界面上的分子所处的环境和内部分子所处的环境不同，因而能量也不同。界面张力对于萃取等液-液传质过程有重要影响。虽然温度和压力对于界面张力都有影响，但温度的影响要大得多。

石油在地质储层中或在生产、加工过程中常与水接触，油-水界面上的界面张力受两相化学组成及温度等因素的影响。油或水中原有的或外加的少量表面活性物质会显著影响其界面张力，可增加或降低其界面膜的强度，从而导致油水乳状液的稳定或破坏。

9.2.6.2 溶解度

在石油和天然气加工过程中，经常遇到油品与溶剂、油品与水的相平衡状态，其中包括大量的溶解度问题。

（1）苯胺点

烃类在溶剂中的溶解度主要决定于烃类分子与溶剂分子结构的相似程度。两者的分子结构越相似，溶解度越大，即遵循所谓的"相似相溶"原则。升高温度，也会使烃类在溶剂中的溶解度增大。在较低温度下把烃类与溶剂混合，此时两者不完全互溶而分为两相。当温度升高时，溶解度逐渐增大，当加热到某一温度时，完全互溶使相界面消失，这时的温度称为该混合物的临界互溶温度。如果烃类与溶剂的结构越相似，则越易互溶，因而，临界互溶温度越低。

苯胺点就是以苯胺为溶剂与油品按体积比 1∶1 混合时的临界互溶温度。苯胺点是石油馏分的特性数据之一，它反映了油品的化学组成和特性。一般，当碳原子数相同时，多环芳香烃的苯胺点最低，单环芳香烃次之，环烷烃和烯烃居中，烷烃最高。对于同一族烃类而言，苯胺点随相对分子质量增大而增高。

（2）水在油品中的溶解度

水在油品中的溶解度很小，但对油品的使用性能有时有很坏的影响。其主要原因是由于水在油品中的溶解度随温度升高而增大。当温度降低时，水的溶解度减小，此时温度较高时所溶解的水就析出，成为游离水而沉淀在容器底部，使油品储存安定性变坏，引起设备腐蚀。而航空燃料中含水时，飞机升空后油箱的温度很低，此时航空燃料中溶解的水分就会结晶析出，堵塞过滤器，使供油量减少甚至中断，这对飞机的安全飞行是十分危险的。因而，要严格控制航空燃料中的水含量，在储运过程中要采取必要的措施减少空气中水分的进入，减少油品频繁的温度变化，防止雨水等的渗入。

9.2.6.3 折光率

折光率的严格定义是光在真空中的速度与光在物质中的速度之比，以 n 表示。

折光率的大小决定于光的波长、被光透过物质的化学组成以及密度、温度和压力。同一物质的折光率随温度的升高而变小。相同碳数的不同烃类的折光率的变化规律是：正构烷烃＜异构烷烃＜烯烃＜环烷烃＜芳香烃。对于环烷烃和芳香烃。分子中的环数越多，折光率越高；同一族烃中，随相对分子质量增大，折光率也随之增加。

常用的折光率是 20℃时钠的发射光谱中的 D 线的折射率，表示为 n_D^{20}；对固体物质要在 70℃测定，表示为 n_D^{70}。石油馏分的折光率一般在 1.3～1.7。

9.2.6.4 电性质

纯净的油品是不导电的，油品的电阻很大，所以是很好的绝缘体。变压器油就是变压器和高压电开关的绝缘介质，而石蜡则是导线和电容器的绝缘体。原油和其他油品中的非烃物质在油中具有导电能力，使油品具有一定的导电性。

而一些纯净油品，如汽油和喷气燃料，经摩擦后，会产生静电；电荷积聚至一定程度会发生放电现象，出现火花，引起油品的燃烧，对炼油生产和油品储运造成危害。所以在生产和储运中，为了防止静电，要改善操作方法和设备，或在油品中加入抗静电添加剂。

9.3 燃料油生产

石油通过炼制可获得如下六类石油产品。

① 燃料油。包括汽油、柴油及喷气燃料（航空煤油）等发动机用燃料油以及船用和炉用燃料油等。我国的石油产品中燃料油约占 80%，而其中约 60% 为各种发动机燃料油。目前我国石油炼制工业所产柴油和汽油的比例约为 2.0∶1，而实际消费的柴油和汽油的比例在 2.2∶1 以上。

② 润滑剂和有关产品。包括润滑油和润滑脂，主要用于减少机件之间的摩擦和防止磨损，以降低能耗和延长机械寿命。其产量不多，仅占石油产品总量的 2% 左右，但品种达数百种之多。

③ 石油沥青。多用于道路、建筑及防水等方面，其产量约占石油产品总量的 3%。

④ 石油蜡。属于石油中的固态烃类，是轻工、化工和食品等工业部门的原料，其产量约占石油产品总量的 1%。

⑤ 石油焦。石油焦可用以制作炼铝及炼钢用电极等，其产量约为石油产品总量的 2%。

⑥ 溶剂和化工原料。约有 10% 的石油产品用作石油化工原料和溶剂，其中包括制取乙烯的原料（轻质油品），以及石油芳烃和各种溶剂油。

燃料油生产涉及原油预处理、常减压蒸馏、重油轻质化（催化裂化、加氢裂化、延迟焦化和减黏裂化等）、高辛烷值汽油组分生产（催化重整、烷基化和异构化、醚类含氧化合物生产）、燃料油品精制（加氢精制、电化学精制和氧化法脱硫醇）、燃料油品添加剂生产和燃料油品调和等过程单元。本节仅仅只对原油预处理、常减压蒸馏、催化裂化、加氢裂化和加氢精制作一简单介绍。

9.3.1　原油预处理

原油预处理即原油电脱盐脱水，是指原油经过电脱盐装置，在电场、破乳剂、注水混合等因素的作用下，实现油水分离，从而脱除原油中的盐、水、金属离子和杂质等。电脱盐的方法是集热、化学和电场于一体的脱盐脱水方法。

9.3.1.1　原油的乳化和破乳

原油在开采输送过程中，油、水以及原油中的乳化剂受泵、阀门的机械作用，或受管线中流动时形成的湍流剪切作用，会形成油水乳状液。另外，电脱盐过程向原油中注入水并进行混合，不可避免会形成新的油水乳状液，乳状液的稳定性会严重影响脱水效果，从而影响原油的脱盐率，因此有必要对原油乳状液进行简单介绍。

（1）原油中乳状液的形成

油和水是两种互不相溶的液体，如果其中一种液体在外力作用下，以微小液滴的形式分散于另一种液体中，便形成了乳状液体系。乳状液体系是两种互不相溶的液体经强烈混合而形成的分散物系，分散的液珠一般大于 0.1μm。混合时外界做的功变成了乳化物系的表面能，因而乳状液是暂稳系统，从热力学观点来看，聚结是它的自发趋势，最稳定的乳状液最终也是要破乳的，只是方式和时间的差异而已。如果乳化体系中有乳化剂存在，则这种乳状液体系可以稳定地存在相当长的时间。原油中的乳化剂包括沥青质、蜡质、树脂类物质、环烷酸和其他油溶性酸、二氧化硅、硫化铁、铁的氧化物以及微小固体颗粒等。

乳状液属于热力学不稳定的多分散体系。通常，把乳状液中以液珠形式存在的称为内相、分散相或不连续相，另一个相称为外相、分散介质或连续相。原油乳状液可分为三种类型：W/O 型（油包水型）、O/W 型（水包油型）、多相乳状液。

① W/O 型乳状液。W/O 型乳状液内相为水，外相为油。在油包水型乳状液中，油是连续相，水是分散相。油井的产出液多为油包水型乳状液，即含水原油乳化主要是形成油包水型乳状液。这种乳状液呈黏稠液体状，电导率低，连续介质（原油）可被油溶性颜料染色，因此可通过染色法进行判定（见图 9-1）。

② O/W 型乳状液。O/W 型乳状液内相为油，外相为水。在水包油型乳状液中，水是连续相，油是分散相。在油田开

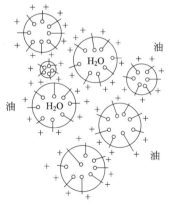

图 9-1　W/O 型乳化示意图

发的中后期，随着油井出水程度的增加，含水率逐渐增加，油井的产出液出现了一些水包油型乳状液。O/W型乳状液主要表现为含油污水，其特征为电导率高，连续介质（水）可被水溶性颜料染色，可通过测定电导率和用染色法进行鉴别（见图9-2）。

③ 多相乳状液。多相乳状液是指 W/O 型和 O/W 型两种乳化同时存在于一个物系中（见图9-3），此类乳状液破乳相当困难。

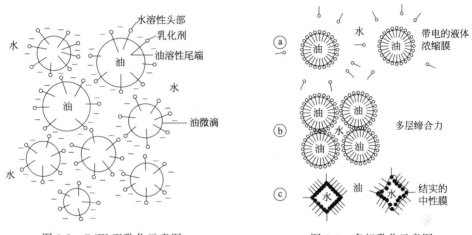

图 9-2　O/W 型乳化示意图　　　　　图 9-3　多相乳化示意图

（2）影响原油乳状液稳定的因素

影响原油乳状液稳定性的因素大致可分为界面张力、界面流变性、界面成分、液珠带电、液膜中的有序微结构、原油黏度和分散度、原油中的表面活性剂和温度等因素。

① 表征原油乳状液稳定性的物理参数。目前国内研究者主要采用测定油水界面压和界面黏度作为衡量原油乳状液稳定性的重要参数。一般认为，界面张力是与乳状液稳定性相关的重要参数，加入表面活性剂后，油水界面张力越低，所形成的乳状液越稳定。但李明远等在研究北海原油中胶质、沥青质为表面活性剂形成的油水乳状液的稳定性与界面压的关系时指出，除了表面活性剂本身的性质外，影响界面膜强度最重要的因素是界面压 π：

$$\pi = \sigma - \sigma'$$

式中，σ 为无表面活性剂时的油水界面张力；σ′ 为有表面活性剂时的油水界面张力。

由此可以看出，表征界面膜性质的是界面压，而不是界面张力，并且界面压 π 值越大，所形成的界面膜强度越大，乳状液越稳定。

界面剪切黏度是表征界面膜流变性质的参数之一。界面压和界面黏度等可作为衡量界面膜结构强度的参数，界面黏度的大小直接反映了界面膜的强度，即界面黏度越低，乳状液越稳定。

② 乳化剂的影响。乳化体系之所以可保持相对稳定状态，主要是乳化剂离子化作用的结果。乳化剂带有电荷，聚集于油水界面处，使乳化微粒带相同符号电荷，彼此相互排斥，从而维持体系的稳定，这类乳化剂有表面活性剂、盐类、皂类、洗涤剂等。油水界面如果吸附了微小固体颗粒，可使界面膜得到强化，从而也阻碍了小水滴的聚结，这类乳化剂有灰尘、蜡晶、胶质和沥青质、二氧化硅、硫化铁等。

（3）乳状液的破乳机理

从热力学上来看，乳状液是不稳定的，乳状液的不稳定性表现在：分层、变型和破乳。每种形式都是乳状液破乳的一个过程，它们有时是相互关联的，例如分层往往是破乳的前导，有时变型可以和分层同时发生。乳状液的分层并不是真正的破坏，而是分为两个乳状液，在一层中分散相比原来多，在另一层中则相反。变型是指在某种因素作用下，乳状液从油包水型变为水包油型，或者从水包油型变为油包水型，所以变型过程是乳状液中液珠的聚集和连续相分散的过程，原来的连续相变为分散相，而原来的分散相变为连续相。破乳和分层不同，分层还有两种乳状液存在，而破乳是指乳状液的两相达到完全分离。破乳的过程分两步实现。第一是絮凝。分散相的液珠聚集成团，各个液珠独立存在，可以再分散，所以是可逆的，例如通过搅拌可以重新恢复到原来的状态，如果两相介质的密度相差很大，可以加速这个过程的进行。第二是聚结。乳状液中的小液滴互相合并成大液珠，最后聚沉分离，聚结过程是不可逆的。因此，采取一些措施，设法破坏或减弱油水界面上乳化剂的稳定性，便可达到破乳的目的。这些措施包括：控制工艺条件使乳化剂分解；加入化学药剂与乳化剂反应，使其减弱或失去乳化能力；提高温度，增加乳化剂在原油中的溶解度，减弱油水界面上乳化膜的强度并影响乳化剂在油水界面上的定向排列等。

① 加热破乳机理。对于原油乳状液，提高温度，一方面可以增加乳化剂的溶解度，从而降低它在界面上的吸附量，削弱了保护膜；另一方面，升温可以降低外相的黏度，增加了分子的热运动，从而有利于液珠的聚结；此外，温度升高，使油水界面的张力降低，水滴受热膨胀，使乳状液膜减弱，利于破乳和聚结，所以升温有利于破乳。

② 破乳剂破乳机理。原油中加入破乳剂是一种常用的化学破乳方法。破乳剂在原油中分散后，逐渐向油水界面扩散并被界面膜吸附。由于破乳剂的界面活性高于原油中成膜物质的界面活性，能在油水界面上吸附或部分置换界面上吸附的天然乳化剂，并且与原油中的成膜物质形成具有比原来界面膜强度更低的混合膜，新形成的膜是不牢固的，界面膜容易破裂而将膜内包裹的水释放出来，水滴聚结形成大水滴沉降到底部，油水两相发生分离，达到破乳目的。破乳剂还有湿润原油中固体颗粒的作用，使其脱去外部油膜进入水相而从原油中脱除。

近十多年来人们对破乳剂的破乳机理研究得很多，概括起来讲可以归结为两个方面理解：一是破乳剂胶团吸附在水相侧降低油水界面张力；二是破乳剂分子在油相侧对界面膜强度的破坏。但破乳剂的各组分在破乳过程中发挥的作用、对界面膜的强度的修改以及这些组分与天然乳化剂之间的作用等问题还没有完全被人们理解，有待进一步的研究。

③ 电场破乳机理。乳状液在电场中破乳主要是静电力作用的结果，根据电场性质不同可分为直流电场和交流电场。乳状液中的微滴在电场中能发生偶极聚结、电泳聚结和振荡聚结。在交流电场中以偶极聚结和振荡聚结为主，在直流电场中以偶极聚结和电泳聚结为主，在脉冲电场中的行为还有待进一步研究。

偶极聚结是指在交流或直流电场中油包水型乳状液中的水滴两端由于感应而带上不同极性的电荷，产生诱导偶极。水滴两端受方向相反、大小相等的两个力的作用而被拉长成椭圆体，但不发生位移。这种力导致了水滴的聚结，通常称为偶极聚结，而聚结力与水滴半径和两水滴中心距离的比值的四次方成正比。外加电场越强，偶极极化程度越高。由于电场中所有水滴都会产生诱导偶极，邻近的水滴互相靠近的一端因带异性电荷而相互吸引，使两个小水滴合并为一个大水滴，而且外加电场是连续的，因此这个过程也连续发生。当水滴粒径增大到一定程度，其重力足以克服乳状液的稳定性及电场中的一切阻力时，即从原油中沉降分离。原油中水滴在电场中的偶极聚结如图 9-4 所示。

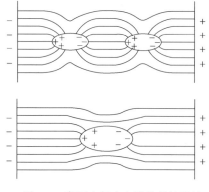

图 9-4 高压电场中水滴的偶极聚结

振荡聚结是指当乳化液通过外加的交变电场时，在电场力的诱导下发生极化并因带电而被拉长的水滴将产生振荡，乳化液中水滴的乳化膜强度减弱，相邻水滴的相反极性端因相互吸引、碰撞使水滴破裂而复合增大，随着水滴的增大，水滴的沉降速度急剧上升，从而使油水分离。

原油在输送过程中由于摩擦作用而使水滴带有一定量的正负电荷，乳化液中带有电荷的水滴在电场中会向着与其电荷符号相反的电极移动，此种现象叫"电泳"。带电水滴在电场中产生相对运动，相互碰撞合并增大后从原油中沉降分离，而未碰撞的水滴或碰撞后的小水滴就会一直泳动，在一定情况下会抵达与其相反电荷的极板，在极板上聚结成大水滴，然后依靠重力沉降使油水分离，这就是电泳聚结。

④ 其他机理。除上述破乳机理外，还有离心分离机理（利用分散相和分散介质的密度不同，在离心力作用下实现油水分离）、加压过滤机理［加压使乳化液通过吸附层（如活性炭、硅胶、白土等），乳化剂被吸附层吸附，乳化膜破坏，实现油水分离］、泡沫分离机理（用起泡的方法使分散相油滴吸附在泡沫上，浮到水面，进行油水分离）。

（4）原油破乳过程

原油破乳过程分两个阶段：第一阶段是絮凝作用，即小水滴向一块聚集，相互靠近；第二阶段是聚结作用，使两个或多个靠近的小水滴聚结长大，变成大水滴，聚结时，胶体颗粒的乳化膜先减薄，然后破裂。其过程见图 9-5。

小水滴的絮凝是由于双电层的相互作用和范德华力的作用。絮凝速度决定于小水滴经过连续相的扩散速度。小水滴的聚结作用是由于乳化膜的变薄和随之而来的乳化膜破裂。其中任一过程均可控制破乳的速度。

乳化膜变薄必须在膜上有液体流失。乳化膜的变薄随下列因素变化：两相的黏度和密度、界面张力、界面剪切黏度、水滴尺寸、表面活性剂的浓度和类型、静电力等。

乳化液由于具有大的界面面积和自由能，处于高能位状态，所以不稳定，破乳聚结后，小水滴变成大水滴，界面面积减小，表面能减少，因而破乳是一个自发过程。

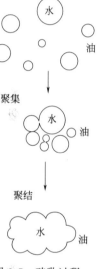

图 9-5　破乳过程

9.3.1.2　原油电脱盐的基本原理

原油中的盐类大部分溶于原油所含的水中，有少部分以不溶性盐颗粒悬浮于原油中，为了脱除原油中的盐类，在脱盐之前向原油中注入一定量的淡水，洗涤原油中的微量水和盐颗粒，使盐充分溶解于水中，然后与水一起脱除。含水的原油是一种比较稳定的油包水型乳化液，之所以不易脱除水，主要是由于它处于高度分散的乳化状态。特别是原油中的胶质、沥青质、环烷酸及某些矿物质这些天然乳化剂，它们具有亲水或亲油的极性集团，浓集于油水界面而形成牢固的单分子保护膜。保护膜阻碍了小颗粒水滴的凝聚，使小水滴高度分散并悬浮于油中，只有破坏这种乳化状态，使水珠聚结增大而沉降，才能达到油和水分离的目的。

原油脱盐关键在于脱水，脱水的关键在于破乳。脱盐和脱水同步进行，其过程是向原油中注入部分含氯低的新鲜水，以溶解原油中的结晶盐类，并稀释原油中的含盐水，形成新的乳状液，然后利用各种破乳方法，使微小的水滴聚集成较大的水滴，因密度差异，借助重力使水滴从油中沉降、分离，达到脱盐脱水的目的。

原油和水两相的密度差是油水分离的推动力，而分散介质的黏度则是阻力，对于水和油这两个互不相溶的液体的分离，水滴的沉降速度符合球形粒子在静止流体中自由沉降的斯托克斯定律，即：

$$u_t = \frac{d^2 (\rho_1 - \rho_2)}{18 \nu \rho_2} g \qquad (9\text{-}2)$$

式中　u_t——水滴沉降速度，m/s；

　　　d——水滴直径，m；

ρ_1，ρ_2——水和油的密度，kg/m^3；

　　　ν——油的运动黏度，m^2/s；

　　　g——重力加速度，m/s^2。

由上式可知，要增大沉降速度，主要取决于增大水滴直径和降低油的黏度，并使水与油密度差增加，前者由加破乳剂和电场力来达到，后者则通过加热来实现。破乳剂是一种与原油中乳化剂类型相反的表面活性剂，具有极性，加入后便削弱或破坏了油水界面的保护膜，并在电场的作用下，使含盐的水滴经极化、变形、振荡、吸引、排斥等复杂的作用后聚成大水滴。同时，将原油加热到一定温度，不但可使油的黏度降低，而且可以增大水与油的密度差（$\rho_1-\rho_2$），从而加快了水滴的沉降速度。由于水滴的沉降速度与水滴直径的平方成正比，所以增大水滴直径可以大大加快它的沉降速度。因此，在原油脱盐脱水的过程中，重要的问题是促进水滴聚结，使水滴直径增大。

必须指出，斯托克斯公式中的沉降速度是指静止油层中水滴的沉降速度，而生产中电脱盐罐的原油进口通常在下方，出口在上方。因此，原油以一定的上升速度u从脱盐罐下部向上流动，若$u>u_t$，水滴被油流携带上浮，所以只有当$u_t>u$时，水滴才能沉降到脱盐罐的底部。

在电场作用下，原油中的微小水滴聚结成为较大颗粒水滴，原油中水滴沿电场方向极化，相邻液滴间的聚结力为：

$$F=6qE^2d^2(d/D)^4 \tag{9-3}$$

式中　F——相邻液滴间聚结力，N；

　　　q——油相介电常数；

　　　E——电场强度，V/cm；

　　　D——相邻液滴中心距，cm；

　　　d——乳化液滴直径，cm。

由此可以看出，乳化液滴间的聚结力与电场强度平方成正比，增大电场强度有利于水滴间的聚结。但是，电场强度也并非越大越好，当电场强度过大时，反而会产生电分散现象，使一个大水滴分裂成为两个小水滴。因此，使原油与水分离，电场强度要适宜。乳化液滴直径与电场强度关系见下式：

$$d=\frac{C^2}{E^2}\sigma^2 \tag{9-4}$$

式中　d——水滴直径，cm；

　　　C——系数；

　　　E——电场强度，V/cm；

　　　σ——油水界面张力，N。

9.3.1.3　原油电脱盐工艺

通常情况下，原油电脱盐采用两级或三级脱盐脱水工艺流程，为了保证良好的原油脱盐脱水指标，满足后续加工装置的需要，还必须对影响原油电脱盐效果的工艺条件进行优化选择，包括破乳剂的类型及注入量、脱盐温度、油水混合强度、洗涤水的注入量、电场强度和原油停留时间等。

（1）原油电脱盐典型工艺流程

从油井开采出来的含有水分、盐类和泥沙等杂质的原油，一般在油田先经过一次脱水处理，使水含量降至0.5%以下，盐含量降至小于50mg/L，然后外输至炼油厂。在炼厂进行常压蒸馏前，需要通过电脱盐装置再一次进行脱盐、脱水。表 9-6 是我国几种主要原油进炼油厂时含盐含水情况。

表 9-6　我国几种原油进炼油厂时含盐含水

原油种类	含盐量/(mg/L)	含水量/%	原油种类	含盐量/(mg/L)	含水量/%
大庆原油	3～13	0.15～1.0	辽河原油	6～26	0.3～1.0
胜利原油	33～45	0.1～0.8	蓬莱原油	26～90	0.1～0.8
中原原油	<200	<1.0	鲁宁管输原油	16～60	0.1～0.5
华北原油	3～18	0.08～0.2	新疆原油(外输)	33～49	0.3～1.8

① 原油电脱盐级数的确定。根据原油进炼油厂时的含盐含水量，以及对脱后原油含盐量的要求，原油电脱盐可采用一级、二级或三级电脱盐。通常情况下，一级脱盐率为90%～98%，二级为80%～90%。当经两级脱盐后仍不能满足要求时，可考虑进行三级脱盐。可想而知，三级电脱盐的能耗和成本要比一级或两级电脱盐高得多，因此只有在特殊情况下才考虑选用。

各炼油厂对脱后原油含盐量的要求不尽相同，例如有渣油加氢或重油催化裂化的炼油厂，要求含盐量脱到 3mg/L 以下，若脱盐脱水只是为了减轻设备腐蚀，则一般脱到 5mg/L 以下即可。当前，根据各炼油厂炼制原油的实际情况，通常情况下，选择二级脱盐便可达到脱后原油含盐量小于 3mg/L、含水量小于 0.3% 的技术指标，因此国内各炼油厂大多采用两级电脱盐，只有在加工塔河重质油、胜利管输油等劣质油时采用三级脱盐流程。

② 典型二级电脱盐工艺流程。图 9-6 为炼油厂典型二级电脱盐工艺流程图。

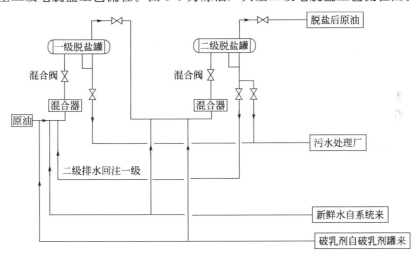

图 9-6　典型二级电脱盐工艺流程

对于二级电脱盐，通常情况下，原油、注水和破乳剂的具体流程如下。

a. 原油流程。原油自油罐抽出后经原油泵送至换热器与产品油进行换热，达到脱盐温度后，与破乳剂和水经混合阀和静态混合器混合，然后进入到一级脱盐罐中，在电场和破乳剂的作用下脱盐脱水。一级脱后原油从罐顶排出，再经二次油水混合后进入二级脱盐罐脱盐脱水，二级脱后原油从脱盐罐顶部引出，经接力泵送至换热、蒸馏系统。

b. 注水流程。一般情况下，注水流程为：新鲜水由注水泵自水罐抽出，经与一级脱盐的排水换热升温后，注入到二级脱盐罐的静态混合器前；二级脱盐罐排水经升压后回注到一级脱盐罐的换热器或静态混合器前；换热后的一级电脱盐罐排水进入污水处理系统。通常情况下，一级注水设有单独注水的复线，二级脱盐罐设有排水进入污水处理系统的复线。

c. 破乳剂流程。水溶性破乳剂一般在破乳剂罐内配制成 1%～5% 的溶液进行注入为宜，油溶性破乳剂按原剂注入，一级电脱盐破乳剂注入由破乳剂泵自破乳剂罐抽出，注至原油泵或换热器前；二级电脱盐破乳剂注入由破乳剂泵自破乳剂罐抽出注至二级混合器前。

③ 典型三级电脱盐工艺流程。图 9-7 为炼油厂典型三级电脱盐工艺流程图。

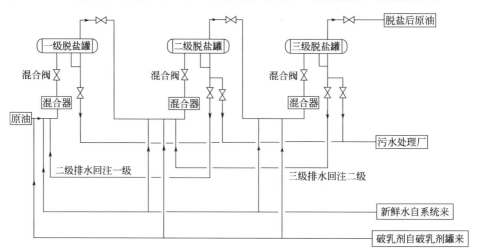

图 9-7　典型三级电脱盐工艺流程

三级电脱盐的原油流程和破乳剂流程与二级电脱盐类似，注水流程通常为三级排水回注二级，二级排水回注一级，新鲜水注入三级电脱盐罐，也可三级排水回注一级，二级、三级电脱盐罐均注入新鲜水。

（2）影响电脱盐效果的工艺因素

影响电脱盐脱水效果的工艺因素主要包括破乳剂的类型及注入量、注水量、脱盐温度、油水混合强度、电场强度和停留时间等。工艺条件的优化是保证电脱盐效果的基础，因此针对某种原油，要取得电脱盐最佳效果，必须找到该原油电脱盐的最佳工艺条件，此处不展开讨论。

（3）原油电脱盐的工艺条件

优良的电脱盐设备、优化的工艺条件以及高效的破乳剂是保证炼油厂电脱盐装置良好运行的三大必要条件。对于不同性质的原油，电脱盐装置的工艺条件有所不同，每种原油最适宜的工艺操作条件应在依据原油性质的基础上，通过实验室评价以及现场调试进行优化。

9.3.2 原油常减压蒸馏

由于石油产品大多是原油中的某一馏分或是此馏分进一步加工得到的产品，因此，炼油过程分为两步。

① 首先把原油蒸馏分为几个不同沸点范围的馏分，这叫一次加工。可将一次加工分为常压蒸馏或常减压蒸馏，原油通过蒸馏得到制取汽油、煤油、柴油、润滑油或其他石油产品的组分或原料，即所谓的"馏分"。

② 将一次加工得到的馏分再加工变成石油产品，这叫二次加工或深度加工。二次加工装置根据其作用可分为两类，一类为改质装置，如将直馏汽油馏分转化为高辛烷值汽油的催化重整装置，将常压重油或减压馏分油转化为汽油、喷气燃料、柴油的催化裂化或加氢裂化装置，将减压蒸馏残留的渣油转化为轻质油品或燃料油的焦化及减黏裂化装置等。另一类为精制装置，其作用是除去直馏产品或二次加工产品中的各种杂质以得到质量符合要求的各种石油商品，例如汽油脱硫醇，汽、柴油加氢精制以及生产润滑油的各种精制装置等。

9.3.2.1 原油加工的一般生产程序

由原油制取各种石油产品的一般生产程序见图 9-8。

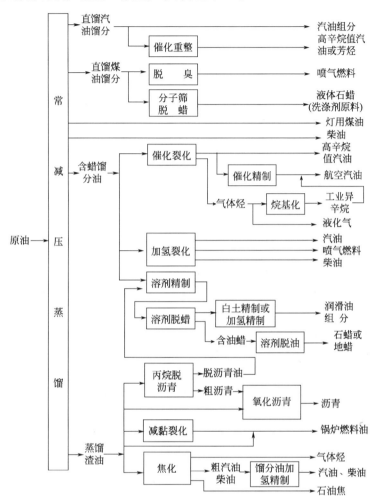

图 9-8 原油加工的一般生产程序

9.3.2.2 原油常减压蒸馏的典型工艺流程

图 9-9 为原油三段汽化常减压蒸馏原则流程。

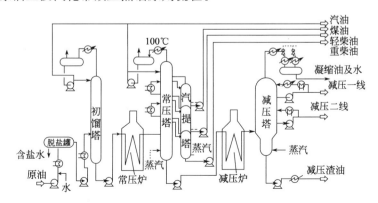

图 9-9 原油三段汽化常减压蒸馏原则流程

221

原油在蒸馏前必须进行严格的脱盐脱水，脱盐后原油换热到 220～240℃ 进初馏塔（又称预汽化塔），塔顶出轻汽油馏分或重整原料。塔底物为拔头原油，拔头原油经常压炉加热至 360～370℃ 进入常压分馏塔，塔顶出汽油。常压塔侧线自上而下分别出煤油、柴油以及其他馏分油。常压部分大体可以得到相当于原油实沸点馏出温度约为 360℃ 的产品。它是装置的主塔，主要产品从这里得到，因此其质量和收率在生产控制上都应给予足够的重视。除了用增减回流量及各侧线馏出量以控制塔的各处温度外，通常各侧线处设有汽提塔，用吹入过热水蒸气或采用"热重沸"（加热油品使之汽化）的方法调节产品质量。常压部分拔出率的高低不仅关系到该塔产品质量与收率，而且也将影响减压部分的负荷以及整个装置的生产效率。除塔顶冷回流外，常压塔通常还设置 2～3 个中段循环回流。塔底用水蒸气汽提，塔底重油（或称常压渣油）用泵抽出送减压部分。

常压塔底油经减压炉加热到 405～410℃ 送入减压塔，为了减少管路压力降和提高减压塔顶真空度，减压塔顶一般不出产品而直接与抽空设备连接，并采用塔顶循环回流方式。减压塔大都开有 3～4 个侧线，根据炼油厂的加工类型（燃料型或润滑油型）的不同可生产催化裂化原料或润滑油料。由于加工类型不同，塔的结构及操作控制也不一样，润滑油型装置减压塔设有侧线汽提塔以调节馏出油质量。除顶回流外，也设有 2～3 个中段循环回流。燃料型装置则无需设汽提塔。减压塔底渣油用泵抽出经换热冷却送出装置，也可以直接送至下道工序（如焦化、丙烷脱沥青等），作为热进料。

从原油的处理过程来看，上述常减压蒸馏装置分为原油初馏（预汽化）、常压蒸馏和减压蒸馏三部分，油料在每一部分都经历一次加热-汽化-冷凝过程，故称之为"三段汽化"。如从过程的原理来看，实际上只是常压蒸馏与减压蒸馏两部分，而常压蒸馏部分可采用单塔（仅用一个常压塔）流程或者用双塔（用初馏塔和常压塔）流程。采用初馏塔的好处有如下一些。

① 原油在加热升温时，当其中轻质馏分逐渐汽化，原油通过系统管路的流动阻力就会增大，因此在处理轻馏分含量高的原油时设置初馏塔，将换热后的原油在初馏塔中分出部分轻馏分再进常压加热炉，这样可显著减小换热系统压力降，避免原油泵出口压力过高，减少动力消耗和设备泄漏的可能性。一般认为原油中汽油馏分含量接近或超过 20% 就应考虑设置初馏塔。

② 当原油脱盐脱水不好，在原油加热时，水分汽化会增大流动阻力及引起系统操作不稳。水分汽化的同时盐分析出附着在换热器和加热炉管壁影响传热，甚至堵塞管路。采用初馏塔可避免或减小上述不良影响。初馏塔的脱水作用对稳定常压塔以及整个装置操作十分重要。

③ 在加工含硫、含盐高的原油时，虽然采取一定的防腐措施，但很难彻底解决塔顶和冷凝系统的腐蚀问题。设置初馏塔后它将承受大部分腐蚀而减轻主塔（常压塔）塔顶系统腐蚀，经济上是合算的。

④ 汽油馏分中砷含量取决于原油中砷含量以及原油被加热的程度，如作重整原料，砷是重整催化剂的严重毒物。例如加工大庆原油时，初馏塔的进料仅经换热温度就可达 230℃ 左右，此时初馏塔顶重整原料砷含量 $<2\times10^{-7}$，而常压塔进料因经加热炉加热温度达 370℃，常压塔顶汽油馏分砷含量达 1.5×10^{-6}。当处理砷含量高的原油，蒸馏装置设置初馏塔可得到含砷量低的重整原料。

此外，设置初馏塔有利于装置处理能力的提高，设置初馏塔并提高其操作压力（例如达 0.3MPa）能减少塔顶回流油罐轻质汽油的损失等。因此蒸馏装置中常压部分设置双塔，虽然增加一定投资和费用，但可提高装置的操作适应性。当原油含砷、含轻质馏分量较低，并且所处理的原油品种变化不大时，可以采用二段汽化，即仅有一个常压塔和一个减压塔的常减压蒸馏流程。

为了节能，一些炼油厂对蒸馏装置的流程作了某些改动。例如初馏塔开侧线并将馏出油送入常压塔第一中段回流中，或将初馏塔改为预闪蒸塔，塔顶油气送入常压塔内，等等。

（1）常压蒸馏塔的工艺特点

① 加热炉完成一次汽化过程。原油中的常压重油在高温时易于发生热裂化。热裂化产生的焦炭，尤其是胶质所产生的胶状炭易于堵塞塔设备，从而引起生产事故。为了减少重质油在塔底的停留时间，原油常压塔和减压塔都采用了无再沸器和无提馏段的加热炉加热一次汽化工艺，相当于原料从蒸馏塔底进入，因此常压塔和减压塔都是一个仅有精馏段及塔顶冷凝系统的不完整精馏塔。

为了保证产品的收率，这种一次汽化工艺要求加热炉的出口温度一方面必须保证原油热裂化程度极低，不会产生积炭，另一方面也要保证原油进入蒸馏塔后的汽化率达到实沸点切割的产品收率。因此常压塔和减压塔的产品方案制定都是按照常压炉和减压炉的最高不生焦加热温度制定的。根据目前的生产经验，一般常压炉的最高炉出口温度在 $360\sim370℃$ 之间，减压炉的最高炉出口温度在 $410\sim420℃$ 之间。

② 精馏段多侧线采出。原油通过常减压蒸馏要切割成汽油、煤油、轻柴油、重柴油和重油等五种产品，若采用常规精馏塔构型，分离方案有多种。按照多元精馏原理，要把原料分割成 N 个产品，一般需要（$N-1$）个精馏塔，具体数目取决于原料条件、分离要求、分离体系等方面。当产品纯度要求极高时，则至少需要四座精馏塔。若分离要求不十分高，则可以通过单塔抽侧线的方式降低需求塔的数目。

单塔的塔高会受到地基、风载荷和塔体材料的机械强度等诸方面的限制。并且塔内安装的实际塔板数或填料层高度不能无限制增加。由于石油产品对分离精确度要求并不很高，并且两相邻侧线产品之间需要的塔板数并不多（5~8 层塔盘），因而采用单塔多侧线构型更适于大规模连续生产，技术经济性更高，但石油体系的馏分含量波动较大，侧线产品的质量需要配备专门的控制手段。目前工业精馏塔能实现的塔板数最多也就在 100 层左右，一般为30~50 层塔板。

③ 设置汽提段和侧线汽提塔。经过上述讨论，油品蒸馏塔的构型为一个仅有精馏段和塔顶冷凝系统的多侧线不完整精馏塔。按照相平衡原理，各侧线产品和塔底重油都会含有相当的轻质馏分油，这些馏分油的存在会增加侧线产品馏分宽度，降低产品质量（如轻柴油的闪点等）和各侧线产品的收率，同时常压重油中过多的轻质馏分油不仅会降低柴油的收率，增加下游减压炉的热负荷，而且也会增加减一线的产量，增加减压塔的负荷，提高减压塔分离难度和抽真空的难度，因此侧线产品质量的控制和重油中轻组分的分离必须考虑相应的对策。

侧线和塔底产品质量的控制仅仅是产品分离过程的补充，主要的分离任务应当由蒸馏塔来完成。油品蒸馏塔对侧线分离的补充可以采用两种方式：简单的水蒸气汽提塔或带再沸器的提馏段。

④ 恒摩尔流假定完全不适用。在二元和多元精馏塔的设计计算中，为了简化计算，对性质及沸点相近的体系做出了恒摩尔流的近似假设，即在无进料和抽出的塔段内，塔内的气、液相的摩尔流量不随塔高而变化，但这个近似假设对原油常压蒸馏塔完全不适用。

原油是复杂混合物，各组分间的性质可以有很大的差别，它们的摩尔汽化潜热可以相差很远，沸点之间的差别甚至可达几百度，例如常压塔顶和塔底之间的温差就可达 $240\sim$ $250℃$ 左右。显然，以精馏塔上、下部温差不大，塔内各组分的摩尔汽化潜热相近为基础而作出的恒摩尔流假设对常压塔是完全不适用的。实际上，常压塔内回流的摩尔流量沿塔高会有很大的变化。

⑤ 塔的进料应有足够的过汽化率。常减压塔由于塔底不用再沸器，塔底和侧线汽提水蒸气（一般约 450℃）虽也带入一些热量，但由于只放出部分显热，而且水蒸气量不大，因而这部分热量是相对很小的。因此常减压塔的热量来源几乎完全取决于加热炉热负荷。通过全塔热平衡，引出以下结果。

a. 常压塔进料的汽化率至少应等于塔顶产品和各侧线产品的产率之和，否则不能保证要求的拔出率或轻质油收率。在实际设计和操作中，常压塔精馏段最低一个侧线至进料段之间塔段内的塔板上要有足够的液相回流以保证最低侧线产品的质量。此外，原料油通过加热炉一次汽化，按照平衡汽化原理，在轻组分汽化的同时，重组分也会发生汽化，这些重组分会造成最下一个侧线产品馏程变重，因此原料油进塔后的汽化率应比塔上部各种产品的总收率略高一些，高出的部分称为过汽化度。

b. 过汽化度越高，侧线产品的质量越好，但加热炉的热负荷就会越高，加工能耗也就越高。实际生产中，只要侧线产品质量能保证，过汽化度低一些是有利的，这不仅可减轻加热炉负荷，而且对于炉出口温度降低、减少油料的裂化是十分有利的。适宜常压塔的过汽化度一般为 2%～4%。

c. 常压塔只靠进料供热，在进料的状态（温度、汽化率）已被规定的情况下，塔内的回流比实际上就被全塔热平衡确定了。因此常压塔的回流比是由全塔热平衡决定的，变化的余地不大。好在常压塔产品要求的分离精度不太高，只要塔板数选择适当，在一般情况下，由全塔热平衡所确定的回流比已完全能满足精馏的要求。在常压塔的操作中，如果回流比过大，则必然会引起塔的各点温度下降、馏出产品变轻、拔出率下降。

依据经验确定了适宜的塔板数以后，应用热量平衡结合物料平衡就可以对常减压塔进行可靠的工艺设计，实现预期的产品质量，而无须考虑相平衡问题，这就是经验算法的基础依据。

（2）分馏精确度

① 分馏精确度的表示方法。对二元或多元系，分馏精确度可以容易地用组成来表示。例如对 A（轻组分）、B（重组分）二元混合物的分馏精确度可用塔顶产物中 B 的含量和塔底产物中 A 的含量来表示。

对于石油蒸馏塔中相邻两个馏分之间的分馏精确度，则通常用该两个馏分的馏分组成或蒸馏曲线（一般是恩氏蒸馏曲线）的相互关系来表示。如图 9-10 所示。

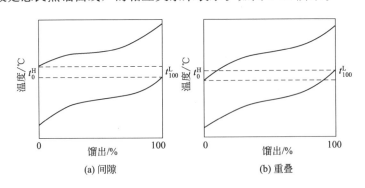

图 9-10 相邻馏分间的间隙与重叠

倘若较重馏分的初馏点高于较轻馏分的终馏点，则两个馏分之间有些"脱空"，称这两个馏分之间有一定的"间隙"。间隙可以用下式表示：

$$恩氏蒸馏(0～100\%)间隙 = t_0^H - t_{100}^L \tag{9-5}$$

式中 t_0^H 和 t_{100}^L 分别表示重馏分的初馏点和轻馏分的终馏点。

间隙越大表示分馏精确度越高。当 $t_0^H < t_{100}^L$ 或 $(t_0^H - t_{100}^L)$ 为负值时则称为重叠，这意味着一部分重馏分进到轻馏分中去了，重叠值（绝对值）越大，表示分馏精确度越差。

表面上看，相邻两个馏分"脱空"的现象似乎不可思议。其实，这只是由于恩氏蒸馏本身是一种粗略的分离过程，恩氏蒸馏曲线并不严格反映各组分的沸点分布，因此才会出现这种"脱空"现象。如果用实沸点蒸馏曲线来表示相邻两个馏分的相互关系，则只会出现重叠而不可能发生间隙。

在图 9-11 中，1 是某一原料馏分的实沸点蒸馏曲线，要求在 t_f 温度处分馏切割为两个馏分产品。当分馏精确度很高以致达到理想分离时，两个产品的实沸点蒸馏曲线为 2 和 3，它们之间刚好衔接，即 $t_0^H = t_{100}^L$，既不重叠，也不可能出现间隙。当分馏精确度不很高时，则所得轻馏分的实沸点蒸馏曲线 5 与重馏分的实沸点蒸馏曲线 4 就出现了重叠。一直到分离效果最差，即平衡汽化，所得到的轻、重馏分的实沸点蒸馏曲线 7 和 6 就完全重叠了。

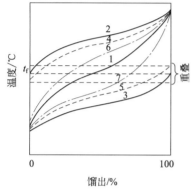

图 9-11　实沸点蒸馏曲线的重叠

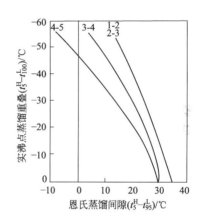

图 9-12　常压馏分实沸点蒸馏重叠与恩氏蒸馏间隙关系图
1—<150℃馏分；2—150～205℃馏分；3—205～302℃馏分；
4—302～370℃馏分；5—370～413℃馏分

在实际应用中，恩氏蒸馏的 t_0^H 和 t_{100}^L 不易得到准确数值，通常是用较重馏分的 5% 点 t_5^H 与较轻馏分的 95% 点 t_{95}^L 之间的差值来表示分馏精确度，即：

$$恩氏蒸馏（5\%～95\%）间隙 = t_5^H - t_{95}^L \tag{9-6}$$

上式结果为负值时表示重叠。

对常压塔馏出的几种馏分，由恩氏蒸馏间隙 $(t_5^H - t_{95}^L)$ 换算为实沸点蒸馏重叠 $(t_5^H - t_{100}^L)$ 可用图 9-12 近似地估计。

一般常压蒸馏产品的分馏精确度文献推荐值如表 9-7 所示。

表 9-7　常压蒸馏产品的分馏精确度推荐值

馏分	恩氏蒸馏（5%～95%）间隙/℃	馏分	恩氏蒸馏（5%～95%）间隙/℃
轻汽油-重汽油	11～16.5	煤油、轻柴油-重柴油	0～5.5
汽油-煤油、轻柴油	14～28	重柴油-常压瓦斯油	0～5.5

② 分馏精确度与回流比、塔板数的关系。影响分馏精确度的主要因素是体系中组分之间分离的难易程度、回流比和塔板数。对二元和多元物系，分离的难易程度可以用组分之间的相对挥发度来表示；对于石油馏分，则可以用两馏分的恩氏蒸馏 50% 点的温差 Δt 来表示。对石油馏分的精馏，从理论上说，可以用虚拟组分体系的办法来计算所需的回流比和塔板数，但是这种方法十分复杂且目前缺乏完整的数据。况且石油精馏塔的回流比是由全塔热

平衡确定的而不是由精馏计算确定的，加之石油馏分的分馏精确度一般不是要求非常高，因此，通常可以用经验的 Packie 图（图 9-13、图 9-14）关联来估计达到分馏精确度要求所需要的回流比和塔板数。

图 9-13 和图 9-14 是常压塔中分馏精确度与分离能力和混合物分离难易程度的关系图，可用于工艺计算。图中纵坐标 F 为回流比与塔板数之乘积，表示该塔段的分离能力；横坐标是相邻两馏分的恩氏蒸馏间隙；图 9-13 中等 Δt_{50} 线表示塔顶产品与一线产品之间恩氏蒸馏 50％点的温差，而图 9-14 中等 Δt_{50} 线则表示第 m 板侧线与第 m 板以上所有馏出物（作为一个整体）50％点的温差。

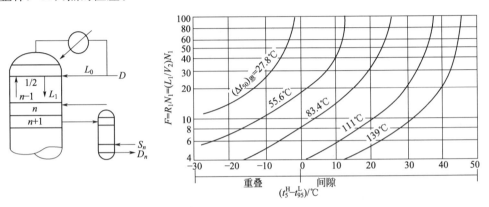

图 9-13　石油常压精馏塔塔顶产品与一线产品之间分馏精确度图

R_1—第一层塔板下的回流比＝L_1/V_2，均按 15.6℃体积流量计算；N_1—塔顶与一线之间实际塔板数

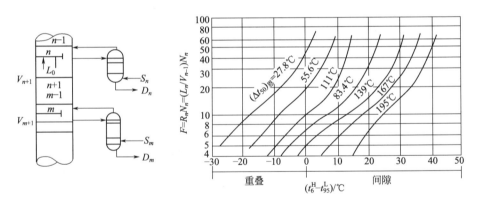

图 9-14　石油常压精馏塔侧线产品之间分馏精确度图

为了便于计算机计算，对图 9-13 和图 9-14 分别进行关联，参见式（9-7）和式（9-8）。平均相对误差分别为 6.34％和 3％：

$$\mathrm{HL}=\left(\frac{a_1}{\Delta t_{50}+a_2}\right)F^{(a_3\Delta t_{50}^2+a_4\Delta t_{50}+a_5)}+(a_6\Delta t_{50}^2+a_7\Delta t_{50}+a_8) \tag{9-7}$$

$$\mathrm{HL}=\frac{(a_1\Delta t_{50}+a_2\Delta t_{50})F+(a_3\Delta t_{50}^3+a_4\Delta t_{50}^2+a_5\Delta t_{50}+a_6)}{F+(a_7\Delta t_{50}^3+a_8\Delta t_{50}^2+a_9\Delta t_{50}+a_{10})} \tag{9-8}$$

式中　F——回流比与塔板数之乘积，表示该塔段的分离能力；

　　　HL——相邻两馏分的恩氏蒸馏（5％～95％）间隙，即 $\mathrm{HL}=t_5^{\mathrm{H}}-t_{95}^{\mathrm{L}}$；

　　　Δt_{50}——塔顶产品与一线产品恩氏蒸馏 50％点的温差（图 9-13），第 m 板侧线与第 m 板以上所有馏出物 50％点的温差（图 9-14）；

　　　a_1，a_2，…，a_{10}——系数，其值见表 9-8。

表 9-8 a_1，a_2，$\cdots$，a_{10} 的值

系数	式(9-7)	式(9-8)	系数	式(9-7)	式(9-8)
a_1	-8731.00	0.24096	a_6	-5.888	-597.27
a_2	-21.82	5.3967	a_7	11.183	-4.300×10^{-4}
a_3	-1.9461×10^{-4}	2.1261×10^{-4}	a_8	33.025	0.037731
a_4	0.037531	-0.068272	a_9	—	-1.4402
a_5	-2.4009	8.3024	a_{10}	—	26.555

　　Packie 图主要用于校核在选定的回流比和塔板数的条件下能否达到所要求的分馏精确度；也可以据此来调整所选的回流比和塔板数。Packie 图也可以推广用于减压塔，但准确性变差，至于催化裂化分馏塔则不宜采用。

　　石油精馏塔的塔板数主要靠经验选用，表 9-9 和表 9-10 是常压塔塔板数的参考值。

表 9-9 常压塔塔板数国外文献推荐值[①]

被分离的馏分	推荐板数	被分离的馏分	推荐板数
轻汽油-重汽油	6～8	轻柴油-重柴油	4～6
汽油-煤油	6～8	进料-最低侧线	3～6
煤油-柴油	4～6	汽提段-侧线汽提	4

① 表中板数均未包括循环回流的换热塔板。

表 9-10 国内某些炼油厂的常压塔塔板数[①]

被分离的馏分	D 厂	N 厂	S 厂	被分离的馏分	D 厂	N 厂	S 厂
汽油-煤油	8	10	9	重柴油-裂化原料	8	4	6
煤油-轻柴油	9	9	6	最低侧线-进料	4	4	3
轻柴油-重柴油	7	4	6	进料-塔底	4	6	4

① 表中板数均未包括循环回流的换热塔板。

　　③ 石油蒸馏过程蒸馏塔的板效率范围。对于石油蒸馏过程而言，不同塔段具有不同的操作特点和特征，其板效率是不同的。依据国内外的工程经验、技术资料和 FRI 及其他学术研究的结果，汇总出了油品蒸馏塔的各塔段的参考板效率范围，见表 9-11。

表 9-11 油品蒸馏塔板效率

类别	板效率建议的范围	说明
初馏塔，常压塔	60％～80％	进料波动较大，体系较轻
减压塔	40％～60％	组分较重，液相负荷小
水蒸气汽提塔	30％～50％	效率低，气相负荷小(汽提效率)
常压再沸汽提塔	60％～70％	再沸器增加一个理论板(精馏效率)
塔底汽提段	30％～50％	气相负荷低
中段循环塔板	33％～40％	过冷状态操作，全返混

　　(3) 石油精馏塔的气、液相负荷分布规律

　　精馏塔中的气、液相负荷是设计塔径和塔板水力学计算的依据。如前所述，石油是很复杂的混合物，其中各组分的分子结构、相对分子质量都有很大的差别，造成它们有很宽的沸程(这一点使沿塔高有较大的温度梯度)和差别很大的摩尔汽化潜热，因此，恒摩尔流假设

对石油精馏塔完全不适用。要正确地指导设计和生产，必须对石油精馏塔内部的气、液相负荷分布规律作深入的分析，适用的分析手段就是蒸馏塔热量平衡。

为了分析石油精馏塔内气、液相负荷沿塔高的分布规律，可以选择几个有代表性的截面，作适当的隔离体系，然后分别作热平衡计算，求出它们的气、液负荷，从而了解气、液相负荷沿塔高的分布规律，以下以常压塔为例进行分析。

① 塔顶气、液相负荷。图 9-15 是常压精馏塔全塔热平衡示意图。图中符号说明如下：

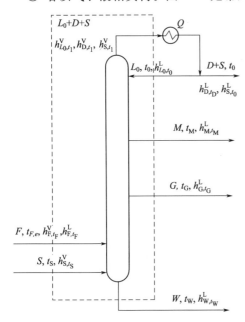

图 9-15　常压精馏塔全塔热平衡示意图

F，D，M，G，W——分别为进料、塔顶汽油、侧线煤油和柴油及塔底重油的流量，kmol/h；

t_D，t_M，t_G，t_W——分别为 D、M、G、W 的温度，℃

t_F，t_1——分别为进料和塔顶的温度，℃；

L_0——塔顶回流量，kmol/h；

e——进料汽化率（摩尔分数），%；

S——塔底汽提蒸汽用量，kmol/h；

t_a——汽提用过热水蒸气温度，℃；

h——物流焓，kJ/kmol，上角标 V 代表气相，L 代表液相。

对虚线框示出的隔离体系作热平衡计算。为

$$Q_入 = Feh_{F,t_F}^V + F(1-e)h_{F,t_F}^V + Sh_{S,t_S}^V$$
$$Q_出 = Dh_{D,t_1}^V + Sh_{S,t_1}^V + Mh_{M,t_M}^L + Gh_{G,t_G}^L + Wh_{W,t_W}^L \tag{9-9}$$

令 $Q = Q_入 - Q_出$，则 Q 显然是为了达到全塔热平衡必须由塔顶回流取走的热量，亦即全塔的总回流取热。

为简化计算，侧线汽提蒸汽量暂不计入。先不考虑塔顶回流。

当温度为 t_0，流量为 L_0 的塔顶回流入塔后，在塔顶部第一层塔板上先被加热至饱和液相状态，继而汽化为温度 t_1 的饱和气相，并自塔顶管线出塔，将回流热 Q 带走，故：

$$Q = L_0(h_{L_0,t_1}^V - h_{L_0,t_0}^V) \tag{9-10}$$

由上式可计算出塔顶回流量：

$$L_0 = \frac{Q}{h_{L_0,t_1}^V - h_{L_0,t_0}^V} \tag{9-11}$$

塔顶气相负荷：

$$V_1 = L_0 + D + S \tag{9-12}$$

② 汽化段气、液相负荷。如果忽略过汽化度，则汽化段液相负荷（亦即从精馏段最下一层塔板 n 流下的液相回流量）为：

$$L_n = 0 \tag{9-13}$$

在气、液相负荷实际计算中应将过汽化度计入，此时 $L_n \neq 0$，L_n 的计算方法类似于下面介绍的塔中部某板下的回流的计算方法。

气相负荷（亦即从汽化段进入精馏段的气相流量）为：

$$V_F = D + M + G + S + L_n \tag{9-14}$$

③ 最低侧线抽出板下方的气、液相负荷。图9-16是汽化段至柴油侧线抽出板下的塔段。首先需要分析 L_{n-1} 和 L_{m-1}，进而分析此塔段中气、液相负荷沿塔高的变化规律。

首先考察 L_{n-1}。为此，作隔离体系Ⅰ，并对隔离体系Ⅰ作热平衡。

暂不计液相回流 L_{n-1} 在第 n 层板上汽化时焓的变化，则进出隔离体系Ⅰ的热量为：

$$Q_{入,n} = Dh_{D,t_F}^V + Mh_{M,t_F}^V + Gh_{G,t_F}^V + Sh_{S,t_S}^V \tag{9-15}$$

$$Q_{出,n} = Dh_{D,t_n}^V + Mh_{M,t_n}^V + Gh_{G,t_n}^V + Sh_{S,t_n}^V \tag{9-16}$$

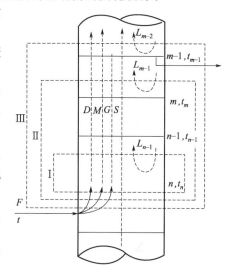

图 9-16 常压塔汽化段与精馏段的气、液相负荷

在精馏过程中，沿塔高自下而上有一个温度梯度，故 $t_F > t_n$，因此，$Q_{入,n} > Q_{出,n}$。令 $Q_n = Q_{入,n} - Q_{出,n}$（kJ/h），则 Q_n 就是液相回流 L_{n-1} 在第 n 层板上汽化所取走的热量，称为第 n 层板上的回流热。显然：

$$L_{n-1} = \frac{Q_n}{h_{L_{n-1},t_n}^V - h_{L_{0n-1},t_{n-1}}^L} \tag{9-17}$$

式（9-17）的分母项由该回流在温度 t_n 时的千摩尔汽化潜热和回流由 t_{n-1} 升温至 t_n 时吸收的显热所组成，而前者占主要部分。由此可见，即使在汽化段处没有液相回流的情况下，汽化段上方的塔板上已有回流出现，若没有这个回流，则温度为 t_F 的上升气相在第 n 层板是不会降低到温度 t_n 的。式（9-17）中的 L_{n-1} 就是第 $(n-1)$ 层板下的液相负荷。

第 n 层板上的气相负荷为：

$$V_n = D + M + G + S + L_{n-1} \tag{9-18}$$

现在再考察柴油抽出板第 $(m-1)$ 层板下的 V_m 和 L_{m-1}。

在图 9-16 中作隔离体系Ⅱ，并对其作热平衡，则进出隔离体系Ⅱ的热量如下：

$$Q_{入,m} = Dh_{D,t_F}^V + Mh_{M,t_F}^V + Gh_{G,t_F}^V + Sh_{S,t_F}^V = Q_{入,n} \tag{9-19}$$

$$Q_{出,m} = Dh_{D,t_m}^V + Mh_{M,t_m}^V + Gh_{G,t_m}^V + Sh_{S,t_m}^V \tag{9-20}$$

令第 m 层板上的回流热为 Q_m，则 $Q_m = Q_{入,m} - Q_{出,m}$，由此计算得出从第 $(m-1)$ 层板流至第 m 层板的液相回流量为：

$$L_{m-1} = \frac{Q_m}{h_{L_{m-1},t_m}^V - h_{L_{0m-1},t_{m-1}}^L} \tag{9-21}$$

现在先由式（9-17）和式（9-21）比较 L_{n-1} 与 L_{m-1}。

前面提到：

$$Q_m = Q_{入,m} - Q_{出,m} \qquad\qquad Q_n = Q_{入,n} - Q_{出,n}$$

首先比较式（9-17）和式（9-21）中的分子，因 $Q_{入,m} = Q_{入,n}$，且 $t_m < t_n$，故 $Q_{出,m} < Q_{出,n}$，亦即 $Q_m > Q_n$。即自汽化段以上，沿塔高上行，需由塔板上取走的回流热逐渐增大。

再比较式（9-17）和式（9-21）中的分母，分母项基本上是该板上回流的千摩尔汽化潜热，而烃类的摩尔汽化潜热随着相对分子质量和沸点的升高而增大，因此，式（9-17）中的分母项大于式（9-21）中的分母项，于是有 $L_{m-1} > L_{n-1}$。由此可得出结论：

沿蒸馏塔自下而上，各层塔板上的油料越来越轻，平均相对分子质量越来越小，其摩尔汽化潜热也不断减小，但是每层塔板上的回流热却越来越大。由此可判断，以摩尔流量表示的回流量沿塔自下而上逐渐增大，即：

$$L_n < L_{n-1} < L_m < L_{m-1}$$

同理可分析出气相负荷与液相回流变化的规律相同，即以摩尔流量表示的气相负荷也沿塔自下而上逐渐增大。

（4）回流方式

从前面的分析可以看到，与二元系或多元系精馏塔相比，原油蒸馏塔具有一些自己的工艺特点：处理量大；回流比是由精馏塔的热平衡确定而不是由分馏精确度确定，塔内气、液相负荷沿塔高是变化的，甚至有较大的变化幅度；沿塔高的温差比较大等。由于这些特点，原油蒸馏塔的回流方式除了采用常用的塔顶冷回流和塔顶热回流以外，还常常采用其他回流方式。

① 塔顶油气二级冷凝冷却。原油常压蒸馏塔的年处理量经常以数百万吨计。以年处理量为 250×10^4 t 的常压塔为例，其塔顶馏出物的冷凝冷却器的传热面积常达 2000～3000m²，耗费大量的钢材和投资。塔顶冷凝冷却面积如此巨大的原因，一是热负荷很大，二是传热温差比较小。为了减少常压塔顶冷凝冷却器所需的传热面积，在某些条件下可采用二级冷凝冷却流程。

② 塔顶循环回流。塔顶循环回流指的是从塔内某块塔板抽出一部分液相经外部冷却至某个温度后再送回塔顶中，物流在整个过程中都是处于液相，而且在塔内流动时一般也不发生相变化，它只是在塔内外循环流动，借助于换热器取走回流热。

③ 中段循环回流。循环回流如果设在精馏塔的中部，就称为中段循环回流。原油精馏塔采用中段循环回流主要是出于以下两点考虑。

a. 塔内的气、液相负荷沿塔高分布是不均匀的，当只有塔顶冷回流时，气、液相负荷在塔顶第一、第二层板之间达到最高峰。在设计精馏塔时，总是根据最大气、液相负荷来确定塔径，也就是根据第一、第二层板间的气、液相负荷来确定塔径。实际上，对于塔的其余部位并不要求有这样大的塔径。造成气、液相负荷这样分布的根本原因在于精馏塔内独特的传热方式，即回流热由下而上逐板传递并逐板有所增加，最后全部回流热由塔顶回流取走。因此，如果在塔的中部取走一部分回流热，则其上部回流量可以减少，第一、第二层板之间的负荷也会相应减小，从而使全塔沿塔高的气、液相负荷分布比较均匀。这样，在设计时就可以采用较小的塔径，或者对某个生产中的蒸馏塔采用中段循环回流后可以提高塔的生产能力。

b. 原油精馏塔的回流热数量很大，如何合理回收利用是一个节约能量的重要问题。原油精馏塔沿塔高的温度梯度较大，从塔的中部取走的回流热的温位显然要比从塔顶取走的回流热的温位高出许多，因而是价值更高的可利用热源。

（5）减压塔的结构特点

根据减压塔的任务不同，减压塔可分为两种类型。

润滑油型减压塔——以生产润滑油为主，这些馏分经过加工制取各种润滑油基础油。

燃料型减压塔——主要生产二次加工的原料，如催化和加氢裂化原料。

为了提高轻油和润滑油收率，减压塔总是尽量提高拔出率。和常压塔相比，减压塔有下列特征。

① 提高减压蒸馏系统的真空度。为了尽量提高拔出率而又避免油品的热分解，在经允许的条件下尽可能提高汽化段的真空度。其措施包括配备强有力三级抽真空设备、采用新型塔板和减少塔板数以降低塔板的压力降。

② 减压塔的直径大。因为减压蒸馏为了在高真空度下操作，注入了比常压塔更大量蒸

气，因而导致了减压塔内巨大的蒸气体积流量。

③ 减压塔的汽提段直径小。减压塔底的产品减压渣油，如果在汽提段停留时间过长就会分解、缩合，生成不凝气和结焦，导致真空度下降。为了避免上述情况，减小减压塔汽提段直径，而缩短渣油在塔内的停留时间。

④ 减压塔顶不出产品。塔顶管线只供抽真空用设备抽不凝气用。

⑤ 采用中段回流和限制减压炉出口温度。加热炉出口温度一般不超过 400～420℃，因而塔内的压降不能过大，否则会使炉出口处压力升高，使该处的汽化率降低，造成进料减压塔汽化段处由于热量不足而不能充分汽化。为了减小减压塔的巨大直径，并利用塔中高温热量，减压塔都配制了中段循环回流。

9.3.3 催化裂化

催化裂化是重质石油烃类在催化剂作用下反应生产液化气、汽油和柴油等轻质油品的主要过程，在汽油和柴油等轻质油品的生产中占有很重要的地位。特别是在我国，大约 80%（质量分数）的汽油和 1/3 的柴油均来自该工艺。我国催化裂化加工能力和掺炼渣油的比例，居世界之首，是我国最主要的重质油轻质化手段。

原料油在催化剂上进行催化裂化时，一方面通过裂化等反应生成气体、汽油等较小分子的产物，另一方面同时发生缩合反应生成焦炭。这些焦炭沉积在催化剂的表面上使催化剂的活性下降。因此，经过一段时间的反应后，必须烧去沉积在催化剂上的焦炭以恢复催化剂的活性。这种用空气烧去积炭的过程叫做"再生"。由此可见，一个工业催化裂化装置必须包括反应和再生两个部分。

9.3.3.1 催化裂化反应机理

（1）单体烃类的催化裂化反应

单体烃类的催化裂化反应与热裂化反应具有不同的反应机理。热裂化反应是通过复杂的链式自由基机理进行的，而催化裂化反应是通过正碳离子中间体进行的。烃类催化裂化遵循正碳离子反应机理。所谓正碳离子，是指含有一个带正电荷的碳原子的烃离子。正碳离子是由烃分子与催化剂表面上的酸中心作用而形成的。正碳离子形成后反应活泼性较烃分子大为提高，能发生异构化、裂化、环化、烷基化、氢转移和缩合反应。其中，异构化、烷基化和氢转移反应降低了催化裂化产品之一——汽油的烯烃含量，改善了汽油的储存安定性，提高了汽油的辛烷值。

① 烷烃。烷烃催化裂化主要是发生分解反应，反应时首先是形成正碳离子，然后分子中较弱的 C—C 键断裂生成一个较小的吸附在催化剂上的正碳离子和一个气相 α-烯烃。如果生成的较小的正碳离子不稳定则会继续断裂下去，直至成为不能再断裂的小正碳离子为止。

② 烯烃。烯烃催化裂化主要也是发生分解反应，但除此之外还伴有异构化、氢转移和芳构化等反应，烯烃催化裂化的反应速度比相应链长和相似结构的烷烃更快。

③ 环烷烃。环烷烃形成正碳离子的机理与烷烃一样。由于存在大量的仲碳原子和叔碳原子，因而环烷烃的裂化反应活性很高，能生成多种分子结构不同的裂化产品。除了烷基侧链裂化产生的烷烃和烯烃外，还有环烷环脱氢、异构。裂化产生的烷基苯、原始环烷烃的异构物、低相对分子质量的环烷烃和环烷-芳香烃。

④ 芳香烃。芳香烃发生催化裂化反应时，首先形成正碳离子，然后再侧链断裂，而芳香核基本不能参与反应，裂化速度按与环所连的碳原子伯、仲、叔顺序和随侧链的长度增加而增加。芳香烃缩合是催化裂化特有的一种反应，能生成相对分子质量更高的缩合芳香烃，直至焦炭。

（2）石油馏分的催化裂化

石油馏分是由各种单体烃组成的混合物。在石油馏分进行催化裂化时，除了遵循单体烃类裂化反应的规律外，还由于烃类之间相互作用，使石油馏分的催化反应又有其自身的特点，主要表现在下面两个方面。

① 各烃类之间的竞争吸附和对反应的阻滞作用。烃类的催化裂化反应是在催化剂表面上进行的。在一般催化裂化条件下，原料油是气相，因此，催化裂化反应是属于气-固相非均相催化反应。反应物首先从油气流扩散到催化剂表面上，并且吸附在催化剂表面的活性中心上，然后在催化剂作用下进行化学反应，生成的反应产物先从催化剂表面上脱附，再从微孔中扩散至油气流中，导出反应器。由此可见，烃类进行催化反应的先决条件是反应物在催化剂表面的吸附。各种烃类在催化剂表面的吸附能力按其强弱顺序大致可排列如下：

稠环芳香烃＞稠环环烷烃＞烯烃＞单烷基侧链的单环芳香烃＞环烷烃＞烷烃

在同一族烃类中，大分子的吸附能力比小分子的强。如果按化学反应速度的高低顺序排列，则大致情况如下：

烯烃＞大分子单烷基侧链的单环芳香烃＞异构烷烃及环烷烃＞小分子单烷基侧链的单环芳香烃＞正构烷烃＞稠环芳香烃

显然，上述两个排列顺序是有差别的，突出差异是稠环芳香烃和小分子单烷基侧链的单环芳香烃，它们的吸附能力强，而化学反应速度较慢。因此，当裂化原料中含有这种烃类较多时，它们就占据了催化剂表面的活性中心。但它们的反应进行得很慢，而且不易脱附，甚至在催化剂表面缩合生成焦炭。这样就降低了其他烃类在催化剂表面吸附和反应的概率，从而使整个石油馏分的裂化反应速度降低。

认识这个特点对指导生产有现实意义。例如环烷基原料油、催化裂化循环油或油浆较难裂化，要选择合适的反应条件或者先通过加氢使其中的稠环芳香烃转化成环烷烃而改善原料的可裂化性能。

② 复杂的反应过程。催化裂化原料中的分子可以同时发生裂化、异构、缩合等反应，这种反应叫平行反应。随着反应的进行，初级裂化生成的中间产物会继续反应，这种反应叫顺序反应（也有称之为连串反应）。石油馏分的催化反应是一种复杂的平行-顺序反应。随着反应时间的增加，转化率提高，最终产物气体和焦炭的产率增加，而汽油的产率开始增加，经过一最高点后又下降，这是因为反应到一定程度后，汽油裂解成气体的速度高于生成汽油的速度。同样，柴油与汽油一样也有一个最高点，只是这个最高点出现在转化率降低的时候。所以，为了得到最高的轻油收率，要控制汽、柴油的二次反应。

我国对柴油的需要量比对汽油的需要量大，因此大多数催化裂化装置希望尽可能多产柴油，所以采用较缓和的反应条件，这对多出柴油是有利的。目前，我国的催化裂化装置采用的反应温度一般都比国外低，主要原因就在于此。

9.3.3.2 催化裂化催化剂

（1）无定形硅酸铝

无定形硅酸铝催化剂在催化裂化中的使用已有近半个世纪，先是天然的活性白土，其主要成分是硅酸铝，后来合成了稳定性更高的硅酸铝。

无定形硅酸铝催化剂具有很多不规则的微孔，它的颗粒密度大约是 $1g/cm^3$，而孔体积达 $0.4 \sim 0.7cm^3/g$，即每克催化剂中的微孔的体积约占整个颗粒体积的一半。正由于这种微孔结构，硅酸铝催化剂具有很大的内表面积，新鲜的硅酸铝催化剂的比表面积达 $500 \sim 700m^2/g$，这些表面提供了化学反应进行的场所。

硅酸铝表面具有酸性，它是催化剂具有裂化和异构化活性的来源。

（2）分子筛

分子筛催化剂系结晶型硅酸铝盐，目前工业用分子筛催化剂大致可分为稀土 Y（REY）型、超稳 Y（USY）型和稀土氢 Y（REHY）型三种。此外，尚有一些复合型的催化剂。该类催化剂一般含 5%～15% 的分子筛，其余组分是载体。载体有天然活性白土、氧化铝、合成硅酸铝等。

与无定形硅酸铝相似，分子筛也是一种多孔性物质，具有很大的内表面积，新鲜分子筛催化剂的比表面积一般在 $600～800m^2/g$。但是分子筛的晶体结构、孔的排列规则，孔直径比较均匀，其孔径大小为分子大小数量级。分子筛催化剂的表面也具有酸性。它的酸性中心的数目约为硅酸铝的 100 多倍，即分子筛的活性比无定形硅酸铝高 100 多倍。

（3）催化剂助剂

在催化裂化催化剂中还需加入一定数量的催化剂助剂，这些助剂主要有：①辛烷值助剂（主要是 ZSM-5 分子筛）；②多产低碳烯烃助剂（主要是 ZSM-5 和 ZSM-25 分子筛）；③降硫助剂（MS-011，LDS-L1，NS-FCC）；④金属钝化剂；⑤CO 助燃剂等。

9.3.3.3 催化裂化工艺流程

催化裂化工艺过程一般由"反应-再生系统、分馏系统、吸收-稳定系统"三个部分组成。对处理量较大、反应压力较高（例如>0.25MPa）的装置，常常还有再生烟气的能量回收系统。

图 9-17 是一个高低并列式提升管催化裂化装置的典型工艺流程图。

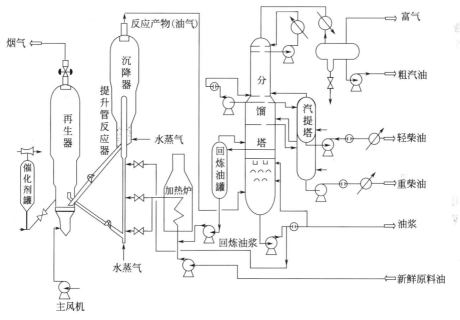

图 9-17　催化裂化装置工艺流程

（1）反应-再生系统

新鲜原料油经换热后与回炼油浆混合，经加热炉加热至 180～320℃后至提升管反应器下部的喷嘴，原料油由蒸气雾化并喷入提升管内，在其中与来自再生器的高温催化剂（600～750℃）接触，随即汽化并进行反应。油气在提升管内的停留时间很短，一般只有几秒钟。反应产物经旋风分离器分离出夹带的催化剂后离开沉降器去分馏塔。

积有焦炭的催化剂（称待生催化剂）由沉降器落入下面的汽提段。汽提段内装有多层人字形挡板并在底部通入过热水蒸气，待生催化剂上吸附的油气和颗粒之间的空间内的油气被水蒸气置换出来而返回上部。经汽提后的待生催化剂通过待生斜管进入再生器。

再生器的主要作用是烧去催化剂上因反应而生成的积炭，使催化剂的活性得以恢复。再生用空气由主风机供给，空气通过再生器下面的辅助燃烧室及分布管进入流化床层。对于热平衡式装置，辅助燃烧室只是在开工升温时才使用，正常运转时并不烧燃料油。再生后的催化剂（称再生催化剂）落入海流管，经再生斜管送回反应器循环使用。再生烟气经旋风分离器分离出夹带的催化剂后，经双动滑阀排入大气。在加工生焦率高的原料时，例如加工含渣油的原料时，因焦炭产率高，再生器的热量过剩，必须在再生器中设取热设施以取走过剩的热量。再生烟气的温度很高，不少催化裂化装置设有烟气能量回收系统，利用烟气的热能和压力能（当设能量回收系统时，再生器的操作压力应较高些）做功，驱动主风机以节约电能，甚至可对外输出剩余电力。对一些不完全再生的装置，再生烟气中含有 $5\% \sim 10\%$（体积分数）的 CO，可以设 CO 锅炉使 CO 完全燃烧以回收能量。

在生产过程中，催化剂会有损失及失活，为了维持系统内的催化剂的藏量和活性，需要定期地或经常地向系统补充或置换新鲜催化剂。为此，装置内至少应设两个催化剂储罐。装卸催化剂时采用稀相输送的方法，输送介质为压缩空气。

在流化催化裂化装置的自动控制系统中，除了有与其他炼油装置相类似的温度、压力、流量等自动控制系统外，还有一整套维持催化剂正常循环的自动控制系统和当发生流化失常时的自动保护系统。此系统一般包括多个自保系统，例如反应器进料低流量自保系统、主风机出口低流量自保系统、两器差压自保系统，等等。以反应器进料低流量自保系统为例，当进料量低于某个下限值时，在提升管内就不能形成足够低的密度，正常的两器压力平衡被破坏，催化剂不能按规定的路线进行循环，而且还会发生催化剂倒流并使油气大量带入再生器而引起事故。此时，进料低流量自保系统就自动进行以下动作：切断反应器进料并使进料返回原料油罐（或中间罐），向提升管通入事故蒸气以维持催化剂的流化和循环。

（2）分馏系统

由反应器来的反应产物（油气）从底部进入分馏塔，经底部的脱过热段后在分馏段分割成几个中间产品：塔顶为富气及汽油，侧线有轻柴油、重柴油和回炼油，塔底产品是油浆。轻柴油和重柴油分别经汽提后，再经换热、冷却后出装置。

催化裂化装置的分馏塔有以下几个特点。

① 进料是带有催化剂粉尘的过热油气，因此，分馏塔底部设有脱过热段，用经过冷却的油浆把油气冷却到饱和状态并洗下夹带的粉尘以便进行分馏和避免堵塞塔盘。

② 全塔的剩余热量大而且产品的分离精确度要求比较容易满足。因此一般设有多个循环回流：塔顶循环回流、1～2 个中段循环回流和油浆循环。

③ 塔顶回流采用循环回流而不用冷回流，其主要原因是进入分馏塔的油气含有相当数量的惰性气体和不凝气，它们会影响塔顶冷凝冷却器的效果；采用循环回流代替冷回流可以降低从分馏塔顶至气压机入口的压降，从而提高气压机的入口压力、降低气压机的功率消耗。

（3）吸收-稳定系统

吸收-稳定系统主要由吸收塔、再吸收塔、解吸塔及稳定塔组成。从分馏塔顶油气分离器出来的富气中带有汽油组分，而粗汽油中则溶解有 C_3、C_4 组分。吸收-稳定系统的作用就是利用吸收和精馏的方法将富气和粗汽油分离成干气（$\leqslant C_2$）、液化气（C_3、C_4）和蒸气压合格的稳定汽油。其中的液化气再利用精馏的方法通过气体分馏装置将其中的丙烯、丁烯分离出来，进行化工利用。

催化裂化装置的分馏系统及吸收-稳定系统在各催化裂化装置中一般并无很大差别。

关于催化裂化装置在工艺流程、技术装备、操作方式等方面的内容请参考有关文献，此处不讨论。

9.3.4 催化加氢

催化加氢是指石油馏分在氢气存在下催化加工过程的通称。目前炼油厂采用的加氢过程主要有两大类：加氢精制和加氢裂化。此外，还有专门用于某种生产目的的加氢过程，如加氢处理、加氢降凝、加氢改质、润滑油加氢等。

① 加氢精制。主要用于油品精制，其目的是除掉油品中的硫、氮、氧杂原子及金属杂质，使烯烃饱和，有时还对部分芳烃进行加氢，改善油品的使用性能。

② 加氢裂化。是在较高压力下，烃分子与氢气在催化剂表面进行裂化和加氢反应生成较小分子的转化过程。加氢裂化按加工原料的不同，可分为馏分油加氢裂化和渣油加氢裂化。馏分油加氢裂化的原料主要有减压蜡油、焦化蜡油、裂化循环油及脱沥青油等，其目的是生产高质量的轻质油品，如柴油、航空煤油、汽油等，其特点是具有较大的生产灵活性，可根据市场需要，及时调整生产方案。渣油加氢裂化与馏分油加氢裂化有本质的不同，由于渣油中富集了大量硫、氮化合物和胶质、沥青质大分子及金属化合物，使催化剂的作用大大降低，所以渣油加氢裂化过程首先是渣油原料的加氢精制，然后是催化裂化或热裂化。

③ 加氢降凝、加氢改质。主要生产低凝点或低硫、较高十六烷值的优质汽油、柴油。

④ 润滑油加氢。是使润滑油的组分发生加氢精制和加氢裂化及异构化反应，使一些非理想组分结构发生变化，包括脱除杂原子、部分芳香烃饱和的加氢精制，改善润滑油的氧化安定性及颜色，以及使润滑油中的高凝固点蜡分子发生加氢裂化或加氢异构化反应，降低润滑油的凝固点。

9.3.4.1 加氢反应

（1）加氢脱硫

石油中的硫化合物主要有硫醇、硫醚、噻吩及少量的二硫化合物，在加氢条件下，硫转变为硫化氢气体而被脱除：

$$RSH + H_2 \longrightarrow RH + H_2S$$
$$RSR' + H_2 \longrightarrow RH + R'H + H_2S$$
$$RSSH + H_2 \longrightarrow 2RSH \longrightarrow RH + H_2S$$

二硫化物加氢反应转化为烃和 H_2S，要经过生成硫醇的中间阶段，即 S—S 键首先断开，生成硫醇，再进一步加氢生成烃和 H_2S；在氢气不足或温度较高的情况下中间生成的硫醇也能转化成硫醚。噻吩加氢产物中观察到有中间产物丁二烯生成，并且很快加氢生成丁烯，继续加氢生成丁烷。苯并噻吩在 2～7MPa 和 280～425℃加氢时生成乙基苯和 H_2S。

（2）加氢脱氮

石油馏分中的含氮化合物可分为三类：脂肪胺及芳香胺类，吡啶、喹啉类型的碱性杂环化合物，吡咯、茚及咔唑型的非碱性氮化物。在各族氮化物中，脂肪胺类的反应活性最强，芳香胺类次之，碱性或非碱性氮化物，特别是多环氮化物很难反应。在加氢精制过程中，氮化物在氢作用下转化为 NH_3 和烃。

下面给出脂肪胺、吡啶、喹啉、吖啶、吡咯、吲哚、咔唑的加氢脱氮反应：

$$R—NH_2 + H_2 \longrightarrow RH + NH_3$$

脂肪胺

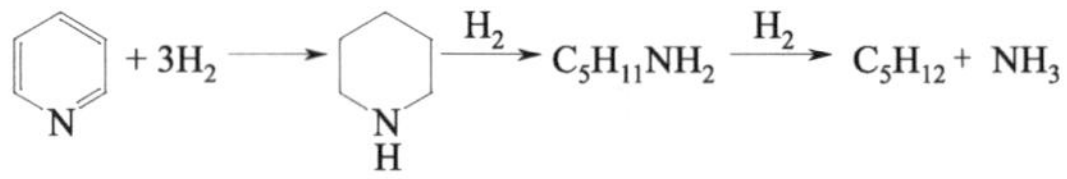

$$\text{吡啶} + 3H_2 \longrightarrow \text{(piperidine)} \xrightarrow{H_2} C_5H_{11}NH_2 \xrightarrow{H_2} C_5H_{12} + NH_3$$

吡啶

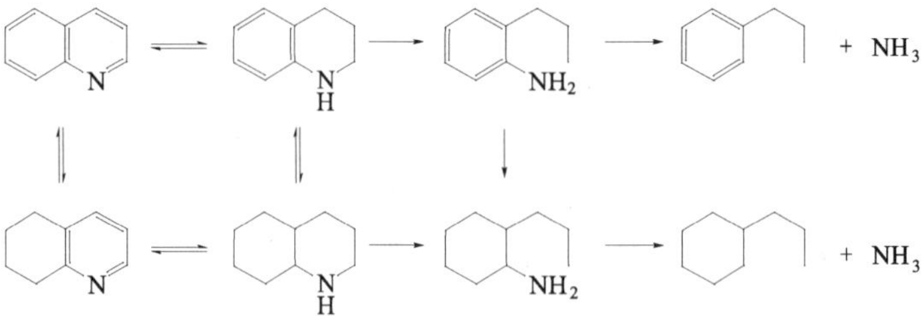

喹啉

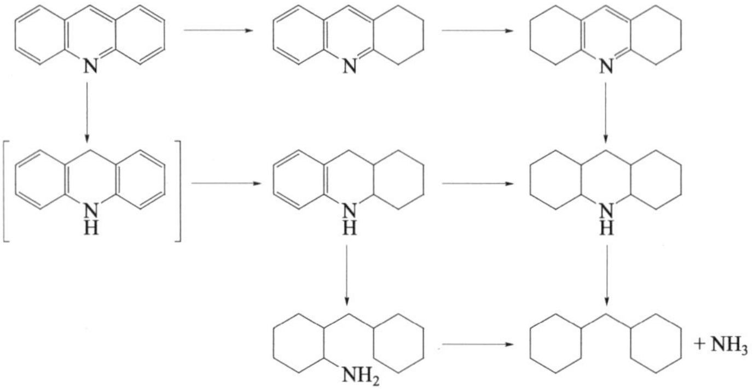

吖啶

$$\text{(pyrrole)} \xrightarrow{2H_2} \text{(pyrrolidine)} \xrightarrow{H_2} C_4H_9NH_2 \xrightarrow{H_2} C_4H_{10} + NH_3$$

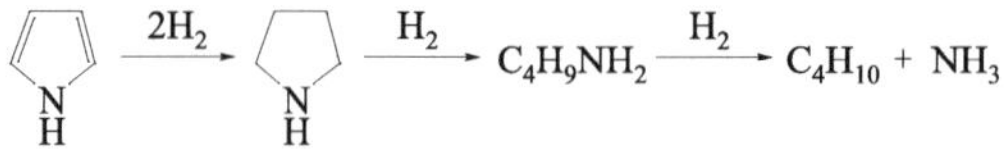

吡咯

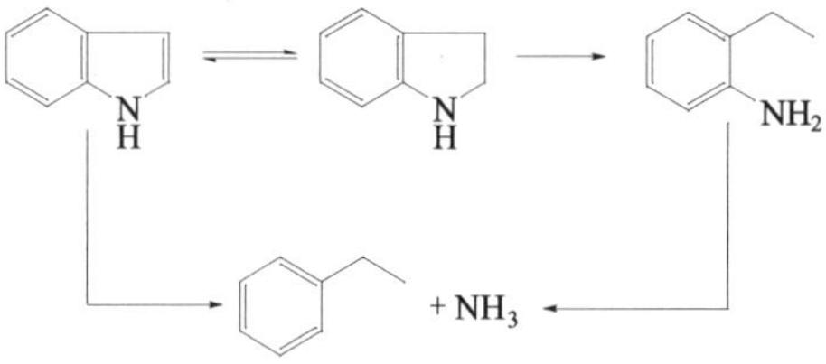

吲哚

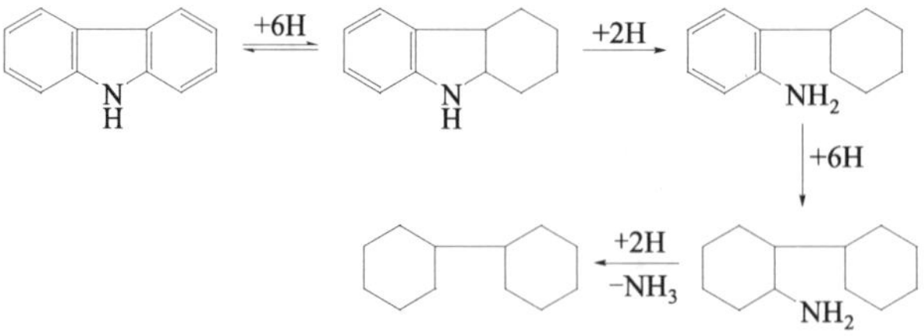

咔唑

（3）加氢脱氧

石油及石油产品中含氧化合物的含量很少，主要是环烷酸，二次加工产品中还有酚类等。各种含氧化合物的加氢反应主要包括环系的加氢饱和及 C—O 键的氢解反应：

环烷酸

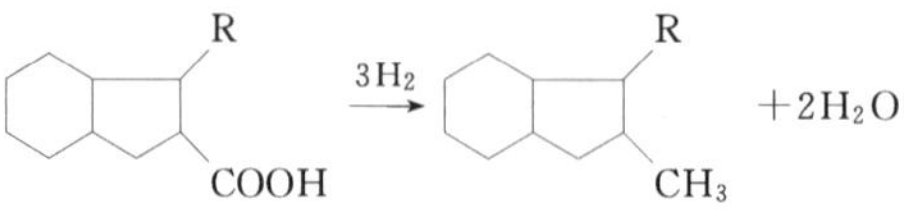

$$\xrightarrow{3H_2} + 2H_2O$$

酚类

呋喃

$$\text{(furan)} + 4H_2 \longrightarrow C_4H_{10} + H_2O$$

（4）加氢脱金属

渣油中金属存在于卟啉类化合物和环烷酸盐分子结构中。环烷酸盐中的金属反应活性较高，很容易以硫化合物形式沉积在催化剂的孔口，堵塞催化剂的孔道。卟啉类化合物中的金属由于受空间位阻的影响，较难脱除，必须先加氢使卟啉分子活化，然后进行分子裂化后再脱去金属。

9.3.4.2　加氢过程催化剂

（1）加氢精制催化剂

加氢催化剂由两部分组成：加氢活性金属组分和载体。加氢活性金属组分主要有元素周期表中的ⅥB族和Ⅷ族中的 W、Co、Mo、Ni 和贵金属 Pt、Pd 等。工业常用的加氢脱硫、脱氮精制催化剂中的活性金属组分常常采用两种金属的复合，如 Co-Mo、Ni-Mo、Ni-W 等；常用的加氢饱和催化剂中的贵金属组分是 Pt-Pd。

为改善加氢精制催化剂某些方面的性能，如活性、选择性、稳定性等，常常加入一些助剂，包括结构性助剂和调变性助剂。结构性助剂是为了增大催化剂的比表面积，防止烧结，主要添加的助剂有 K_2O、BaO 等；调变性助剂是为了改变催化剂表面原子的电子结构、化学状态或晶体结构，提高活性组分的分散性及活性稳定性，调变催化剂的酸性。

加氢精制催化剂的载体分为中性载体和酸性载体。中性载体有氧化铝、活性炭、硅藻土等；酸性载体有硅酸铝、硅酸镁、活性白土、分子筛等。一般加氢精制催化剂的载体没有加氢活性，作为催化剂的骨架提高了催化剂的活性稳定性和机械强度，并保证催化剂具有一定形状和大小。载体可与金属活性组分发生相互作用使催化剂的活性、选择性和稳定性发生变化。

（2）加氢裂化催化剂

加氢裂化催化剂的金属组分与精制催化剂一样。两类催化剂的主要区别是在载体方面，裂化催化剂的裂化性能主要来源于载体的酸性，因而选用的载体主要是有较强酸性的无定形硅酸铝、硅酸镁、分子筛，且主要是分子筛。

改变催化剂的加氢组分和酸性载体的配比关系，可以得到适应不同场合的加氢催化剂。例如：以减压馏分油为原料采用一段加氢裂化生产中间馏分油时，要求催化剂对多环芳香烃有较高的加氢活性，对硫、氮有较好的抗毒性，催化剂有中等裂解活性。而采用两段加氢、深度裂化，以生产汽油为目的时，由于原料较重，含硫、氮较多，第一段加氢的目的是为第二段加氢裂化准备原料，所以第一段加氢精制催化剂需要具有较高的脱硫、脱氮活性，不需要较强的裂化活性，此时选用脱硫活性较高的 Co-Mo 催化剂，载体采用酸性较弱的氧化铝。第二段催化剂要求裂解和异构化活性强，通过提高载体中分子筛的加入比例或载体中添加酸性组分来实现此目的。

9.3.4.3　加氢工艺流程

（1）加氢精制工艺流程

加氢精制的原料有汽油、煤油、柴油和润滑油等各种石油馏分，其中包括直馏馏分和二次加工产物，此外还有重渣油的加氢脱硫。加氢精制装置所用氢气多数来自催化重整的副产氢气，只有当副产氢气不能满足需要或者无催化重整装置时，才另建制氢装置。石油馏分加氢精制尽管因原料和加工目的不同而有所区别，但是其基本原理相同并且都采用固定床绝热反应器，因此，各种石油馏分加氢精制的工艺流程原则上没有明显的差别。下面以柴油加氢精制流程为例进行说明（图 9-18）。

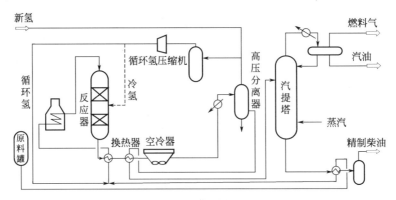

图 9-18　柴油加氢精制工艺流程

柴油加氢精制工艺流程包括三部分：反应系统，生成油换热、冷却、分离系统以及循环氢系统，在许多流程中还包括生成油注水系统。

① 固定床加氢反应系统。原料油经换热并与从循环氢压缩机来的循环氢混合，以气液混相状态进入加热炉（炉前混氢），加热至反应温度［在有些装置上也采用循环氢不经加热炉而是在炉后与原料油混合的流程（炉后混氢），此时也应保证混合后能达到反应器入口温度的要求］。根据原料油的沸程、反应器入口温度及氢油比等条件，反应器进料可能是气相，也可能是气液混相。在大多数装置中，物流自上而下通过反应器。对于气液混相进料的反应器，内部设有专门的进料分布器。反应器内的催化剂一般是分层填装以利于注入冷氢，以控制反应温度。向催化剂层间的空间注入冷氢的量，要根据反应热的大小、反应速度和允许温升等因素通过反应器热平衡来决定。由反应器底部引出的反应产物经换热、冷却到约 50℃后进入高压分离器。

反应中生成的氨、硫化氢和低分子气态烃会降低反应系统中的氢分压，对反应不利，而且在较低温度下还能与水生成水合物（结晶）而堵塞管线和换热器管束，氨还能使催化剂减活，因此必须在反应产物进入空冷器前注入高压洗涤水，在氨溶于洗涤水的过程中，部分硫化氢也溶于水，随后在高压分离器中分出。

反应产物在高压分离器中进行油气分离，分出的气体是循环氢，循环氢中除了主要成分氢以外，还有少量气态烃和未溶于水的硫化氢。分出的液体产物是加氢生成油，其中也溶有少量气态烃和硫化氢。高压分离器中的分离过程实际上是平衡汽化过程，因此，气液两相组成可以根据在该处的温度、压力条件下各组分的平衡常数，通过计算确定。

② 生成油分离系统。生成油中溶解的氨、硫化氢和气态烃必须除去，而且在反应过程中不可避免地会产生一些汽油馏分。生成油进入汽提塔，塔底产物是精制柴油，塔顶产物经冷凝冷却进入分离器，分出的油一部分作塔顶回流，其余引出装置，分离器分出的气体经脱硫作燃料气。

③ 循环氢系统。为了保证循环氢的纯度，避免硫化氢在系统中积累，由高压分离器分出的循环氢经醇胺脱硫除去硫化氢，然后再经循环氢压缩机升压至反应压力送回反应系统。大部分循环氢（约 70%）送去与原料油混合，小部分（其余部分）不经加热直接送入反应器作冷氢。

（2）加氢裂化工艺流程

目前，加氢裂化多用于从重质油中生产汽油、航空煤油和低凝点柴油，所得产品不仅产率高而且质量好。此外，加氢裂化还可以生产液化气、重整原料、催化裂化原料油、乙烯裂解原料和低硫燃料油。

已经工业化的加氢裂化工艺仅在美国就有这样几种：埃索麦克斯（Isomax），联合加氢裂化（Unicracking/JHC），H-G 加氢裂化（H-G hydrocracking），超加氢裂化（Ultra-cracking），壳牌公司加氢裂化（Shell）和 BASF-IFP 加氢裂化。这些工艺都采用固定床反应器。这几种工艺中，超加氢裂化、H-G 加氢裂化以及壳牌公司加氢裂化主要用于生产重整原料（汽油馏分），而其他几种工艺，既可生产重整原料，也可生产航空煤油和柴油。这几种工艺的流程实际上差别不大，所不同的是催化剂性质。因为采用不同的催化剂，所以工艺条件、产品分布、产品质量也不相同。根据原料性质、产品要求和处理量大小，加氢裂化装置基本上按两种流程操作：一段加氢裂化和两段加氢裂化。我国引进的四套加氢裂化装置有采用一段流程的，也有采用两段流程的。一段流程中还包括两个反应器串联在一起的串联加氢裂化流程。一段加氢裂化流程用于由减压蜡油、脱沥青油生产航空煤油和柴油。两段加氢裂化流程对原料的适用性广，操作灵活性强。原料首先在第一段（精制段）用加氢活性高的催化剂进行预处理，经过加氢精制处理的生成油作为第二段的进料，在裂解活性较高的催化剂上进行裂化反应和异构化反应，最大限度地生产重整原料或中间馏分油。两段加氢裂化流程适合于处理高硫高氮减压蜡油、催化裂化循环油、焦化蜡油或这些油的混合油，亦即适合处理一段加氢裂化难处理或不能处理的原料。

① 一段加氢裂化工艺流程。以大庆直馏蜡油馏分（330～490℃）一段加氢裂化工艺流程为例简述如下（图9-19）。

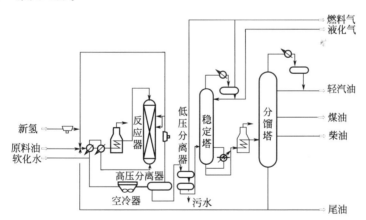

图 9-19　一段加氢裂化工艺流程

原料油经泵升压至 16.0MPa 后与新氢及循环氢混合，再与 420℃左右的加氢生成油换热至 320～360℃进入加热炉。反应器进料温度为 370～450℃，原料油在反应温度 380～440℃、空速 1.0h^{-1}、氢油比（体积比）约为 2500 的条件下进行反应。为了控制反应温度，向反应器分层注入冷氢。反应产物经与原料油换热后温度降至 200℃，再经空冷器冷却，温度降到 30～40℃之后进入高压分离器。反应产物进入空冷器之前注入软化水以溶解其中的 NH$_3$ 和 H$_2$S 等，以防水合物析出而堵塞管道。自高压分离器顶部分出循环气，经循环氢压缩机升压后，返回反应系统循环使用。自高压分离器底部分出生成油，经减压系统减压至 0.5MPa，进入低压分离器，在低压分离器中将水脱出，并释放出部分溶解气体，作为富气送出装置，可以作燃料气用。生成油经加热送入稳定塔，在 1.0～1.2MPa 下蒸出液化气，塔底液体经加热炉加热至 320℃ 后送入分馏塔，最后得到轻汽油、航空煤油、低凝柴油和塔底油（尾油）。尾油可一部分或全部作循环油，与原料油混合再去反应。

　　一段加氢裂化可以用三种方案操作：原料一次通过，尾油部分循环及尾油全部循环。

　　② 两段加氢裂化工艺流程。两段加氢裂化工艺流程如图 9-20 所示。

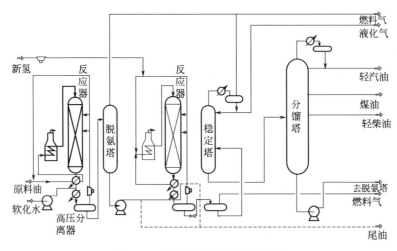

图 9-20　两段加氢裂化工艺流程

　　原料油经高压油泵升压并与循环氢混合后首先与生成油换热，再在加热炉中加热至反应温度，进入第一段加氢精制反应器，在加氢活性高的催化剂上进行脱硫、脱氮反应，原料油中的微量金属也被脱掉。反应生成物经换热、冷却后进入高压分离器，分出循环氢。生成油进入脱氨（硫）塔，用氢气吹掉溶解气、NH_3 和 H_2S，作为第二段加氢裂化反应器的进料。第二段进料与循环氢混合后，进入第二段加热炉，加热至反应温度，在装有高酸性催化剂的第二段加氢裂化反应器内进行裂化反应。反应生成物经换热、冷却、分离，分出溶解气和循环氢后送至稳定分馏系统。

　　两段加氢裂化有两种操作方案：第一段精制，第二段加氢裂化；第一段除进行精制外，还进行部分裂化，第二段进行加氢裂化。后一种方案的特点是第一段反应生成油和第二段生成油一起进入稳定分馏系统，分出的尾油作为第二段的进料。第二种方案的流程如图 9-20 中虚线所示。

9.4　润滑油生产

　　发动机和各种机器的运动部件都必须使用润滑剂，才能有效地进行工作。润滑剂的作用主要是减少机件的摩擦和磨损，降低摩擦消耗的功率，冷却摩擦机件，保护机件不受腐蚀和维持密封摩擦机件的间隙。

9.4.1　润滑油的分类与性能

9.4.1.1　润滑油的分类

　　《润滑剂和有关产品（L）类的分类——第 1 部分：总分组》（GB 7631.1—2008）等同采用 ISO 6743-99：2002《润滑剂、工业润滑油和有关产品（L 类）的分类——第 99 部分：总分组》。其组别名称和代号见表 9-12。

表 9-12 润滑剂和有关产品的分组

组别代号	组别名称	组别代号	组别名称
A	全损耗系统油	P	风动工具油
B	脱模油	Q	热传导液
C	齿轮油	R	暂时保护防腐蚀油
D	压缩机油(包括冷冻机和齿轮泵)	T	汽轮机油
E	内燃机油	U	热处理油
F	主轴、轴承和离合器油	X	润滑脂
G	导轨油	Y	其他应用场合油
H	液压油	Z	蒸汽汽缸油
M	金属加工油	N	电器绝缘油

每组润滑剂根据其产品的主要特性、应用场合和使用对象再详细分类。

① 产品的主要特性是指：润滑油的黏度、防锈、防腐、抗燃、抗磨等理化性能；润滑脂的滴点、锥入度、防水、防腐等理化性能。

② 产品的应用场合主要指机械使用条件的苛刻程度，例如，齿轮油分为工业开式齿轮油、工业闭式齿轮油、车辆齿轮油。车辆齿轮油又分普通车辆齿轮油、中负荷车辆齿轮油和重负荷车辆齿轮油等。

③ 产品的使用对象主要是指机械的种类和结构特点。例如，内燃机油分为汽油机油、二冲程汽油机油和柴油机油等。

国际上鉴定润滑油较权威的部门有 API（美国石油协会），ACEA（欧洲汽车制造商协会），还有 ILSAC（国际润滑油标准暨认证委员会），JASO〔日本汽车标准组织，由 SAE（美国汽车工程师协会）日本分会所组成〕。

9.4.1.2 润滑油的性能

（1）黏度

润滑油的黏度取决于润滑油馏分和它的化学组成。切割同一原油而得的各种润滑油馏分，黏度随馏分的变重而增大；从不同原油中切割出沸点范围相同的润滑油馏分，它们的黏度并不相同；即使是同一原油的同一种润滑油馏分，加工的方法或加工的工序不同，加工成的产品的黏度都有差异。上述情况说明润滑油的黏度与其化学组成密切相关。

在润滑油的主要组分中，烷烃的黏度小，从 C_{20} 到 C_{25} 的烷烃，50℃时的黏度只有 10～12mm^2/s。在烷烃中，异构烷烃的黏度比正构烷烃略高（同碳原子数），烷烃的黏度随相对分子质量的增大而增加，异构烷烃的黏度随其支链数目的增多而增加，支链由主链中央往旁边移动，黏度也增大。

环状烃的黏度要比同碳原子数的烷烃大。当碳原子数相同时，随着分子中的环数增加，黏度增加得很快，环状烃的侧链长度和侧链数目对其黏度也有影响。

由上可知，在润滑油中，黏度随着环状烃的环数的增多和它们的烷基侧链长度和数目的增加而增大。

（2）黏温特性

在烃类中，烷烃的黏温特性好，对环状烃来说，当分子中的环数增多时黏度指数降低，环状烃的黏度指数随烷基侧链长度的增加而增大，随烷基侧链数目的增多而减小。

此外，润滑油馏分中的含氧、氮、硫化合物以及胶状物质也影响润滑油的黏度和黏度指数。胶状物质虽然黏度高，但其黏温特性极差。

根据以上的论述，要制取黏温特性好的润滑油，必须做到：

①尽量完全除去胶状物质；②尽量除去具有短侧链的多环环状烃；③尽量保留长侧链的单环或双环环状烃；④烷烃虽然黏度指数高，但在低温下流动性能差，为此，应根据对润滑油低温性能的要求，适当除去一部分烷烃。

（3）低温流动性

润滑油的流动性随温度的变化而变化，当温度下降到一定程度时，润滑油就丧失了流动性。前已述及，引起润滑油丧失流动性的原因主要有黏温凝固和结构凝固。影响黏温凝固的是油中的胶状物质以及多环短侧链的环状烃，影响结构凝固的是油中高熔点的正构烷烃、异构烷烃及长烷基链的环状烃。

在各种烃类中，当碳原子数相同时，以正构烷烃的凝固点最高，其次是环状烃，异构烷烃最小。正构烷烃的凝固点随其相对分子质量的增大而增高，异构烷烃变化规律则不一定。环状烃的凝固点随环数增多而增高，有侧链的环状烃的凝固点随其侧链的长度和数目的不同而不同，其变化和正构烷烃相似。

为了改善润滑油的低温流动性，在润滑油馏分加工时，应除去高凝固点的正构烷烃，除去程度由对润滑油凝固点的要求而定。

从润滑油馏分中脱除蜡是一种能耗很高的加工工艺，生产费用大。因此，润滑油馏分脱蜡通常并不要求将所有蜡脱除，而是将蜡脱到一定深度后，再加入降凝剂，使其凝固点达到规定的要求。

（4）抗氧化安定性

润滑油在储存和使用时，不可避免地会与空气接触，因此，氧化反应是必然发生的。氧化后，润滑油产生沉淀、油泥和酸，使润滑油变质，引起腐蚀、油变稠、使用性能恶化、使用寿命缩短、加快换油期、增加使用费用等。不同质量的润滑油，氧化难易不同，这与其化学组成有关。润滑油本身在一定条件下耐氧化的能力，称为抗氧化安定性。

在润滑油料中，烷烃最易氧化，氧化产物主要是羧酸、醇、醛、酮及酯，异构烷烃中有叔碳原子，则更易氧化，不过，异构烷烃经深度氧化后，才生成羟基酸及缩聚产物。

芳烃的氧化性因其结构而异，分子结构越复杂，含芳环越多，越容易氧化，含有短侧链或芳环间以短链相连接的芳烃，氧化产物主要是酚和胶状物质，侧链长度增加，氧化产物中胶状物质减少，而酸性产物（羧，羟基酸）及中性产物（醇、酮、醛、酯）则增多。

环烷烃容易氧化，相对分子质量大的比相对分子质量小的更易氧化，环烷烃带有短侧链时，环本身抗氧化安定性降低。环烷烃氧化产物是羧基酸、羟基酸及酮、醇和胶状物质。

环烷芳烃易氧化生成酸及其他化合物和缩聚产物，当分子中环烷环居多时，氧化产物与环烷烃氧化产物相似，当分子中芳环居多时，氧化产物与芳烃氧化产物相似。

环烷烃中混有足够浓度的芳烃时，可以增加环烷烃的抗氧化性能。

（5）残炭

形成残炭的主要物质是润滑油中的多环芳烃、胶质和沥青质。

胶质、沥青质多集中于重质油馏分中，尤其是集中于渣油中，故重质油馏分的残炭值大，润滑油在使用过程中，烃类分子被氧化，胶质、沥青质含量增加。残炭值的大小反映了润滑油的精制深度，也反映了润滑油在使用时生成漆膜、积炭的数量。

（6）溶解能力

润滑油的溶解能力是指对润滑油添加剂和氧化产物的溶解能力。润滑油对各种不同类型的添加剂溶解能力强时，添加剂能较均匀地分散在油中，可充分发挥添加剂的作用。若润滑油对氧化产物的溶解能力好，则可充分发挥清净分散剂的作用。

在各种烃类中，烷烃的溶解能力最差，环烷烃溶解能力好。用加氢方法制得的润滑油溶解能力较常规溶剂精制的润滑油要小。

溶解能力通常用苯胺点来表示，苯胺点在 130℃ 以下较好，超过 150℃ 时溶解性变差，因此，若润滑油中使用大量的添加剂时，应事先测定润滑油的苯胺点。

综合上述润滑油化学组成与使用性能的关系，可以看出，要制得品种优良的润滑油，在润滑油馏分精制时，必须将大部分的胶质，沥青质，多环短侧链的环状烃以及含氧、氮、硫化合物（统称为润滑油非理想组分）除去，保留少环长侧链的环状烃（统称为润滑油理想组分），为改善润滑油的低温流动性，还要进行脱蜡。

9.4.2　润滑油基础油的分类与加工路线

9.4.2.1　润滑油基础油的分类

润滑油的品种很多，不可能每生产一种油就建造一套装置，而通常是生产若干种基础油，用一种或数种基础油调和，再加入各种不同种类的润滑油添加剂，就可以配制出种类繁多的润滑油。

1995 年，中国石化总公司提出了新的润滑油基础油分类方法，该方法与所用原油的基属无关，只是根据黏度指数和适用范围来划分。按黏度指数划分为低黏度指数基础油（LVI）、中黏度指数基础油（MVI）、高黏度指数基础油（HVI）、很高黏度指数基础油（VHVI）、超高黏度指数基础油（UHVI）。其代号均为英文字母组成，意义分别是：VI 为黏度指数（Viscosity Index）的英文字头，L、M、H、VH 分别为低（Low）、中（Middle）、高（High）、很高（Very High）的英文字头，按适用范围划分为通用基础油和专用基础油。如表 9-13。

表 9-13　我国润滑油基础油分类及代号

品种代号　　黏度指数 VI 类别		超高 黏度指数 VI≥140	很高 黏度指数 120≤VI<140	高黏度 指数 90≤VI<120	中黏度 指数 40≤VI<90	低黏度 指数 VI<40
通用基础油		UHVI	VHVI	HVI	MVI	LVI
专用基础油	低凝	UHVI W	VHVI W	HVI W	MVI W	—
	深度精制	UHVI S	VHVI S	HVI S	MVI S	—

9.4.2.2　润滑油基础油的加工路线

发动机润滑油和大部分工业润滑油都属于馏分润滑油，生产时所用的基础油是从减压馏分油中提取的，称为中性油，而像航空润滑油、过热汽缸油、重负荷车辆齿轮油等都属于重质残渣润滑油，它们所需要的基础油要从减压渣油中提取，称为光亮油。

从常减压蒸馏装置送来的润滑油原料只是按馏分轻重或黏度的大小加以切割，其中必然含有许多对润滑油来说很不理想的成分，如高凝点的蜡、黏温性能差的多环芳烃、含硫、氮、氧的非烃化合物、胶质沥青质等，要制成合乎质量要求的基础油要经过一系列的加工过程，以除去非理想的烃类组分和非烃类杂质。基础油的生产工艺路线长、技术复杂，油收率低、能量消耗大，导致基础油的生产成本高。基础油还要再经过调和和加入各种添加剂，才能制成最终产品，因此，经历上述多个加工步骤的成品油也都售价较高。

目前，润滑油基础油的生产主要有 3 种技术路线：①石油经过常减压蒸馏、溶剂精制、溶剂脱蜡、白土（加氢）精制制取基础油；②重质馏分油或残渣油经加氢裂化和脱蜡制取基础油；③石蜡裂解生成 α-烯烃，再经聚合，制成聚烯烃合成油。

经过多年的工业实践，我国对从低硫石蜡基型原油中生产高质量的中性油已总结出一套成熟的工艺方法，即溶剂精制→溶剂脱蜡→白土补充精制，通称为"老三套"工艺，在生产光亮油时，前面再加上溶剂脱沥青，加工方案流程图如图 9-21，各工艺过程的目的和作用见表 9-14。

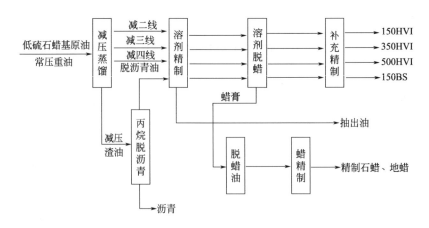

图 9-21　传统"老三套"润滑油基础油生产的加工方法流程

表 9-14　传统润滑油基础油生产中的各工艺过程的目的与作用

名称	减压蒸馏	溶剂脱蜡	溶剂精制	补充精制	丙烷脱沥青
目的	切割窄馏分	脱除长侧链正构烷烃，改善油晶低温性能	脱除硫、氮、氧非烃和多环芳烃，改善油晶黏温性和氧化安定性	脱除胶质、氮化物和残余溶剂，改善油晶的安定性	脱除渣油的胶质、沥青质和重金属
作用	控制馏分沸程范围和黏度	降低倾点	提高黏度指数、延长旋转氧弹法时间、降低残炭	降低油品色度号和碱性氮含量	降低渣油密度、残炭和金属含量

　　石蜡基原油是制备高质量基础油的好原料，然而我国石蜡基原油资源有限，因此，我国石化研究院开发了溶剂萃取-中压加氢处理组合工艺，现已能用中间基和环烷基原油生产润滑油，其产量已经占到润滑油产量的一半以上。

9.4.3　润滑油的精制

9.4.3.1　丙烷脱沥青

　　丙烷脱沥青是从减压渣油中获得重质润滑油基础油的第一步，它是利用丙烷能选择性地溶解渣油中的油分（饱和烃和芳烃）、沉降胶质、沥青质的特性，利用液-液萃取方法得到脱沥青油，此过程与从渣油中生产催化裂化原料的 C_4 溶剂脱沥青过程工艺原理基本相同，只是所用的溶剂丙烷具有溶解度小、选择性好的优点，所得到的脱沥青油虽然收率低，但质量好，能满足生产基础油的需要，两种过程的比较见表 9-15。

　　丙烷脱沥青工艺原则流程如图 9-22，包括溶剂抽提、溶剂回收和丙烷循环三个部分。

表 9-15　两种溶剂脱沥青过程比较

目的产物	重质润滑油料	催化裂化原料
溶剂	丙烷	C_3/C_4 混合溶剂或丁烷、戊烷
抽提温度/℃	较低(45～80)	较高(90～140)
溶剂比	较大(7～8)	较小(5～6)
脱沥青油收率	较低(30%～45%)	较高(70%～85%)
脱沥青油残炭	较低(0.7%～0.9%)	较高(2%～4%)
脱油沥青性质	软，可作道路沥青	硬，易脆断，作燃料或作建筑沥青

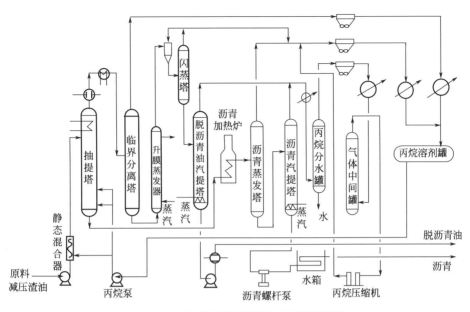

图 9-22　减渣油丙烷脱沥青工艺原则流程

（1）溶剂抽提

关键设备主要是转盘抽提塔（也有采用填料塔抽提的），如图 9-23 所示。为保持丙烷在抽提温度下呈液相，抽提塔要在近于 4.0MPa 的高压下操作。原料渣油从塔上部进入，溶剂丙烷从塔下部进入，利用两种液体的密度差在塔内逆向流动，充分接触进行传质。塔内物料分成两个液相：界面之上为脱沥青油相，以丙烷为连续相，渣油为分散相；界面之下为沥青相，以沥青为连续相，丙烷为分散相。进入塔内的丙烷分为三个部分，除主丙烷由抽提段下部进入之外，在沥青沉降段内打入一定量的副丙烷，可降低抽提塔底温度，既能提高脱沥青油的收率，又能改善沥青的质量。另有一部分溶剂进入静态混合器，在抽提塔之前与渣油进行预混合。在抽提塔上部设置蒸汽加热器，因为温度升高丙烷密度下降，对油的溶解度也随之明显下降，已溶解于丙烷中的重组分将被沉降出来，提高了脱沥青油的质量，在必要时还可分为轻脱沥青油和重脱沥青油两部分。

（2）溶剂回收

有临界回收和蒸发回收两种。溶剂的绝大部分（约占总溶剂量的 90％左右）是在提取相即脱沥青油溶液中，对大量的溶剂是采用临界回收法，将脱沥青油液经过换热和加热，达到接近丙烷的临界温度时进入临界分离塔（这只是一个空塔），在该塔内由于丙烷对油的溶解度已降低到接近于零，油会从丙烷中沉降析出，不经过相变就能实现丙烷与油的分离，可节约装置能耗。分出的丙烷返回抽提塔，脱沥青油降压后再经过闪蒸和水蒸气汽提之后即为产品。沥青液中所含丙烷不多，约为丙烷总量的 10％左右，这部分丙烷采用加热蒸发的方法回收，为了防止沥青液在蒸发塔内产生泡沫，引起塔顶丙烷携带沥青而使后部管线和冷凝器堵塞，加热炉出口温度要在 230～250℃。蒸发之后的沥青液再经过蒸汽汽提后即为产品沥青。

溶剂回收系统所用的压力等级有高、中、低三种，除在临界回收塔顶可获得高压的液体丙烷，能直接泵送返回抽提塔循

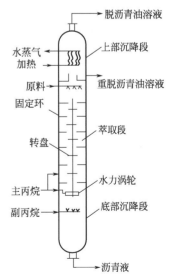

图 9-23　内驱动式转盘抽提塔

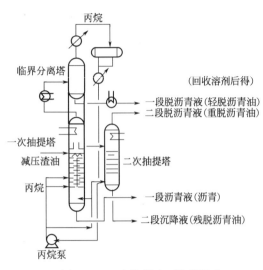

丙烷

临界分离塔

（回收溶剂后得）

→ 一段脱沥青液（轻脱沥青油）
→ 二段脱沥青液（重脱沥青油）

一次抽提塔
减压渣油
二次抽提塔
丙烷

→ 一段沥青液（沥青）
→ 二段沉降液（残脱沥青油）

丙烷泵

图 9-24　二次抽提法丙烷脱沥青

环使用外，从蒸发塔顶和汽提塔顶得到的都是气体丙烷，前者处于中压（约 2.0MPa）范围，后者则是低压（稍高于常压）的丙烷蒸气和水蒸气的混合物，先要经过冷凝、冷却分去水，再经丙烷压缩机升压至约 2.0MPa，在此压力下，蒸发回收和汽提回收的气体丙烷都在分别经过空冷器和水冷器后冷凝成为液体进入溶剂罐，罐内溶剂经过丙烷泵升压后送回抽提塔循环使用。

我国的丙烷脱沥青装置不少是建在燃料-润滑油型炼厂中，要求渣油脱沥青装置能一举两得：既能提供润滑油原料，又能提供催化裂化原料，所以采取了二段抽提工艺，如图 9-24 对一段沉降的重脱沥青液进行第二次抽提，就可同时得到三种质量不同的脱沥青油，轻脱沥青油作润滑油基础油，重脱沥青油（或残脱沥青油）作为催化裂化原料，对大庆原油减压渣油进行二段抽提的工艺操作、产品收率和性质列于表 9-16。

表 9-16　两段抽提的丙烷脱沥青装置工艺条件和产品质量

工艺条件			产品质量		
一次抽提塔	溶剂比(体积)	8∶1	轻脱沥青油	残炭/%	0.65
	顶部温度/℃	78		黏度(100℃)/(mm²/s)	24.9
	中部温度/℃	59		收率/%	31.9
	底部温度/℃	42	重脱沥青油	残炭/%	0.95
	塔压/MPa	4.02		黏度(100℃)/(mm²/s)	30.89
二次抽提塔	顶部温度/℃	68		收率/%	1.9
	中部温度/℃	55	残脱沥青油	残炭/%	4.59
	底部温度/℃	47		收率/%	13.5
	塔压/MPa	2.75	沥青	软化点/℃	46.9
大庆减渣油	相对密度 d_4^{20}	0.94		针入点/10⁻¹mm	61
	黏度(100℃)/(mm²/s)	142.9		延度/cm	>103
	残炭/%	8.49		收率/%	36.7

9.4.3.2　溶剂精制

在减压馏分油和丙烷脱沥青油中仍含有润滑油的非理想组分，包括多环芳烃、含硫、含氮、含氧化合物和胶质，它们的存在会造成油品黏度指数差、抗氧化安定性差、酸值高、腐蚀性强、颜色深，必须通过精制除去这些非理想组分，才能达到对润滑油基础油的要求。工业上是采用选择性溶剂精制法，它是基于某些有机溶剂对油中的理想组分和非理想组分具有不同的溶解度，在使用这些溶剂对油料进行抽提时，非理想组分能溶解于溶剂中而被抽出进入提取液，理想组分仍保留在油中而进入提余液，两者分别蒸发溶剂即可得到抽出油和精制油。

在寻找理想的选择性溶剂上曾作了大量工作，对溶剂的要求归纳起来有以下五个方面：

① 溶解能力强，对非理想组分能大量溶解；

② 选择性好，对理想组分溶解得很少；

③ 与油有较大的密度差，黏度小，有利于逆相流动和传质；

④ 与油有较大沸点差，易回收；

⑤ 无毒、无腐蚀，稳定性好，受热不易分解或氧化。

目前工业上使用的溶剂主要有糠醛、酚和 N-甲基吡咯烷酮三种，每种溶剂均有自己的优劣，还没有一个全面性质均佳的溶剂，上述三种溶剂的性能比较见表 9-17。

表 9-17　三种选择性溶剂的使用性能比较

溶剂	糠醛	酚	N-甲基吡咯烷酮
密度/(g/cm³)	1.16(20℃)	1.05(50℃)	1.03(25℃)
沸点/℃	161.7	181.8	202
选择性	优	中	良
溶解能力	中	良	优
稳定性	中	优	良
毒性	中	大	小
价格	中	低	高

从三种溶剂的比较结果可见，N-甲基吡咯烷酮（简称为 NMP）比糠醛和酚更好，最主要是选择性好、溶解力强，在操作中使用较小的溶剂比就能达到其他溶剂用大溶剂比的精制效果，从而减轻了溶剂回收系统的负荷，降低了装置能耗，而且使用 NMP 时所得精制油质量好、收率高，加之该溶剂毒性小、安全性高，因此目前全世界采用 NMP 的装置不断增多，有新建的，也有从酚、糠醛装置改造的，这就使 NMP 精制在润滑油精制中所占比例已超过了 50%。而我国的情况却有所不同，因 NMP 的价格贵而且需要进口，有适宜的溶解能力和良好选择性的糠醛仍占据着主导地位，酚因溶解能力强常用于残渣油的精制，占总处理能力的 13%。不同溶剂的精制原理相同，在工艺流程上也大同小异，本节只介绍现阶段我国应用最多的糠醛精制，对其余两种精制方法请自行参阅其他的有关资料。

糠醛精制工艺原则流程如图 9-25 所示，该流程包括溶剂抽提、溶剂回收和溶剂干燥三个部分，现分述如下。

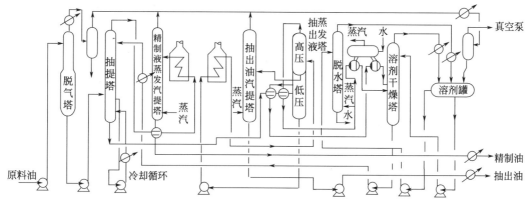

图 9-25　润滑油糠醛精制工艺原则流程

（1）溶剂抽提

原料油经换热后先进入原料脱气塔，在真空、水蒸气汽提下脱除原料油中溶解的氧，以防止糠醛与氧作用生成酸性物，并进而缩合生成胶质，造成设备的腐蚀和堵塞。脱气后的原料油从抽提塔下部进入，糠醛从塔的上部进入，依靠密度差使二股液流在塔内逆向流动，油中的非理想组分不断地溶解于糠醛中，并随之向下流动至塔底，即为含抽出油的提取液，油中的理想组分不断上升至塔顶，即为含精制油的提余液。逆流萃取所需要的理论段数在3～4，抽提塔可采用转盘塔或填料塔，近年来开发的一些适用于液-液抽提的新型填料，更具有处理能力大和传质效率高的优点。

影响抽提过程的因素主要是抽提温度和溶剂比两项。

① 温度。抽提温度应控制在溶剂和油的临界互溶温度以下20℃，使油和溶剂处于部分互溶状态，保持着两个液相，抽提过程方能进行。

抽提温度升高，溶剂的溶解能力增大，而选择性下降。在实际生产中，抽提塔一般是保持着较高的塔顶温度和较低的塔底温度，塔顶和塔底的温差称为温度梯度，除由进塔的溶剂和原料油的温度差造成之外，还可将塔内部分物料抽出冷却之后再返回的方法加以调节。保持塔内温度梯度的目的是既能保证精制油的质量，又能保证精制油的收率。因为从抽提塔的下部到上部，油料中的非理想组分逐渐减少，临界互溶温度也相应提高，这就需要塔内温度也随之自下而上逐步提高，以保证精制深度。在塔内下部，已溶解在溶剂中的部分理想组分因降温而重新分离出来，回到油相中而形成内回流，在塔内液相负荷未达到极限之前，加大温度梯度能增加内回流量、提高抽提分离效率。

抽提温度还与所处理的原料的性质有关，对密度大的重原料因溶解小，需要较高的操作温度，对密度较小的轻原料，可采用较低的温度。

② 溶剂比。进入抽提塔的溶剂总量与原料油量之比。

加大溶剂比可使更多的非理想组分溶解，增加了精制深度，提高了精制油质量，但降低了精制油收率，这不仅是因为非理想组分较彻底被去除，而且也因有部分理想组分同时被溶剂溶解而造成损失。增大溶剂比加大了抽提塔的负荷，使原料处理量下降，溶剂回收系统负荷增加，能耗上升。

抽提温度和溶剂比是两个可相互弥补的参数，为达到同一精制效果，可采用低温大溶剂比，也可采用高温小溶剂比，适宜的溶剂比应针对原料和产品的具体情况予以选择，对重质原料可大些，轻质原料可小些。

对油品的精制深度要掌握恰当，选用过大的溶剂比会造成精制深度过大，油中所含有的具有天然抗氧化性质的硫化物也被过分清除，反而会使油品的抗氧化能力下降。

糠醛的溶解能力较低，在达到相同精制水平时的溶剂用量比其他溶剂要大，它的热稳定性也较差，大于230℃之后会分解和氧化。为了改善糠醛的性能，近年来研究开发了用双溶剂来代替纯糠醛，例如在糠醛中加入环氧氯丙烷，后者的沸点低（117℃）、密度大（1.185g/cm³），两者混合后形成的双溶剂比糠醛有更大的选择性溶解能力，可降低抽提温度、减少溶剂比，节省能耗和物耗，也能降低回收温度，减轻糠醛的热分解和氧化缩合倾向。

（2）溶剂回收

溶剂回收的能耗可占到溶剂精制总能耗的75%～80%，它包括精制液和抽出液两个系统。精制液中含溶剂少，而抽出液中含糠醛量多，可达85%以上，这部分溶剂回收的能耗要占溶剂回收总能耗的70%，所以各炼厂均将抽出液的溶剂回收列为节能工作的重点。

精制液因含溶剂少，其溶剂回收较为简单。精制液先经过加热炉加热，然后进入兼具蒸发和汽提作用的塔内除去溶剂。该塔塔底吹入水蒸气，并在减压下操作，以降低糠醛的汽化温度，防止糠醛变质。从塔底得到精制油，经与精制液换热（冷却）后送出装置。

抽出液中因含有大量溶剂，在使用蒸发方法回收时应设法充分利用溶剂的冷凝潜热，以降低溶剂回收的能耗，为此常采用双效蒸发或三效蒸发的流程，如图9-26是抽出液采用三效蒸发时所用的流程方法之一，它的安排原则是三个蒸发塔的压力顺序按低→中→高排列，塔的压力低，蒸发温度也低，在低压下蒸发时所需要的热量只需来源于与低压、中压下蒸出的溶剂蒸气换热，在中压下蒸发时所需要的热量是来自与高压蒸出的溶剂蒸气换热，只有在进行最后一次高压蒸发时才是靠加热炉来供热，由于充分利用了溶剂蒸气的冷凝潜热，加热炉的热负荷只有单效蒸发时的40％左右。三个蒸发塔分别安排在不同的压力下操作，目的是造成蒸发温度有高低差别，以便在安排换热时能有足够的传热温差。

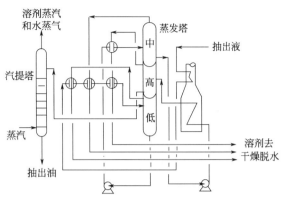

图9-26　溶剂三效蒸发工艺原则流程

　　由于最后一次的蒸发是安排在较高的压力下进行的，溶剂难以蒸发完全，为了除去残留在抽出油中的溶剂，必须再用减压汽提的方法，在汽提塔底才能得到抽出油，经换热、冷却后送出装置。抽出油中含有相当量的重芳烃，可作为橡胶填充油、生产针状焦的原料油、道路沥青的掺合组分等。

　　（3）溶剂干燥和脱水

　　糠醛含水会明显降低其溶解能力，用于抽提的糠醛应控制含水量在0.5％以下。虽然糠醛的沸点（161.7℃）与水的沸点有较大差别，但因糠醛与水会形成共沸物，就无法用简单的蒸馏法将两者分开。在生产中，糠醛与水的分离要采用双塔流程，如图9-27。它是基于在常温下糠醛与水为部分互溶、在蒸发汽化时醛与水会形成低沸点共沸物的原理。来自汽提塔顶的糠醛蒸气-水蒸气混合物，冷凝冷却之后进入分液罐，此罐中的液体可分为两层，上层为含醛约6.5％的水相，下层为含水约6.5％的醛相，将上层的水相送入脱水塔，下层的醛相送入干燥塔，在脱水塔底放出水，干燥塔底得到含水小于0.5％的干糠醛。两个塔的塔顶均为醛-水共沸物，将其冷凝、冷却到常温后送入分液罐中进行沉降分层。两个塔均在近于常压下操作，脱水塔以汽提蒸气为热源，干燥塔以来自蒸发塔的糠醛蒸气为热源。

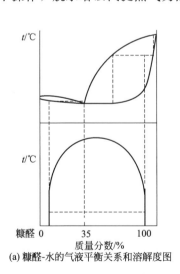

(a) 糠醛-水的气液平衡关系和溶解度图

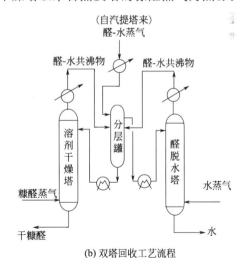

(b) 双塔回收工艺流程

图9-27　双塔回收的原理和工艺流程

9.4.3.3　溶剂脱蜡

　　馏分润滑油中含有石蜡，残渣润滑油中含有地蜡，它们是长碳链的正构烷烃、少分支的异构烷烃和有长侧链的环状烃，都有高的凝点，这些烃类的存在会影响油品的低温流动性，为了满足各类基础油对倾点的要求，必须进行不同程度的脱蜡。在润滑油基础油生产中常用的脱蜡方法是溶剂脱蜡，是利用一种对油和蜡有不同选择性溶解作用的溶剂，它能起降低油料黏度的作用，在低温下能使蜡从油中结晶析出，再用过滤方法将油与蜡分离，如此用结晶-过滤的物理分离方法达到脱蜡的目的。

在基础油生产过程中，精制和脱蜡的安排顺序多为精制在前、脱蜡在后，此称为正序，也有脱蜡在前、精制在后的，称为反序，到底采用哪一种更好，要视原料的含蜡量、装置的设备处理能力大小、蜡是否需要精制等多种因素决定。

（1）脱蜡用溶剂

脱蜡过程是将油逐渐降温，让油中所含的蜡结晶析出，随后进行固-液分离。在低温下润滑油料黏度上升的幅度很大，在高黏度液体中，蜡的结晶很难长成足够大的粒度，给以后的过滤分离造成困难，加入低黏度的溶剂将油料进行稀释，降低了液体的黏度，给蜡晶的生长创造了好的条件，也有利于提高过滤速率。

对所用的溶剂的要求是：在脱蜡的低温下能将油全部溶解，形成脱蜡油溶液；而对蜡又要尽可能少地溶解，也就是要求溶剂有对油足够高的溶解度和不溶解蜡的选择性，否则就会因为在脱蜡低温下的油溶液中也含有蜡，在蒸去溶剂之后的脱蜡油凝点回升，如果是这样，为了获得具有一定凝点的脱蜡油，就必须将油料溶液冷却到比所要求的凝点更低得多的温度，因而产生了一个能衡量溶剂选择性优劣的指标——脱蜡温差，其定义为：

$$脱蜡温差＝脱蜡油凝固点－脱蜡温度（过滤温度）$$

脱蜡温差越小，溶剂的选择性越好。或者说使用脱蜡温差小、选择性好的溶剂，脱蜡过程就不必在过分低的温度下操作，这可节省冷冻负荷量，降低装置能耗。

对脱蜡用溶剂的类型选择十分重要，为了使溶剂能兼顾溶解性和选择性，经过多年的摸索和工业实践，目前使用的是酮-苯双组分溶剂，其中的甲乙酮（丁酮）是极性溶剂，有较好的选择性，但对油的溶解能力较低；甲苯是非极性溶剂，对油有较好的溶解能力，但选择性欠佳，将两种溶剂按一定的比例混合后使用，其中的酮类充当蜡的沉降剂，苯类充当油的溶解剂，能获得较好的效果。相对分子质量较大的酮类如甲基异丁基酮，由于对油的溶解能力强，可单独作为脱蜡溶剂，不必再与苯类溶剂混用，它的选择性也较好，脱蜡温差也小，但因价格较贵，工业上尚未普及应用。

在使用酮-苯双组分溶剂进行脱蜡时，可根据不同的原料油性质，灵活地调变溶剂的配比组成，以适应不同的需要。当增加溶剂中的酮含量时，可提高溶剂选择性、降低脱蜡温差，因酮类的黏度比苯类更低而更能降低溶液的黏度，有利于蜡晶生长成大粒。提高溶液的酮含量能显著提高过滤速度，但也会因溶剂溶解能力的下降而造成脱蜡油收率的降低。因此，对溶解度大的较轻的油料才允许使用酮含量高的溶剂，而对不易溶解的重质油料，必须减少溶剂中酮类的含量、增加苯类的含量。表 9-18 是用大庆原油生产润滑油基础油时，根据生产经验选定的酮-苯溶剂的组成。

表 9-18　大庆原油各种油料酮苯脱蜡所用溶剂的组成

润滑油料	溶剂组成（体积分数）/%	
	丁酮	甲苯
75SN	68～70	32～30
150～200SN	60～65	40～35
500SN	55～60	45～40
650SN	50～55	50～45
150BS	45～50	55～50

用于原料油稀释的溶剂总量与原料之比称为溶剂比，溶剂比与溶剂的组成是两个相互密切关联的参数。采用低溶剂比操作能降低物耗和能耗，对已有的设备能提高处理量。因此，在保证脱蜡油液有足够的过滤速度和有较高的脱蜡油收率的前提下，应尽量采用较小的溶剂比，如对馏分较轻的原料、脱蜡深度要求低的产品均可选用低溶剂比，但对馏分重的原料、含蜡量高的原料和脱蜡深度要求高的产品，就要适当增大溶剂比。

所用的溶剂并不是一次性地与原料油混合，而是分成几批逐步加入，因为溶剂加入后对蜡晶的生长有两方面相互矛盾的影响：一是使黏度下降有利于蜡晶长大；二是因稀释而使蜡分子扩散距离加大，因此要采用随着温度的下降将所需溶剂分几次加入的方式，当加入条件选择合适时，可保证油料溶液都是在较低的黏度下析出结晶。

对较轻馏分的油料，因自身黏度较低，在开始析出蜡晶时应不加任何稀释溶剂，这样可保证蜡晶生成得更好，直到蜡晶析出多且温度下降使黏度足够大时再加入溶剂，这种将溶剂加入点后移的方法称为"冷点稀释"。

（2）工艺流程

溶剂脱蜡工业装置由五个系统组成，包括冷冻结晶、过滤、溶剂回收、氨制冷和安全气，相互之间的关系如图9-28所示。

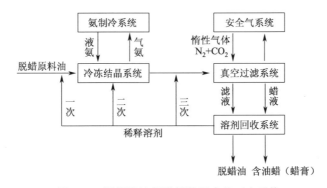

图9-28　润滑油溶剂脱蜡装置中的五个系统

① 冷冻结晶系统。使用套管结晶器的常规酮苯脱蜡的冷冻结晶系统如图9-29所示，本流程针对采用冷点稀释的较轻的馏分润滑油。

原料油经泵送后先经水冷器冷至比油料凝点稍高温度，然后进入以冷滤液为冷剂的套管冷却结晶器，它是脱蜡装置中专用的冷冻结晶设备，每台有串联的套管8～12根、管长约13m，是由直径不同的两根同心管构成，油料走内管、冷剂走外管，在内管的中心有一根旋

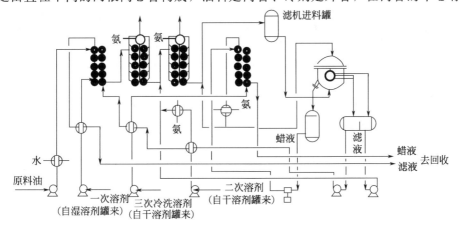

图9-29　常规酮苯脱蜡的冷冻结晶系统工艺原则流程

251

转的轴，上面装有刮刀，油料冷却后析出的蜡可随时被刮下而随油溶液流动，不会沉积在内管壁上。在第一组套管结晶器的适当位置处加入第一次稀释溶剂（冷点稀释），而后送入氨冷结晶器，这种结晶器的顶部设有液氨罐，顺下降管线将液氨分配到各套管中，经汽化吸热后，气态氨再返回到罐上部空间，用氨压缩机抽出，经加压、冷却后液化，再送回循环使用。油溶液在离开第一组氨冷器时加入第二次稀释溶剂，在离开第二组氨冷器、蜡结晶已趋完成时加入第三次稀释溶剂，然后进入滤机进料高位罐。

通过控制液氨罐的压力来控制液氨的汽化温度，也就是控制油料溶液的冷却结晶温度。各次所加入的溶剂的温度应比油料溶液的温度稍低 2～3℃，故二、三次稀释溶剂也是先与滤液（或蜡液）换冷，再经过氨冷后才加入的。

在脱蜡过程中控制冷却速度也很重要，在结晶初期冷却速度要慢，要避免因"急冷"产生大量微小蜡晶而难以过滤，冷却速度应控制在 60～80℃/h，结晶后期冷却速度可以加大，此时油料溶液内已形成大量蜡晶，新析出的蜡要扩散到已有蜡晶表面的距离已缩短，蜡晶成长速度可加快，冷却速度可提高到 300℃/h。冷却速度的控制是通过合理安排冷却介质和适当的套管结晶器的容积而实现的。

结晶系统典型工艺操作条件如表 9-19。

表 9-19　大庆原油润滑油料酮苯脱蜡结晶系统工艺操作条件

项目　　　　　　　　　　油料	150SN	500SN	650SN	150BS
一次稀释溶剂比(质量分数)/%	0.5～0.6	0.6～0.7	0.7～0.8	0.9～1.0
二次稀释溶剂比(质量分数)/%	0.6～0.7	0.7～0.8	0.8～0.9	0.9～1.0
三次稀释溶剂比(质量分数)/%	0.6～0.7	0.8～0.9	0.9～1.0	1.0～1.1
冷洗溶剂比(质量分数)/%	0.8～0.9	1.0～1.1	1.1～1.2	1.2～1.3
总溶剂比(质量分数)/%	2.5～2.9	3.1～3.4	3.5～3.9	4.0～4.4
原料油温度/℃	65～70	70～75	70～75	70～75
水冷器出口温度/℃	50～55	55～60	55～60	55～60
换冷套管出口/℃	12～14	12～14	12～14	12～14
一次氨冷套管出口/℃	−8～−10	−3～−7	−5～−7	−5～−7
二次氨冷套管出口/℃	−18～−20	−15～−17	−16～−20	−16～−20

② 过滤系统。图 9-30 为酮苯脱蜡过滤系统原则流程图。在酮苯脱蜡中完成油、蜡分离任务的设备是真空转鼓过滤机，每台过滤面积为 $50m^2$ 或 $100m^2$，数台并联。来自结晶系统的冷却油溶液从高位的滤机进料罐自压流入过滤机的底部，液面保持在滤鼓直径的三分之一高度处，由于酮、苯蒸气与空气混合后形成爆炸性气体，滤机内的气相空间应以安全气（氮气和二氧化碳的混合气）充满，该惰性气体由煤油燃烧产生，经氨冷后送入滤机，维持滤鼓外为正压 0.11～0.13MPa，严防空气漏入。

滤机内旋转的滤鼓沿纵向被分成许多彼此隔绝的空间格子，对应每个格子都有短管相通，再集中到长的连通管，各连通管汇集于连接在中心轴上的分配盘，并通过该分配盘再与外界的真空系统相连。随滤鼓的转动，每个格子依次经历低真空（浸没于油蜡溶液内）、高真空（离开液面只吸滤液）、冷洗真空（吸干冷洗溶剂）和惰性气体的反吹。在滤鼓外面蒙敷有滤布，当滤鼓上的某格子转至浸没入油溶液内时，该格子即与分配头上的滤液吸出部分相通，在真空作用下，脱蜡油和溶剂作为滤液被吸入，送往滤液罐，蜡则被滤出留在滤布上，当此格子随滤鼓转动离开液面到达滤机上方时，受到从顶部下来的冷洗溶剂的喷淋洗涤，目的是洗去蜡中所夹带的油，提高脱蜡油收率，减少蜡的含油量。然后此格子又转到与

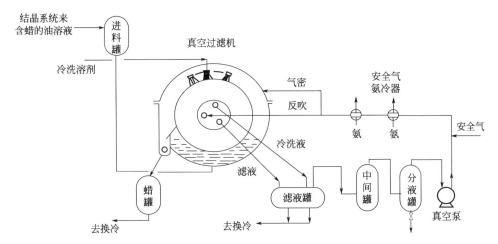

图 9-30 酮苯脱蜡过滤系统原则流程

分配头的吸出冷洗液部分相通将洗液吸入送至冷洗液罐内,当此格子转到侧面刮刀之上时,又与分配头的惰性气反吹部分相通,惰性气通过连通管、穿过滤布反吹出来,将滤布上的滤饼(蜡饼)吹松,随着滤鼓的转动蜡饼被刮下,落入输蜡器内,与再加入的一部分冷溶剂一起被螺旋推进器输送到滤机的一端,落于下面的蜡液罐内。

过滤系统的关键问题是要提高过滤速度,影响过滤速度的主要因素是蜡晶的粒度和滤液的黏度,过滤速度随着蜡晶粒度的增大和滤液黏度的降低而提高。为了尽量得到大的蜡晶,采用窄馏分范围的原料是必要的。因蜡晶的粒度随沸程的升高而减小,当馏分过宽时,高分子量的蜡晶混入低分子量的蜡晶时,使后者的粒度也随之变小,甚至生成低熔点、小晶粒的共熔物,给过滤带来很多困难,因此润滑油基础油生产的第一步就是要切割窄馏分。

加入少量助滤剂,可将蜡的小晶粒联结成大晶粒,如经常使用的具有长侧链的烷基萘聚合物、聚甲基丙烯酸酯等,它们能与蜡分子产生共晶,将薄片形蜡晶改变成类似树枝形状的大晶,可明显提高过滤速度。

除了物料的性质会影响过滤速度之外,滤机的操作条件如过滤的真空度、滤机内的液面高度、滤鼓的转速等也有影响,都应作适当的调节。

在处理含蜡量多的油料时,滤布上积存的蜡饼较厚,造成冷洗的困难,会因蜡的含油量过高而使脱蜡油收率降低。为此可采用两段过滤和滤液循环工艺,如图 9-31。将一段过滤所得到的含油量较多的蜡,再加溶剂进行稀释后送往二段过滤,二段过滤的温度可略高于一段 3～4℃。一段滤液即脱蜡油液,经换冷后送至溶剂回收,一段冷洗液及二段滤液因含油

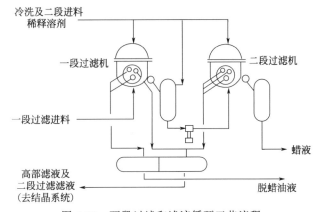

图 9-31 两段过滤和滤液循环工艺流程

253

量很少、温度低，可不经过溶剂回收而直接去结晶系统作第二次、第三次稀释溶剂用，故称滤液循环。采用该项工艺后，脱蜡油的收率可提高 8%～10%，蜡膏的含油量也从 10%～16%降低到 4%～8%。

为了能从含蜡量高的大庆减压馏分油中同时生产基础油和石蜡，已建成了脱蜡-脱油联合装置，包括一段脱蜡、二段脱油和滤液在三段之间的逆流循环，如图 9-32 所示。

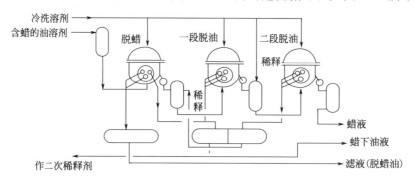

图 9-32　一段脱蜡、二段脱油的脱蜡-脱油联合装置的过滤系统

其工艺特点是蜡二段脱油的滤液全部作为蜡一段脱油的稀释溶剂，蜡一段脱油的滤液大部分作为原料油的二次稀释溶剂，形成滤液的逆流循环，在保证稀释比的前提下，溶剂不经汽化、冷却而直接循环使用，减少了溶剂回收系统的负荷，可显著降低装置的能耗。

③ 溶剂回收系统。在溶剂脱蜡中使用了大量的溶剂，在过滤之后的滤液中含溶剂量高达 80%～85%，在蜡液中的溶剂量也要在 70%左右，要将这些溶剂蒸发出来，以便与脱蜡油、蜡分离并循环使用，需要消耗大量的热量和冷却水，如何设计好溶剂的回收系统，对装置的节能是至关重要的。为了能充分利用溶剂蒸气的冷凝潜热，并省去大量冷却用水，工业装置上多采用多效蒸发的方法，对滤液多使用三效，对蜡液可使用双效或三效，各蒸发塔的压力可按低→中→高的顺序安排，例如某炼油厂三效蒸发塔的压力分别为 0.15MPa、0.25MPa、0.35MPa，在低、中压塔的换热蒸出率可达 60%以上，热回收率可达 70%。经过三次蒸发之后的脱蜡油和蜡膏中的含溶剂量已很少，最后皆可用水蒸气汽提将残余的溶剂除尽，从汽提塔底得到的脱蜡油和蜡中含溶剂量要小于 0.1%，并要保证脱蜡油的闪点合格。

图 9-33 为采用低压蒸发-高压蒸发-低压闪蒸-汽提的四塔双效溶剂回收的工艺原则流程图。

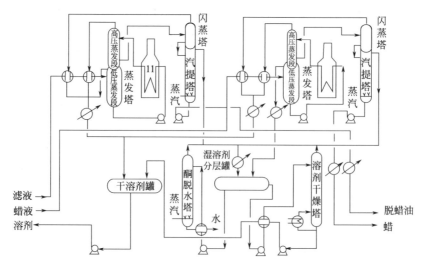

图 9-33　酮苯脱蜡溶剂回收系统工艺原则流程图

溶剂回收系统内设有干、湿两个溶剂罐，由滤液的三个蒸发塔和蜡液的后两个蒸发塔所蒸出的溶剂都是不含水的干溶剂，在经过换热、冷却之后进入干溶剂罐。由原料油带入的水分在冷冻后形成冰晶，过滤时留在蜡饼中，故从蜡液的第一个蒸发塔蒸出的溶剂中含有水，经换热、冷却后进入湿溶剂罐，来自两个汽提塔顶的溶剂和水的混合气体，经冷凝冷却后也进入湿溶剂罐。酮-苯-水三元组分的液体为部分互溶，湿溶剂罐内分为两个液相，上层为含水的溶剂相，下层为含酮（苯很少）的水相，因为甲乙酮与水可形成共沸物，溶剂与水的分离要采用双塔回收方法，装置内设置了溶剂干燥塔和糠醛脱水塔。湿溶剂罐上层的含水溶剂经换热后进入干燥塔，该塔塔底有重沸器，从塔底得到脱水的干溶剂，冷却后送入干溶剂罐；下层的含酮水进入脱水塔，此塔底有蒸气汽提，除去酮的水（含酮量在 0.1％以下）从塔底排出。从两个塔的塔顶都得到酮-水共沸物，经冷凝冷却后再进入湿溶剂罐。

9.4.3.4 补充精制

补充精制是基础油生产的最后一道工序。润滑油料在经过了脱沥青、精制、脱蜡之后，已在黏温性、安定性、低温性等性能方面有了很大的提高，但油品中仍可能含有未被除净的硫化物、氮化物、环烷酸、胶质和残留的极性溶剂，必须在补充精制中将这些有害的杂质除去，确保基础油的抗氧化安定性、光安定性、抗腐蚀性、抗乳化性和颜色、透光度等质量指标合格。

工业上常用的补充精制方法有两种：白土补充精制和加氢补充精制。长期以来白土精制法占据着主要的地位，它是利用活性白土能强烈吸附极性物而很少吸附油的特性将杂质除去，该工艺具有流程简单、操作费用低、精制效果好等优点。随着加氢工艺的发展，应用领域逐渐向润滑油延伸，在 20 世纪 70 年代之后，已陆续有用加氢精制替代或部分替代白土精制。与白土精制相比，加氢精制的最大优点是精制油收率高、不产生废白土造成环境污染，但是加氢的工艺较复杂、操作费用和基建投资均高，加氢精制油在某些性能上还不如白土精制油，尽管在国外白土精制已大部分被加氢精制所取代，但在我国现阶段仍然是两种补充精制方法同时使用，有一些特殊的油品生产仍必须用白土精制才能满足要求。

（1）白土补充精制

白土是一种多孔、比表面积较大、以硅铝酸盐为主体的天然矿物，天然白土经破碎、酸洗、水洗、干燥等处理步骤后，可制成具有一定粒度（90％以上要过 120 目筛网、但过细则难以与油分离）的活性白土，控制白土含有少量的水，可使其表面具有一定的酸性，因而具有很强的吸附极性杂质的能力。

白土补充精制是基于物理（或化学）的吸附分离过程，常用的是接触精制法。它是先将粉状白土和原料油搅拌混合成悬浮液，再送往加热炉加热至一定温度后进入蒸发塔，让土和油在塔内保持一定的接触时间，使吸附过程达到平衡，然后再将油、土过滤分离，工艺原则流程如图 9-34，包括原料油与白土混合、加热接触、过滤分离三个部分。

原料油和白土分别加入到混合罐内，两者经搅拌混合后成为悬浮液，用泵抽送经换热、加热炉加热后进入真空蒸发塔，在该塔内除去水（白土带入）和轻油（裂化产生），塔内维持一定高度的液面，以提供油和白土在高温下的接触时间，然后悬浮液用泵抽送经换热降温后，先送往粗滤压滤机，将大部分白土渣滤去后再送至细滤压滤机，在经过粗、细两次压滤后的精制油即为产品，冷却后送出装置，含油的废白土卸出后经脱油处理后废弃。

从蒸发塔顶馏出的水汽和轻油气经冷凝冷却后进入真空罐，该罐顶部与真空泵相连，以造成蒸发塔内的负压，有利于轻馏分油的蒸发，保证精制油闪点合格。水和油从真空罐底利用高位液柱的静压流到下面的切水罐，切去水后的轻馏分油送出装置。

为了防止白土粉末飞扬污染空气，白土储罐置于地下，用压缩空气作为流化风、用气-

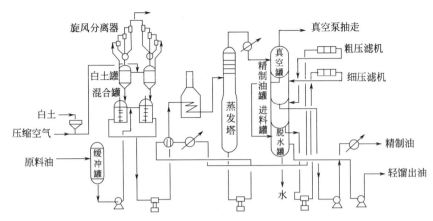

图 9-34 白土补充精制工艺原则流程

固输送法将白土送至白土罐内，并且计量用量，为分离空气与白土，在罐上方设有三级旋风分离器，以回收白土细粉。

精制油与白土的固-液分离设备常用加压过滤机，如史氏过滤机、板框过滤机，加压过滤的优点是单位过滤面积的占地少，过滤压力高使滤饼的含油量少，可提高精制油的收率。早期的过滤机均为间歇式，需人工装卸，工人的劳动强度很大，现已有自动压滤机，由液压系统控制，大大减轻了工人的劳动强度。

白土精制过程的主要操作参数有白土用量、精制温度和接触时间三项，三者之间又是相互关联的。

① 白土用量。是影响精制油质量的主要因素，白土用量越多，精制油质量越好。白土用量应根据原料馏分的轻重、性质（前段精制的深度）和产品质量要求适当选取，在保证精制深度的前提下，白土用量以尽量少为好，可减轻压滤机的负荷，并防止过多白土在加热炉管内沉积而结焦，减少白土的消耗还能提高精制油收率。而且过多的白土还会造成精制过度，将油品中的天然抗氧化组分完全除掉了，反而导致油品的安定性下降。

一般合适的白土用量为：一般中性油 2%～3%、深度精制中性油 5%～8%、残渣油 10%～15%。

② 精制温度。白土精制要在较高的温度下进行的目的是降低原料油的黏度，提高吸附速度，但因白土具有一定的表面酸性，在高温下对油的裂解有催化作用，因此精制温度的选择应以不发生或尽量少发生油的裂解为原则，否则既降低了精制油收率，又会引起加热炉管结焦，操作周期缩短。一般的精制温度宜选在 180～320℃ 之间，轻质油料可取低值，重质油料可取高值。

精制温度和白土用量两者的作用可相互补偿，为达到同样精制效果，提高精制温度，白土用量就可以减少。

③ 接触时间。指油品与白土在蒸发塔内的停留时间，充足的时间可保证油品与白土的充分接触，完成扩散和吸附，时间太短，白土得不到充分利用；时间过长，不仅设备容积要增大，而且会使油品氧化变质。一般在蒸发塔内的停留时间在 20～40min。

（2）加氢补充精制

加氢补充精制用于基础油加工过程中的最终精制阶段，用作溶剂精制后的补充，代替传统的白土精制。

与燃料油晶的加氢精制相类似，润滑油的加氢补充精制是在催化剂存在下及一定的氢分压条件下，通过加氢反应除去原料中的微量溶剂、部分硫、氮、氧化合物和烯烃，改善油品的颜色、抗氧化安定性和对添加剂的感受性。由于加氢补充精制是放在溶剂脱蜡之后，加氢反应后会使油晶的凝点回升，因此限制了反应深度不能太大。由于是在中压（2.5～6.0MPa）和小于280℃的缓和工艺条件下操作，加氢脱氮反应不易进行，因此在抗氧化安定性如旋转氧弹值、紫外光照的光安定性方面，加氢精制油的质量都不如白土精制油好，而在脱硫、脱色能力方面，加氢精制则优于白土精制。

加氢精制所用的催化剂多为燃料油品加氢精制所用的催化剂，如 W-Ni 系的 RN-1，工艺原则流程如图 9-35 所示。此流程与前述柴油加氢精制很相似，不同之处有以下四点。

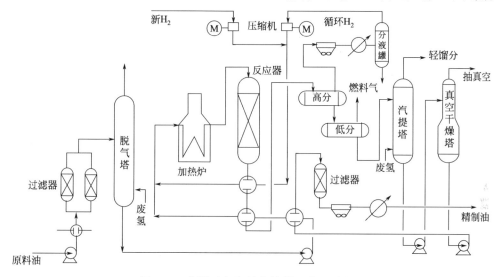

图 9-35　润滑油加氢补充精制工艺原则流程

① 原料油先经过预处理，包括过滤器和脱气塔，目的是脱除原料携带的杂质、溶剂、水、溶解氧，起到保护催化剂、防止设备堵塞、降低系统压力降的作用。

② 因反应条件缓和、反应热少，催化剂不分层，反应器中间不打入冷氢，因耗氢量少、氢油比也低，有时也可以不设循环氢，氢气一次性通过。

③ 以热高压分离器代替冷高压分离器，以免在低温下因油的黏度大而影响气-液分离效率，分出的热油不必再经过换热和加热，可直接进入汽提塔。由反应产物与原料油、循环氢的换热终温控制入塔温度，使热量得到更合理的利用。

④ 加氢生成油的后处理设备是减压汽提塔和真空脱水塔，汽提塔可用废氢气或水蒸气汽提，除去生成油中的 H_2S、低沸点烃类，保证精制油闪点合格，真空脱水塔的作用是除去油中的微量水，保证油品的透明度。

使用 RN-1 型催化剂时，因反应温度低而使脱氮率低，加氢精制油的抗氧化安定性和光安定性均较白土精制油要差，今后应研制开发低温脱氮性能好的润滑油补充精制专用催化剂，这对提高加氢精制在基础油生产中的作用有重要意义。加氢法的最大优点在于不产生白土废渣，不会造成环境污染，在目前两种补充精制方法并存时，这是加氢法最有力的竞争条件。

9.5　石油烃裂解

在石油化工中，所谓裂解指的是以石油烃为原料，利用烃类在高温下不稳定、易分解、断链的原理，在隔绝空气和高温条件下（700～800℃，有时甚至高达 1000℃以上），使具有长链分子的烃断裂成各种短链的气态烃和少量液态烃，以提供有机化工原料。所以说裂解就是深度裂化，以获得短链不饱和烃为主要成分的石油加工过程，是化学变化。

石油烃裂解的主要任务是最大可能地生产乙烯，还可联产丙烯、丁二烯以及苯、甲苯、二甲苯等产品。裂解后的产物，不论是气态或者液态产物都是多组分的混合物，为制得单一组分的主要产品，还需净化与分离。

9.5.1 裂解原理

石油烃裂解原料一般都是各族烃的混合物，主要含有烷烃、环烷烃和芳烃，有的还含有极少量的烯烃。裂解原料不同，各族烃的相对含量也不同。烃类在高温下进行裂解，不仅原料发生多种反应，生成物也能继续反应，其中既有平行反应又有连串反应，包括脱氢、断链、异构化、脱氢环化、脱烷基、聚合、缩合、结焦等反应过程。因此，烃类裂解过程的化学变化是十分复杂的。采用简单的模式或过程描述这一反应是不可能的，这里只是将这个平行-顺序反应过程按物料变化过程的先后顺序划分为一次反应和二次反应进行简要介绍。

9.5.1.1 烃类裂解的一次反应

一次反应是指原料经过高温裂解生成乙烯、丙烯等低级烯烃为主的反应。包括烷烃裂解的一次反应、烯烃裂解的一次反应、环烷烃裂解的一次反应和芳烃裂解的一次反应。

（1）烷烃裂解的一次反应

主要有两种：断链反应和脱氢反应。

① 断链反应。C—C 键断裂，反应后生成碳原子数较少的烯烃和烷烃。通式为：

$$C_{m+n}H_{2(m+n)+2} \longrightarrow C_nH_{2n} + C_mH_{2m+2}$$

例如：

$$C_3H_8 \longrightarrow C_2H_4 + CH_4$$

② 脱氢反应。C—H 键断裂，生成碳原子数相同的烯烃和氢气。通式为：

$$C_nH_{2n+2} \Longleftrightarrow C_nH_{2n} + H_2$$

例如：

$$C_2H_6 \Longleftrightarrow C_2H_4 + H_2$$

在相同裂解温度下，脱氢反应所需的热量比断链反应所需的热量大，因此断链反应比脱氢反应来得容易。若要加快脱氢反应速度，必须升高反应温度。从断链反应看，一般来说 C—C 键在碳链两端断裂比在其中间断裂占优势。断链所得的较小分子是烷烃，主要是甲烷，较大分子是烯烃。随着烷烃相对分子质量的增加，C—C 键在两端断裂的优势逐渐减弱，而在中间断裂的可能性相应地增大。在同级烷烃中带有支链的烷烃较易发生裂解反应。高碳烷烃（C_4 以上）的裂解首先是断链。

（2）烯烃裂解的一次反应

由烷烃断链可得到烯烃。烯烃可进一步断链成为较小分子的烯烃。通式为：

$$C_{m+n}H_{2(m+n)} \longrightarrow C_nH_{2n} + C_mH_{2m}$$

例如：

$$C_5H_{10} \longrightarrow C_3H_6 + C_2H_4$$

生成的小分子烯烃，也可能发生如下反应：

$$2C_3H_6 \longrightarrow C_2H_4 + C_4H_8$$

$$2C_3H_6 \longrightarrow C_2H_6 + C_4H_6$$

乙烯在 1000℃ 以上脱氢生成乙炔：

$$C_2H_4 \Longleftrightarrow C_2H_2 + H_2$$

（3）环烷烃裂解的一次反应

原料中的环烷烃开环裂解，生成乙烯、丁烯、丁二烯和芳烃等。例如环己烷裂解、断链反应：

$$C_6H_{12} \longrightarrow \begin{cases} 2C_3H_6 \\ C_2H_4 + C_4H_6 + H_2 \\ C_4H_6 + C_2H_6 \\ \dfrac{3}{2}C_4H_6 + \dfrac{3}{2}H_2 \end{cases}$$

带支链的环烷烃裂解时，首先进行脱烷基反应，对长支链的环烷烃反应一般在支链的中部开始发生，一直进行到侧链变成甲基或者乙基，然后进一步裂解。侧链断裂的产物可以是烷烃，也可以是烯烃。

（4）芳烃裂解的一次反应

芳烃的热稳定性很高，在一般的裂解过程中，芳香环不易发生断裂。所以，由苯生成乙烯的可能性很小。但烷基芳香烃可以断侧链及脱甲基，生成苯、甲苯、二甲苯等。苯的一次反应时脱氢缩合为联苯，多环芳烃则脱氢缩合为稠环芳烃。例如：

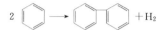

从以上分析可以看到，以烷烃为原料裂解最有利于生成乙烯、丙烯。

9.5.1.2　烃类裂解的二次反应

二次反应指乙烯、丙烯继续反应生成炔烃、二烯烃、芳香烃和焦炭反应。主要反应如下。

① 一次反应生成的烯烃进一步裂解，如：
$$C_5H_{10} \longrightarrow C_4H_6 + CH_4$$

② 烯烃的加氢和脱氢反应。如烯烃加氢反应生成烷烃和脱氢反应生成二烯烃和炔烃：
$$C_2H_4 + H_2 \Longleftrightarrow C_2H_6$$
$$C_2H_4 \longrightarrow C_2H_2 + H_2$$

③ 烯烃的聚合、环化、缩合等反应。这类反应主要生成二烯烃和芳香烃：
$$2C_2H_4 \longrightarrow C_4H_6 + H_2$$
$$C_3H_6 + C_4H_{10} \longrightarrow 芳香烃 + H_2$$

④ 烃的生碳和生焦反应。各种烃类在高温条件下如果停留时间足够长，都是不稳定的，有强烈的完全分解为碳和氢的趋势，即生碳反应。例如：
$$CH_4 \longrightarrow C + 2H_2$$
$$C_2H_6 \longrightarrow 2C + 3H_2$$
$$C_6H_6 \longrightarrow 6C + 3H_2$$

芳烃经过脱氢缩合成多环芳烃，进而生成稠环芳烃，最终生成焦炭的反应称为生焦反应。生碳反应和生焦反应所需的温度不同，生碳反应需要较高的反应温度，在 900～1000℃才能明显发生；而生焦反应在 500～600℃以上就可以进行。

石油系原料是由各种烃类组成的极其复杂的混合物，其裂解反应比单个烃裂解反应复杂得多。不仅原料中各单个烃在高温下进行裂解，单个烃间、单个烃与裂解产物间以及裂解产物之间也会发生相互反应。尤其是随着裂解时间的延长，最后必然会生成缩合物（沥青状物质），直到最终生成焦。

9.5.2　裂解炉

裂解系统主要由裂解炉、急冷器和与之相配合的其他设备组成。其中，裂解炉是核心，它供给裂解反应所需的热量，并使反应在确定的高温下进行。依据供热方式的不同，可将裂解炉分成许多不同的类型，例如管式炉、蓄热炉、砂子炉、原油高温水蒸气裂解炉、原油部分燃烧裂解炉等，但管式裂解技术最为成熟。管式裂解炉通常由辐射室和对流室两部分组成，燃料燃烧所在的区域称为辐射室，辐射室内炉管的管壁温度高达 900℃左右。对流室内设有数组水平放置的换热管，用于预热原料、工艺稀释用蒸汽、急冷锅炉进水以及生产高压过热蒸汽等。目前，采用管式裂解炉发的乙烯产量已占世界总产量的99％以上。

工业上采用管式裂解炉裂解法的种类很多，应用广泛的有鲁姆斯法、斯通-韦伯斯特法、三菱油化法。由于原料不同，裂解条件和工艺条件也有较大的差异，但基本工艺都是由裂解反应、产物急冷和裂解气预处理及分离三部分组成。中国常用的是SRT型裂解炉鲁姆斯(Lummus)裂解法技术。

9.5.3 裂解气的净化与分离

无论通过哪种方法所得到的裂解气都是一个复杂的混合物，组成大致含有氢气、甲烷、一氧化碳、二氧化碳、水、硫化氢、乙烷、乙烯、乙炔、丙烷、丙烯、丁烯、丁二烯、$C_5 \sim C_{10}$ 及 C_{10} 等组分。在有机化工生产中，许多产品的生产对烯烃纯度要求很高，如乙烯直接氧化生产环氧乙烷，原料乙烯纯度要求在99％以上。聚合工序对原料的要求更高，乙烯纯度达到91.9％。除此之外，裂解气中还含有硫化物、CO、CO_2、水分、乙炔等有害物质。为获得高质量的乙烯和丙烯，并使其他烃类得到合理的利用，必须对裂解气进行净化和分离。

裂解气的分离过程是在低温下进行的，由于水低温时会凝结成冰，或与轻烃形成固体结晶水合物（$CH_4 \cdot 6H_2O$、$C_2H_6 \cdot 7H_2O$、$C_3H_8 \cdot 7H_2O$ 等）。冰和固体结晶水合物附在管壁上影响传热，增加流体阻力，重者会堵塞管道和阀件。硫化物（主要是指 H_2S），它能腐蚀设备、管道和阀件，引起后面的加氢脱炔催化剂中毒。CO_2 在低温下会形成干冰，也可影响传热及堵塞管道等。因此低温分离前必须先除去这些杂质。即对裂解气进行净化。

裂解气的分离方法有深冷分离（≤−100℃）、一般冷冻分离（−50℃）、油吸收法、分子筛或活性炭吸附分离法等。其中应用最广泛的是深冷分离法。

在有机化工中，把温度≤−100℃冷冻过程称为深度冷冻，简称深冷。深冷分离法的基本原理是在低温条件下，将除甲烷和氢以外的组分全部冷凝下来，利用裂解气中各组分（烃类）的相对挥发度不同，在精馏塔内将各组分分离，然后进行二元精馏，最后得到合格的高纯度乙烯、丙烯。深冷分离的实质是冷凝精馏过程。它的特点是能量消耗低，产品纯度高（乙烯可达91.9％、丙烯可达91.5％～91.9％），但需要大量耐低温的合金钢，适用于大型工厂。

深冷分离过程包括裂解气的净化、制冷和精馏三部分。

（1）裂解气的净化

除去对制冷有碍的水分、CO、CO_2、硫化物、炔烃等有害杂质，其中水分和 CO_2 在低温时凝结成固体，会堵塞管路；CO、硫化物使加氢催化剂中毒；炔烃则易聚合，妨碍压缩等。因此必须先除去这些杂质。CO_2 和硫化物属酸性物质可以用氢氧化钠吸收除去：

$$CO_2 + 2NaOH \longrightarrow Na_2CO_3 + H_2O$$
$$H_2S + 2NaOH \longrightarrow Na_2S + 2H_2O$$

此方法适用于杂质含量不高的场合。如果杂质含量高，则可使用乙醇胺法、氨水液相催化法和蒽醌二磺酸法等吸收剂可再生的方法。

水分子一般用分子筛脱除。CO用甲烷法除去，在催化剂存在的条件下，发生如下反应：

$$CO + 3H_2 \longrightarrow CH_4 + H_2O$$

炔烃（主要是乙炔）的脱除常用的方法有溶剂吸收法和催化加氢法。例如，催化加氢法：

$$C_2H_2 + H_2 \longrightarrow C_2H_4$$
$$C_3H_4 + H_2 \longrightarrow C_3H_6$$

（2）制冷

目的是使除了氢以外的气体液化，为液态组分的精馏分离做好准备。制冷是利用机械能获得低温的过程，工业上广泛使用氨作为冷冻剂，但氨作为冷冻剂所获得的低温只能达到－50℃，而裂解气的液化需要－100℃以下的低温。因此就需要用沸点更低的物质作为冷冻剂。

乙烯在常压下的沸点是－104℃，可作为裂解气液化的冷冻剂，但乙烯即使在2943kPa的压力下液化温度也只有－25℃，无法用冷却水冷却液化。因此需要一种液化温度比－25℃更低的冷冻剂来吸收乙烯液化时放出的热量。丙烯在101.3kPa的压力下，沸点是－47.7℃，而在1864kPa的压力下，冷凝温度是34.5℃，很容易用冷却水冷却和冷凝。而乙烯和丙烯在石油裂解中很容易得到，因此在裂解气冷冻分离工艺中，用乙烯-丙烯作冷冻剂，串联制冷，称为复叠制冷。如图9-36所示。

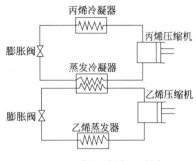

图9-36　乙烯-丙烯复叠制冷

在实际应用上，由于精馏分离时塔顶溜出液不同组分的冷凝温度各不相同，需要多种温度的冷冻剂。因此复叠制冷时根据精馏分离组分的冷凝温度，乙烯、丙烯的压缩采用不同的压力，利用冷冻剂不同，压力和汽化温度各不相同的性质，引出0℃、－25℃、－40℃、－62℃、－70℃、－100℃等不同温度的冷冻剂。

（3）精馏分离

它是利用各组分沸点不同进行分离的操作。表9-20所列为裂解气中主要组分的沸点。

表9-20　不同压力下裂解气主要组分的沸点　　　　单位：K

压力/10^5Pa	1.013	1.13	15.2	20.23	25.33	30.39
氢　气	10	29	34	35	36	38
甲烷	111	144	159	166	172	178
乙　烯	169	218	234	244	253	260
乙　烷	185	240	255	266	276	284
丙　烯	225.3	282	302	235.9	316.8	320

由于裂解气中组分多，各组分沸点不同，工业上通常采用多塔精馏的方法。其精馏流程是按照挥发性依次减小，即沸点依次升高的顺序安排：先将裂解气送入脱甲烷塔从塔顶分离出甲烷和氢气，塔底产品进入脱乙烷塔分离；脱乙烷塔塔顶引出 C_2 馏分，除去乙烷和乙烯外，还有相当数量的乙炔，再将出 C_2 馏分送入加氢反应器，在催化剂的作用下使乙炔加氢变成乙烯，再经第二脱甲烷塔脱除甲烷后，送入脱乙烯塔，塔顶获得乙烯产品，塔底获得乙烷送裂解。脱乙烷塔塔底得到 C_3 以上的馏分送入脱丙烷塔，在塔顶获得 C_3 馏分继续分离可得到丙烯和丙烷，塔底 C_4 以上的馏分继续分离可得到丁烯、丁二烯及 C_5 以上的馏分。各精馏塔的操作压力范围在 2.84～4.25MPa 之间，相应的温度范围在－70～－100℃之间。

9.6　芳烃生产及转化

芳烃是十分重要的化工原料，其中以苯、甲苯、二甲苯、乙苯、异丙苯等尤为重要。这些基本有机化工原料在高分子材料、合成橡胶、合成纤维、合成洗涤剂、表面活性剂、涂料、增塑剂、炸药、燃料、医药和农药等工业中都有着广泛的应用，对国民经济和国防工业都有着重要的意义。

9.6.1 芳烃的生产

石油芳烃的来源主要有两种。一是石脑油催化重整法，其液体产物——重整汽油依原料和重整催化剂的不同，芳烃含量一般可达 50%～80%（质量分数，下同）；二是裂解汽油加氢法，即从乙烯装置的副产物裂解汽油中回收芳烃，随裂解原料和裂解深度的不同，芳烃含量一般可达 40%～80%。

9.6.1.1 催化重整法

催化重整是以 C_6～C_{11} 石脑油为原料，在一定的操作条件和催化剂的作用下，使轻质原料油（石脑油）的烃类分子结构重新排列整理，转变成富含芳烃的高辛烷值汽油（重整汽油），并副产液化石油气和氢气的过程。

重整原料在催化重整条件下的化学反应主要有以下几种。

（1）芳构化反应

① 六元环烷烃脱氢反应，如：

$$\text{（六元环烷烃）} \Longrightarrow \text{（苯环）} + 3H_2$$

这类反应是可逆反应，特点是吸热、体积增大、生成芳烃并产生氢气，它是重整过程生成芳烃的主要反应。

② 五元环烷烃异构脱氢反应，如：

$$\text{（甲基环戊烷）} \Longrightarrow \text{（环己烷）} \Longrightarrow \text{（苯）} + 3H_2$$

这类反应的特点也是吸热、体积增大、生成芳烃并产生氢气，它的反应速度较快，但稍慢于六元环烷烃脱氢反应，仍是生成芳烃的主要反应。

五元环烷烃在直馏重整原料的环烷烃中占有很大的比例，因此，在重整反应中，将大于 C_6 的五元环烷烃转化为芳烃是仅次于六元环烷烃转化为芳烃的重要途径。

③ 烷烃的环化脱氢反应，如：

$$n\text{-}C_6H_{14} \underset{H_2}{\Longrightarrow} \text{（环己烷）} \Longrightarrow \text{（苯）} + 3H_2$$

$$n\text{-}C_7H_{16} \underset{H_2}{\Longrightarrow} \text{（甲基环己烷）}\text{-}CH_3 \Longrightarrow \text{（甲苯）}\text{-}CH_3 + 3H_2$$

这类反应也有吸热和体积增大等特点。在催化重整反应中，由于烷烃环化脱氢反应可生成芳烃，所以它是增加芳烃收率的最显著的反应。但其反应速率较慢，故要求有较高的反应温度和较低的空速等苛刻条件。

（2）异构化反应

各种烃类在重整催化剂的活性表面上都能发生异构化反应。例如：

$$n\text{-}C_7H_{16} \Longrightarrow i\text{-}C_7H_6$$

$$\text{（甲基环戊烷）}\text{-}CH_3 \Longrightarrow \text{（环己烷）}$$

$$CH_3\text{-（对二甲苯）-}CH_3 \Longrightarrow \text{（邻二甲苯）-}CH_3\atop CH_3$$

正构烷烃的异构化反应具有速度较快、放热量少的特点，它不能直接生成芳烃和氢气，但正构烷烃反应后生成的异构烷烃易于环化脱氢生成芳烃，所以只要控制适宜的反应条件，此反应也是相当重要的。而五元环烷烃的异构化比六元环烷烃更易于脱氢生成芳烃，有利于提高芳烃的收率。

（3）加氢裂化反应

在催化重整条件下，各种烯类都能发生加氢裂化反应，并可以认为是加氢、裂化和异构三者并发的反应。如：

$$n\text{-}C_7H_{16} + H_2 \longrightarrow C_3H_8 + C_4H_{10}$$

这类反应均是不可逆的放热反应。

在芳烃生产中，加氢裂化可消耗大量氢气，并消耗了可能生成芳烃的烷烃和环烷烃原料，结果使液体产品收率降低，芳烃收率下降，反应选择性明显降低。故应尽量抑制其发生。

（4）缩合生焦反应

烃类还可以发生叠合和缩合等分子增大的反应，最终缩合成焦炭，覆盖在催化剂表面，使其失活。在生产中必须控制这类反应，工业上采用循环氢保护，一方面使容易缩合的烯烃饱和，另一方面抑制芳烃深度脱氢。

重整装置的流程如图 9-37 所示。进入催化重整的原料石脑油先经过预精制，目的是脱除硫、氮、砷等毒物，常用钴、镍、钼加氢精制催化剂对石油进行加氢处理，重整产出的生成油通过芳烃抽提工序，用选择性很强的溶剂使芳烃和非芳烃分离，应用最广泛的溶剂有两类，一类是甘醇类溶剂，为 20 世纪 50 年代环球油品公司与道化学公司共同开发的。最先用二乙二醇醚，继而又改进采用三乙二醇醚和二丙二醇醚等相对分子质量更高的甘醇类溶剂。其优点是溶解能力大，装置处理能力高，能耗低。另一类溶剂是荷兰壳牌（SHELL）公司于 1961 年工业化应用的环丁砜，由于它溶解能力较强，其他物性更好，所以装置处理能力更大，投资、成本和能耗更低，产品收率和质量更高，经济效益比甘醇类溶剂的好，故 70 年代后发展很快，各国新建的芳烃抽提装置大多采用该法。通过抽提得到的混合芳烃后，经精馏即得到苯、甲苯、二甲苯等产品，质量一般均可达要求。

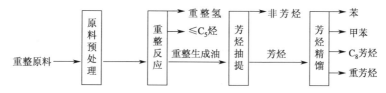

图 9-37　催化重整装置流程

催化重整过程生产的 BTX（B——苯、T——甲苯、X——二甲苯）的特点是含甲苯和二甲苯多，含苯少。可作为高辛烷值汽油组分，也可作为分离苯、甲苯和二甲苯芳烃的原料。1967 年雪佛龙公司首先采用铂-铼双金属重整催化剂，后来世界大多数催化重整装置改为用铂-铼双金属催化剂。这类催化剂的特点是能在较苛刻的条件下操作，芳烃转化率较铂催化剂高，选择性更稳定。在工艺上的改进是采用低压并连续再生，因此有利于芳构化反应。重整后的 BTX 无需再进行其他处理，直接就进行芳烃分离。

9.6.1.2　裂解汽油加氢法

裂解汽油集中了裂解副产物中全部的 $C_6 \sim C_9$ 芳烃，因而它是石油芳烃的重要来源之一。裂解汽油的产量、组成以及芳烃的含量，随裂解原料和条件的不同而异。例如，以石脑油为裂解原料生产乙烯时能得到大约 20%（质量分数，下同）的裂解汽油，其中芳烃含量为 40%～80%；以煤柴油为裂解原料时，裂解汽油产率约为 24%，其中芳烃含量达 45% 左右。

裂解汽油除富含芳烃外，还含有相当数量的二烯烃、单烯烃、少量支链烷烃和环烷烃，以及微量的硫、氧、氮、氯及重金属等组分。据分析，裂解汽油中约含 200 多种组分，组成相当复杂。

裂解汽油中的芳烃与重组生成油中的芳烃在组成上有较大的差别。首先裂解汽油中所含有的苯约占 $C_6 \sim C_8$ 芳烃的 50%，比重组生成油中的苯含量高出 5%～8%；其次裂解汽油中含有的苯乙烯，含量为裂解汽油的 3%～5%。此外，裂解汽油中不饱和烃的含量远比重整生成油中的高。

由于裂解汽油中含有大量的单烯烃和二烯烃。因此，裂解汽油的稳定性极差，在光和热的作用下很易氧化并聚合生成称为胶质的胶黏状物质。这些胶质在生产芳烃的后加工过程中极易结焦和析炭，既影响过程的操作，又影响最终所得芳烃的质量。硫、氮、氧、重金属等化合物能使后续生产芳烃工序的催化剂、吸附剂中毒。所以，裂解汽油在提取芳烃前必须进行预处理，为后加工过程提供合格的原料。目前应用最广泛的方法是催化加氢精制法。

裂解汽油与 H_2 在一定条件下，通过加氢反应器催化层时，主要发生两类反应。首先是二烯烃、烯烃不饱和烃加氢生成饱和烃，苯乙烯加氢生成乙苯。其次是含硫、氮、氧有机化合物的加氢分解（又称氢解反应），C—S、C—N、C—O 键分别发生断裂，生成气态的 H_2S、NH_3、H_2O 以及饱和烃。例如：

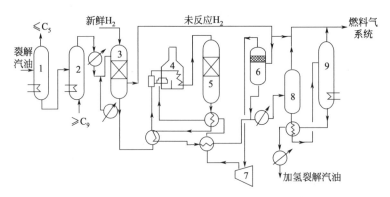

金属化合物也能发生氢解或被催化剂吸附而除去。加氢精制是一种催化选择加氢，在 340℃反应温度下，苯环加氢生成环烷烃甚微。但是，条件控制不当，不仅会发生芳环的加氢造成芳烃损失，还能发生不饱和烃的聚合、烃的加氢裂解以及结焦等副反应。

以生产芳烃原料为目的的裂解汽油加氢工艺普遍采用两段加氢法，其工艺流程如图 9-38 所示。

图 9-38　两段加氢法的典型流程

1—脱 C_5 塔；2—脱 C_9 塔；3——段加氢反应器；4—加热炉；5—二段加氢反应器；
6—循环压缩机回收罐；7—循环压缩机；8—高压闪蒸罐；9—H_2S 汽提塔

第一段加氢的目的是将易于聚合的二烯烃转化为单烯烃，包括烯基芳烃转化为芳烃。催化剂多采用贵重金属钯为主要活性组分，并以 Al_2O_3 为载体。其特点是加氢活性高、寿命长，在较低反应温度（60℃）下即可进行液相选择性加氢，避免了二烯烃在高温条件下的聚合和结焦。

第二段加氢目的是使单烯烃进一步饱和，而氧、硫、氮等杂质被破坏而除去，从而得到高质量的芳烃原料。催化剂普遍采用非贵重金属钴-钼系列，具有加氢和脱硫性能，并以 Al_2O_3 为载体。该段加氢是在 300℃以上的气相条件下进行的。两个加氢反应器一般都采用固定床反应器。

裂解汽油首先进行预分馏，先进入脱 C_5 塔 1 将其中的 C_5 及 C_5 以下的馏分预分出，然后进入脱 C_9 塔 2 将 C_9 及 C_9 以上馏分从塔釜除去。分离所得的 $C_6 \sim C_8$ 中心馏分送入一段加氢反应器 3，同时通入加压氢气进行液相加氢反应。反应条件：反应温度 $60 \sim 100℃$、反应压力 2.6MPa，加氢后的双烯烃接近于零，其聚合物可抑制在允许限度内。反应放热引起的温度升高是用反应器底部液体产品冷却循环来控制的。

由一段加氢反应器来的液相产品，经泵加压在预热器内，与二段加氢反应器流出的液相物料换热到控制温度后，进入二段加氢反应器混合喷嘴，在此与热的氢气均匀混合。已汽化的进料、补充氢气与循环气在二段加氢反应器附设的加热炉 4 内，加热后进入二段反应器 5，在此进行烯烃加氢饱和与硫、氧、氮等杂质的脱除。反应温度为 $329 \sim 358℃$，反应压力为 2.97MPa，反应器的温度用循环气以及两段不同位置的炉管温度予以控制。

二段加氢反应器的流出物经过一系列换热后，在高压闪蒸罐中分离。该罐分离出的大部分气体同补充氢气一起进入循环压缩机，返回前流程，剩余的气体循环回乙烯装置或送至燃料气系统。从高压闪蒸罐分出的液体，换热后进入硫化氢汽提塔，含有微量硫化氢的溶解性气体从塔顶除去，返回乙烯装置或送至燃料气系统。汽提塔底产品则为加氢裂解汽油，可直接送芳烃抽提装置。

9.6.2　芳烃的转化

不同来源的各种芳烃馏分的组成是不相同的，能得到的各种芳烃的产量也不相同。如果仅以这些来源来获得各种芳烃的话，必然会发生供需不平衡的矛盾，有的却因用途较少有所过剩。如聚酯纤维的发展，需要大量对二甲苯，而催化重整、裂解汽油产品中对二甲苯的含量有限，并且二甲苯中对二甲苯含量最高也仅能达到 23％ 左右，难以满足需要。芳烃转化工艺的开发，能依据市场的供求，调节各种芳烃的产量。这些转化工艺包括：脱烷基、歧化、烷基转移、甲基化和异构化等。同时，发展了重芳烃轻质化技术，把重芳烃也加入到转化工艺的原料中，以提高 BTX 收率。

（1）芳烃歧化及烷基转移

工业上应用最广泛的是通过甲苯歧化反应，将用途较少并过剩的甲苯转化为苯和二甲苯两种重要的芳烃。芳烃歧化一般是指两个相同芳烃分子在酸性催化剂作用下，一个芳烃分子上的侧链基转移到另一个芳烃分子上去的反应。如：

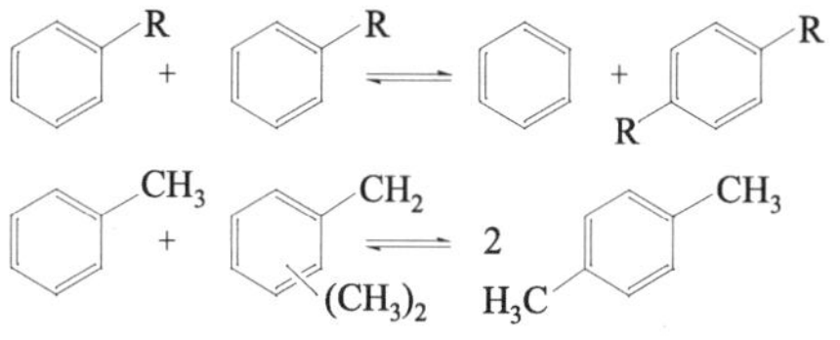

歧化反应是一个可逆反应，逆过程实际上是烷基转移反应。工业上可在原料甲苯中加入一定量 C_9 芳烃，使之与甲苯发生烷基转移反应，用来增产二甲苯。该反应的平衡常数与温度关系不大，在 $400 \sim 1000K$ 范围内其平衡转化率为 $35％ \sim 50％$。甲苯歧化是一个微量吸热的反应，热效应（800K）为 0.84kJ/mol 甲苯。

常见的酸性催化剂如 $AlCl_3 \cdot HCl$ 类 L 酸，加氟的 $SiO_2-Al_2O_3$ 的 B 酸都是甲苯歧化的工业催化剂，但目前采用最广泛的是丝光沸石或 ZSM-5 沸石分子筛催化剂。

甲苯歧化的工业过程是一个复杂过程，歧化时除了可同时发生烷基转移反应之外，还有可能发生酸催化的其他类型反应，如产物二甲苯的异构化和歧化、甲苯脱烷基、芳烃脱氢缩合成稠环芳烃和焦炭等过程。焦炭的生成会使催化剂表面迅速结焦而活性下降。为抑制焦的生成和延长催化剂寿命，工业生产上采用临氢歧化法。

甲苯歧化和烷基转移制苯和二甲苯主要有加压临氢催化歧化法、常压气相歧化法和低温歧化法三种。加压临氢歧化法使用 ZSM-5 催化剂，反应温度为 400～500℃，压力 3.6～4.2MPa，$n(H_2):n(烃)=2:1$。其流程如图 9-39 所示。原料甲苯、C_9 芳烃和新鲜氢及循环氢混合后与反应产物进行热交换，再经加热炉加热到反应所需温度后，进入反应器。反应后的产物经热交换器回收其热量后，经冷却器冷却后进入气液分离器，气相含氢 80% 以上，大部分循环回反应器。其余作燃料。液体产物经稳定塔脱去氢组分，再经活性白土塔处理除去烯烃后，依次经苯塔、甲苯塔、二甲苯和 C_9 芳烃，用精馏方法分出产物，未转化的甲苯和 C_9 芳烃循环使用。

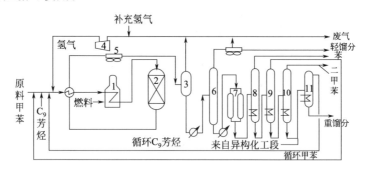

图 9-39　临氢歧化和烷基转移流程

1—加热炉；2—反应器；3—分离器；4—氢气压缩机；5—冷凝器；6—稳定塔；7—白土塔；
8—苯塔；9—甲苯塔；10—二甲苯塔；11—C_9 芳烃塔

（2）C_8 芳烃的异构化

以任何方法生产得到的 C_8 芳烃都含有四种异构体，即邻、间、对二甲苯和乙苯。异构化的目的是使非平衡的邻、间、对二甲苯混合物转化成平衡的组成，然后利用分离手段，分离出需要的对二甲苯等产品，剩下的非平衡组成的 C_8 芳烃再返回异构化。作为生产聚酯树脂和聚酯纤维单体的对二甲苯用量最大，而间二甲苯需求量最小。因此，工业上采用分离和异构化相组合的工艺，生产各种异构体和增产需要量大的某一组分。

工业上的 C_8 芳烃异构化是以不含或少含对二甲苯的 C_8 芳烃为原料，通过催化剂的作用，转化成浓度接近平衡浓度的 C_8 芳烃，从而达到增产二甲苯的目的。

在 SiO_2-Al_2O_3 催化剂上对异构化过程的原理进行了研究。发现邻二甲苯异构化的主要产物是间二甲苯，对二甲苯异构化的主要产物也是间二甲苯，而间二甲苯异构化产物中邻二甲苯的对二甲苯的含量却非常接近。故二甲苯在该催化剂上异构化的反应历程是连串异构化反应，即：

$$邻二甲苯 \Longleftrightarrow 间二甲苯 \Longleftrightarrow 对二甲苯$$

二甲苯异构化工艺有临氢与非临氢两种。

① 临氢异构。临氢异构化采用的催化剂可分为贵金属与非贵金属两类，广泛采用的是贵金属催化剂，贵金属催化剂虽然成本高，但能使乙苯转化为二甲苯，对原料适应性强，异构化原料不需进行乙苯分离。贵金属催化剂已被广泛采用。

② 非临氢异构。采用的催化剂一般为无定形 SiO_2-Al_2O_3，具有较高的活性，但选择性差，反应在高温下进行，催化剂积炭快，再生频繁，非临氢异构不能使乙苯转化为二甲苯。已工业化的有英帝国化学公司的 ICI 法与日本丸善公司的 XIS 法。近年来美国 Mobil 公司开发的 MLTI 法，催化剂为 ZSM 系列沸石，反应在低温液相下进行，此法具有良好的活性与选择性。此外还有日本瓦斯化学公司的 JGCC 法，催化剂为 HF-BF$_3$，JGCC 法与其他方法不同之处是，首先从二甲苯中分离出间二甲苯，再将间二甲苯进行异构化。其优点是异构化装置的物料循环量将显著降低。

由于使用催化剂不同，C_8 芳烃的异构化方法有多种，但其工艺过程大致相同。下面以 Pt/Al_2O_3 催化剂为例，介绍 C_8 芳烃异构化的工艺过程，如图 9-40 所示。

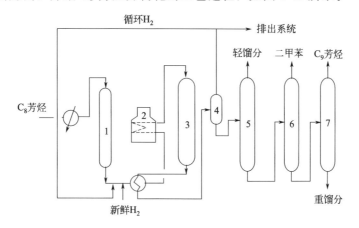

图 9-40　C_8 芳烃异构化工艺流程

1—脱水塔；2—加热炉；3—反应器；4—分离器；5—稳定塔；6—脱二甲苯塔；7—脱 C_9 塔

该过程为临氢气相异构化，主要由三部分组成。

① 原料脱水。采用共沸蒸馏脱水，使其含水量降到 1×10^{-5} 以下。

② 反应部分。干燥的 C_8 芳烃与新鲜循环的 H_2 混合后经加热到所需温度进入反应器。

③ 产品分离部分。产物经热交换器后进入气液分离器。为了维持系统内氢气浓度有一定值（70% 以上），气相小部分排出系统，大部分循环回反应器。液相进入稳定塔脱去低沸物（主要是乙基环己烷、庚烷和少量苯、甲苯等），釜液经循环白土处理后进入脱二甲苯塔。塔顶得到含对二甲苯浓度接近平衡浓度的 C_8 芳烃，送至分离工段分离对二甲苯，塔釜液进入脱 C_9 塔。

（3）芳烃脱烷基化

烷基芳烃分子中与苯环直接相连的烷基，在一定条件下可以被脱去，此类反应称为芳烃的脱烷基化。工业上主要应用于甲苯脱甲基制苯、甲基萘脱甲基制萘。脱烷基又分为催化脱烷基和热脱烷基两大类。

甲苯催化脱烷基生产苯有代表性的工艺过程有：美国 UOP 公司开发的 Hydeal 过程、美国 Houdry 公司开发的 Detol 过程（以甲苯为原料）、Pyrotol 过程（以加氢裂解汽油为原料）和 Litol 过程（以焦化粗苯为原料）。它们都是在催化剂存在下的加氢脱烷基过程，苯对甲苯的收率为 98% 左右。

甲苯热脱烷基生产苯的工艺有：由美国 ARCO 公司开发的 HDA 过程、由 Gulf 公司开发的 THD 过程和由日本三菱油化公司开发的 MHC 过程等。苯的收率为 95% 以上。HDA 过程的原料甲苯中加入重芳烃，可提高苯的产量。美国 HRI 公司和 ARCO 公司共同开发以重芳烃生产高纯度苯的工艺，苯产率可达 95% 左右。过程不需要催化剂，但氢耗量比轻质进料高。

热法脱烷基的工艺过程简单，可长时间连续运转，但操作温度比催化脱烷基法高 100～200℃，带来了反应器腐蚀问题，操作控制也较困难。催化脱烷基法产品收率稍高，但催化剂使用半年左右需进行再生，操作成本较高。

（4）芳烃烷基化

芳烃的烷基化是指苯环上一个或几个氢被烷基所取代而生成烷基芳烃的反应。在芳烃的烷基化反应中以苯的烷基化最为重要。这类反应在工业上主要用于生产乙苯、异丙苯和十二烷基苯等。乙苯主要用于脱氢制三大合成材料的重要单体苯乙烯；异丙苯用于生产苯酚和丙酮；十二烷基苯主要用于生产合成洗涤剂。

能为烃的烷基化提供烷基的物质称为烷基化剂，可采用的烷基化剂有多种，工业上常用的有烯烃和卤代烷烃。烯烃如乙烯、丙烯、十二烯，烯烃不仅具有较好的反应活性，而且比较容易得到。由于烯烃在烷基化过程中形成的正烃离子会发生骨架重排取得最稳定的结构存在，所以乙烯以上烯烃与苯进行烷基化反应时，只能得到异构烷基苯而得不到正构烷基苯。烯烃的活泼顺序为异丁烯＞正丁烯＞乙烯；卤代烷烃主要是氯代烷烃，如氯乙烷、氯代十二烷等。此外，醇类、酯类、醚类等也可作为烷基化剂。

参考文献

[1] 徐春明，杨朝合．石油炼制工程 ［M］．第四版．北京：石油工业出版社，2009.

[2] 陈沼洲，常可怡．石油加工工艺学 ［M］．上海：华东理工大学出版社，1997.

[3] 李淑培．石油加工工艺学（上·中·下册）［M］．北京：中国石化出版社，1992.

[4] 周亚松．石油加工与油料学 ［M］．北京：石油工业出版社，2008.

[5] 贾鹏林，娄世松，楚喜丽．原油电脱盐脱水技术 ［M］．北京：中国石化出版社，2010.

[6] 王海彦，陈文艺．石油加工工艺学 ［M］．北京：中国石化出版社，2009.

[7] 徐春明，鲍晓军．石油炼制与化工技术进展 ［M］．北京：石油工业出版社，2006.

[8] 史文权．燃料油生产装置仿真操作 ［M］．北京：中国石化出版社，2010.

[9] 王先会．工业润滑油生产与应用 ［M］．北京：中国石化出版社，2011.

[10] 马伯文．清洁燃料生产技术 ［M］．北京：中国石化出版社，2000.

[11] 高步良．高辛烷值汽油组分生产技术 ［M］．北京：中国石化出版社，2006.

[12] 黄文轩，韩长宁．润滑油与燃料添加剂手册 ［M］．北京：中国石化出版社，1994.

[13] ［美］Surinder Parkash．石油炼制工艺手册 ［M］．孙兆林，王海彦，赵杉林译．北京：中国石化出版社，2007.

第 **10** 章　聚丙烯生产工艺

10.1　概述

聚丙烯（polypropylene，简称 PP）是一种无毒、无味、质轻的、半结晶性的热塑性塑料，它具有生产成本低、透明度高、化学稳定性好、易加工、抗冲击强度高、抗挠曲性好以及电绝缘性好等优点，可采用注塑、挤塑、吹塑、层压、熔纺、改性等多种加工手段加工成型，也可双向拉伸，被广泛用于制造容器、管道、包装材料、薄膜和纤维，也常用增强方法获得性能优良的工程塑料。大量应用于汽车、建筑、化工、医疗器具、农业和家庭用品方面。聚丙烯纤维的中国商品名为丙纶，强度与耐纶相仿而价格低廉，用于织造地毯、滤布、缆绳、编织袋等。

10.1.1　聚丙烯的发展历史

聚丙烯是由丙烯单体在催化剂的作用下经聚合反应制得的。德国化学家 Ziegler 于 1953 年用三氯化钛-三乙基铝作催化剂，在低压下使乙烯聚合得到高密度聚乙烯树脂。Ziegler 曾试图用三氯化钛-三乙基铝为催化剂制取聚丙烯，但只得到了无定形产品。Ziegler 将该技术转让给意大利蒙埃公司，公司兼职顾问 Natta 教授在此基础上，于 1954 年首次用三氯化钛和一氯二乙基铝组成络合催化剂，并用其成功地合成了高结晶性、立构等规的聚丙烯，并创立了定向聚合理论。结晶聚丙烯的合成开创了立体定向聚合的理论，Ziegler 和 Natta 也因此获得 1963 年的诺贝尔化学奖。

1957 年 Montecatini 公司利用 Natta 的成果在意大利 Ferrara 建成了 6kt/a 的聚丙烯生产装置，这是世界上第一套聚丙烯生产装置，使聚丙烯实现了工业化生产。1983 年，美国联合碳化物公司开发了 Unipol 聚丙烯工艺技术，并实现了工业化生产。此后，世界上一些大的化工公司相继成功地开发出自己的聚丙烯生产技术。

10.1.2　国内聚丙烯的发展状况

我国聚丙烯工业起步较晚。1962 年完成室内试验工作后，1965 年建成年产 60t 连续聚合聚丙烯中试装置。1964 年兰州化学工业公司从英国维克斯吉玛公司引进 5000t/a 溶剂法聚丙烯装置。从 1983 年南京扬子石化公司从日本引进 14×10^4 t/a 本体法高效催化剂聚丙烯装置开始，我国陆续引进了十几套采用第三代高活性、高等规度催化剂的聚丙烯生产工艺。20 世纪 90 年代，我国聚丙烯工业又有新的发展，利用蒸汽裂解装置，以炼厂的丙烯为原料，建成 20 多套聚丙烯装置，目前，我国共有聚丙烯生产装置近 100 套，使聚丙烯成为我国发展最快的一种合成树脂。

10.1.3　聚丙烯的牌号

由于 PP 生产采用的催化剂体系、聚合配方和工艺、助剂体系以及改性方法的不同，使得产品的加工性能和物理机械性能有一系列差异，以分别适用于不同用途的制品。因此生产厂家常按一定的规律给每一种具有特定性能和用途的 PP 一个代号，统称为牌号。牌号的多少可以体现生产企业的技术水平和市场意识。

10.2 聚丙烯树脂结构与性能

聚丙烯分子结构通式为 $\{CH_2-CH\}_n$。由于单体链段中含有不对称碳原子，所以根据甲
$\qquad\qquad\qquad\qquad\quad CH_3$
基在空间结构的排列不同，而有等规聚丙烯、间规聚丙烯和无规聚丙烯三种立体异构体。如果聚丙烯分子由相同构型的单体头尾相连接而成，则为等规聚丙烯；如果由两种构型单元有规律地交替连接而成，则为间规聚丙烯；如果无规律地任意排列则为无规聚丙烯。如图 10-1 所示。

等规聚丙烯又称全同立构聚丙烯，英文缩写为 IPP。从立体化学来看，IPP 分子中每个含甲基（—CH₃）的碳原子都有相同的构型，如果把主链拉伸（实际呈线团状），使主链的碳原子排列在主平面内，则所有的甲基（—CH₃）都排列在主平面的同一侧。由于甲基之间的相互作用，等规聚丙烯分子链可设想为螺旋形构型。

间规聚丙烯，英文缩写为 SPP。从立体化学来看，SPP 分子中含有甲基（—CH₃）的碳原子分为两种不同构型且交替排列，如把主链拉伸，使主链的碳原子排列在主平面内，则所有的甲基（—CH₃）交替排列在主平面的两侧。SPP 是高弹性的热塑性塑料，有良好的拉伸强度，它可以像乙丙橡胶那样进行硫化成为弹性体，力学性能优于一般不饱和橡胶。

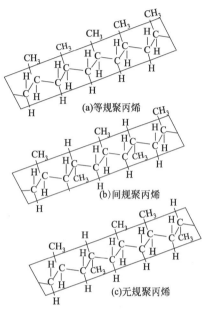

图 10-1 聚丙烯的立体异构体

无规聚丙烯，英文缩写为 APP。从立体化学来看，APP 主链上所连甲基（—CH₃）在主平面上下两方呈无规则排列。APP 曾是碳酸钙填充母料的载体树脂的主要原料，其原因是它作为 IPP 生产过程中的副产物，价格较为低廉，当初作为技术输出的外国公司认为它没有应用价值，通常将其焚烧处理，是我国的科技人员将其用于制作碳酸钙填充母料。后来由于技术改造，使得副产物 APP 的来源枯竭，碳酸钙填充母料用的载体树脂转向其他高分子材料。但 APP 作为一种聚合物，仍然有其独特之处，至今仍有一些进口的 APP 在许多领域使用，这些 APP 已不再是 IPP 生产过程中的副产物，而是特殊工艺制造出的真正意义上的无规聚丙烯。纯 APP 为典型的非晶态高分子材料，内聚力较小，玻璃化温度低，常温下呈橡胶状态，而高于 50℃ 时即可缓慢流动。

工业上通常采用聚丙烯在正庚烷中不溶物的百分数来粗略地表示等规聚丙烯中等规物的含量，称为等规度，而无规物在正庚烷中是可溶的。

聚丙烯等规度越高，结晶能力越强，在相同的条件下结晶时则可以获得更高的结晶度和较高的熔点。因此等规聚丙烯具有较高的刚性、强度、硬度和耐热变形性。

商品聚丙烯中有大量共聚物，约占总产量的 30%。共聚物大致可分为两类。一类是一般的结构杂乱的无规共聚物，由丙烯与其他 α-烯烃、乙烯等共聚而得。通常含乙烯 2%～6%（质量分数），可以改进聚丙烯的透明性并降低其熔点，易于成型。另一类是改进聚丙烯的刚性，以提高其柔韧性，即抗冲聚丙烯共聚物，是含有乙烯 10%～20%（质量分数）的乙烯-丙烯共聚弹性体，前一类共聚物可用均聚物生产装置进行生产，只要进料改为丙烯与乙烯或其他 α-烯烃的混合物即可。后一类共聚物则至少需分二步合成，首先合成丙烯的均聚物，第二步用乙烯-丙烯混合气体进料以在原有均聚物颗粒基础上合成无定形弹性体共聚

相，从而得到抗冲聚丙烯。

除晶型外，等规聚丙烯的球晶尺寸大小和分布对性能亦有很大的影响。根据结晶条件的不同，球晶的大小可以在几个纳米至上百个纳米之间变化。在结晶度相近的情况下，球晶尺寸越小，则雾度越低，透光性越好。同时，细化的晶粒也有助于冲击韧性的提高。因此添加成核剂是细化晶粒、提高性能的有效途径之一。

等规、间规和无规聚丙烯的性质见表 10-1。

表 10-1　等规、间规和无规 PP 的性质

性　质	等规 PP	间规 PP	无规 PP
密度/(g/cm³)	0.92～0.94	0.89～0.91	0.5～0.90
熔点/℃	165	135	
在烃中的溶解性(20℃)	不溶	中	高
屈服强度	高	中	非常低

相对分子质量和结晶度对聚丙烯的物理机械性能的影响见表 10-2。聚丙烯的光学和力学性能与球晶的数目和大小有关，球晶大则数目减少，柔韧性降低，脆性增加，即抗冲性能变差。因此工业上可采用加入成核剂作为聚丙烯的结晶中心，使之易于结晶，从而改进其性能。

表 10-2　相对分子质量和结晶度对 PP 的物理性能的影响

性能	相对分子质量	结晶度	性能	相对分子质量	结晶度
弯曲模量	随相对分子质量增加而下降	随结晶度而上升	硬　度	随相对分子质量增加而下降	随结晶度而上升
拉伸屈服强度	随相对分子质量增加而下降	随结晶度而上升	流动性	随相对分子质量增加而下降	不随结晶度变化
断裂伸长	随相对分子质量增加而上升	随结晶度而下降	溶　胀	随相对分子质量增加而上升	不随结晶度变化
缺口冲击强度	随相对分子质量增加而上升	随结晶度而下降	熔体强度	随相对分子质量增加而上升	不随结晶度变化
蠕变	随相对分子质量增加而上升	随结晶度而上升	热变形温度	随相对分子质量增加而下降	随结晶度而上升

聚丙烯是非极性聚合物，具有优良的耐酸、耐碱以及耐极性化学物质腐蚀的性质。但可于高温下溶于高沸点脂肪烃和芳烃。可被浓硫酸和硝酸等氧化剂作用。聚丙烯分子所含的叔碳原子和与之相结合的氢原子易被氧气氧化导致链断裂而变脆。温度、光线和机械应力可促进氧化作用的进展，因此必须加入稳定剂。

聚丙烯产品分为均聚物、抗冲共聚物和无规共聚物，它们的典型性能见表 10-3。

表 10-3　聚丙烯均聚物和共聚物的性能

性　质	均聚物	无规共聚物(乙烯摩尔分数:4%)	抗冲共聚物(EPR 质量分数:15%)
密度/(g/cm³)	0.91	0.90	0.90
MFR/(g/10min)	5	5	5
拉伸屈服强度/MPa	35	28	28
断裂强度/MPa	38	31	33
断裂伸长率/%	600	650	600
弯曲模量/MPa	1500	1000	1200
硬度	95	87	87
悬臂梁缺口冲击强度/(J/m)	31	45	90
熔点/℃	170	160	170
热变形温度/℃	113	106	112
体积固有电阻率/(Ω·cm)	>10¹⁶	10¹⁷	
介电常数/MHz	2.2	2.2	
损耗因子/MHz	4.5×10⁻⁴	3.0×10⁻⁴	
吸水率(24h)/%	0.02	0.03	
成型收缩率/%	1.6～2.5	1.6～2.5	1.5～1.8

10.3 丙烯聚合机理

10.3.1 聚合原料

（1）丙烯

由于 Ziegler-Natta 催化剂对杂质的作用灵敏，所以要求单体丙烯应为高纯度，以保证聚合反应速率快、产品等规度高。

丙烯来源于两条路线，一是由石油裂解装置即乙烯生产装置，将原料轻油在高温（700～950℃）蒸汽作用下裂解为低级烯烃、二烯烃，以及低级烷烃（C_5 以下）、裂解汽油等。一般裂解气中乙烯与丙烯的比例约为 2：1，其组成大致为乙烯 24%～30%，丙烯 13%～16%，丁二烯 3%～5%，其余为烷烃、氢气等。另一来源是来自炼油厂的副产炼厂气。石油炼制过程中须将高沸点石油馏分裂解为汽油和燃料油，此时产生裂解气，大约可得到 4%～8%（质量）的裂解气，其中丙烯的产率约为原料重的 2% 左右，为炼厂气中丙烯主要来源。

上述两条路线得到的裂解气和炼厂气分别经分离、精制虽可得到纯度 95% 或纯度更高的化学纯级丙烯，但达不到聚合级纯度，必须进行进一步精制，方法是将丙烯通过固碱塔脱除酸性杂质；通过分子筛塔、硅胶塔脱除水分；再通过镍催化剂或载体铜催化剂塔脱氧和硫化物。对于丙烯纯度要求的典型指标见表 10-4。

表 10-4 丙烯纯度要求

组分	指标	组分	指标	组分	指标
丙烯	>99.5%（质量）	丙烷	0.5%（质量）	总硫/(mg/kg)	<1×10^{-6}（质量）
丙炔/(μL/L)	<5	N_2+CH_4/(μL/L)	300	水/(mg/kg)	<5×10^{-6}（质量）
氧/(μL/L)	<(2～5)	氢/(μL/L)	<10	氨/(μL/L)	<1
丙二烯/(μL/L)	<5	2-丁烯/(μL/L)	<50	丁烷/(μL/L)	500
丁二烯/(μL/L)	<10	一氧化碳/(μL/L)	<(0.3～3)	异丁烯/(μL/L)	50
甲醇/(μL/L)	<5	二氧化碳/(μL/L)	<5	乙烯/(μL/L)	<50
乙烷/(μL/L)	500	氧硫化碳/(μL/L)	<(0.03～0.3)		

因催化剂效率的高低，对丙烯的纯度要求而有所不同，催化剂效率越高，对丙烯纯度的要求越高。氢用作相对分子质量调节剂，乙烯、1-丁烯可参与共聚，所以它们的含量应予以控制，以免影响产品相对分子质量和产品性能。

丙烯的基本性能见表 10-5。

表 10-5 丙烯基本性能

性能	数据	性能	数据
聚合热	2514kJ/kg	临界压力	4.6MPa
沸点	−47.7℃	蒸气压(20℃)	0.98MPa
临界温度	92℃		

（2）稀释剂

聚丙烯的生产工艺有些是溶液淤浆聚合法，因此需用烃类作为稀释剂，使丙烯与悬浮在烃类稀释剂中的催化剂作用而聚合为聚丙烯，并且可将聚合热传导至夹套冷却水中。通常聚丙烯不溶于稀释剂中，所以反应物料呈淤浆状。石油精炼制品自丁烷至十二烷都可用作稀释剂，而以 C_6～C_8 饱和烃为主，质量要求其含有的醇、羰基化合物、水和硫化物等极性杂质

应低于 $15\mu L/L$；芳香族化合物含量低于 $0.1\%\sim0.5\%$（体积分数），具体数值取决于所用催化剂的活性。稀释剂用量一般为生产的聚丙烯量的两倍。可用紫外光谱、红外光谱、折光率等参数监测稀释剂的质量。

生产食品包装用聚丙烯时，所用稀释剂应符合卫生要求。

丙烯用气相法或本体液相法聚合时，仅用很少量的稀释剂作为催化剂载体，此时对稀释剂质量要求可稍低些。

（3）催化剂

在各种聚丙烯催化剂中，目前使用最广泛的仍是齐格勒-纳塔（Ziegler-Natta）催化剂。从 1954 年 Natta 发现用四氯化钛，后来改用结晶三氯化钛作主催化剂，用氯代二烷基铝为助催化剂制备立体规整结构的聚丙烯以来，开发研究活性更高、性能更好的聚丙烯催化剂的工作就一直在全世界进行。到目前为止，聚丙烯催化剂的发展已经经历了几个不同的发展阶段。但是对于聚丙烯催化剂发展阶段的划分并没有一个统一的说法，考虑到 Montell 公司对聚丙烯催化剂的研究历史最悠久，对催化剂划代的技术依据较为充分，因此本书按照Montell公司的划代方法，将到目前为止聚丙烯催化剂的发展阶段分为六代。

① 第一代催化剂。聚丙烯最早是由 Montecatini 和 Hercules 实现工业化的，它们在 1957 年首先建成了工业生产装置，所使用的催化剂是三氯化钛和一氯二乙基铝体系。该催化体系的产率和等规度都比较低，产品的等规指数大约只有 90%。为了使所得到的聚丙烯树脂能作为正式产品提供给下游塑料加工用户使用，还需要从聚合物中脱除催化剂残渣（脱灰）和无规聚合物组分（脱无规），因此此时的聚丙烯装置工艺流程很长，工序多而复杂。

Natta 的研究组和 Esso 公司等通过研究发现，如果将三氯化钛与三氯化铝的固体溶液来代替三氯化钛作为主催化剂，那么所得到的催化剂的活性要比单纯使用三氯化钛高得多。研究还发现将铝还原的三氯化钛进行长时间的研磨，或者，将三氯化钛与三氯化铝的混合物进行共研磨，可以在三氯化钛中产生共结晶的三氯化铝。1959 年，Stauffer 化学公司采用这类催化剂进行了工业化。这就是第一代聚丙烯 Ziegler-Natta 催化剂。

② 第二代催化剂。关于减小催化剂微晶的尺寸，增加催化剂表面活性钛原子比例方面的研究工作，最成功的例子是 70 年代初由 Solvay 公司开发成功的三氯化钛催化剂。Solvay 公司的研究人员为了增加可接触的钛原子中心，引入了路易斯碱，由此开发出了新的三氯化钛催化剂，其比表面积由原来的 $30\sim40m^2/g$，提高到了 $150m^2/g$ 以上，活性增加了 5 倍，等规指数提高到约为 95%，采用一氯二乙基铝（DEAC）为助催化剂于 1975 年投入工业生产。这种催化剂通常被称作 Solvay 催化剂，它是第二代聚丙烯催化剂的代表。其虽提高了催化效率，但是此类催化剂中大部分的钛盐仍然是非活性的，它们会以残渣的形式残留在聚合物中从而影响产品的质量，因此仍需要将其除去。故采用此类催化剂的聚合工艺仍需有后处理系统。

③ 第三代催化剂。为了改进工业生产中第一代和第二代所得聚丙烯必须进行催化剂脱活与脱除金属离子的操作工序的缺点，近来发展了以 $MgCl_2$ 或 $Mg(OH)Cl$ 为载体，加有第三组分给电子体（ED）而得的第三代高活性催化剂和超高活性第三代催化剂。一般的第三代催化剂效率为 1g 钛可得聚丙烯 300kg，等规指数为 92%；而超高活性催化剂效率为 1g 可得聚丙烯 $600\sim2000kg$，等规指数高达 98%。使用第三代催化剂在工业生产中可以免去脱除催化剂和脱除无规聚丙烯的工序，大大简化了生产工艺过程。

④ 第四代催化剂。在给电子体方面研究工作的进展，促使 80 年代初超高活性第三代催化剂的开发成功。特别是发现了采用邻苯二酸酯作为内给电子体，用烷氧基硅烷（或硅烷）为外给电子体的催化体系后，可以得到很高活性和立构规整度的聚丙烯。Montell 根据此催化体系使用的给电子体由单酯改变为双酯，并且聚合性能有显著提高，因此将其定为第四代聚丙烯催化剂。

现在许多聚丙烯工业生产装置正在使用的就是这种催化剂。对于此类催化剂，开始时所用的外给电子体是二苯基二甲氧基硅烷。后来发现，二苯基二甲氧基硅烷中的苯基会给聚合物带来残留毒性，因此改用甲基环己基二甲氧基硅烷（简称 CHMMS）。

在第四代聚丙烯催化剂中，还有一种由 Himont 公司开发的球形载体催化剂。这类催化剂除了具有第四代催化剂相似的聚合活性和立体定向能力外，特别突出的是它能直接生成 1～5mm 的聚丙烯树脂颗粒，可不经造粒而直接加工使用，为开发无造粒工序的聚丙烯工艺创造了条件。

⑤ 第五代催化剂。20 世纪 80 年代的后半期，Montell 公司发现了一种新的给电子体 1,3-二醚类化合物。在催化剂合成中采用这种给电子体化合物，不仅可以得到具有极高活性和立构规整性的催化剂，而且最特别的是此催化剂可以在不加入任何外给电子体化合物情况下达到同样的效果。由于此类给电子体化合物突破了前两代催化剂必须有内、外给电子体协同作用的限制，仅仅用内给电子体即可保持催化剂的高活性和高定向能力，因此 Montell 公司将其列为第五代聚丙烯催化剂。

⑥ 第六代催化剂（茂金属催化剂）。茂金属催化剂（metallocene）是环戊二烯基类（简称茂）、ⅣB 族过渡金属、非茂配体三部分组成的有机金属络合物的简称。科学家发现，一定种类的茂金属化合物如果用甲基铝氧烷（MAO）作助催化剂，此催化体系不但具有极高的聚合活性，而且可以合成出具有各种立构规整度的等规或间规聚丙烯。这一发现不仅具有很高的科学价值，而且还有可能合成出现有的聚丙烯所不具备的特性的新材料。因此，类似茂金属催化剂类型的单活性中心催化体系可以被认为是第六代的聚丙烯催化剂。

表 10-6 展示了各代聚丙烯催化剂的性能。

表 10-6 各代聚丙烯催化剂的性能

各代催化剂的比较		活性/(kgPP/g cat)(kgPP/gTi)	等规度/%	形态控制	工艺要求
第一代	δ-TiCl$_3$-0.33AlCl$_3$ + Al(C$_2$H$_5$)$_2$Cl	0.8～1.2 (3～5)	90～94	不能	脱灰，脱无规物
第二代	δ-TiCl$_3$/Ether + Al(C$_2$H$_5$)$_2$Cl	3～5 (12～20)	94～97	可以	脱灰，不脱无规物
第三代	TiCl$_4$/Ester/MgCl$_2$ + AlR$_3$/Ester	5～10 (约30)	90～95	可以	脱无规物，不脱灰
第四代	TiCl$_4$/Diester/MgCl$_2$ + TEA/Silane	10～25 (30～600)	95～99	可以	不脱灰，不脱无规物
第五代	TiCl$_4$/Diether/MgCl$_2$ + TEA/Silane	25～35 (700～1200)	95～99	可以	不脱灰，不脱无规物
第六代	茂金属 + MAO	(以锆计) (5×10^3～9×10^3)	90～99	可能成功	不脱灰，不脱无规物

在单活性中心催化剂中，除了茂金属催化剂以外，新类型的单活性中心催化剂也在不断地被开发出来，如 DuPont 公司的 Ni、Pd 系列催化剂，BP 公司的 Fe、CO 系列催化剂，以及后过渡金属系列催化剂等，这些催化剂各有各的特色，目前仍处在研究开发过程中，是否会成为更新一代的催化剂还有待研究开发工作的进一步发展。

总的说来，聚丙烯高效催化剂体系包括主催化剂、载体、给电子体三组分。高效催化剂应满足以下要求。

① 具有很高的比表面积。

② 高孔隙率，具有大量的裂纹，均匀分布于颗粒内外。

③ 机械强度能够抵抗聚合过程中由于内部聚合物增长链产生的机械应力，又不影响聚

合物增长链的增长，保持均匀分散在由于聚合进行而增大膨胀的聚合物中。

④ 活性中心分布均匀。

⑤ 单体可自由进入催化剂颗粒的最内层。

（4）氢

高纯度氢用来调节聚丙烯的相对分子质量，即调节产品的熔融指数，其中应当不含有极性化合物和不饱和化合物。用量为丙烯量的 $10^{-4} \sim 5 \times 10^{-4}$（体积），其反应为：

$$Cat \sim\sim\sim + H_2 \longrightarrow Cat \text{——} H + H \sim\sim$$

此外，由于商品聚丙烯中有大量丙烯-乙烯共聚物，所以乙烯和 1-丁烯也是工业应用的原料，其纯度要求达聚合级，一般须大于 99.9%。

10.3.2 聚合机理

等规聚丙烯是单体丙烯在 Ziegler-Natta 催化剂作用下经配位聚合反应制得的。丙烯聚合反应的机理相当复杂，甚至无法完全搞清楚。一般认为配位聚合由链引发、链增长、链转移及链终止等基元反应组成。但情况比较复杂，尤其是非均相体系，吸附占重要地位。

暂不考虑配位定向和吸附等因素，参照离子聚合或自由基聚合，反应历程可简示如下。

① 链引发。在催化剂 © 表面进行：

$$©\text{——}H + CH_2=CH \xrightarrow{k_1} ©\text{——}CH_2\text{——}CH\text{——}H$$
$$\qquad\qquad\quad | \qquad\qquad\qquad\qquad\qquad\quad |$$
$$\qquad\qquad\quad CH_3 \qquad\qquad\qquad\qquad\qquad CH_3$$

② 链增长

$$©\text{——}CH_2\text{——}CH\text{——}C_2H_5 + nCH_2=CH \xrightarrow{k_p} ©\text{——}(CH_2\text{——}CH)_n\text{——}CH_2\text{——}CH\text{——}C_2H_5$$

③ 链转移。丙烯经 Ziegler-Natta 引发剂引发聚合后不久，相对分子质量可以到达相对稳定的数值，预期有链转移反应存在。活性中心可以向烷基铝、烯烃单体转移，更主要的是在体系中加入氢气作链转移剂来控制相对分子质量。

向烷基铝转移：

$$©\text{——}(CH_2\text{——}CH)_n\text{——}CH_2\text{——}CH\text{——}C_2H_5 + AlEt_3 \xrightarrow{k_{tr,A}} ©\text{——}Et + AlEt_2\text{——}(CH_2\text{——}CH)_n\text{——}CH_2\text{——}CH\text{——}C_2H_5$$

向单体转移：

$$©\text{——}(CH_2\text{——}CH)_n\text{——}CH_2\text{——}CH\text{——}C_2H_5 + CH_2=CH \xrightarrow{k_{tr,A}} ©\text{——}CH_2\text{——}CH_2 + CH_2=C\text{——}(CH_2\text{——}CH)_n\text{——}C_2H_5$$

向氢转移：

$$©\text{——}CH_2\text{——}CH\text{——}(CH_2\text{——}CH)_n\text{——}C_2H_5 + H_2 \xrightarrow{k_{tr,H}} ©\text{——}H + CH_3\text{——}CH\text{——}(CH_2\text{——}CH)_n\text{——}C_2H_5$$

用红外光谱可以检出端甲基和不饱和端基的存在，说明上述链转移和增长反应。

④ 链终止。该体系配位聚合难以终止，有点类似活性聚合。向大分子链中的 $\beta\text{-}H$ 转移可以算作自身终止。

水、醇、酸、胺等含活性氢的化合物是配位聚合的终止剂。聚合前，要将体系内这些活性氢物质除净，对单体纯度有严格的要求；聚合结束时，可以加入这类终止剂使反应停止。上式以及许多事实都可说明类似活性阴离子聚合特性：如增长链寿命长；加入第二单体，可以形成嵌段共聚物；不受自由基转移反应的影响等。

对于均相体系，可根据上述基元反应推导出动力学方程。增长速率方程可由下式表示：

$$R_p = k_p [C^*][M]$$

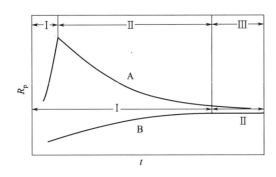

图 10-2　丙烯聚合动力学曲线（α-TiCl$_3$-AlEt$_3$）
A—衰减型（Ⅰ—增长期；Ⅱ—衰减期；Ⅲ—稳定期）
B—加速型（Ⅰ—增长期；Ⅱ—稳定期）

式中，R_p 为反应速率；k_p 为聚合反应速率常数；[C*] 为活性中心浓度；[M] 为丙烯单体浓度。

但是，α-TiCl$_3$-AlEt$_3$ 是微非均相体系，吸附是极重要的步骤，引发剂的粒度至关重要，不容忽视。随着引发剂制备方法的不同，这一体系的聚合动力学或聚合速率-时间（R_p-t）曲线有两种类型，见图 10-2。曲线 A 为采用经研磨或活化的引发体系，呈衰减型，分成 3 段：第 1 段为增长期，在短时间（数分钟）内，速率即增至最大值，相当于活性种迅速形成和剧增的过程；第Ⅱ段为衰减期，可延续数小时；第Ⅲ段为稳定期，速率几乎不变。曲线 B 采用未经研磨或未经活化的引发剂，为加速型，可分为 2 个阶段：第Ⅰ段从开始速率就随时间而增加，是引发剂粒子逐渐破碎、表面积逐渐增大的结果；后来，粒子的破碎和聚集达到平衡，进入稳定期（第Ⅱ段）。B 型聚合速率随聚合温度和丙烯压力的提高而增加。A 型和 B 型稳定期的速率基本接近。聚合反应是放热过程，从传热控制角度考虑，选择 B 型似较有利。

对于活性中心，主要有两种理论：单金属活性中心模型理论和双金属活性中心模型理论。普遍接受的是单金属活性中心理论。

（1）Natta 双金属机理

1959 年 Natta 提出双金属机理要点是引发剂两组分起反应，形成双金属桥形络合物，成为 α-烯烃引发和增长的活性种。单体在铝碳键间插入，具有配位阴离子的性质，因此称做配位阴离子聚合。Natta 双金属机理有下列一些实验依据。

① 钛组分须在Ⅰ～Ⅲ族金属烷基化合物配合下才有较高的定向能力和引发活性。

② 由双（环戊二烯基）二氯化钛 Cp$_2$TiCl$_2$-AlEt$_3$ 等可溶性均相引发剂的研究，曾获得有一定熔点（126～130℃）和一定相对分子质量的蓝色结晶，经 X 射线衍射分析，推定有下列结构：

Cp$_2$TiCl$_2$-AlEt$_3$ 桥形络合物　　　　TiCl$_3$AlEt$_3$ 双金属络合物

Ti···Cl···Al 为缺电子三中心键和氯桥，因此推论 Ziegler-Natta 引发剂的活性种也是结构相似的双金属桥形络合物，如上右式。

③ 用 [14]C 标记的烷基铝与四价或三价钛化合物组合，使乙烯聚合，分析聚乙烯端基的 [14]C 含量，确定大分子链连在 Al 上，即在 Al 上增长。后来对这一点有所异议。

Natta 双金属配位聚合机理主要论点可以归纳如下。

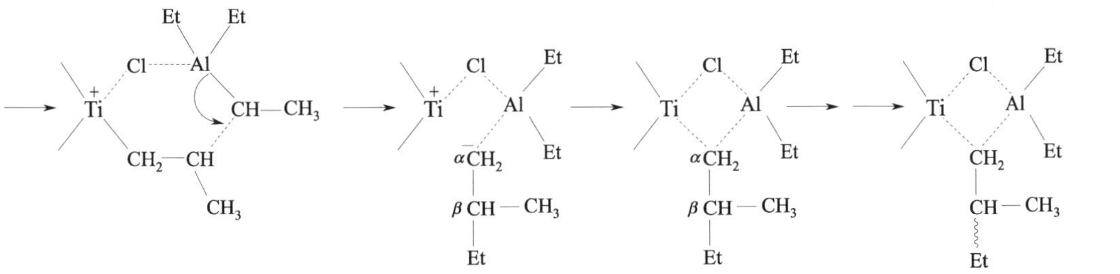

（Ⅲ）　　　　　　　　　　　　　　　　（Ⅳ）

① 离子半径较小和电正性较强的金属（如 Be，Mg，Al）有机化合物在 $TiCl_3$ 表面活化吸附，形成缺电子桥双金属络合物，成为聚合的活性种，图中（Ⅰ）式。

② 富电子的 α-烯烃在亲电的钛原子和增长链端（或烷基）间配位（或叫 π-络合），在钛上引发，如（Ⅱ）式。

③ 缺电子桥络合物部分极化后，与配位后的单体形成六元环过渡状态，如（Ⅲ）式。

④ 极化的单体插入 Al—C 键，六元环结构瓦解，恢复四元缺电子桥络合物，如（Ⅳ）式。

如此反复，使链继续增长。由于聚合时首先是富电子的烯烃在钛上配位，Al—R 间断裂成 R 碳离子接到单体的碳上，因此称做配位阴离子聚合机理。

双金属机理的观点是在 Ti 上引发，在 Al 上增长。Natta 双金属机理的最大问题是在 Al 上增长，即单体在 Al—C 键间插入，也未涉及规整结构的成因。现在许多实验结果表明，大分子链是在过渡金属—碳键（Mt—C）上增长。

（2）Cossee-Arlman 单金属机理

α-烯烃配位聚合单金属机理的要点是活性种由单一过渡金属（Ti）构成，增长即在其上进行。

活性种是以过渡金属原子为中心带有一个空位的五配位正八面体，其中 4 个氯原子和 1 个烷基，示意如图中的第 1 结构式，这是钛组分与烷基铝交换烷基活化而成。

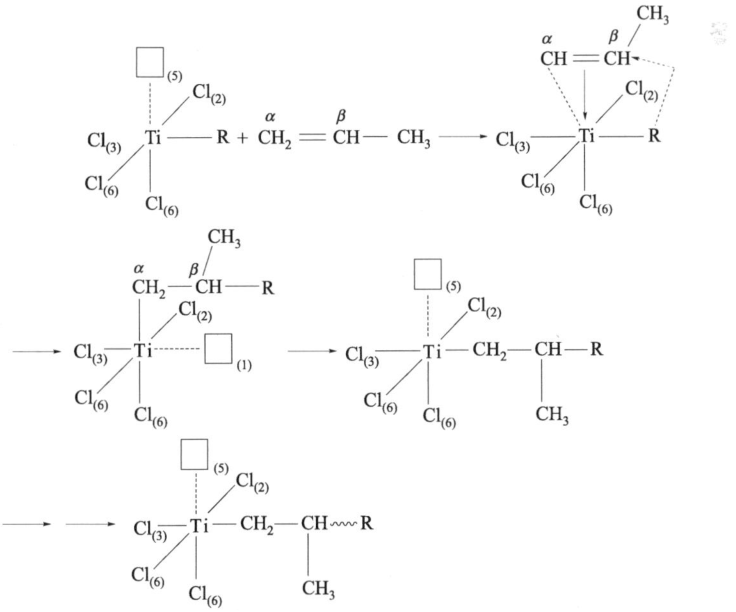

定向吸附于 $TiCl_3$ 表面的丙烯在空位处与 Ti^{3+} 配位（或称 π-络合），其双键的 π-电子的给电子作用使 Ti—C 键活化，形成四元环过渡状态，然后 R 基和单体发生顺式加成（重

排），结果使单体在钛-碳键间插入增长，同时空位重现，但位置改变。如果按这样再增长下去，将得到间同聚合物。如果产物是全同聚丙烯，单体每插入一次，空位与增长链必须进行一次换位，使空位"飞回"到原来位置上，才能继续增长成全同聚合物。

配位聚合单金属活性中心机理的核心是单体在 Ti 上配位，后在 Ti—C 键间插入增长。

目前得到普遍公认的仅仅是配位阴离子聚合机理，定向机理有待深化和完善。

10.4 聚丙烯生产工艺

聚丙烯生产工艺按聚合类型可分为淤浆法、溶液法、本体法、气相法和本体-气相法组合工艺 5 大类。近年来，气相和本体工艺的比例逐年增加，世界各地在建和新建的 PP 生产装置将基本上采用气相工艺和本体工艺，尤其是气相工艺的快速增加正挑战居世界第一位的 Spheripol 工艺（本体-气相法组合工艺）。

10.4.1 淤浆法聚合工艺

淤浆法工艺，也称浆液法或溶剂法工艺，以 $C_6 \sim C_7$ 脂肪烃作稀释剂，丙烯溶解在稀释剂中，催化剂悬浮于稀释剂中，丙烯聚合生成的聚丙烯颗粒分散在稀释剂中呈淤浆状，故而得名。由聚合釜流出的物料进入压力较低的闪蒸釜以脱除未反应的丙烯和易挥发物。脱除丙烯后的浆液中加 2%～20%醇，如乙醇等使催化剂残渣中的钛与铝于 60℃转化为络合物或烷氧基化合物，然后经水洗使催化剂络合物转入水相中而与聚丙烯浆液分离。

与其他丙烯聚合工艺相比，浆液法工艺反应条件较温和，能生产质量稳定、性能优越的产品。此法聚合反应压力低，装置操作简单，设备维修容易。但由于需要净化和循环稀释剂和乙醇而能耗大，设备投资高。

淤浆法是最早的聚丙烯生产工艺。到 1990 年，全球 31%的聚丙烯生产能力仍采用淤浆法工艺，但到了 1998 年，该比例降到 19%，且还在持续下降。近几年随着市场竞争的加剧，由于浆液法工艺投资和操作费用高，越来越多的装置停产或关闭。

10.4.2 溶液法聚合工艺

溶液法是早期的生产方法之一，丙烯在 160～170℃、聚合压力在 2.8～7.0MPa 下进行聚合反应，聚合反应生成的聚丙烯溶解在溶剂中，冷却后方能析出，用离心分离机分离出聚丙烯和溶剂，再从溶剂中除去催化剂残渣和无规物。这种方法容易控制聚丙烯的相对分子质量和相对分子质量分布，但是需要采用高温和较高的压力，反应设备费用高、工艺流程长、无规物多，生产成本高，所以现在很少采用。

10.4.3 液相本体法聚合工艺

液相本体法无需烃类稀释剂，而是将丙烯单体本身作为稀释剂来使用，在 50～80℃、3.0～4.0MPa 和催化剂下进行聚合反应，聚合物淤浆则减压闪蒸，未反应的丙烯单体回收重新使用，采用高活性催化剂，无需脱灰和脱无规聚合物工艺，因而简化了生产工艺。

与采用稀释剂的淤浆法相比，液相本体法聚合工艺有很多优点：

① 因为在液相丙烯中聚合，不使用惰性稀释剂，单体浓度高，聚合速率快，催化剂活性高，并且单体转化率高，设备生产能力大；

② 由于聚合过程不用稀释剂，因而工艺流程简单，设备少，生产成本低，"三废"少；

③ 颗粒本身的热交换性好，反应器采用全凝冷凝器，容易除去聚合热，并使撤热控制简单，可以提高单位反应器体积的聚合量；

④ 在液相丙烯中，能除去对产品性质有不良影响的低分子量无规聚合物和催化剂残渣，因此，在产品洁净度方面，可得到高质量的产品；

⑤ 浆液黏度低，机械搅拌简单，耗能小。

本体法工艺的主要缺点在于反应残留的单体需汽化、冷凝后才能循环回反应器。反应器内的高压液态烃类物料容量大，有潜在的危险性。此外，反应器中乙烯的浓度不能太高，否则在反应器中形成一个单独的气相，使得反应器难以操作，因而共聚产品中的乙烯含量不会太高。

本体法不同工艺路线的主要区别是反应器的不同，主要分为两类：釜式反应器和环管反应器。釜式反应器是利用液体蒸发的潜热来除去反应热，蒸发的大部分气体经循环冷凝后返回到反应器，未冷凝的气体经压缩机升压后循环回反应器。而环管反应器则是利用轴流泵使浆液高速循环，通过夹套冷却撤热，由于传热面积大、撤热效果好，因此其单位反应器体积产率高、能耗低。

液相本体法生产工艺按聚合工艺流程，可以分为间歇式聚合工艺和连续式聚合工艺两种。

（1）间歇液相本体法工艺

间歇液相本体法聚丙烯聚合工艺是我国自行研制开发成功的生产技术。它具有生产工艺技术可靠，对原料丙烯质量要求不是很高，所需催化剂国内有保证，流程简单，投资省、收效快，操作简单，产品牌号转换灵活、三废少，适合中国国情等优点。不足之处是生产规模小，难以产生规模效益；装置手工操作较多，间歇生产，自动化控制水平低，产品质量不稳定，原料的消耗定额较高，产品的品种牌号少，档次不高，用途较窄。目前，我国采用该法生产的聚丙烯生产能力约占全国总生产能力的 24.0%。

间歇本体法聚丙烯生产工艺流程见图 10-3，全流程可分为原料精制、聚合反应、闪蒸去活、造粒包装、丙烯回收等五个部分。

① 原料精制。液态丙烯经过脱硫塔、脱一氧化碳塔、脱氧塔、脱水塔等除去硫化物、一氧化碳、氧、水等杂质后，进入精丙烯计量罐。

氢气经过脱水塔除水后，供聚合用。

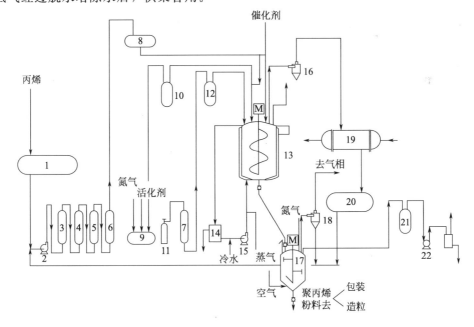

图 10-3　间歇液相本体法聚丙烯生产工艺流程

1—丙烯罐；2—丙烯泵；3，4，5，6，7—净化塔；8—丙烯计量罐；9—活化剂罐；10—活化剂计量罐；
11—氢气钢瓶；12—氢气计量罐；13—聚合釜；14—热水罐；15—热水泵；16—分离器；17—闪蒸釜；
18—分离器；19—丙烯冷凝器；20—丙烯回收罐；21—真空缓冲罐；22—真空泵

② 聚合反应。精制后的丙烯经计量加入到聚合釜内，并将活化剂、给电子体、催化剂、相对分子质量调节剂（氢气）按一定比例分别加入聚合釜。各物料加完后，开始向聚合釜通入热水升温聚合，整个过程可以手动控制也可以利用计算机半自动控制。每釜反应时间约3.4h，聚合压力约3.5MPa，聚合温度约为75℃。

反应到有70%～80%丙烯转化成聚丙烯时（实际生产中，根据聚合釜搅拌器电机的电流大小判断），停止聚合反应。将丙烯放入高压丙烯冷凝器，用循环冷却水将丙烯冷凝回收至平衡压力，冷凝的液体丙烯进入高压丙烯回收罐储存，供下一釜聚合时投料用。将固体聚丙烯粉料喷入闪蒸去活釜。

③ 出闪蒸去活。用闪蒸的方法（即多次抽真空、充氮气）使丙烯与聚丙烯分离，得到不含丙烯的聚丙烯粉料，再通入空气使聚合物失活，然后由下料口送至造粒工段或直接包装以粉料出厂。未反应的高压丙烯气体用冷却水或冷冻盐水冷凝回收后循环使用，未反应的低压丙烯收集到气柜内。聚合釜喷料完毕，就可进行下一釜投料操作。

④ 造粒包装。打开闪蒸釜下部出料阀，将闪蒸釜内物料装入口袋，并同时完成称重、封袋工作。

得到的聚合物粉料既可以直接包装出厂，也可以送往造粒工段，加入相应助剂后，造粒出厂。

⑤ 丙烯回收。收集到气柜内的丙烯气，经压缩机压缩并液化后，送入粗丙烯储罐，再送至气分装置再利用。

本工艺不需脱灰、脱无规物，亦无溶剂回收工序，工艺流程短，操作简单。

间歇液相本体法由于所得产品为聚丙烯干粉，所以脱氯方法不同于淤浆法而是采用气固相反应。即将聚丙烯干粉在脱氯釜中加热到脱活剂沸点或脱活剂与水的共沸温度以上；直接与脱活剂或脱活剂与水的共沸气体接触，使氯离子与脱活剂、水发生气固相反应形成可挥发氯化物，然后抽真空排除氯化物。或用惰性气体如N_2气与脱氯剂（或称为脱活剂）连续喷入脱氯器中，即时将含氯物带出，大规模生产中采用连续法。常用的脱氯剂为水，环氧化合物如环氧丙烷、醇类、酯类或它们的混合物。以水与环氧丙烷为脱氯剂的反应如下：

$$TiCl_3 + H_2O \Longrightarrow Ti(OH)_3 + 3HCl$$
$$Al(C_2H_5)_2Cl + 3H_2O \Longrightarrow Al(OH)_3 + 2C_2H_6 + HCl$$

$$HCl + \underset{O}{CH_2-CH-CH_3} \longrightarrow \underset{OH\ \ Cl}{CH_2-CH-CH_3} \ \text{或} \ \underset{Cl\ \ OH}{CH_2-CH-CH_3}$$

环氧丙烷可使氯化物的水解反应进行完全，而且迅速与氯化氢反应生成无腐蚀性的氯丙醇，从而减少氯化氢的腐蚀作用。反应生成的氯丙醇可与水形成沸点为92.4℃的共沸物，易于排除。

采用络合Ⅱ型催化剂，丙烯的转化率可达70%～80%，催化剂活性为40～50kg聚丙烯/g钛（催化剂含钛约为20%～30%）；聚合釜体积多数为12m³，生产强度为35～50kg聚丙烯/(m³·h)。

产品质量见表10-7。

表10-7　聚丙烯产品质量

指标	数据	指标		数据
等规指数	95%～98%	表观密度		0.40～0.48g/mL
熔融指数	0.2～169/10min	挥发分含量		0.1%～0.3%
灰分含量	$(2\sim5)\times10^{-4}$	氯含量	不脱氯时	$(1.5\sim3)\times10^{-4}$
钛含量	$(2\sim5)\times10^{-5}$		脱氯后	$<5\times10^{-5}$

间歇液相本体法工艺主要设备有聚合釜和闪蒸去活釜。

① 聚合釜。目前，国内间歇法本体聚合聚丙烯生产技术中，生产装置中所用的聚合釜主要有 $4m^3$、$12m^3$ 和 $15m^3$ 3 种。各种规模聚合釜虽然设计单位不同，但其结构及其他参数却大体相同，见图 10-4。

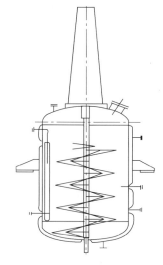

聚合釜在 3.5MPa 的压力条件下进行操作。随着反应的进行，釜内物料的相态也发生变化。开始反应时釜内全是液相丙烯，随着反应时间的延长，液相丙烯中悬浮的聚丙烯固体颗粒逐渐增多，反应后期几乎全是聚丙烯颗粒。因此，聚合釜采用螺带式搅拌器（单螺带搅拌或双螺带搅拌）。为防止釜底下料管的堵塞，釜底设计了小搅拌。聚合热以夹套撤热为主，辅以釜内冷却管撤热的方式。

② 闪蒸去活釜。间歇本体法聚丙烯生产中，一般为每两台聚合釜配套一台闪蒸去活釜。这是由于采用络合 Ⅱ 型催化剂，聚合釜操作周期为 6.8h，闪蒸去活周期只有 1～2h，因此只要把聚合釜投料时间错开，一台闪蒸去活釜就可以适应两台聚

图 10-4 $12m^3$ 聚合釜
结构简图

合釜的生产。当选用高效催化剂后，聚合反应时间为 3～4h，最好增加闪蒸去活釜一台。这样，一台聚合釜配合一台闪蒸去活釜更能发挥和提高设备台时产量。

为了使闪蒸和去活达到良好的效果，闪蒸去活釜的装料系数要比一般设备小一些（0.5～0.6），以保证有较大的空间，例如 $12m^3$ 聚合釜要配用 $14m^3$ 的闪蒸去活釜，釜内的搅拌机构可以采用耙式搅拌器，它可以多层分布。搅拌转速不能太高，一般为 5r/min，搅拌功率一般也低，$14m^3$ 的闪蒸去活釜的搅拌配用约 10kW 的电机功率。

（2）连续液相本体法工艺

连续液相本体法聚合工艺按采用的聚合反应器的不同，分为釜式聚合工艺和管式聚合工艺。

① 连续釜式聚合工艺。本体聚合工艺是 20 世纪 60 年代最初由 Rexall 药物化学公司和 Phillips 石油公司开发的。Rexall 本体聚合工艺是介于溶剂法和本体法工艺之间的生产工艺，由美国 Rexall 公司开发成功，该工艺采用立式搅拌反应器，用丙烷含量为 10%～30%（质量分数）的液态丙烯进行聚合。在聚合物脱灰时采用己烷和异丙醇的恒沸混合物为溶剂，简化了精馏的步骤，将残余的催化剂和无规聚丙烯一同溶解在溶剂中，从溶剂精馏塔的底部排出。以后，该公司与美国 ElPaso 公司组成的联合热塑性塑料公司，开发了被称为"液池工艺"的新生产工艺，采用 Montedison-MPC 公司的 HY-HS 高效催化剂，取消了脱灰步骤，进一步简化了工艺流程。该工艺的特点是以高纯度的液相丙烯为原料，采用 HY-HS 高效催化剂，无脱灰和脱无规物工序。采用连续搅拌反应器，聚合热用反应器夹套和顶部冷凝器撤出，浆液经闪蒸分离后，单体循环回反应。

三井油化的 Hypol 工艺是将釜式本体聚合工艺和气相工艺相结合，均聚物和无规共聚物在釜式液相本体反应器中进行，抗冲共聚物的生产在均聚后，在气相反应器中进行。该工艺采用最先进的高效、高立构定向性催化剂 TK-Ⅱ，是一种无溶剂、无脱灰工艺，省去了无规物及催化剂残渣的脱除。该工艺可生产包括均聚物、无规共聚物和抗冲共聚物在内的全范围 PP 产品。聚合物的收率可达 20000～100000kg/kg 负载催化剂，产品的等规度可达 98%～99%，聚合物具有窄的和可控的粒度分布，不仅可稳定装置的运转，且作为粒料更易运输。

② 连续管式聚合工艺

a. Phillips 公司环管工艺。Phillips 公司环管工艺是连续管式聚合工艺的典型代表，该工艺由美国 Phillips 石油公司于 20 世纪 60 年代开发成功。其工艺特点是采用独特的环管式反应器，这种结构简单的环管反应器具有单位体积传热面积大，总传热系数高，单程转化率高、流速快、混合好、不会在聚合区形成塑化块、产品切换牌号的时间短、设备结构简单等优点。

b. Basell 的 Spheripol 工艺。该工艺是环管液相本体工艺和气相工艺的组合，是由 Montedison 公司 1982 年开发成功并工业化的，现在归 Shell 和 BASF 合并而成的聚烯烃公司 Basell 公司所拥有。

该工艺采用一个或多个环管本体反应器和一个或多个串联的气相流化床反应器，在环管反应器进行均聚和无规共聚，在气相流化床中进行抗冲共聚物的生产。它采用高性能 GF-2A 或 FT-4S 球形催化剂，无需脱灰和脱无规物，聚合物的收率高达 40000 kg/kg 负载催化剂，产品有可控的粒径分布，等规度为 90%～99%。

该工艺可生产宽范围的丙烯聚合物，包括 PP 均聚物、无规共聚物和三元共聚物，多相抗冲和专用抗冲共聚物（乙烯含量高达 25%）以及高刚性聚合物。产品质量极佳，并且投资费用和运转费用较低。

c. Borealis 的 Borstar 工艺技术。Borealis 公司继开发成功 Borstar 双峰聚乙烯工艺之后，又成功开发了 Borstar 双峰 PP 工艺，2000 年 5 月在奥地利的 Schwechat 建成了世界上第一套双峰 PP 生产装置，生产能力为 200kt/a。

10.4.4 气相法聚合工艺

气相法聚丙烯聚合工艺的研究和开发始于 20 世纪 60 年代早期。1969 年 BASF 和 Shell 的合资 ROW（Rheinische Olefinwerke Wesseling）公司在德国 Wesseling 建成第一套气相聚丙烯工业装置，采用立式搅拌床反应器，规模为 25 kt/a，命名为 Novolen 工艺。气相聚丙烯工艺的开发成功引起了全世界聚丙烯制造厂商极大的兴趣。70 年代，美国的 Amoco 公司开发出采用接近活塞流的卧式搅拌床气相反应器的气相法工艺。80 年代初期，UCC 公司将其成熟的气相流化床 Unipol 聚乙烯工艺用于聚丙烯生产，推出 Unipol 气相聚丙烯工艺。日本的 Sumitomo（住友化学）公司也于同时期开发出采用气相流化床的气相法工艺。

气相法聚合工艺的优点最早是建立在不脱灰、不脱无规物基础上的，采用高效催化剂的气相流化聚合工艺，具有一般高效本体法工艺的特点，不需要脱除催化剂残渣，也不需要脱除无规物。由于是气相聚合，生产过程中也不需闪蒸分离或离心干燥。在气相法发展初期，由于催化剂处于第二代 Z-N 催化剂时代，活性与等规度不高，产品不经后处理，使灰分与无规物含量都偏高，因此不适用于生产对质量有较高要求的均聚物和无规共聚物，使应用受到限制。采用高效催化剂后，由于催化剂的高活性和高等规指数，气相法聚合工艺可以生产所有用途的聚丙烯产品，很多气相法工艺的产品还具有其他工艺没有的独特性能。

气相法聚合工艺与浆液法和液相本体法聚合工艺相比，具有下列一些特点。

① 可在宽范围内调节产品品种。聚合反应没有液相存在，易于控制丙烯产物的相对分子质量和共聚单体含量，这样就易于生产相对分子质量分布和共聚单体含量范围比其他工艺宽的产品，如高乙烯含量的无规共聚物，也可缩短产品牌号切换的过渡时间，过渡产品少，因为只要改变反应器内的气体组成，就可以改变产物的组成。

② 适宜抗冲聚丙烯的生产。在浆液法工艺中，溶剂会溶解在反应过程中生成的无规物，因而使反应器内物料黏度增加，以至影响搅拌、混合，特别是生产高抗冲共聚物时，橡胶相会部分溶解在溶剂中。因而气相法是最适宜生产抗冲聚丙烯的生产工艺。

③ 安全性好，开停车方便。在气相聚丙烯工艺中，包括丙烯在内的所有可燃性物质在

反应器中都处于气相，每单位反应器容积中的物料数量远小于非气相法工艺。所以，当出现突然事故（如供电故障）时，只需安全排出反应体系中的气体使反应器泄压，反应就可在短时间内停止，不会引起任何异常反应。只要恢复催化剂进料，升压反应系统就可以方便地恢复生产。

④ 反应器是气-固相出料，没有液相单体需要汽化，蒸汽消耗量少，反应器出口可直接得到干燥的产品，而不需干燥工序。

⑤ 气相法工艺流程较短，设备台数少，固定投资费用低。

但是气相聚合工艺中也有其他工艺中没有的技术困难和问题，如流化床反应器中气体的分布、床层的均匀流化，控制露点使气体在反应器中不致液化，聚合热的移出及反应温度的控制，如何防止聚合物结块，适宜气相聚合的催化剂的开发等。不同的气相法工艺都有各自的专利或专有技术。

各种气相法工艺之间的主要差别是反应器及其搅拌形式的不同，可分为流化床、带刮壁器的立式流化床、立式搅拌床、卧式搅拌床等几种类型，见图10-5。

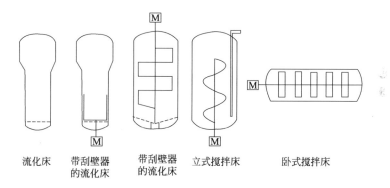

图 10-5　气相反应器的型式

Novolen工艺和BP Chisso公司的气相聚丙烯工艺分别采用立式和卧式机械搅拌反应器。这种机械的、强制性的搅拌，使物料分布均匀，不容易在反应床层中出现热点。在反应器中物料量的可变范围大，生产能力易于调节。另外，反应器中允许少量液体丙烯存在，不会影响流化反应状态。但采用机械搅拌，反应器及搅拌器的设计复杂，加工制造难度大，特别是卧式反应器及其搅拌器，加工精度很高，价格昂贵。此外，能耗和维修费用也高，搅拌器的轴承需要经常维修。但机械搅拌需要的电机功率大于流化搅拌功率，搅拌床反应器的操作范围也大于沸腾床反应器，因此与撤热方法结合起来生产能力很容易扩大或缩小。这种搅拌的气相反应器需要的流化气速较低，床层控制也比较稳定，不容易出现床层分离。

Unipol工艺和Sumitomo气相聚丙烯工艺采用气相流化床反应器，由于反应器内无其他部件，设备费用较低，无机械维修问题。但是，为了防止反应器中出现热点，流化气体的速率必须足够高，这样就需要有较大的鼓风机和能量消耗，以及反应器中应有足够大的固-气分离空间，因而相同规模的装置，反应器的尺寸较大。然而气体沸腾反应器比机械搅拌反应器容易移出聚合热，因为在各个分散的粒子之间存在气体传递介质。另一方面，由于流化所需要的气流体积随着粉末直径、密度变化很大，容易产生颗粒相分离，因此操作范围比搅拌床型反应器小。

虽然流化床反应器由于没有复杂的内部构件而非常简单，但必须使大量气体循环以除去反应热和维持反应床层的流化，因而需要庞大的循环压缩机，循环压缩机的费用抵偿了搅拌床反应器的搅拌器的费用。

搅拌床反应器聚合条件与流化床反应器聚合条件的主要区别如下。

① 搅拌床反应器聚合物床层内上升气体的流速不是关键性的。流化床气体流速必须始终保持高于流化所需的最低速率，并且沿整个床层要分布均匀。

② 床层均匀性对聚合反应控制是极其重要的，搅拌床必须用机械方法予以实现。流化床本质上就是极为均匀的。

③ 搅拌床允许有液体存在，因为机械搅拌可以防止聚合物湿颗粒彼此结团。流化床不允许湿颗粒结团，否则将损害流化。但是，流化床混合区（下部 500mm 层高）内可以允许有一定量液体存在。

对于聚合反应热的撤出方式，搅拌床聚合工艺如 Novolen 工艺和 BP、Chisso 公司的气相聚丙烯工艺，是直接向反应粉末床层喷洒液态丙烯，通过液体丙烯的蒸发、冷凝的汽化潜热撤出反应热。这是因为它们采用机械搅拌，当液体丙烯进入反应器引起聚合物黏着时，机械搅拌即将它们破碎，因此不会造成反应器堵塞。

Unipol 工艺和 Sumitomo 气相聚丙烯工艺及其他采用流化床反应器的工艺主要是通过冷却循环流化气体的显热除去聚合反应热，部分冷凝态进料或进料中的液体丙烯的汽化也带走了部分反应热。由于丙烯气体的显热较小，冷丙烯气体的用量就很大，因此鼓风机的能耗较大。并且，由于气体的流量同时影响反应的流化状态和除热过程，要使流化需要的气体与除热需要的气体匹配是很困难的。此外，反应进料不仅需要一个大鼓风机，而且操作也变得复杂起来，因为气体既影响反应器床层的沸腾搅拌作用，也影响反应热的移出，这就需要更多的技术考虑。

在 Novolen 工艺的立式搅拌床反应器中，物料流动属于理想混合型。在流化床反应器中，物料流动形式原则上是可变的。在实际操作中，它更接近理想混合型。而在 BP、Chisso 气相聚丙烯工艺的卧式搅拌床反应器中，物料流动接近活塞流型，使聚合物具有很窄的停留时间分布，因而更有利于生产抗冲共聚物。

表 10-8 列出了 3 种工艺的反应器中颗粒的流动形式。Novolen 工艺的搅拌床是一种全混式的，而 Unipol 工艺的流化床反应器的床层原则上可以有各种不同的变化，实际生产中接近全混型。BP、Chisso 工艺的反应器接近活塞流式，根据研究，一台 BP、Chisso 的卧式搅拌床反应器相当于 2～3 台串联的连续搅拌釜反应器的流动形式。

表 10-8　主要气相法聚丙烯聚合工艺比较

工艺技术	Novolen 工艺	Innovene 工艺、BP、Chisso 工艺	Unipol 工艺、Sumitomo 气相法工艺
反应器类型	立式搅拌床	卧式搅拌床	沸腾流化床
混合方式	机械	机械	非机械(气体)
反应器中聚合热的移出	丙烯蒸发潜热	丙烯蒸发潜热	丙烯气体显热
流动形式	全混	活塞流	全混
生产能力 单位时间内单位反应器体积的产率/[t PP/(m³·h)]	约 0.5	1.0	约 0.3～0.5

在产品技术方面，气相聚合工艺可以制得乙丙橡胶含量高的高抗冲乙丙嵌段共聚物，适应于日益增长的汽车、家电、办公机器等部门抗冲 PP 的需求。因为气相 PP 工艺中的链转移——氢可以直接在气相中起作用，没有相间传质问题，可以直接从反应器生产超高熔体流动速率牌号。利用新的催化剂技术还可以直接从反应器生产相对分子质量分布窄的牌号，从而可以取消使用过氧化物的链裂解工艺，或者大大减少过氧化物的用量。总之，利用气相法 PP 工艺，可以直接从反应器生产适宜高速纺及无纺布的专用 PP 树脂。

10.4.5　液相-气相组合式连续本体聚合工艺

液相本体法-气相法组合工艺主要包括巴塞尔公司的 Spheripol 工艺、日本三井化学公司的 Hypol 工艺、北欧化工公司的 Borstar 工艺等。

（1）Spheripol 工艺

Spheripol 聚丙烯生产工艺由巴塞尔（Basell）聚烯烃公司开发成功。该技术自 1982 年首次工业化以来，是迄今为止最成功、应用最为广泛的聚丙烯生产工艺。Spheripol 工艺是一种液相预聚合同液相均聚合及气相共聚相结合的聚合工艺，工艺采用高效催化剂，生成的 PP 粉粒呈圆球形，颗粒大而均匀，分布可以调节，既可宽又可窄。可以生产全范围、多用途的各种产品。其均聚和无规共聚产品的特点是纯度高，光学性能好，无异味。

Spheripol 工艺采用的液相环管反应器具有以下优点。

① 有很高的反应器时空产率[可达 $400kgPP/(h \cdot m^3)$]，反应器的容积较小，投资少。

② 反应器结构简单，材质要求低，可用低温碳钢，设计制造简单，由于管径小（DN500 或 DN600），即使压力较高，管壁也较薄。

③ 带夹套的反应器直腿部分可作为反应器框架的支柱，这种结构设计降低了投资。

④ 由于反应器容积小，停留时间短，产品切换快，过渡料少。

⑤ 聚合物颗粒悬浮于丙烯液体中，聚合物与丙烯之间有很好的热传递。采用冷却夹套撤出反应热单位体积的传热面积大，传热系数大，环管反应器的总体传热系数高达 $1600W/(m^2 \cdot ℃)$。

⑥ 环管反应器内的浆液用轴流泵高速循环，流体流速高达 7m/s，因此可以使聚合物淤浆搅拌均匀，催化剂体系分布均匀，聚合反应条件容易精确控制，产品质量均一，不容易产生热点，不容易粘壁，轴流泵的能耗也较低。

⑦ 反应器内聚合物浆液浓度高（质量分数大于 50%），反应器的单程转化率高，均聚的丙烯单程转化率为 50%～60%。

以上这些特点使环管反应器很适宜生产均聚物和无规共聚物。Spheripol 工艺一开始使用 GF-2A、FT-4S、UCD-104 等高效催化剂，催化剂活性达到 40 kgPP/g cat，产品等规度为 90%～99%，可不脱灰、不脱无规物。目前该技术已经发展到第二代，与采用单环管反应器的第一代技术相比，第二代技术使用双环管反应器，操作压力和温度都明显提高，可生产双峰聚丙烯。催化剂体系采用第四代或第五代 Z-N 高效催化剂，增加了氢气分离和回收单元，改进了聚合物的高压和低压脱气设备，汽蒸、干燥和丙烯事故排放单元也有所改进，增加了操作灵活性，提高了效率，原料单体和各项公用工程消耗也显著下降。所得产品颗粒度更加均匀，产品的熔体流动指数范围更宽（0.3～1600.0g/10min），可生产高刚性、高结晶度和低热封温度的新 PP 牌号。此外，Spheripol 工艺采用模块化设计方式，可以满足不同用户的要求，易于分步建设（如先上均聚物生产系统，在适时增加气相反应系统），装置的生产能力也容易扩大。Spheripol 工艺有严格完善的安全系统设计，使装置有很高的操作稳定性和安全性。新一代 Spheripol 工艺采用纯的添加剂加入系统，使产品质量更加均一稳定，而且方便产品切换。Spheripol 工艺技术能提供全范围的产品，包括均聚物、无规共聚物、抗冲共聚物、三元共聚物（乙烯-丙烯-丁烯共聚物）。

Spheripol 工艺可通过添加过氧化物和双环管反应器灵活地根据产品需要在聚合物分散指数（PI）3.2～12 之间调节产品的相对分子质量分布，可以在反应器内直接生产熔体流动速率（MFR）高达 1800g/10min 的产品以及大颗粒无需造粒产品，使 Spheripol 工艺具有极强的竞争力。Spheripol 工艺的另外一个特点是先进的催化剂技术。Basell 公司有多种催化

285

剂体系可用于 Spheripol 工艺生产不同类型的产品，如 MC-GF2A 催化剂用于生产均聚物，MC-M1 用于生产大球形的抗冲共聚物及均聚物和无规共聚物，而一些高模量的均聚物则要使用 D-给电子体（二环戊基-二甲氧基-硅烷，简称 DCPMC），一些高乙烯含量的特殊抗冲共聚物也要使用专用的催化剂。Basell 公司注册了多项专利的二醚类催化剂也已经有商业化产品，如 MC-126、MC-127。二醚类催化剂具有很高的聚合活性（可达 100tPP/kgcat）和长寿命，很好的等规指数控制，高的氢气敏感性，产品有较窄的相对分子质量分布。Spheripol 聚丙烯生产工艺流程图见图 10-6 和图 10-7。

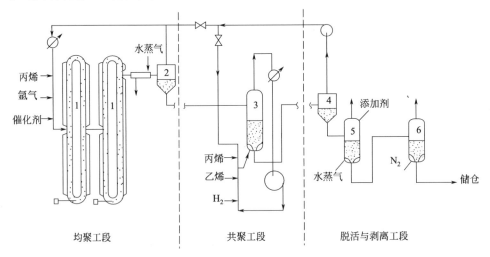

图 10-6　Spheripol 聚丙烯生产工艺流程

1—环状反应器；2——级旋风分离器；3—流动床共聚反应器；

4—二级与共聚物旋风分离器；5—脱活器；6—剥离器

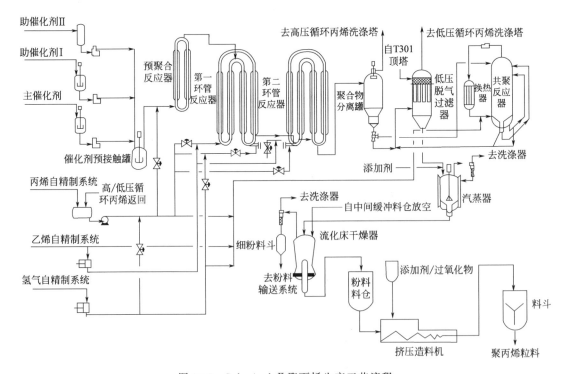

图 10-7　Spheripol-Ⅱ聚丙烯生产工艺流程

（2）Hypol 工艺

Hypol 工艺由日本三井化学公司于 20 世纪 80 年代初期开发成功，该工艺采用 HY-HS-Ⅱ催化剂（TK-Ⅱ），是一种多级聚合工艺。它把本体法丙烯聚合工艺的优点同气相法聚合工艺的优点融为一体，是一种不脱灰、不脱无规物能生产多种牌号聚丙烯产品的组合式工艺技术。该工艺与 Spheripol 工艺技术基本相同，主要区别在于 Hypol 工艺中均聚物不能从气相反应器旁路排出，部分从高压脱气罐来的闪蒸气被打回到气相反应器。生产均聚物时，第一气相反应器实际上也起闪蒸作用。气相反应器是基于流化床和搅拌（刮板）容器特殊设计的。反应器在生产抗冲击性共聚物时，无污垢，不需要清洗。在生产均聚物期间，气相反应器又可用做终聚合釜，提高了生产能力，而且气相反应器操作灵活，可生产乙烯含量 25%的抗冲击性共聚物。

（3）Borstar 工艺

Borealis 公司（北欧化工）的 Borstar（北星双峰）PP 工艺是 1998 年才开发成功的 PP 新型生产工艺，该工艺源于北星双峰聚乙烯工艺，工艺采用与北星双峰聚乙烯工艺相同的环管和气相反应器，设计基于 Z-N 催化剂。其基本配置是采用双反应器即环管反应器串联气相反应器生产均聚物和无规共聚物，再串联一台或两台气相反应器生产抗冲共聚物，这取决于最终产品中的橡胶含量，如生产高橡胶相含量的抗冲共聚物则需要第二台气相共聚反应器。2000 年 5 月 Borealis 公司在奥地利的 Schwechat 建成世界上第一套生产能力为 20 万吨/年的双峰 PP 生产装置。传统的聚丙烯工艺在丙烯的临界点以下进行聚合反应，为防止轻组分（如氢气、乙烯）和惰性组分生成气泡，聚合温度控制在 70~80℃。北星双峰聚丙烯工艺的环管反应器则可在高温（85~95℃）或超过丙烯超临界点的条件下操作，聚合温度和压力都很高，能够防止气泡的形成。这是唯一一个超临界条件下聚合的聚丙烯工艺。双峰高温工艺的北星双峰聚丙烯技术的主要特点可以概括为：先进的催化剂技术，聚合反应条件宽，产品范围宽，产品性能优异。

Borstar 工艺流程如图 10-8 所示。

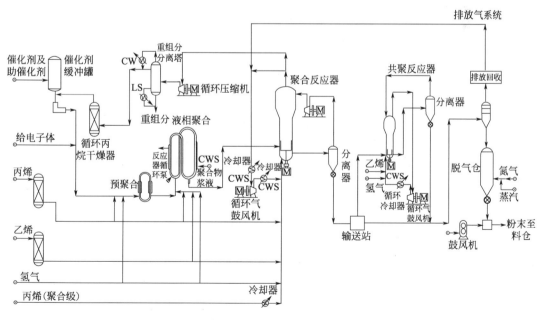

图 10-8　Borstar 工艺流程

10.4.6 共聚合工艺

以上生产均聚聚丙烯的各种装置都可用来生产含有少量共聚单体——乙烯和 2-丁烯的共聚聚丙烯。共聚单体含量仅为 2%～6%（质量分数），其商品仍属聚丙烯范畴。这一类共聚物为无规共聚物。但事实上由于采用非均相 Ziegler 催化剂，难以得到真正的无规共聚物而可能是均聚物的混合物。有时除乙烯外还加入少量 1-丁烯作为第三种单体。

为了改进聚丙烯的抗冲性能，工业采用均聚聚丙烯链段与乙烯-丙烯弹性体嵌段共聚的生产方法。抗冲聚丙烯中乙烯-丙烯弹性体含量为 10%～20%，近年来发展了含量为 30%～40% 的产品。为了生产嵌段共聚物，所以工业上采用分两阶段进行聚合的方法。

淤浆法进行间歇操作时，第一阶段丙烯的加入量为聚合物总量的 80%～90%，待丙烯浓度下降到规定值后通入乙烯与丙烯进行嵌段共聚，不需要补充催化剂。为了减少共聚物在溶剂中的溶解量，应当降低反应温度，淤浆法生产过程中，由于少量共聚物溶解后使反应物料黏稠，因而会使过滤与分离无规聚合物的操作增加困难。

采用高效催化剂气相法生产共聚物时，操作较淤浆法简便。活性聚合物与丙烯气体直接送入气相共聚反应釜，其操作压力较均聚釜（液相）降低 1～2MPa，温度也应降低，送入共聚釜的丙烯/乙烯/氢的比例应调节为在此共聚釜中合成的弹性体中乙烯含量为 40%～60%（质量），取决于产品牌号。后处理过程与均聚物相同。

10.5　加工与应用

聚丙烯（PP）是一种通用的热塑性塑料，从组成上可以分为均聚聚丙烯和共聚聚丙烯两大类；从结构上说可分为等规聚丙烯、间规聚丙烯和无规聚丙烯三种。聚丙烯密度小（$0.89～0.91g/cm^3$），是塑料中最轻的品种之一。其耐热性优于聚乙烯，其熔点达 164℃，可在 100～120℃下长期使用。聚丙烯具有优良的耐腐蚀性、电绝缘性，它的力学性能，包括拉伸强度、压缩强度、硬度等均比低压聚乙烯好，而且还有很突出的刚性和耐折叠性。聚丙烯加工成型容易，它大部分用于注射成型，除生活用品外还用来制造工业用制件，如土工制品、热水管、机械部件、电工零件等。也可用挤出和吹塑等成型法分别生产薄膜、板材、管材、单丝等。聚丙烯的其他用途为制取纤维、涂料等。

聚丙烯的缺点为：成型收缩率大，低温易脆裂，耐磨性不足，热变形温度不高，耐老化性差，不易染色等。通过共混改性后可获得显著成效，例如聚丙烯与乙-丙共聚物、聚异丁烯、聚丁二烯等共混均可改善其低温脆裂性，提高冲击强度；与尼龙共混不仅增加韧性而且使耐磨性、耐热性、染色性获得改善；与乙烯-乙酸乙烯共聚物共混在提高冲击强度的同时，改进了加工性、可印刷性、耐应力开裂性。用纤维增强可提高 PP 的强度、刚性、耐热性；加入无机填料，可以增加 PP 的尺寸稳定性并降低成本；加入 EPDM、POE 等可以制备 PP-TPE；使 PP 支化可以制备高熔体强度的 PP，用于发泡和热成型；在 PP 的分子链上引入极性基团可以增加 PP 的可涂饰性，制备 PP 与其他工程塑料的合金。

10.5.1　聚丙烯的流变性

聚丙烯是一种通用的热塑性聚合物。聚丙烯的加工成型大都是处于熔融状态进行，例如挤塑、注塑等。而在加工和应用过程中经常会遇到它所表现出的种种黏弹行为，例如蠕变和应力松弛等。聚丙烯熔体流动为假塑性流动，属于结构破坏的剪切稀化型。它的流动曲线包括三个区域。

以表观黏度和剪切速率作图，在低剪切速率区是斜率为 1 的直线，符合牛顿流体；在很高的剪切速率区是另一斜率为 1 的直线；在这两区域之间的过渡区是非牛顿流动区。如果在第二牛顿流动区后，继续加大剪切速率，就形成膨胀区和湍流区，即熔体破裂。

聚丙烯熔体的非牛顿性与 LDPE（低密度聚乙烯）接近，而与 HDPE（高密度聚乙烯）差异大，即熔体表观黏度随剪切速率的提高而降低幅度大（图 10-9），而随温度升高流动性增值却比聚乙烯小。所以一般加工时调节压力和螺杆转速来改变熔体的流动性比提高温度更加有效和安全。PP 具有良好的加工性能，和一般热塑性树脂一样，可采用注塑成型、挤出成型、吹塑成型、热成型等方法进行成型加工，PP 制品还可进行涂饰、黏合、印刷、焊接、电镀、剪切、切削、挖刻等二次加工。

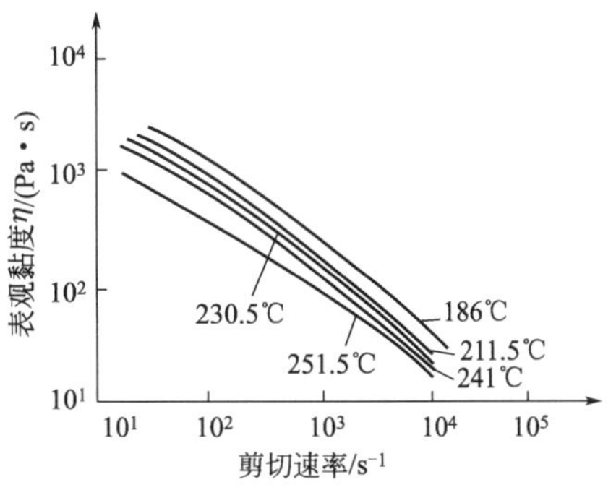

图 10-9 聚丙烯的表观黏度与剪切速率的关系

10.5.2 加工成型

10.5.2.1 注塑成型

注塑成型采用柱塞式或螺杆式注射机。PP 经熔化、注塑、冷却成型，然后将制品脱模、整修。PP 的注塑制品常用于汽车、家用器具、货箱、日用品等。

10.5.2.2 挤出成型

PP 树脂在挤出机中经加热、加压，使其成熔融流动状态，然后从口模将其连续挤出而成型。PP 的挤出-拉伸成型可得到一大类拉伸制品，如 PP 的窄带、打包带、单丝、扁丝及其编织袋，单丝及其绳索、纤维及其织物和性能优良的双向拉伸聚丙烯（BOPP）薄膜。

① 薄膜。BOPP 的生产是将 PP 厚膜（平膜或管状膜）预热到熔融温度以下的某个温度，沿平膜的两个方向或沿管状膜的纵横向拉伸 3～10 倍，从性能和成品率两方面综合考虑，通常纵向拉伸 5～8 倍，横向拉伸 6～8 倍为好，拉伸后保持拉紧条件下于 120～160℃继续进行热处理，使横向收缩 10%～30%，纵向收缩 15% 以下，以便消除拉伸产生的形变应力，冷却固化后制得热稳定性好的 BOPP 薄膜。

由于 BOPP 薄膜在制造过程中经受过双向拉伸处理，因此它具有突出的力学性能，尤其是拉伸强度大幅度提高。此外光学性能优良，透光率在 90% 以上，雾度仅 2%～3%。同时耐热性好，可在 121℃ 的高温下蒸煮使用，拓宽了 PP 薄膜的使用范围。经双向拉伸处理，薄膜阻隔氧气、二氧化碳以及水蒸气透过的性能亦有所改善。因此，BOPP 薄膜是发展速度最快的塑料包装材料之一。

② 管材与板材。采用单螺杆挤出机挤出生产 PP 管。单螺杆挤出机长径比为 28～30，单螺纹等距不等深，螺距与螺杆直径相等，压缩比不能低于 2.8。加料温度 180℃，逐渐提高到 220～240℃，待模具温度逐渐冷却到 60℃，再对挤出的管进行冷却定径。

挤出生产 PP 板采用长径比大于 28 的单螺杆挤出机，螺杆的进料、压缩、计量部分等距，压缩比 3.5～3.6，进料温度 180℃，挤出机末端温度 250℃，挤出的板材经三辊压光机冷却成制品。

③ 纤维。采用长径比大于 30，压缩比为 3.5 的螺杆挤出机，挤出温度 240～300℃，熔融的 PP 经过过滤，通过喷丝头后冷却，拉伸取向成纤维。单丝拉伸比为 8∶1，复丝拉伸比 5∶1。

纤维性能取决于所洗用的树脂牌号、挤出温度、骤冷时间和温度、拉伸比及退火时间和温度。

10.5.2.3 吹塑成型

PP 的吹塑成型有挤出-吹塑和注塑-吹塑两种技术，用挤出机或注塑机先形成熔融型坯，进入模具后再由压缩空气吹塑使之紧贴于模具表面被冷却成型为制品。

10.5.2.4 热成型

将 PP 片材置于夹层辐射加热器间加热到熔点（150～175℃）以上，再用真空或加压方式加工成所需形状。

10.5.3 应用领域

聚丙烯树脂适用于许多不同的纺丝工艺，如挤压、热成型、注入成型、吹模成型。聚丙烯广泛用于生产绳、索所用的纤维和长丝；地毯背面和发货麻袋打包的包裹等所用机织织物；消耗品如菱形花纹盖布和医用服饰所用非机织织物；用于卷烟和食品包装的弹性膜；汽车内部装潢、家庭用具、小型器具、洗碟机衬里、冷冻机衬里等；箱包和玩具的吹膜部件。聚丙烯树脂不断寻找着适合多种经营市场的新应用，替换成本较高的材料。

10.5.3.1 薄膜用料

我国双向拉伸聚丙烯薄膜是 PP 树脂消费量最大的领域之一。聚丙烯薄膜主要包括 BOPP 薄膜、CPP 薄膜及其他包装膜（OPP）。BOPP 薄膜是一种结晶型聚合物产品，在各种塑料薄膜中属于高档膜，且价格适中。从环保角度考虑，因其污染小，有利于森林资源的保护，在许多场合已取代了传统包装。BOPP 薄膜所用的专用树脂多为 PP 均聚物产品，符合国际食品卫生标准。

塑料包装工业在我国包装工业中仅次于纸包装工业位居第二位。塑料包装制品主要有薄膜、片材、容器、袋、绳带、泡沫塑料等。聚丙烯树脂是工业化生产各类树脂中最轻的一种，其价格低廉，综合性能优良，加工成型容易，加上共聚、共混、填充增强、发泡和添加特殊性能要求的助剂，以及拉伸、复合等二次加工等改性技术的发展，使聚丙烯塑料应用十分广泛，在商品包装上的应用也日益扩大。聚丙烯本身无毒、无味、无臭、耐水，具有一定的物理机械强度，能耐大多数有机或无机化学物质。与聚乙烯相比，聚丙烯具有较低的密度、较高的刚性和硬度、较好的抗龟裂性和热稳定性，适合于塑料包装材料的要求。聚丙烯塑料作为软质、半硬质和硬质包装材料，在商品的运输包装和销售上都得到了广泛应用。

10.5.3.2 汽车用改性聚丙烯

世界汽车制造业非常发达，但随着世界能源危机的加剧，降低车身质量和减少能源消耗，已成为汽车行业的重要目标。塑料以相对密度小、比强度（强度与其相对密度的比值）高、抗腐蚀、耐摩擦、绝缘性好、易加工、能耗低及噪声小等许多优点，成为汽车行业中较为理想的新型材料。聚丙烯由于具有成本低、质量轻、耐化学性能好、共聚物低温冲击强度高，及可用玻璃纤维、滑石粉、碳酸钙等物质增强和填充改性，应用范围广等优点，在用于汽车的结构材料中，聚丙烯增长率最快。

（1）保险杠专用料

塑料保险杠因具有一定的黏弹性，吸收冲击能量大，冲击力不大时易于复原等优势而越来越受欢迎。汽车保险杠是一种大型的汽车外装饰件，使用过程会受到不同程度的外力作用和自然气候的影响，所以汽车保险杠尤其是中高档车用聚丙烯保险杠专用料要求更加严格：韧性与刚性的良好统一，以应对多种外力不同程度的作用；耐热耐老化性好以达到长期户外使用的要求；高的流动性用于满足复杂且流线的薄壁设计和装饰件的安装要求。其中聚丙烯保险杠已占塑料保险杠的 70%，目前 PP 汽车保险杠专用材料主要是以 PP 为主材，加入一定比例的橡胶或弹性体材料、无机填料、色母粒、助剂等经过混炼加工而成。

（2）汽车仪表板专用料

汽车仪表板是一种薄壁、大体积、上面有很多安装仪表用的孔和洞、形状复杂的汽车零部件。近年来，随着高分子科学及其改性技术的进步，使用合金、共混和复合化的技术手段已可将通用大品种的聚烯烃塑料改性成物美价廉的聚烯烃工程塑料及其合金材料。汽车仪表板骨架专用料是填充增韧改性聚丙烯共混材料，它取代了传统的金属和玻璃钢材料，获得越来越广泛的应用。

10.5.3.3 家用电器专用料

家用电器是人们日常生活中不可缺少的用品，也是聚丙烯应用的一个重要领域。随着我国国民经济的迅速发展，人民对生活的需求日益提高，家用电器行业得到飞速发展。在塑料中，聚丙烯由于成本低，并可以通过共聚、橡胶共混、玻璃纤维增强、添加化学添加剂等手段改善其性能，因而可以满足不同的需要。随着聚丙烯新产品的研制开发和加工工艺的改进，预计今后一段时期聚丙烯在家用电器行业还大有作为。

洗衣机生产是家电产品中 PP 用量较集中的行业之一，洗衣机的内桶、盖板、底座涡轮均由 PP 制得。目前国产洗衣机内桶专用料在数量和质量上都无法满足国内市场的需求，原料基本上全部依赖进口。尤其是洗衣机内桶料属于嵌段共聚料，生产难度大。这类专用树脂要求冲击强度高、表面抗划性能和熔体流动性好。这种树脂成型收缩率调节范围宽，可在 ABS 或 HIPS 使用的模具上注塑成型而无需更换模具，制品表面能制成消光、珠光或直接喷涂，因此也可用于制作家电和电器电子的壳体。

10.5.3.4 管材用聚丙烯

早期，PP 管材主要用作农用输水管。随着上海塑料建材厂首家引进国外先进技术，采用进口 PP-R 料生产的输送冷、热水用的管材得到市场认可后，目前已有不少厂家建设 PP-R 管材生产线，价格也不断回落，但 PP-R 管材在塑料管材市场上的占有率仍然很低。据反映，目前国产 PP-R 料与进口料比较还有一定差距，质量有待改进和提高。

PP-B、PP-R 管材除了具有一般塑料管重量轻、耐腐蚀、不结垢、使用寿命长等特点外，还具有以下特性。

① 良好的卫生性能。聚丙烯（PP）属烃类化合物，无味，其所加助剂也符合食品卫生要求，不仅可用于冷热水系统，而且可用于纯净水系统。

② 保温节能。PP 材料热导率为 $0.21W/(m \cdot K)$，可以有效地降低热能的损失。

③ 良好的耐热性能。PP-R 管的维卡软化点为 133℃，最高工作温度可达 95℃，在 1MPa、70℃条件下，可使用 50 年，可完全满足建筑给排水设计规范中热水系统的使用要求。

④ 安装方便、连接可靠。PP 管材、管件使用同种材料加工而成，使用热熔连接和电熔连接，连接简便，且连接部位的强度大于管材本体的强度。

⑤ 原料可回收使用。PP 管材管件在生产和施工中产生的废料可回收使用，一般回收料添加量不超过 10%。

⑥ 设备要求简单、生产工艺简便易控制。PP 管材可长时间连续生产而且生产工艺稳定。

⑦ 管材直径可达 160mm，甚至达 200mm。

⑧ 管道布设采用串联，明暗敷均可。

10.5.3.5 建筑工程用聚丙烯

聚丙烯在建筑工程领域的应用主要体现在聚丙烯纤维的使用。工程用聚丙烯纤维分为聚丙烯单丝纤维和聚丙烯网状纤维。聚丙烯网状纤维以改性聚丙烯为原料，经挤出、拉伸、成网、表面改性处理、短切等工序加工而成高强度束状单丝或者网状有机纤维，其具有耐强酸、耐强碱、弱导热性等化学性能。将聚丙烯纤维加入混凝土或砂浆中，可有效地控制混凝土（砂浆）固塑性收缩、干缩、温度变化等因素引起的微裂缝，防止及抑制裂缝的形成及发展，大大改善混凝土的阻裂抗渗性能，抗冲击及抗震能力，可以广泛使用于地下工程防水，工业民用建筑工程的屋面、墙体、地坪、水池、地下室等，以及道路和桥梁工程中。它是砂浆或混凝土工程抗裂、防渗、耐磨、保温的新型理想材料。

世界各大公司为了提高聚丙烯产品在市场中的竞争力，都在致力于新生产工艺、新型催化剂和新产品的研究开发。我国目前聚丙烯工业的技术水平及生产能力与国外相比还存在一定差距，因此，需要多开发新产品，尤其是特殊性能牌号产品的研发，从而弥补国内聚丙烯产业的不足，以促进塑料和树脂行业的快速发展。

参考文献

[1] 董金勇，牛慧．新一代功能性聚丙烯催化剂的研发进展 [J]．石油化工，2010，39（2）：116-124．

[2] 洪定一．聚丙烯——原理、工艺与技术 [M]．北京：中国石化出版社，2002．

[3] 沙裕．聚丙烯工艺技术进展 [J]．化学工业与工程，2010，27（5）：462-470．

[4] 宁英男，董春明，王伟众，等．气相法聚丙烯生产技术进展 [J]．化工进展，2010，29（12）：2220-2227．

[5] 赵德仁，张慰盛．高聚物合成工艺学 [M]．北京：化学工业出版社，1997．

[6] 甄涛．聚丙烯生产工艺和应用新进展 [J]．化学工程与装备，2010（6）：132-132，130．

[7] 张桂华，王继承，周占发，等．国内外聚丙烯生产及市场情况分析 [J]．弹性体，2010，20（3）：77-80．

第11章 聚酯生产工艺

11.1 概述

聚酯是由二元或多元醇和二元或多元酸缩聚而成，在大分子主链上含有酯键 $\sim\!\!\overset{\displaystyle O}{\underset{\displaystyle\|}{C}}\!\!-\!O\!\sim$ 的一大类高聚物的总称。涤纶是聚对苯二甲酸乙二醇酯的商品名称，又称聚酯纤维，简称聚酯，俗称"的确良"或"的确凉"，缩写为PET。

聚酯纤维是合成纤维中最具代表性的品种，它具有下列优异的性能。

① 弹性好。聚酯纤维的弹性接近于羊毛，耐皱性超过其他所有纤维，弹性模量比聚酰胺纤维高。织物不易折皱，不易变形，所以制成的服装挺括、耐看。

② 强度大。湿态下强度不变，其冲击强度比聚酰胺纤维高4倍，比黏胶纤维高20倍。

③ 吸水性小。聚酯纤维的吸水率仅为0.4%～0.5%，因而电绝缘性好，织物易洗易干。

④ 耐热性好。聚酯纤维熔点255～260℃，软化温度为230～240℃，比聚酰胺的耐热性提高了很多。

此外，聚酯纤维耐磨性仅次于聚酰胺纤维，耐光性仅次于聚丙烯腈纤维。具有较好的耐腐蚀性，可耐漂白剂、氧化剂、醇、石油产品和稀碱，不怕霉蛀。

聚酯纤维的缺点是染色性能和吸湿性能差，需用高温高压染色，设备复杂，成本也高，加工时易产生静电。目前正在研究与其他组分共聚、与其他聚合物共熔纺丝和纺制复合纤维或异性纤维等方法进一步改善其性能。

由于聚酯纤维的弹性好，织物有易洗、保形性好、免烫等特点，所以是理想的纺织材料。可用作纯织物，或与羊毛、棉花等纤维纺丝，大量运用于衣着织物。在工业上，可作为电绝缘材料、运输带、绳索、渔网、轮胎帘子线、人造血管等。

11.2 聚酯合成原理

11.2.1 聚酯合成化学反应原理

聚酯生产时，都是先用单体（不同的方法使用不同的单体）合成对苯二甲酸二乙二醇酯（BHET），再使BHET进行均缩聚反应得到聚酯产品，经过熔融纺丝后就得到聚酯纤维。

（1）BHET的生产

BHET的生产方法主要有三种，即酯交换法、直接酯化法和环氧乙烷法，从而形成三条工艺路线。

① 酯交换法。酯交换法是由对苯二甲酸（PTA）与甲醇（MA）反应生成对苯二甲酯（DMT），再由DMT与乙二醇（EG）进行酯交换得到BHET，最后由BHET缩合得到PET，所以也称DMT法。酯交换一般在一个有搅拌器的反应釜中进行，使DMT熔融，EG预热到150℃后加入釜内，DMT:EG=1:（2～2.5）（摩尔比），催化剂为醋酸钴，反应温度$T=150\sim240℃$，反应时间$\tau=3\sim6h$，蒸出MA就得到BHET。DMT法开发的原因是，早期PTA的提纯工艺落后，由粗PTA获得精PTA相当困难，但用DMT法可以精制PTA，从而解决了PET生产的原料纯度问题，形成工艺简单、技术成熟的DMT聚酯生产

工艺路线。

② 直接酯化法。直接酯化法是直接用 PTA 与 EG 反应生成 BHET，中间不需经过 DMT 这一步的 PET 生产方法，所以也称 PTA 法。相比之下，DMT 法也称间接法。

直接酯化生产 BHET 的反应方程式为：

$$\text{(PTA)} + \text{HOCH}_2\text{CH}_2\text{OH} \longrightarrow \text{HOH}_2\text{CH}_2\text{COOC} \text{—} \text{COOCH}_2\text{CH}_2\text{OH} + 2\text{H}_2\text{O}$$

（PTA）　　　（EG）　　　　　　　　　（BHET）

PTA 法生产过程：将 PTA 和 EG 配制成浆料，放入带有搅拌器的反应釜中，EG 用量为 PTA 的 1.2～1.6 倍（摩尔比），反应温度 220～265℃下，适当加压。酯化生成的水及时排出，促使反应顺利进行。为了防止大量 DEG（二甘醇）的生成，常使用醚化抑制剂如 Li、Ca、Zn、Co、Mn 等金属的醋酸盐或二异丙基胺（DIPA）等。PTA 法在 1963 年由伊文达-埃姆斯公司首次在瑞士工业化，成为世界第一套 PTA 法间歇生产 PET 装置。

1976 年吉玛又开发了连续法直接酯化缩聚工艺。从此，用 PTA 法生产 PET 的工厂大大增加。

③ 环氧乙烷法。环氧乙烷法是 PTA 与环氧乙烷（EO）进行反应制取 BHET 的方法。所以也称 EO 法。EO 法由于产品中 DEG、TEG（三甘醇）等含量较多，所以工业化很困难。虽在 1947 年英国 ICI 公司就开始研究 EO 法，但直到 1967 年才被日本几家公司转入工业化设计。目前也只有日本人和东洋纺有这一生产技术，已建成 1.2 万吨/年和 2.2 万吨/年的工厂。

（2）缩聚

BHET 缩合后得到 PET，其缩聚反应化学方程式如下：

$$n\ \text{HOH}_2\text{CH}_2\text{COOC} \text{—} \text{COOCH}_2\text{CH}_2\text{OH} \longrightarrow$$

$$\text{HO}\left[\text{CH}_2\text{CH}_2\text{OOCH}_2 \text{—} \text{COO}\right]\text{CH}_2\text{CH}_2\text{OH} + (n-1)\text{HOCH}_2\text{CH}_2\text{OH}$$

缩聚反应可在 2～3 个釜中完成，温度 260～290℃，压力为 250～300mbar，反应时间为 2～6h。

（3）熔体后加工

PET 熔体的后加工方法主要有以下几种：

① 直接纺长丝或短丝；

② 直接加工成切片或制膜、片等；

③ 再缩聚成高精度 PET。

11.2.2 聚酯合成的主反应

（1）直接酯化段反应机理

目前，PTA 酯化反应一般不需要加催化剂，因为 PTA 分子中的羧酸本身就可起催化作用，这种催化实际上为氢离子催化，因为，在没有催化剂存下的直接酯化反应被认为是一个酸催化过程。

① 外加酸催化反应。在反应体系中，适当地加入少量的强酸做催化剂，可缩短反应时间，在较短的时间内获得较高的转化率。其催化机理有如下几步。

a. 强酸离解产生氢离子：

$$\text{HA} \Longleftrightarrow \text{H}^+ + \text{A}^-$$

b. PTA 分子质子化：

$$\text{HO-C} \text{—} \text{C-OH} + \text{H}^+ \Longleftrightarrow \text{HO-C} \text{—} \overset{+}{\text{C}}\text{-OH}$$

c. 质子化的 PTA 分子与 EG 作用生成一个不稳定的中间体：

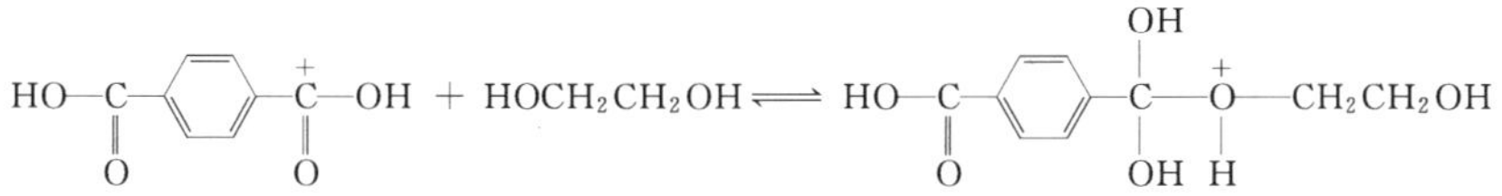

$$HO-\overset{O}{\underset{}{C}}-C_6H_4-\overset{+}{\underset{}{C}}-OH + HOCH_2CH_2OH \rightleftharpoons HO-\overset{O}{\underset{}{C}}-C_6H_4-\overset{OH}{\underset{OH}{C}}-\overset{+}{\underset{H}{O}}-CH_2CH_2OH$$

d. 中间体很不稳定，马上进行分子内的重新排列生成酯化物：

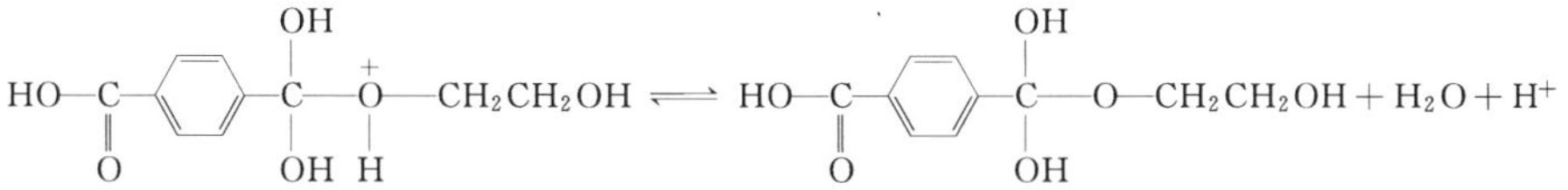

$$HO-\overset{O}{\underset{}{C}}-C_6H_4-\overset{OH}{\underset{OH}{C}}-\overset{+}{\underset{H}{O}}-CH_2CH_2OH \rightleftharpoons HO-\overset{O}{\underset{}{C}}-C_6H_4-\overset{OH}{\underset{OH}{C}}-O-CH_2CH_2OH + H_2O + H^+$$

PTA 中的另一个羧基同样发生上述反应，最后得到 BHET，由于反应过程为平衡可逆过程，所以，为了顺利地进行酯化反应，必须不断地把小分子副产物从反应区域内移走。

② PTA 自催化反应。PTA 在加热、加压和有水存在时，可以离解为酸根和氢离子：

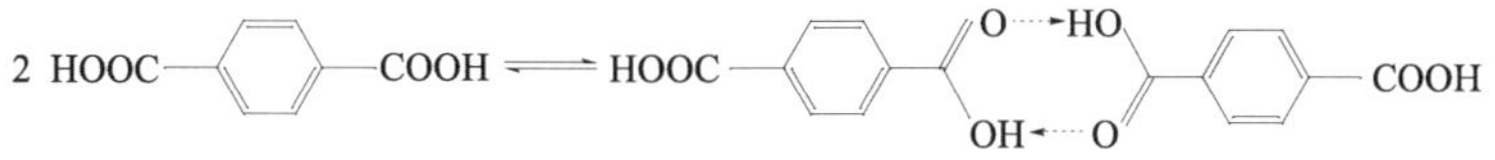

$$2\ HOOC-C_6H_4-COOH \rightleftharpoons HOOC-C_6H_4-\overset{O\cdots HO}{\underset{OH\cdots O}{C}}-C_6H_4-COOH$$

从而使羧酸基碳原子正电性加强，形成类似的质子化 PTA 分子，并与 EG 发生如下反应：

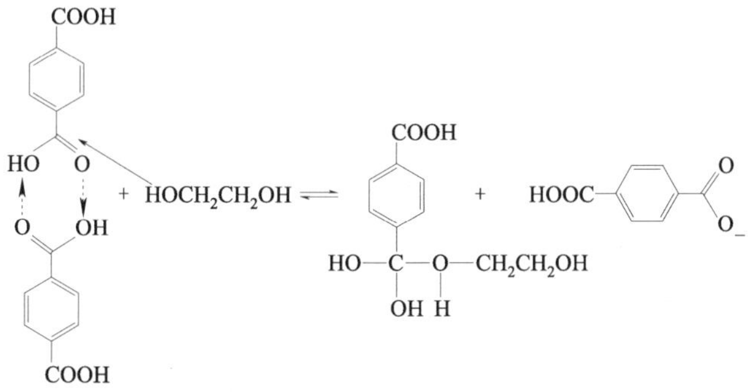

不稳定的中间体重排后可得酯化产品。因此，这种两分子 PTA 与一分子 EG 的酯化反应，实质上是一分子 PTA 与一分子的 EG 的酯化反应，而另一分子 PTA 是在起催化剂的作用。

（2）缩聚反应机理

与酯化反应相比，BHET 进行缩聚反应时一般需要催化剂。反应机理存在几种意见，最有代表性是的螯合配位机理和中心配位机理。

① 螯合配位机理。螯合配位机理认为，在缩聚反应条件下，BHET 之间的反应按酸催化的机理进行，金属离子起着质子的作用，使氢原子被金属催化剂的金属置换。螯合物中的金属提供空轨道与羧基的孤对电子配位，从而增加了羧基氧对螯合体中的羧基碳进攻，并与其结合而完成缩聚反应。具体反应如下。

a. BHET 上的羟乙酯基形成一环状化合物（以一个羧乙酯基为例）：

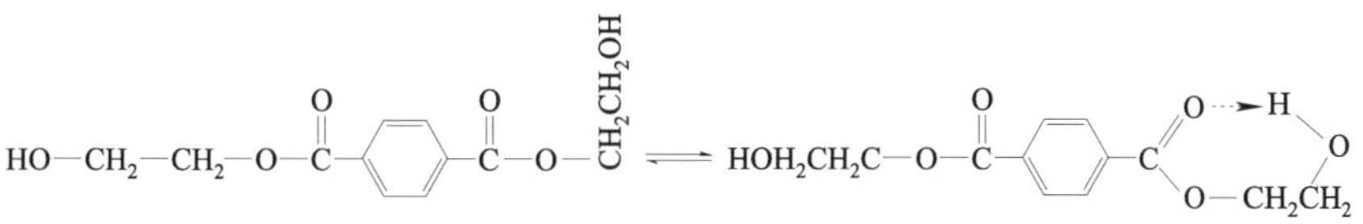

b. 与催化剂作用生成烷氧化合物，并且酯基上的羰基还与金属离子生成一个配价键：

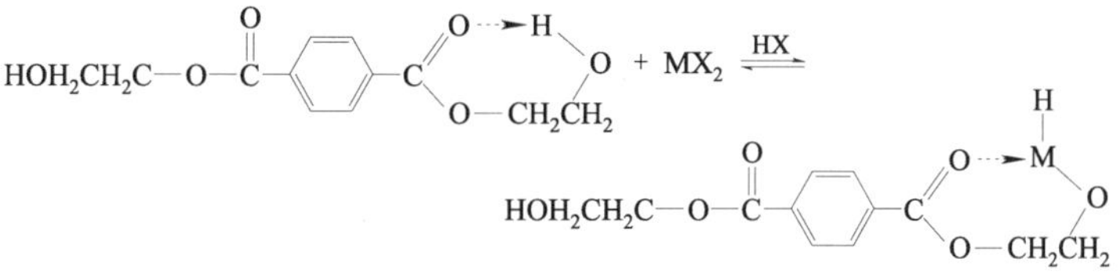

其中 M 为金属例子，X 为氧或有机酸根。这样，就形成了一个活泼的络合物结构，它有利于羟基进攻羧基碳原子，从而加速缩聚反应的进程。

② 中心配位机理。中心配位机理认为，当催化剂金属盐类与 BHET 作用时，应该产生下列结构的络合物（Ⅰ）：

该络合物可以进一步与 BHET 进行配位得到新的络合物（Ⅱ）：

新的络合物再发生反应，得到缩聚产物。

因此，催化剂金属在缩聚过程中与两个羟乙酯基进行反应，并与羟乙酯基的羰基氧进行配位，同时，又和另外两个羟乙酯基的羰基氧也进行配位，这羰基氧进攻邻近的羰基碳原子，相互结合完成缩聚反应。所以，中心配位机理主要强调了催化剂金属在反应中可以充分发挥其配位能力。而反应后的络合物（Ⅲ）可以脱除一分子 EG 而回到原络合物（Ⅰ）的结构，从而使反应不断进行下去。

11.2.3　聚酯合成反应动力学

（1）直接酯化反应动力学

固-液体系的酯化反应：在酯化反应初期，反应在固-液非均相体系中进行，反应速度由 PTA 在 EG 中溶解度的大小所决定。所以，这一阶段的反应速度可表示为零级反应。有

$v_0 = K_0$。也就是说，在固-液体系的初期 PTA 与 EG 的酯化反应速度是一恒定值，速度的大小由两个因素决定：反应温度和固体 PTA 的溶解速度。

① 温度的影响。根据温度与反应速度常数的关系：$k_0 = A_0 e^{\frac{-E_0}{RT}}$

有人测定了零级反应频率因子 A_0、反应活化能 E_0 等数据后得到下式：

$$\ln v_0 = \ln K_0 = 41.94 - \frac{20.63}{T} \times 10^3$$

例如，25℃的零级反应速度为 12.25mol/（L·h），而 26℃为 25.67mol/（L·h）。

② 固体 PTA 的溶解速度。PTA 在 EG 中的溶解度与温度的关系为：

$$A = 0.0209 \times (t - 71.1)$$

式中，A 为 PTA 在 EG 中的溶解度，gPTA/100gEG；t 为溶解温度，℃。

上式适用于不发生酯化反应的体系。此外，固体 PTA 的溶解速度还与 PTA 的粒径大小和粒径分布等有关。粒径大溶解速度慢。

③ 固体 PTA 在酯化物中的溶解度。固体 PTA 在酯化物（EG 或 BHET）中的溶解度 A' 为：

$$\ln A' = C_1 - \frac{C_2}{T}$$

其中，A' 的单位为 gPTA/100gEG 或 BHET，T 的单位为 K。

PTA 溶解到 EG 中时，$C_1 = 4.08$，$C_2 = 1240$；PTA 溶解到 BHET 中时，$C_1 = 4.71$，$C_2 = 1420$。

例如 260℃ 下 PTA 在 EG 中的溶解度为 5.33 gPTA/100gEG，而在 BHET 中为 7.74gPTA/100gEG 或 BHET。而用 $A = 0.0209 \times (t - 71.1)$ 计算时，$A = 3.95$gPTA/100gEG。这个数据表明，PTA 在 EG 中的单纯的溶解和有酯化反应存在时的溶解以及在 BHET 中的溶解情况是不一样的。在酯化物中 PTA 容易溶解于 BHET，而且在 EG 中的溶解度也比单纯 EG（无反应）时的溶解度要大。所以，随着酯化反应的进行，PTA 的溶解度也将随之增大。

④ 直接酯化反应的清晰点。酯化反应体系由非均相转变成均相的转折点称为清晰点。在清晰点时，体系溶液是透明的。清晰点之后，固相 PTA 完全消失，酯化反应为均相反应。清晰点的酯化率一般在 85% 左右，该酯化率也称为清晰点酯化率，用 X_C 表示：

$$X_C = 1 - \beta \alpha M_r$$

式中，M_r 为 EG/PTA 的摩尔比；α 是 PTA 在 EG 中的溶解度，单位为 molPTA/molEG，即 $\alpha = 0.0000781 (t - 71.1)$；$\beta$ 为修正系数，它表示由于 BHET 的生成对 PTA 溶解度的影响程度：$\beta = 1 + 5.98 \times \frac{X}{X_C}$，$X$ 是任一时刻的酯化率。所以，在清晰点时，$X = X_C$，$\beta = 1 + 5.98 = 6.98$。例如，在 260℃ 下进行酯化反应，原料配比 EG/PTA=1.138（摩尔比）时，清晰点酯化率 X_C 计算如下：

因为：$\beta = 6.98$

$\alpha = 0.0000781 (t - 71.1) = 0.0149$molPTA/molEG

$M_r = 1.138$molEG/molPTA

所以，$X_C = 1 - \beta \alpha M_r = 1 - 6.98 \times 0.0149 \times 1.138 = 0.8816$，即酯化率达到 88.16% 时出现清晰点。

⑤ 均相体系酯化反应。在酯化反应进入到清晰点之后，均相反应主要有下面两种形式，即：

$$R-\!\!\!\bigcirc\!\!\!-COOH + HOCH_2CH_2OH \underset{k_2}{\overset{k_1}{\rightleftharpoons}} R-\!\!\!\bigcirc\!\!\!-COOCH_2CH_2OH + H_2O$$

$$R-\text{\makebox[1cm]{}}-COOH + R-\text{\makebox[1cm]{}}-COOCH_2CH_2OH \underset{k_4}{\overset{k_3}{\rightleftharpoons}} R-\text{\makebox[1cm]{}}-\overset{\overset{\displaystyle O}{\|}}{C}-O-CH_2CH_2-\overset{\overset{\displaystyle O}{\|}}{C}-\text{\makebox[1cm]{}}-R+H_2O$$

虽然是羟基和羧基反应生成酯基和水，实质上可以说是一种聚合反应。随着分子链的不断增长，而使反应变得越来越复杂，使反应动力学的处理也相当困难。从许多方面研究所提的结论是，酯化反应在2～3级之间。通过计算机模拟后可获得表11-1的参数。

表 11-1　酯化反应参数

反应速率常数 k	频率因子/$(1/mol \cdot h)$ A	活化能/$[J/(mol \cdot K)]$ E	反应速率常数 k	频率因子/$(1/mol \cdot h)$ A	活化能/$[J/(mol \cdot K)]$ E
K_1	1.80×10^9	82.95	K_3	4.75×10^9	93256
K_2	1.85×10^8	75825	K_4	7.98×10^7	76828

（2）缩聚反应动力学

① 直接酯化物的缩聚反应。在直接酯化的产物中除了BHET、EG外，还有大量的未酯化羧基。所以，在缩聚反应时，除了BHET的末端 β-羟乙酯基脱EG的缩合反应之外，还必须考虑未酯化羧基与末端 β-羟乙酯基脱水的酯化反应。关于残留PTA对缩聚产品端羧基含量的影响，可归纳如下。

a. 酯化反应产物中羧基残存率最大，最终产品PET中的端羧基含量就越高，即使延长缩聚时间，羧基含量也不减少。

b. 缩聚反应除产生小分子EG外，还有大量的水产生。

c. 在缩聚反应的条件下，脱EG的缩聚反应要比脱水的酯化反应快得多。所以，未酯化的末端羧基的减少速度比末端羧基的减少速度要慢得多。

因此，酯化反应中控制较高的酯化率，对缩聚反应的顺利与否起着重要作用。但是，残留PTA对缩聚反应的影响，在体系中羧基含量很低时，PTA也有促进缩聚反应形成高分子产物的作用。

② BHET的熔融缩聚反应动力学。一般认为，BHET的缩聚反应服从一级动力学方程。纯净的BHET缩聚反应速率常数见表11-2。

表 11-2　BHET缩聚反应速率常数

常温/℃	$k_5 \times 10^2/(mol/h)$	$k_6 \times 10^2/(mol/h)$	常温/℃	$k_5 \times 10^2/(mol/h)$	$k_6 \times 10^2/(mol/h)$
195	0.32	0.54	254	4.7	10
223	1.4	2.7	282	11.4	30

（3）影响缩聚反应速率的因素

① 温度。对于反应速率的影响，温度越高，反应速率越大，符合阿伦尼乌斯关系。但对平衡常数的影响，由于缩聚反应为放热反应，所以，温度升高，平衡常数下降。因此，在实际生产或实验中，常常先在较高温度下进行反应，而后在较低温度下使反应接近平衡，这样可获得较为满意的结果。但是温度过高时，副反应如降解反应明显加快。

② 压力。同一温度下，压力越低，则产物相对分子质量越大，或者达到同样相对分子质量所需的时间越短，同一真空度时，温度越高，相对分子质量越大。

③ 搅拌。适当搅拌速度和有效地更新物料表面，有利于增加反应速度。

11.3　聚酯生产工艺条件

（1）稳定剂

为了防止PET在合成过程中、后加工熔融纺丝时，发生热降解（包括热氧降解），常加入一些稳定剂。稳定剂用量越高，即 PET 中含磷量越高，其热稳定性能越好。工业上最常用的是磷酸三甲酯（TMP）、磷酸三苯酯（TPP）和亚磷酸三苯酯。尤其是后者效果更佳，因为它还具有抗氧化作用。

但是稳定剂可以使缩聚反应的速度下降，在同样的反应时间下，所得 PET 的相对分子质量较低，即对缩聚反应有迟缓作用。所以工业生产中稳定剂的用量一般不能太多，质量分数为 TPA 的 1.25%，或 DMT 的 1.5%～3%。

（2）催化剂

① 缩聚催化。在直接酯化法的 PET 生产中，酯化过程一般不需要催化剂，而缩聚过程必需催化剂。选择催化剂时，应符合下列要求：

a. 能促进主反应，力求减少副反应；

b. 易在原料或产物中溶解，便于均匀分布；

c. 所得产品在黏度、熔点、色相、热稳定性等方面，不得因使用催化剂而降低质量指标；

d. 价廉、容易取得。

缩聚催化剂有锑、钛、锡、锗等四个体系。其中锑系催化剂在聚酯生产中用得较普遍。常用的有三氧化二锑（Sb_2O_3）和三醋酸锑 $[Sb(Ac)_3]$，两者的差异在于以下几点。

a. $Sb(Ac)_3$ 易溶于 EG 中，在 20℃时溶解度为 47g/L，在 60℃时，可达 150 g/L，所以配制时不需要加热。要求配制浓度为 0.035%～0.043%（对 PTA 浆料）时，一般在 1～2h 内即可完成，而 Sb_2O_3 在 EG 中的溶解度较低，50℃时仅 30g/L［该温度下 $Sb(Ac)_3$ 的溶解度为 122g/L］。所以 Sb_2O_3 的配制时间不长，配制温度高达 140℃。

b. 与 Sb_2O_3 相比较，$Sb(Ac)_3$ 对缩聚反应具有更强的催化能力。

c. $Sb(Ac)_3$ 一般由 Sb_2O_3 制成，在制备过程中已除去所有不溶性杂质，所以配成的 EG 溶液不需过滤。而 Sb_2O_3-EG 溶液，则需要设置过滤器加以过滤。

d. Sb_2O_3 和 $Sb(Ac)_3$ 对人体有一定的毒性，长期接触时对肝脏有明显损害。而 $Sb(Ac)_3$ 还有醋酸蒸气逸出，是一种腐蚀性的介质。

② $Sb(Ac)_3$ 的形状。$Sb(Ac)_3$ 是白色和接近于白色的结晶固体粉末，具有强烈醋酸气味。与水分接触或在潮湿的空气易分解为 Sb_2O_3 和醋酸：

$$Sb(Ac)_3 + 3H_2O \longrightarrow Sb_2O_3 + 6HAc$$

$Sb(Ac)_3$ 的密度为 1987kg/m³，易溶于 EG。其粒度在 5～15μm 范围内。

③ 三醋酸锑

a. 杂质。$Sb(Ac)_3$ 中的杂质有金属离子和非金属离子，金属离子中除了锑外其他金属离子都属于杂质离子，它们会影响 PET 降解反应，另外，非金属离子 SO_4^-、Cl^- 等会在缩聚过程中分解成气相物质排出，虽不会遗留在产品中，但会腐蚀管道及设备。

b. 甲苯含量。在 $Sb(Ac)_3$ 的生产过程中，用甲苯作溶剂，而且少量的甲苯可以防止 $Sb(Ac)_3$ 在储运过程中的分解变质，因为甲苯在 $Sb(Ac)_3$ 物料上空形成一定量的甲苯蒸气，可以防止空气进入。而甲苯的沸点为 110℃，在酯化过程又全部蒸出。

c. $Sb(Ac)_3$ 的理论锑含量为：

$$\frac{锑的相对原子质量}{Sb(Ac)_3 的相对分子质量} \times 100\% = \frac{121.75}{298.89} \times 100\% = 40.73\%$$

但是，实际的产品中，往往会含有少量的 Sb_2O_3，所以，其锑含量会高于理论值，大约为 38%～44% 之间。

（3）缩聚反应的压力

一般酯化反应过程都采用正压或常压操作，这是根据下列理由决定的。

① 在酯化反应的温度下，EG 将全部蒸发形成蒸气，为保证酯化釜中有足够的 EG 含量，必须有足够的压力，以提高 EG 的沸点，减少 EG 的蒸发，加速酯化反应。

② 为了及时将酯化反应所产生的水分除去，反应压力不能太高。否则酯化反应的逆反应（水解反应）将增加。

③ 酯化反应压力控制太高时，反应物料中 EG 含量太高，醚化反应大大增加。所以，仪化聚酯的酯化反应压力控制：

第一酯化釜：0.18MPa（表压）；第二酯化釜：0.02MPa（表压）

预缩聚反应中，除了考虑缩聚反应外，还需要照顾到酯化反应。而且，在预缩聚反应初期，由于体系物料黏度较低，且有较多的 EG 蒸发，预缩聚釜的真空度就不宜控制得太高。否则，除会使 EG 大量抽吸出来外，还将使 PTA 单体和低聚物也抽入真空系统，造成管线或设备的堵塞。

最终缩聚反应中，则主要是提高相对分子质量为目的，尽可能地控制较高的真空度。为了及时排出小分子产物，还采用特殊搅拌、提高温度等手段来配合完成缩聚反应。但是，正常生产中，除了采取较高的真空操作外，还要求真空度相当稳定，尤其不能大幅度地真空起落。否则，在缩聚反应的气相物料中会夹带部分低聚物而恶化真空系统。

（4）缩聚反应的温度

对于吸热反应，温度升高，反应速度增加。但是，温度升高时，许多副反应的速度也会随之增加。

从热力学可知，PTA 与 EG 的缩聚反应是微放热反应，反应平衡常数随温度升高而减小，即温度较低时更有利于平衡向生成产物的方向移动。由于这种影响不是十分明显，所以生产上则对动力学上考虑得多一些，即温度升高能加快反应速度。那么，聚酯生产中的反应温度应该怎样选择呢？聚酯生产过程中的反应有一个特点，就是在尚未到达平衡以前的任何阶段，由低温所得的聚酯相对分子质量总是比由高温状态下得到的相对分子质量低；而当反应达到平衡以后，情况又恰恰相反，即由低温所得产物相对分子质量总是比由高温状态下所得的相对分子质量要高，这就为反应温度的选择提供了依据。在酯化反应中，温度的选择主要考虑主反应和副反应的速度问题，既要加快酯化反应，又要抑制醚化反应。所以，不管其酯化过程是二段还是三段，反应温度都控制在 258～272℃ 的范围。见表 11-3。

表 11-3　不同厂家的反应温度控制

厂家	反应温度		
仪化聚酯	第一酯化釜 262℃	第二酯化釜 268℃	
长征厂	第一酯化釜 263℃	第二酯化釜 266℃	第三酯化釜 270℃
金山二厂	第一酯化釜 268℃	第二酯化釜 265℃	

根据熔融缩聚反应的特点，即反应温度一般高于最终产物熔点 10～20℃。同时，考虑到反应体系物料的流动性和小分子副产物的顺利排出，一般将温度控制在 270～285℃ 之间。

（5）PTA 和 EG 的摩尔比

从酯化反应看，PTA 和 EG 完成酯化反应时所需的摩尔比为 1∶2（PTA∶EG）。但从最终产物的结构来看，PTA 和 EG 合成整个反应时所需的摩尔比为 1∶1，所以，PTA 与 EG 的投料摩尔比设计时应考虑解决这一对矛盾。从副反应的角度来看，体系中 EG 含量越高，醚化反应的速度也越快，产品中 DEG 的含量也愈高。因此，要求反应过程中 PTA 与 EG 的配比接近 1 最好。不过，体系中的 EG 含量降低，酯化反应的速度自会减慢。实际上，半酯化反应进行到一定程度之后，缩聚反应也将同时发生，两者不可能同时分开。酯化反应生成的 BHET 在缩聚时又将释放 EG 分子，可以补偿部分酯化反应所需的 EG。从这一点上来说，PTA 与 EG 的配料摩尔比可以接近于 1∶1。考虑到生产过程中的 EG 损耗，在实际的浆料配制中，PTA 与 EG 的摩尔比往往控制在 1∶1～1∶1.2 之间。并且在酯化反应中随水蒸气一起蒸发出来的 EG 经分离后重新返回到酯化釜中，可以使酯化釜内的 PTA 与 EG 摩尔比大约保持在 1∶(1.7～1.8) 左右。所以，仪化聚酯装置中 PTA∶EG 配料比控制在 1∶1.138 的摩尔比。

(6) 停留时间和液位

停留时间是聚酯生产过程的一个重要参数，是影响聚酯产品酯化率和聚合度的主要因素之一。停留时间除与反应釜中的流态有关外，还与反应釜的液位有关，液位越高停留时间越长。所以，工艺与经常用调节反应釜液位的方法来调节停留时间。

① 酯化反应的停留时间。根据不同的化学反应和反应器类型，从理论上可以通过计算来确定反应达到一定转化率所需的时间。但对于酯化反应，涉及固相 PTA 溶解所需的时间，但酯化过程的清晰点的时间又很难确定，所以，这个过程所花费的时间和均相反应所需的时间就无法确定，实际生产中则主要是根据经验的总结，以物料在反应釜中的平均停留时间来控制整个反应的总时间。停留时间短，则酯化产物的酯化率就低，影响缩聚反应顺利进行，但停留时间太长，不仅会使酯化过度，而且产品中 DEG 含量也会明显上升。

② 缩聚反应的停留时间。缩聚停留时间与真空度、温度和催化剂浓度等相关，当这些因素不变时，主要取决于物料平衡产量和相对分子质量。停留时间太短，除产品相对分子质量达不到要求外，相对分子质量分布也不均匀，影响聚合物质量，若停留时间太长，相对分子质量虽高，但产量低，且过长的停留时间会使副反应增加，反而致使聚合物相对分子质量下降，产品色泽也会变坏。

③ 反应釜的液位。反应釜的液位是实际生产过程中停留时间的重要表现。对于连续式反应器，物料的停留时间 τ 可用下式表示：

$$\tau = \frac{V_R}{V}$$

式中，V_R 为反应器中物料所占的体积；V 为物料经过反应器的体积流量。

不论是卧式反应器还是立式反应器，一定的物料体积，在反应器中表现出一定的料位高度。这种高度用仪表测量后按某一比例关系或用数量显示出来就是平常所说的液位。所以，液位高低就代表了反应器中物料的停留时间的长短。

(7) 其他工艺条件的选择

① 搅拌器转速和搅拌器型式（仪化装置）。在第一酯化釜中，进料为常温的 PTA-EG 浆料。设置螺旋桨搅拌器可以使浆料在短时间内混合达到反应所需的 260℃ 以上的温度。同时，也使酯化反应产生的水分可以及时得到蒸发，从而促使酯化反应的顺利进行。另一方面，搅拌可以使部分处于死角的物料及时得到更新，防止局部过反应。在第二酯化釜中，由于 TiO₂ 悬浮液的加入，搅拌除了加速水分蒸发，防止物料局部过热，减少反应器内部死角和加强物料混合外，还可使 TiO₂ 悬浮液在酯化物中分散均匀，防止产生二次 TiO₂ 粒子，保证产品中 TiO₂ 凝聚粒子的含量控制在正常的范围以内。在预缩聚阶段，约有 80% 的多余 EG 排出，虽然排出的小分子量较大，但由于熔体黏度很低，EG 的排出还是比较容易的。因此，对于搅拌器形式要求也比较简单，一般选用螺旋推进式搅拌器就可以满足生产要求，而且搅拌器的转速也较高。

第一预缩釜由于从正压的酯化过程过渡到负压的预缩过程，仅靠压力急降和酯化物黏度低的优越条件，可使 EG 在物料内部大量汽化产生剧烈的翻腾作用而达到搅拌的同样效果，所以不需要搅拌器。第二预缩釜则使用螺旋桨式搅拌器，转速为 70r/min，而且不随生产负荷的变化而改变。最终缩聚段对搅拌要求比较严格，各聚酯生产厂家对中等黏度（0.5～0.7特性黏度）的聚酯产品的最终缩聚搅拌器，几乎都采用卧式拉膜搅拌器。采用这种搅拌器的主要目的是通过搅拌获得一定厚度的熔体膜层，增加蒸发表面积，使得 EG 等小分子能及时从熔体内部蒸发至表面排去。同时，由于重力作用使膜层下落时破碎而不断形成新的蒸发表面，更利于 EG 的排出。所以，物料膜层的厚度和搅拌器成膜的能力直接影响到缩聚反应的速度。搅拌器的转速对聚合物薄层形成的好坏有很大的影响。转速太慢，单位时间成膜的数量较少，反应速度就不会太快；相反，转速太快，由于小分子 EG 从熔体内部蒸发至熔体膜层表面需要一定的时间，所以反应速度也不会太快，如果未等 EG 挥发出来，薄层又回到熔体物料中去，即搅拌转速太高时，对生产是不利的。仪化聚酯装置中，10R05 的搅拌转速为4.0～4.5r/min。实践证明，当转速超过 5.0r/min，提高转速对缩聚反应的影响已不太明显，相反，还会引起一些副作用。

　　② 催化剂及其浓度。虽然在反应初期有许多金属离子具有三价锑相近的催化活性，但是，随着缩聚反应的进行，它们对提高反应速率的作用较之锑大大降低。因为锑离子的催化剂活性与体系中的羧基（—COOH）含量无关，而与羟基浓度成反比。所以，锑化合物的催化效果随着聚合度的增加而提高。因此，在连续法缩聚中广泛使用锑系催化剂，其中最常见的是三醋酸锑和三氧化二锑。而且三醋酸锑在 EG 中的溶解性能比三氧化二锑要好，所以，仪化使用的是三醋酸锑作为缩聚反应的催化剂。虽然在聚酯生产中使用的催化剂一般都是缩聚反应的催化剂，但在最初的原料配比中就将催化剂加入，这并不是说它们在酯化过程中作为酯化催化剂，而是在酯化过程中也可以作为其中少量的缩聚反应的催化剂，而且，催化剂的提早加入，可以使其充分溶解在物料中，使其分散均匀，防止局部的过催化。另一方面，在缩聚反应中加入溶解有催化剂的 EG 溶液时，会引起系统 EG 过量，增加真空系统的负担。催化剂的用量应有足够的浓度才能达到明显提高反应速率的作用，但是，浓度过高，则会加快副反应速度。而且，过量的锑金属离子存在于产品中也会影响其产品质量，如增加灰分等。催化剂用量与聚酯平均聚合度（用黏度表示）的关系为 PET

$$\Delta [\eta] = F \cdot C^{0.5} \cdot \Delta \tau$$

式中，$\Delta [\eta]$ 为 PET 最终产品特性黏度 $[\eta]$ 与预聚产品特性黏度 $[\eta]$ 之差；$\Delta \tau$ 为最终缩聚反应釜中的反应时间（停留时间），单位/小时；C 为反应体系中催化剂的浓度；F 为过程函数，由反应条件所决定。一般情况下，取 $F=0.01015$。仪化聚酯生产中，催化剂的浓度可选择在 Sb=（175±25）mg/kg。

11.4　聚酯生产工艺流程

　　PET 生产的工艺流程可分为间歇法、半连续法和连续法。间歇法比较简单，主要是由一个酯化（或酯交换）反应器及一个聚合反应器组成；半连续法则是由两个反应釜并联组成；而连续法则由多个反应器串联而成，最终产品 PET 可连续不断地送去铸带、切拉或直接纺丝。

　　图 11-1 为聚酯纤维生产的框图；图 11-2 为间歇法生产聚酯的工艺流程图；图 11-3 为半间歇法生产聚酯的工艺流程图；图 11-4 为连续法生产聚酯的工艺流程图。

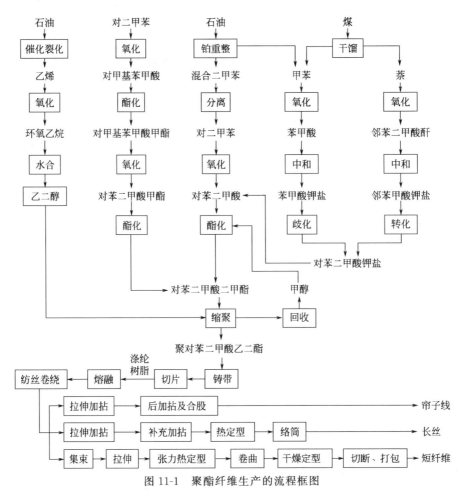

图 11-1　聚酯纤维生产的流程框图

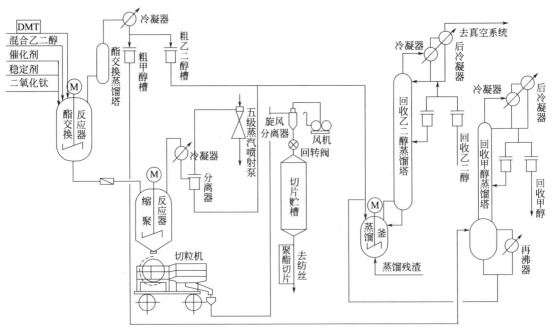

图 11-2　间歇法生产聚酯的工艺流程

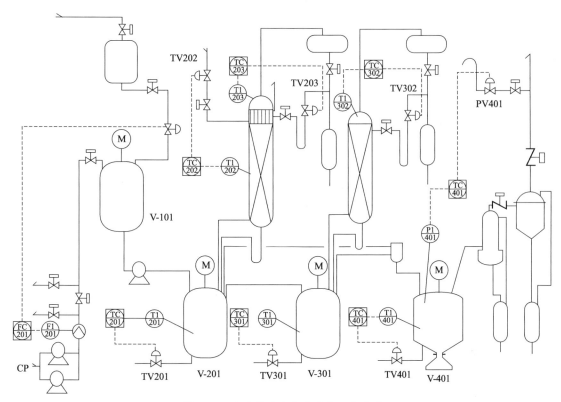

图 11-3　半连续法生产聚酯的工艺流程

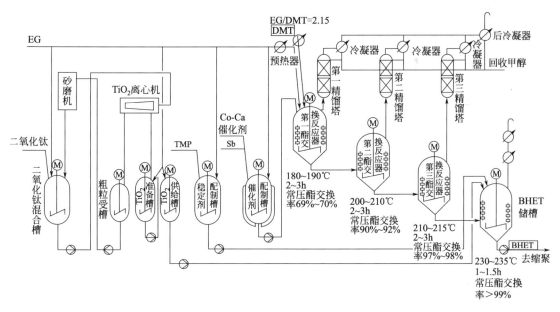

图 11-4　连续法生产聚酯的工艺流程

11.5　聚酯的应用

PET 可加工成纤维、薄膜和塑料制品。聚酯纤维是合成纤维的重要品种，主要用于穿着。薄膜一般厚度在 $4\sim400\mu m$ 之间，其强度高，尺寸稳定性好，且具有良好的耐化学和介电性能，用作支持体，广泛用于制作各种磁带和磁卡。目前，90％的磁带基材是用 PET 薄膜做的，其中 80％作计算机磁带。这种薄膜还用于感光材料的生产，作为照相胶卷和 X 光胶卷的片基，还用作电机、变压器和其他电子电器的绝缘材料，以及各种包装材料。

由于 PET 熔体冷却时结晶速度很快，成型加工比较困难，模具温度必须保持在 140℃以上，才能获得性能良好的产品，否则制品脆性大。因此，在很长时间内人们并未将 PET 作为热塑性工程塑料使用。随着科学技术的发展，通过采用新的缩聚催化体系或共缩聚工艺，用玻璃纤维增强，或控制结晶结构和制取高分子量聚酯等方法，上述成型加工的困难已被克服。PET 已越来越多地用于制造饮料瓶和玻璃纤维增强塑料。聚酯瓶的优点是质量轻（只有玻璃瓶重量的 $\frac{1}{9}\sim\frac{1}{15}$），机械强度大，不易破碎，携带和使用方便，且透明度好，表面富有光泽、无毒、气密性好、有良好的保鲜性，生产聚酯瓶的能量消耗少，废旧瓶可再生使用。还用于制作食品用油、调味品、甜食品、药品、化妆品以及含酒精饮料的包装瓶子。不仅生产透明瓶，也生产有色瓶，而且正在发展聚酯和其他树脂的复合瓶。玻璃纤维增强的 PET 塑料也有重大发展，1984 年杜邦公司开发了一种超韧性玻璃纤维增强 PET，它具有优异的刚性、冲击韧性和耐热性，熔体流动性好，易加工成形状复杂的制品、模塑周期短，着色性好，模温在 80℃以上即可制得表面光泽好的制品。主要用于汽车的壳体、保险杠、方向盘、要求耐冲击的体育器材、电器制品、浴缸、防弹护甲、船身和优异的建筑材料。

聚对苯二甲酸丁二醇酯（PBT）在开发初期主要用于汽车制造中代替金属部件，后由于阻燃型玻璃纤维增强 PBT 等品种的问世，大量用于制作电器制品，如电视机用变压器部件等。聚芳酯主要用于电器和机械零部件。

参考文献

［1］ 郭大生．聚酯纤维科学与工程［M］．北京：化学工业出版社，2001．
［2］ 周晓沧．聚酯生产低成本化进展［J］．聚酯工业，2008（1）：1-4．
［3］ 黄仲涛．工业催化剂手册［M］．北京：化学工业出版社，2004：6-10．
［4］ 贝聿泷．聚酯纤维手册［M］．北京：纺织工业出版社，1991．
［5］ 卢静．我国聚酯产业链发展趋势及建议［J］．内蒙古石油化工，2009（7）：48-50．